普通高等院校机械工程学科"十三五"规划教材

机 械 原 理

主 编 郑树琴
副主编 洪 业 李秀春
参 编 常艳红 段桂荣 王东风 李 峰

国防工业出版社
·北京·

内 容 简 介

本书是根据教育部有关机械原理课程教学的基本要求,结合近年来教学改革实践的经验编写而成。在满足教学基本要求的前提下,精选内容,力求实现重点突出,可读性好,便于学生学习和其他工程技术人员自学,具有良好的适用性和启迪性。

本书除绪论之外共分为三大篇。第1篇为机构的运动学分析及其设计,包括:机构的结构分析、平面机构运动分析、平面连杆机构及其设计、凸轮机构及其设计、齿轮机构及其设计、轮系及其设计、其他常用机构;第2篇为机械的动力学分析及其设计,包括:平面机构的力分析、机械的平衡、机械系统动力学、机械的效率和自锁;第3篇为机械系统方案设计,包括:功能分析和机构创新、机械运动方案的拟定。每章后有小结、思考题、习题,以方便学生学习。

本书可作为高等院校机械类各专业的教学用书,也可供有关工程技术人员参考。

图书在版编目(CIP)数据

机械原理/郑树琴主编.—北京:国防工业出版社,
2022.1重印
普通高等院校机械工程学科"十三五"规划教材
ISBN 978-7-118-10762-3

Ⅰ.①机… Ⅱ.①郑… Ⅲ.①机构学—高等学校—教材 Ⅳ.TH11

中国版本图书馆 CIP 数据核字(2016)第 164745 号

※

国防工业出版社出版发行
(北京市海淀区紫竹院南路23号 邮政编码100048)
北京虎彩文化传播有限公司印刷
新华书店经售

*

开本 787×1092 1/16 印张 20¼ 字数 453 千字
2022年1月第1版第2次印刷 印数 4001—4500 册 定价 39.00 元

(本书如有印装错误,我社负责调换)

国防书店:(010)88540777 发行邮购:(010)88540776
发行传真:(010)88540755 发行业务:(010)88540717

普通高等院校机械工程学科"十三五"规划教材编委会名单

名誉主任	艾　兴	山东大学
	王先逵	清华大学
主　　任	吕　明	太原理工大学
副 主 任	庞思勤	北京理工大学
	朱喜林	吉林大学
秘 书 长	杨胜强	太原理工大学
委　　员	吴宗泽	清华大学
	潘宏侠	中北大学
	轧　刚	太原理工大学
	任家骏	太原理工大学
	陈　明	北华航天工业学院
	谭晓兰	北方工业大学
	李德才	北京交通大学
	杨　康	佳木斯大学
	石望远	北华航天工业学院
	王好臣	山东理工大学
	王卫平	东莞理工学院
	张平宽	太原科技大学
	赵　波	河南理工大学

序

国防工业出版社组织编写的"普通高等院校机械工程学科'十三五'规划教材"即将出版,欣然为之作"序"。

随着国民经济和社会的发展,我国高等教育已形成大众化教育的大好形势,为适应建设创新型国家的重大需求,迫切要求培养高素质专门人才和创新人才,学校必须在教育观念、教学思想等方面做出迅速的反应,进行深入教学改革,而教学改革的主要内容之一是课程的改革与建设,其中包括教材的改革与建设,课程的改革与建设应体现、固化在教材之中。

教材是教学不可缺少的重要组成部分,教材的水平将直接影响教学质量,特别是对学生创新能力的培养。作为机械工程学科的教材,不能只是传授基本理论知识,更应该是既强调理论,又重在实践,突出的要理论与实践结合,培养学生解决实际问题的能力和创新能力。在新的深入教学改革、新课程体系的建立及课程内容的发展过程中,建设这样一套新型教材的任务已经迫切地摆在我们面前。

国防工业出版社组织有关院校主持编写的这套"普通高等院校机械工程学科'十三五'规划教材",可谓正得其时。此套教材的特点是以编写"有利于提高学生创新能力培养和知识水平"为宗旨,选题论证严谨、科学,以体现先进性、创新性、实用性,注重学生能力培养为原则,以编出特色教材、精品教材为指导思想,注意教材的立体化建设,在教材的体系上下功夫。编写过程中,每部教材都经过主编和参编辛勤认真的编写和主审专家的严格把关,使本套教材既继承老教材的特点,又适应新形势下教改的要求,保证了教材的系统性和精品化,体现了创新教育、能力教育、素质教育教学理念,有效激发学生自主学习能力,提高学生的综合素质和创新能力,为培养出符合社会需要的优秀人才服务。丛书的出版对高校的教材建设、特别是精品课程及其教材的建设起到了推动作用。

衷心祝贺国防工业出版社和所有参编人员为我国高等教育提供了这样一套有水平、有特色、高质量的机械工程学科规划教材,并希望编写者和出版者在与使用者的沟通过程中,认真听取他们的宝贵意见,不断提高该套规划教材的水平!

中国工程院院士

前 言

《机械原理》是国防工业出版社"十三五"规划教材。本教材是根据教育部有关机械原理课程教学的基本要求,结合编者多年来教学改革实践的经验编写而成。编写中本着"打好基础、精选内容、不断更新、利于教学、打造精品"的原则,着重突出课程的基本理论、基本知识和基本技能,采用最新的国家标准和名词术语。

本教材的编写具有以下特点:

(1) 结构编排新颖、合理,知识体系清晰、完整。

全书除绪论外共分 3 篇 12 章。

第 1 篇机构的运动学分析及其设计,重点介绍机构的结构分析和运动分析,以及各种常用机构的分析与设计。

第 2 篇机械的动力学分析及其设计,主要介绍机构的力分析、机械的平衡、机械系统动力学和机械的效率与自锁等内容。

第 3 篇机械系统方案设计,主要介绍机械传动系统方案设计的内容、方法和步骤等。

(2) 本教材力求将理论与实际有机地结合在一起,在内容的阐述中,注重与工程背景相结合,着重培养学生的创新意识和工程实践能力。

(3) 注重先进性和实用性相结合,旨在提高学生的理论水平、设计计算的能力以及应用计算机的技能等。

(4) 语言精练、内容紧凑、信息量大、知识面宽。

(5) 注重题目的选编。为了配合课程内容每章都精心选编了适量的例题;同时为巩固和深化教学内容,每章后都准备了适量的复习思考题与习题,以利于学生全面掌握教学内容,达到满意的教学效果。

本教材由太原理工大学机械原理教研室组织编写。郑树琴任主编,洪业、李秀春任副主编。参加编写工作人员的分工如下:郑树琴编写绪论、第 2,6,9 章;李秀春编写第 4,12 章;洪业编写第 3,5 章;常艳红编写第 8、11 章;段桂荣编写第 1 章;王东风编写第 10 章;李峰编写第 7 章。

由于编者水平有限,书中难免存在错误及疏漏之处,恳请广大读者批评指正。

编 者
2015 年 8 月

目 录

0 绪论 ········· 1
0.1 机械原理课程的研究对象和内容 ········· 1
    0.1.1 机械原理课程的研究对象 ········· 1
    0.1.2 机械原理课程的研究内容 ········· 4
0.2 机械原理课程的地位及其学习目的 ········· 5
    0.2.1 机械原理课程的地位 ········· 5
    0.2.2 学习机械原理课程的目的 ········· 5
0.3 机械原理课程的学习方法 ········· 5
0.4 机械原理学科的发展趋势 ········· 6
思考题与习题 ········· 6

第1篇 机构的运动学分析及其设计

第1章 机构的结构分析 ········· 7
1.1 机构结构分析的目的及内容 ········· 7
    1.1.1 机构的组成及其具有确定运动的条件 ········· 7
    1.1.2 机构的结构分类方法及其组成原理 ········· 7
    1.1.3 机构运动简图 ········· 7
1.2 机构的组成 ········· 7
    1.2.1 构件 ········· 7
    1.2.2 运动副及其元素 ········· 8
    1.2.3 自由度和约束 ········· 8
    1.2.4 运动副类型 ········· 9
    1.2.5 运动链和机构 ········· 10
1.3 机构运动简图 ········· 11
    1.3.1 机构运动简图 ········· 11
    1.3.2 绘制机构运动简图的步骤 ········· 12
1.4 平面机构自由度 ········· 14
    1.4.1 平面机构自由度的计算公式 ········· 14
    1.4.2 机构具有确定运动的条件 ········· 15

1.4.3　计算平面机构自由度时应注意的事项 …………………………………… 16
1.5　平面机构的高副低代 …………………………………………………………………… 21
1.6　平面机构组成原理和结构分析 ………………………………………………………… 24
　　1.6.1　杆组 ………………………………………………………………………………… 24
　　1.6.2　平面机构的组成原理 ……………………………………………………………… 25
　　1.6.3　平面机构的结构分析 ……………………………………………………………… 26
*1.7　空间机构自由度 ………………………………………………………………………… 28
思考题与习题 ……………………………………………………………………………………… 30

第2章　平面机构的运动分析 ……………………………………………………………… 34

2.1　概述 ……………………………………………………………………………………… 34
　　2.1.1　平面机构运动分析的任务 ………………………………………………………… 34
　　2.1.2　平面机构运动分析的目的 ………………………………………………………… 34
　　2.1.3　平面机构运动分析的方法 ………………………………………………………… 34
2.2　速度瞬心法及其在机构速度分析中的应用 …………………………………………… 35
　　2.2.1　速度瞬心法 ………………………………………………………………………… 35
　　2.2.2　速度瞬心法在机构速度分析中的应用 …………………………………………… 37
2.3　用相对运动图解法作机构的速度和加速度分析 ……………………………………… 40
　　2.3.1　同一构件上两点之间的速度、加速度关系 ……………………………………… 40
　　2.3.2　组成移动副两构件重合点间的速度、加速度关系 ……………………………… 43
2.4　用解析法作机构的运动分析 …………………………………………………………… 46
　　2.4.1　铰链四杆机构的运动分析 ………………………………………………………… 46
　　2.4.2　曲柄滑块机构的运动分析 ………………………………………………………… 48
　　2.4.3　导杆机构的运动分析 ……………………………………………………………… 50
　　2.4.4　机构的运动线图 …………………………………………………………………… 54
思考题与习题 ……………………………………………………………………………………… 55

第3章　平面连杆机构及其设计 …………………………………………………………… 59

3.1　平面连杆机构及其传动特点 …………………………………………………………… 59
3.2　平面四杆机构的类型及演化 …………………………………………………………… 59
　　3.2.1　四杆机构的基本形式 ……………………………………………………………… 59
　　3.2.2　平面四杆机构的演化形式 ………………………………………………………… 63
3.3　铰链四杆机构有曲柄的条件及主要工作特性 ………………………………………… 67
　　3.3.1　铰链四杆机构有曲柄的条件 ……………………………………………………… 67
　　3.3.2　铰链四杆机构的急回运动和行程速度变化系数 ………………………………… 69
　　3.3.3　压力角和传动角 …………………………………………………………………… 70
　　3.3.4　死点位置 …………………………………………………………………………… 72
3.4　平面四杆机构的设计 …………………………………………………………………… 73
　　3.4.1　设计的基本问题 …………………………………………………………………… 73

3.4.2　用图解法设计四杆机构 ··· 73
　　3.4.3　用解析法设计四杆机构 ··· 78
　　3.4.4　用实验法设计四杆机构 ··· 81
思考题与习题 ··· 82

第4章　凸轮机构及其设计 ··· 85

4.1　凸轮机构的应用和分类 ··· 85
　　4.1.1　凸轮机构应用 ·· 85
　　4.1.2　凸轮机构的分类 ·· 86
4.2　从动件的常用运动规律 ··· 88
　　4.2.1　基本名词和述语 ·· 88
　　4.2.2　从动件常用运动规律 ·· 89
　　4.2.3　从动件运动规律的组合 ··· 97
　　4.2.4　从动件运动规律的选择和设计 ··· 97
4.3　按给定运动规律设计凸轮轮廓曲线 ······································ 100
　　4.3.1　凸轮轮廓曲线设计方法的基本原理 ································· 100
　　4.3.2　用作图法设计凸轮轮廓曲线 ··· 101
　　4.3.3　用解析法设计凸轮轮廓曲线 ··· 104
4.4　凸轮机构基本参数的确定 ··· 107
　　4.4.1　凸轮机构压力角 ·· 107
　　4.4.2　凸轮机构的基圆半径 ·· 108
　　4.4.3　滚子从动件滚子半径的选择 ··· 108
　　4.4.4　平底从动件平底尺寸的确定 ··· 109
思考题与习题 ··· 110

第5章　齿轮机构及其设计 ··· 114

5.1　齿轮机构的特点及其分类 ··· 114
5.2　齿廓啮合基本定律 ··· 116
5.3　渐开线齿廓及其啮合特性 ··· 118
　　5.3.1　渐开线的形成 ·· 118
　　5.3.2　渐开线的性质 ·· 118
　　5.3.3　渐开线方程 ··· 119
　　5.3.4　渐开线齿廓的啮合特性 ··· 120
5.4　渐开线标准齿轮的基本参数和几何尺寸 ······························· 121
　　5.4.1　齿轮各部分名称及符号 ··· 121
　　5.4.2　渐开线齿轮的基本参数 ··· 123
　　5.4.3　渐开线标准齿轮的几何尺寸 ··· 124
　　5.4.4　任意圆周上的齿厚计算 ··· 125
　　5.4.5　内齿轮 ·· 126

  5.4.6 齿条 ·················· 126
 5.5 渐开线标准直齿圆柱齿轮的啮合传动 ·················· 127
  5.5.1 正确啮合条件 ·················· 127
  5.5.2 标准齿轮传动的中心距 ·················· 128
  5.5.3 齿轮的连续传动条件与重合度 ·················· 130
 5.6 渐开线齿廓的加工及根切现象 ·················· 134
  5.6.1 渐开线齿廓的加工原理 ·················· 134
  5.6.2 用齿条形刀具范成切削标准齿轮时的位置 ·················· 136
  5.6.3 渐开线齿廓的根切现象 ·················· 136
  5.6.4 渐开线标准齿轮不发生根切的最少齿数 ·················· 137
 5.7 渐开线变位齿轮概述 ·················· 138
  5.7.1 变位目的 ·················· 138
  5.7.2 径向变位法及变位齿轮 ·················· 138
  5.7.3 避免根切时刀具的最小变位系数 ·················· 139
  5.7.4 变位齿轮的几何尺寸 ·················· 140
  5.7.5 变位齿轮传动 ·················· 140
 5.8 斜齿圆柱齿轮机构 ·················· 144
  5.8.1 渐开线斜齿圆柱齿轮 ·················· 144
  5.8.2 平行轴斜齿圆柱齿轮机构 ·················· 148
  *5.8.3 交错轴斜齿圆柱齿轮简介 ·················· 151
 5.9 蜗杆蜗轮传动机构 ·················· 153
  5.9.1 蜗杆蜗轮的形成及传动特点 ·················· 153
  5.9.2 蜗杆蜗轮机构的啮合传动 ·················· 154
  5.9.3 蜗杆蜗轮传动机构的主要参数及几何尺寸 ·················· 155
 5.10 圆锥齿轮机构 ·················· 156
  5.10.1 圆锥齿轮机构传动的特点及应用 ·················· 156
  5.10.2 直齿圆锥齿轮齿廓的形成 ·················· 157
  5.10.3 直齿圆锥齿轮的背锥及当量齿轮 ·················· 158
  5.10.4 直齿圆锥齿轮的啮合传动 ·················· 159
  5.10.5 直齿圆锥齿轮的基本参数和几何尺寸 ·················· 160
思考题与习题 ·················· 161

第6章 轮系及其设计 ·················· 165

 6.1 概述 ·················· 165
  6.1.1 定轴轮系 ·················· 165
  6.1.2 周转轮系 ·················· 165
  6.1.3 复合轮系 ·················· 165
 6.2 定轴轮系的传动比 ·················· 166
  6.2.1 平面定轴轮系 ·················· 166

  6.2.2 空间定轴轮系 ·················· 167
 6.3 周转轮系的组成及传动比 ············ 169
  6.3.1 周转轮系的组成 ·················· 169
  6.3.2 周转轮系的分类 ·················· 170
  6.3.3 周转轮系传动比的计算 ········· 171
 6.4 复合轮系的传动比 ······················· 175
  6.4.1 复合轮系传动比的计算方法 ··· 175
  6.4.2 复合轮系传动比的计算实例 ··· 175
 6.5 轮系的应用 ································ 177
  6.5.1 实现变速传动 ······················ 177
  6.5.2 实现大传动比传动 ··············· 177
  6.5.3 实现合成运动与分解 ············ 178
  6.5.4 实现分路传动 ······················ 179
  6.5.5 实现换向传动 ······················ 179
  6.5.6 实现利用行星轮输出的复杂运动获得某些特殊功能 ··· 180
  6.5.7 实现结构紧凑的大功率传动 ··· 180
 6.6 轮系的效率 ································ 181
  6.6.1 定轴轮系的效率 ·················· 181
  6.6.2 周转轮系的效率 ·················· 182
 6.7 轮系的设计 ································ 184
  6.7.1 定轴轮系的设计 ·················· 184
  6.7.2 周转轮系的设计 ·················· 187
 6.8 其他类型的行星传动简介 ············ 193
  6.8.1 渐开线少齿差行星传动 ········ 193
  6.8.2 摆线针轮行星传动 ··············· 194
  6.8.3 谐波齿轮传动 ······················ 194
 思考题与习题 ······································ 196

第7章 其他常用机构 ···························· 199

 7.1 棘轮机构 ··································· 199
  7.1.1 棘轮机构的组成及工作原理 ··· 199
  7.1.2 棘轮机构的类型 ·················· 199
  7.1.3 棘轮机构的设计 ·················· 202
  7.1.4 棘轮机构的特点及其应用 ····· 203
 7.2 槽轮机构 ··································· 205
  7.2.1 槽轮机构的组成及工作原理 ··· 205
  7.2.2 槽轮机构的类型 ·················· 205
  7.2.3 槽轮机构的设计 ·················· 206
  7.2.4 槽轮机构的特点及其应用 ····· 208

7.3 不完全齿轮机构 209
 7.3.1 不完全齿轮机构的组成及工作原理 209
 7.3.2 不完全齿轮机构的特点 209
 7.3.3 不完全齿轮机构的类型及其应用 210
7.4 螺旋机构 211
 7.4.1 螺旋机构的组成及特点 211
 7.4.2 螺旋机构的类型及应用 211
7.5 万向联轴节机构 212
 7.5.1 万向联轴节机构的工作原理及类型 212
 7.5.2 万向联轴节的特点和应用 214
7.6 广义机构 214
 7.6.1 气、液动机构简介 215
 7.6.2 光电机构简介 216
思考题与习题 217

第 2 篇　机械的动力学分析及其设计

第 8 章　平面机构的力分析 219

8.1 概述 219
 8.1.1 作用在机械上的力 219
 8.1.2 机构力分析的目的 219
 8.1.3 机构力分析的方法 220
8.2 构件惯性力的确定 220
 8.2.1 作平面复合运动的构件 220
 8.2.2 作平面移动的构件 221
 8.2.3 绕定轴转动的构件 221
8.3 运动副中摩擦力的确定 221
 8.3.1 移动副中的摩擦 221
 8.3.2 螺旋副中的摩擦 223
 8.3.3 转动副中的摩擦 225
 8.3.4 平面高副中的摩擦 228
 8.3.5 考虑运动副摩擦时机构的受力分析 228
8.4 不考虑摩擦时平面机构的动态静力分析 230
 8.4.1 构件组的静定条件 230
 8.4.2 用图解法作机构的动态静力分析 230
 8.4.3 机构动态静力分析的解析法 232
思考题与习题 235

第9章 机械的平衡

9.1 概述
9.1.1 机械平衡的目的
9.1.2 机械平衡的内容及分类
9.2 刚性转子的平衡计算
9.2.1 刚性转子的静平衡计算
9.2.2 刚性转子的动平衡计算
9.3 刚性转子的平衡实验
9.3.1 静平衡实验法
9.3.2 动平衡实验法
9.4 转子的许用不平衡量与平衡精度
9.4.1 转子的许用不平衡量
9.4.2 转子的平衡精度
9.5 平面机构的平衡
9.5.1 平面机构惯性力的平衡条件
9.5.2 机构总惯性力的完全平衡
9.5.3 机构惯性力的部分平衡
思考题与习题

第10章 机械系统动力学

10.1 概述
10.1.1 机械运转的三个阶段
10.1.2 作用在机械上的驱动力和工作阻力
10.2 机械的等效动力学模型
10.2.1 等效构件和等效动力学模型
10.2.2 等效量的计算
10.3 机械的运动方程式
10.3.1 机械的运动方程式
10.3.2 机械运动方程式的求解
10.4 机械的周期性速度波动及其调节方法
10.4.1 周期性速度波动的原因和调节方法
10.4.2 衡量机械速度波动程度的性能参数
10.4.3 飞轮的简易设计方法
10.5 机械的非周期性速度波动及其调节
思考题与习题

第11章 机械的效率和自锁

11.1 机械的效率

11.1.1　机械效率的表达形式 ································· 277
　11.1.2　机械系统的效率 ····································· 279
11.2　机械的自锁 ·· 280
　11.2.1　运动副的自锁条件 ····································· 281
　11.2.2　机械的自锁条件 ······································· 281
思考题与习题 ··· 283

第3篇　机械系统方案设计

第12章　机构创新及机械系统方案设计 ································· 285
12.1　机构的创新 ·· 285
12.2　机械系统的方案设计 ··· 296
思考题与习题 ··· 304

参考文献 ··· 306

0 绪 论

0.1 机械原理课程的研究对象和内容

0.1.1 机械原理课程的研究对象

机械原理是机器和机构理论的简称,是一门以机器和机构为研究对象的学科。

1. 机器

人类经过长期的生产实践逐步创造了各种机器,从家用的电风扇、洗衣机到工业上使用的各种机床;从汽车、火车、轮船、飞机到火箭、宇宙飞船、航天飞机;从挖掘机、起重机到各种机器人等。机器的种类很多,构造、性能和用途各不相同,但概括归纳一下,它们却有以下共同的特征:

(1) 机器是人为的实物(杆块)组合体;

(2) 组成机器的各实物(杆块)之间均具有确定的相对运动关系;

(3) 在生产过程中,它们能代替或减轻人类的劳动,完成有用的机械功或转换机械能,还能进行信息的采集、处理和传递等。

如图 0-1 所示为一电动机,它是由一个转子(电枢)1 和一个定子 2 组成的。当有电流输入时,转子便相对定子转动起来,将电能转换为机械能。

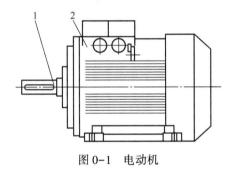

图 0-1 电动机

2. 机构

对于机构的概念人们可能不像对机器的概念那么熟悉,为了说明这个问题我们对下面的两个实例进行分析。

如图 0-2 所示为一单缸四冲程内燃机,它是由气缸体 1、活塞 2、进气阀 3、排气阀 4、连杆 5、曲轴 6、凸轮 7 和 7′、顶杆 8 和 8′、齿轮 9 和 9′、齿轮 10 等杆块组成。这些杆块又组成四个相对独立、又协同动作的部分:①将燃气燃烧推动活塞 2 的往复移动通过连杆 5 转换为曲轴 6 的连续转动;②凸轮 7 转动通过进气阀门顶杆 8 启闭进气阀门,以便可燃气体进入气缸;③凸轮 7′转动通过排气阀门顶杆 8′启闭排气阀门,以便燃烧后的废气排出气缸;④三个齿轮 9、9′和 10 分别与凸轮 7、7′和曲轴 6 相连,使安装它们的轴保持一定的速比,保证进、排气阀门和活塞之间有一定节奏的动作。当燃气推动活塞运动时,各部分协调动作,进、排气阀门有规律地启闭,加上汽化、点火等装置的配合,就把燃气的热能转换为曲轴转动的机械能。显然,这四部分是各自具有运动特点且能实现预期运动的基本组合体,我们把它们称为机构。在如图 0-2 所示的内燃机中,活塞 2、连杆 5、曲轴 6 和气缸体(机架)1 是一个基本组合体,可将活塞的往复移动转换为曲轴的连续转动,称为曲柄滑块机构,其机构运动简图如图 0-3 所示。凸轮 7、进气阀门顶杆 8 和机架 1 又是一个基本组合体,可将凸轮的连续转动转换为顶杆的按某一种预期运动规律(如等速运动规律)的往复移动,称为凸轮机构;凸轮 7′、排气阀门顶杆 8′和机架 1 组成另一凸轮机构,其机构运动简图如图 0-4 所示,三个齿轮 9、9′、10 和机架 1 组合起来,可将转动变快或变慢,甚至改变转向,称为齿轮系。它由两个完全对称的齿轮机构 9、10、1 和 9′、10、1 组成,其中一个的机构运动简图如图 0-5 所示。内燃机即由平面连杆机构、凸轮机构和齿轮机构三种常用机构组成,内燃机的组合机构如图 0-6 所示。可见机器是由各种机构组成的系统。

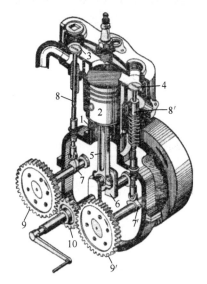

图 0-2　单缸四冲程内燃机

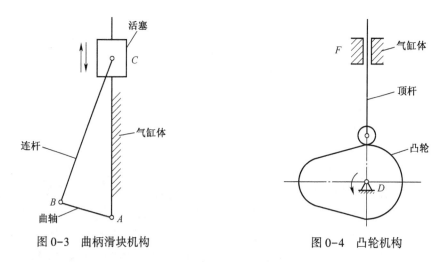

图 0-3　曲柄滑块机构　　　　　　图 0-4　凸轮机构

大多数机器包含若干个不同的机构。有一些简单的机器也可以只含有一个最简单的机构——两杆机构,如电动机、鼓风机等。

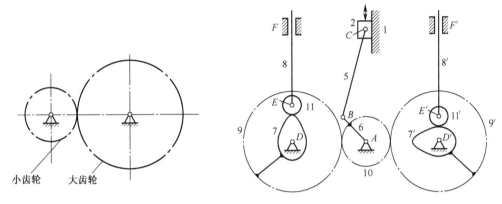

图 0-5　齿轮机构　　　　　图 0-6　单缸四冲程内燃机机构运动简图

如图 0-7 所示为牛头刨床,它是由电动机 1、小皮带轮 2、皮带 3、大皮带轮 4、齿轮 5、6、7、8、导杆 9、滑块 10、连杆 11、刨头 12、凸轮 13、摆杆 14、连杆 15、摇杆 16、棘轮 17、棘爪 18、工作台 19、床身 20 以及图中未画出的辅助部分组成。它所采用的原动机为电动机,电动机 1 经带传动机构(由 2、3、4 和 20 组成)并通过齿轮系(由两个齿轮机构 5、6、20 和 7、8、20 组成)、摆动导杆机构(由 8、9、10 和 20 组成)和摇杆滑块机构(由 9、11、12 和 20 组成)驱动刨头带着刨刀往复移动,从而产生切削动作。与此同时,动力还通过凸轮机构(由 13、14 和 20 组成)、四杆机构(由 14、15、16 和 20 组成)和棘轮机构(由 16、17、18 和 20 组成)间歇地带动螺杆转动,使工作台 19 横向进给。刨刀每往复移动一次,工作台横向移动一个进刀距离,直到刨削完整个工件表面。

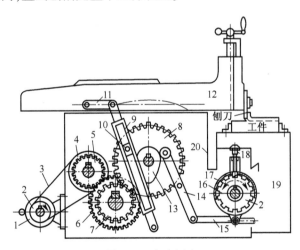

图 0-7　牛头刨床

通过以上分析可以看出,机构具有机器的前两个特征:
(1) 机构是人为的实物(杆块)组合体;
(2) 组成机构的各运动实体之间均具有确定的相对运动。
机构仅仅起着运动及动力传递和运动形式的转换作用;而机器是由各种机构组成的,

它可以完成能量的转换或做有用的机械功。若撇开机器在做功或转换能量方面所起的作用,仅从结构和运动的观点来看,两者之间并无区别。因此,习惯上人们常用"机械"一词作为机器和机构的总称。

随着近代科学技术的不断发展,机器和机构的功能也在相应地变化,除具有前述的功能外,还能进行信息的采集、处理和传递等。

机器是执行机械运动的系统,同时能够完成有用的机械功或转换机械能。一般来说,机械由四部分组成。

(1) 动力子系统。如电动机、内燃机、蒸汽机、气缸和液压缸等,它是机器的动力源。将其他形式的能量转换为机械能。

(2) 执行子系统。它处于整个机器系统的终端,完成有用的机械功。

(3) 传动子系统。它介于动力子系统和执行子系统之间,把动力子系统的运动和动力传递给执行子系统。

(4) 控制子系统。控制、协调动力子系统、传动子系统和执行子系统的工作,以便整个机器系统能够准确、可靠地实现预期的功能。由于信息技术的飞速发展,近代机器的控制子系统中,计算机已居于主导地位。

这四部分之间的关系可用图 0-8 表示。

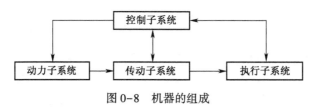

图 0-8 机器的组成

0.1.2 机械原理课程的研究内容

机械原理课程的研究内容主要有以下三部分:

(1) 第 1 篇机构的运动学分析及其设计。从以上分析可知,机器是由若干机构组成的,由于用途不同使机器的种类繁多,而组成机器的机构却不是很多,不同的机器可以包含有相同的机构,如由上面的内燃机和牛头刨床两个实例中可看出,组成这些机器的机构都有我们刚刚看到的平面连杆机构、凸轮机构、齿轮机构等。因而机械原理课程将把机构的运动学分析及其设计作为重要的内容之一加以研究,在这里我们将分析和研究机构的组成原理、各种常用机构的类型、运动特点、功能以及运动设计的方法,为机械系统的方案设计打下必要的运动学基础。

(2) 第 2 篇机械的动力学分析及其设计。分析和研究机械在外力作用下的真实运动规律和速度波动问题以及如何合理地设计调速装置来降低速度波动的不良影响;分析和研究机械运转时惯性力和惯性力矩的平衡问题,以及如何通过合理设计和实验消除或减小不平衡惯性力引起的有害振动;分析和研究影响机械效率的主要因素和机械效率的计算方法,以及在设计机械时如何合理地选择机构的尺寸参数以提高机械效率。通过对这些内容的分析研究,为机械系统的方案设计打下必要的动力学基础。

(3) 第 3 篇机械系统方案设计。最后在上述机构的运动学和动力学研究的基础上,介绍功能分析和机构创新,以及机械运动方案的拟定等问题。

机械原理课程设计是在本课程结束后所设置的一个重要的实践性教学环节,是学生第一次运用所有先修课程的理论,进行较全面的机构综合设计训练,力求通过这一教学环节从分析问题和解决问题的方法上、从设计思想上培养学生工程设计的能力。

0.2　机械原理课程的地位及其学习目的

0.2.1　机械原理课程的地位

机械原理课程是高等工科院校有关专业的一门重要的技术基础课,在机械设计系列课程体系中占有十分重要的位置,在整个教学计划中起承上启下的作用。它综合应用高等数学、机械制图、普通物理、工程力学等先修课程的知识和生产实践经验,使学生通过本课程的学习和随后课程设计实践,掌握机构学和机械动力学的基本理论、基本知识和基本技能,培养学生初步拟定机械运动方案、分析和设计基本机构的能力。同时为进一步学习机械设计和有关专业课程,以及今后从事机械设计工作打下坚实的基础。

0.2.2　学习机械原理课程的目的

(1) 为学习后续专业课打好理论基础。根据用途不同,机械的种类繁多,当研究某一特定的具体机械时,不仅需要研究机械所具有的特殊问题,而且必须要研究所有机械具有的共性问题,如为实现某种运动而设计使用的常用机构及其运动学和动力学的研究等。机械原理课程正是为此而开设的一门重要的技术基础课。

(2) 为机械产品的创新设计打好基础。目前,在机械制造业中对机械产品的种类需求逐渐增多,要使设计的产品在市场上有强大的竞争力,就需要设计制造出种类繁多、性能优良、使用方便的新机械。产品是否具有创新性,很大程度上取决于设计,这正是机械原理课程所要研究的主要内容。

(3) 为现有机械的合理使用和改革创新打好基础。通过学习机械原理这门课程,可以掌握机器和机构的分析方法,了解机械的性能才能更合理地使用机械,极大地发挥机械的工作潜能,也才能对现有机械提出改革创新的方案。

0.3　机械原理课程的学习方法

从基础课到技术基础课学习方法上有所不同,机械原理课程是重要的技术基础课,比以往所学的基础课更加结合工程实际,理解和掌握本课程的内容来解决工程实际的问题,进行创造性的设计,这就要求学生们在具备了逻辑思维能力的同时,还必须重视形象思维能力的培养。学生们在学习本课程时,应把重点放在掌握分析问题、解决问题的基本思路和方法上,培养自主获取知识的能力。为了学好机械原理课程,学习中应注意以下几点:

(1) 熟悉典型机构的结构和运动特点,掌握分析、设计机构的方法。

(2) 掌握机构及机器运动简图的绘制方法,能够用运动简图分析机械的运动,从而更加深入地认识和了解机械。

（3）深刻理解本课程的基本概念,对掌握课程内容收到事半功倍的效果。

（4）本课程的基本研究方法有:杆组法、变换机架法、机构转化法、等效法等,这些方法的掌握能使学生们更容易地对各种机构进行分析和设计。

（5）在学习中注意将先修课程的知识联系运用、融会贯通,特别是与本课程联系最为密切的理论力学,将其相关的原理应用于实际机械,如利用瞬心的概念对平面连杆机构、凸轮机构、齿轮机构等进行分析。

（6）求解习题前应先复习相关知识和有关例题,注意归纳总结基本概念和解题思路,以收到举一反三的效果。

（7）注重理论联系实际,加强综合能力的培养。机械原理课程与工程实际联系紧密,这就要求学生们在学习过程中还要注重实践环节的学习,如实验、课程设计、大学生机械设计创新大赛及课外科技活动等,这些都将为学生们提供学以致用的平台。现实生活中也有各种构思巧妙设计新颖的机构,如能注意观察、分析比较,就有可能从日常的积累中获得创造灵感,设计出新的机构。

0.4　机械原理学科的发展趋势

机械原理学科是机械学科的重要组成部分,是机械工业和现代科学技术发展的基础。当今世界,电子学、信息科学、计算机科学、生命科学等学科间的相互渗透与结合,极大地促进了机械学科的发展。

为了适应激烈的市场竞争环境,开发出的商业软件可用于传统机构学中典型机构的设计,如对连杆机构、凸轮机构、齿轮机构和组合机构中复杂的运动规律、运动学与动力学参数的分析与设计。同时,由于计算机的广泛应用,使得在机构的结构理论研究中,将图论、网络分析、线性几何学、螺旋坐标等各种工程数学方法的应用成为可能。根据设计要求给出由设计变量、约束条件和目标函数所确定的最优化数学模型,优选设计变量,确定最优化设计方案,已成为在复杂机构综合中普遍适用的方法和主要发展方向。

近年来,在多自由度、多闭环的多杆机构以及开式链机构中,组成机构的构件已不再是简单地视为刚体,柔性构件、气体、液体等也可参与实现预期的机械运动。机械原理学科的前沿领域还包括:机电一体化与液压、气动、电磁、电子与光电等非机械传动元件的广义机械设计方法的研究;高速机械的运动弹性动力学研究;大型复杂机械设备的故障诊断、在线检测和振动的主动与被动控制研究;仿生机构学研究;机械产品设计方案的智能化设计、智能化机构系统设计、机构创新设计以及机械产品的创新设计方法的研究等。

思考题与习题

0-1　什么是机器和机构?机器和机构有何区别与联系?各有哪些特征?

0-2　机器一般由哪几部分组成?各部分的作用是什么?

0-3　试举出两个机器实例,分析其包含哪些机构?它们的作用是什么?

0-4　对题0-3中的两个机器实例,再分析其组成。

0-5　机械原理课程的任务是什么?学习本课程时应注意掌握哪些方法?

第1篇 机构的运动学分析及其设计

第1章 机构的结构分析

1.1 机构结构分析的目的及内容

由绪论可知,本课程研究的对象主要是各种机构,因此为了对机构进行研究,首先应知道机构是如何构成的?在什么条件下机构才能具有确定的运动?以及如何把要研究的机构用简单的图形表示出来?所以学习本章的目的在于使学生了解并掌握以下内容。

1.1.1 机构的组成及其具有确定运动的条件

如前所述,机构是具有确定相对运动的构件组合体。因此,判断由各个构件组合起来所形成的机构,怎样组成才可保证其能够运动;在什么条件下才具有确定的相对运动,是我们需要研究的首要问题。

1.1.2 机构的结构分类方法及其组成原理

因为实际应用的机构种类是多种多样、千变万化的,所以为了便于对机构进行运动分析和动力分析,有必要在了解了机构的组成原理基础之上,将种类繁多的机构按结构上的特点加以分类,进行结构分析,并以此建立起机构运动分析和动力分析的一般方法。这样,不但可以对现有机构进行分析研究,而且还可以创造新机构,拓宽机构构型的思路,增强机构设计的能力。

1.1.3 机构运动简图

为了便于对现有机构进行分析研究和设计新机构,有必要撇开实际构件的复杂外形和构造,仅仅根据构件的连接特征和那些与运动相关的尺寸,用简单的线条和规定的符号来反映各构件间的相对运动关系,这就是机构运动简图。掌握机构运动简图的绘制是使用、维护机器,设计机器的工程技术人员必须掌握的一项技术。

1.2 机构的组成

1.2.1 构件

从加工制造的角度看,机械零件是机器的最小组成部分,它是独立的制造单元。如图1-1所示的连杆结构就是由单独加工的连杆体1、连杆头2、轴瓦3、螺杆4、螺母5、轴套6

等零件装配而成。而从运动的观点来看,任何机器都是由若干个独立运动的单元体——构件组成的。构件和零件的关系是:构件是由一个或若干个刚性连接后能够独立运动的零件构成的,如内燃机中的齿轮、凸轮和经过若干个零件刚性连接组装而成的连杆等都属于构件。所以只要作为一个整体而运动,不管由多少个零件组成的一个运动单元都称为一个构件。

1.2.2 运动副及其元素

为了使机构具有确定的相对运动,必须使组成机构的各构件间以一定相对运动的方式连接起来。很显然这种连接不同于焊接、铆接之类的刚性连接,它是使两个构件直接接触的同时又使其产生一定相对运动的连接形式。将这种两个构件直接接触形成的可动连接称为运动副。其中"两构件""直接接触""可动连接"是构成运动副不可缺少的三个条件。例如,轴1与轴承2的连接(图1-2)、滑块2与导轨1的连接(图1-3)、两齿轮轮齿的啮合(图1-4)等均为运动副。而两构件构成运动副的接触表面则称为运动副元素。例如,图1-2、图1-3、图1-4,它们的运动副元素分别是圆柱面和圆柱孔面、棱槽面和棱柱面以及两齿廓曲面。

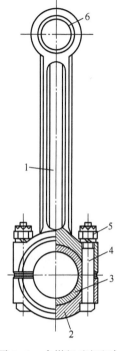

图1-1 内燃机连杆机构
1—连杆体;2—连杆头;
3—轴瓦;4—螺杆;
5—螺母;6—轴套。

1.2.3 自由度和约束

由理论力学可知,一个作平面运动的自由构件有3个独立运动的可能性,即沿x、y轴方向的移动和绕垂直于运动平面xOy的z轴转动,如图1-5所示,需要3个独立的参变量来确定构件的位置。因此,我们将确定构件位置的独立参数或者构件所具有的独立运动的数目称为自由度。显然,任一作平面运动的自由构件都有3个自由度,而一个作空间运动的自由构件则有6个自由度,即沿3个轴线方向的移动和绕3个轴线的转动,如图1-6所示。

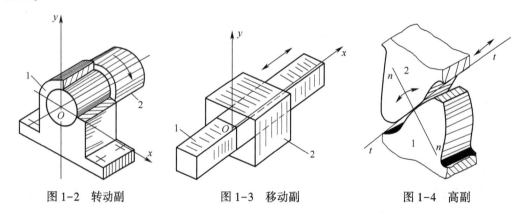

图1-2 转动副　　　图1-3 移动副　　　图1-4 高副

当两构件组成运动副之后,由于它们的直接接触而使相对独立运动受到某些限制,因此它们之间还能实现哪些相对运动,将与该运动副对这两个构件的相对运动所加的限制有关。我们把对构件的独立运动所加的限制称为约束。每加上1个约束,构件便失去1个自由度,加上2个约束,构件就失去2个自由度。约束数目等于被其限制的自由度,空间运动中运动副的自由度(以 F 表示)和约束数(以 S 表示)的关系为 $F=6-S$。组成运动副的两构件间约束数目的多少及其特点完全取决于运动副的类型。

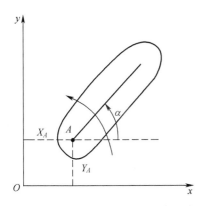 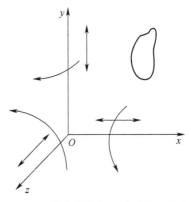

图1-5 构件作平面运动时的自由度　　图1-6 构件作空间运动时的自由度

1.2.4 运动副类型

1. 按组成运动副两构件的相对运动形式分类

按照组成运动副两构件间的相对运动是平面运动还是空间运动可将运动副分为平面运动副和空间运动副。在平面运动副中,将两构件之间只能作相对转动的运动副称为转动副或回转副,也称为铰链;将两构件之间只能作相对移动的运动副称为移动副或棱柱副等。在空间运动副中,将两构件之间的相对运动为球面运动的运动副称为球面副;将两构件之间相对运动为螺旋运动的运动副称为螺旋副(表1-1)等。

表1-1 常用的运动副符号

运动副名称		运动副符号	
		两个运动构件组成运动副	两个构件之一固定组成运动副
平面运动副	转动副		
	移动副		
	平面高副		
空间运动副	圆柱副		
	球面副 球销副		

(续)

运动副名称		运动副符号	
		两个运动构件组成运动副	两个构件之一固定组成运动副
空间运动副	螺旋副		

2. 按组成运动副两构件的接触形式分类

组成运动副的两构件接触形式无非是点、线、面三种情况,其中运动副元素组成面接触时因接触面积较大,故同等载荷下其压强比组成点、线接触时的压强低,因此将面接触的运动副称为低副,而将点、线接触的运动副称为高副。例如,平面运动副中的转动副和移动副均属于低副,它们在平面运动中具有1个自由度,2个约束。而平面运动副中的齿轮副(图1-4)则属于平面高副,它具有2个自由度(沿切线方向的移动和绕切点的转动),1个约束(沿法线方向的移动)。

3. 按运动副引入的约束数目分类

引入1个约束的运动副称为Ⅰ级副、引入2个约束的运动副称为Ⅱ级副,依此类推,两构件组成运动副后最多受到5个约束,故最高级是Ⅴ级副,它也是机械中最常见的运动副。另外,螺旋副的相对运动虽然既有转动又有移动,但两者有一定关系,即每转一圈,移动一个导程,它们不是相对独立的,其独立的相对运动只有一个,因此螺旋副也属于Ⅴ级副。

1.2.5 运动链和机构

1. 运动链

若干个构件以运动副连接组成的相对可动的系统称为运动链。

若组成运动链的各构件形成首尾封闭的系统,如图1-7(a)、(b)所示,运动链中的每个构件至少含有两个运动副,这样的运动链称为闭式运动链或闭链。反之,如果运动链中的各构件未能构成首尾封闭的系统,有的构件只含有一个运动副,如图1-7(c)、(d)所示,则该运动链称为开式运动链或开链。传统的机械中,一般多采用闭式运动链,而开式运动链则多用于工业机器人和机械手等多自由度的机械中。

此外,按照运动链中各构件之间的相对运动是平面运动还是空间运动,又可将运动链分为平面运动链(图1-7)和空间运动链(图1-8)。

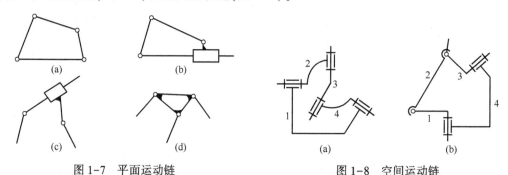

图1-7 平面运动链　　　　图1-8 空间运动链

2. 机构

机构是具有一个固定构件的运动链,它是运动链的特例。

在组成机构的各个构件中,用于支撑活动构件且自身固定不动的构件,或者虽然相对于地面运动,但与参考坐标系固结而视为不动的构件(如运动的车身等),称为机架。机构中按给定的已知运动规律独立运动的构件,称为原动件或主动件,又因其运动是由外界输入的,故又称为输入构件,而其余活动构件则称为从动件。从动件中包含输出运动的构件——输出件,当原动件的运动确定后,从动件的运动将随之而定。所以,任何机构都包含机架、原动件和从动件三个组成部分。

1.3 机构运动简图

1.3.1 机构运动简图

在工程实践中,要说明机器的工作原理、分析机构的运动和受力以及构思新机械的结构方案等问题,最清晰、简明、简洁的"语言"就是机构运动简图。由于机构中刚性构件的运动与构件的复杂外形(高副机构的运动副元素除外)、断面尺寸、组成构件的零件数目及运动副的具体构造无关,因此机构运动简图中可以撇开那些与运动无关的因素用简单的线条和规定的符号来表示构件和运动副。又由于与刚性构件运动有关的因素,是两构件组成的运动副,即组成运动副两元素的形状决定了两构件相对运动的形式,而运动副的位置(即转动副的中心位置、移动副的中心线位置和高副接触点的位置)则与构件的绝对运动有关。因此,机构运动简图要能反映出各构件之间的相对运动性质和运动副的位置,即要能够准确地表达机构的相对运动情况。

综上,机构运动简图就是用简单线条和规定符号代替构件及运动副,并按一定比例表示各运动副相对位置的简单图形。

有时我们只是为了描述机构的运动原理,表明机械的组成状况和结构特征,也可不按比例绘制简图,这种简图通常称为机构示意图。

机构运动简图中运动副符号已有标准,表 1-1 所列运动副的表示方法即摘自 GB 4460/T—1984。

由于构件的相对运动主要取决于运动副,因此,首先应当用规定的符号画出各运动副元素在构件上的相对位置,然后再用简单的线条把它们连接成构件。一般构件的表示方法如表 1-2 所列,常用机构的简图符号如表 1-3 所列。

表 1-2 一般构件的表示方法

杆、轴类构件	构件的表示方法				
固定构件					
同一构件					
两副构件					

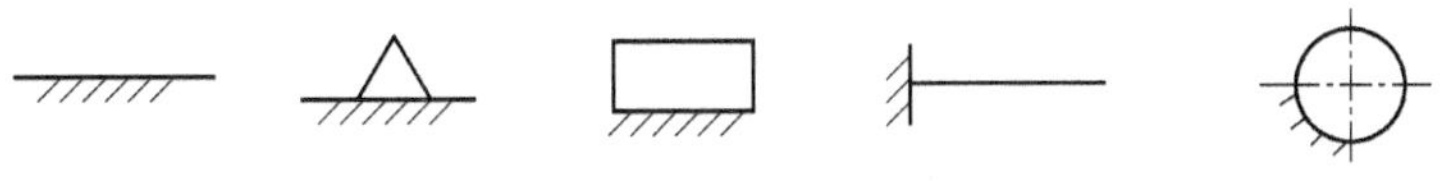

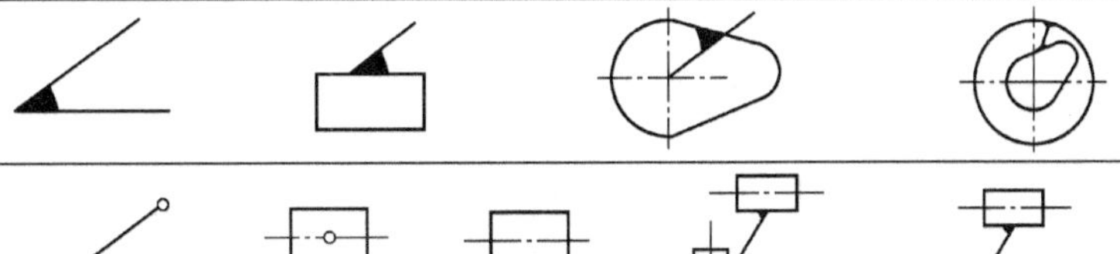

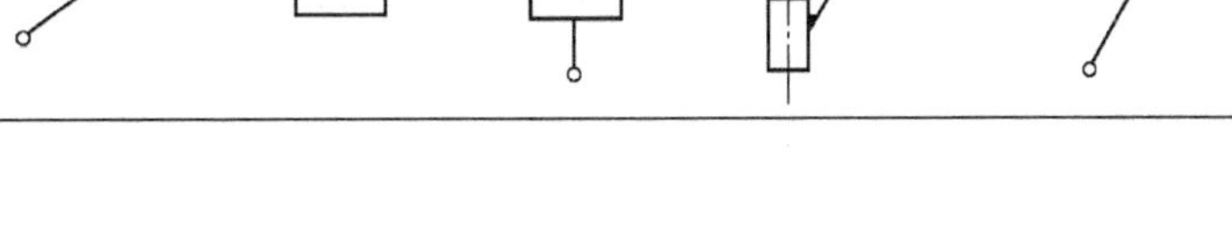

(续)

杆、轴类构件	构件的表示方法
三副构件	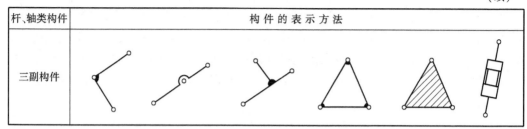

表 1-3　常用机构的简图符号（GB 4460—1984）

名称	符　号	名称	符　号
凸轮机构	盘形凸轮 凸轮从动件	蜗轮蜗杆传动	
圆柱齿轮传动	外啮合 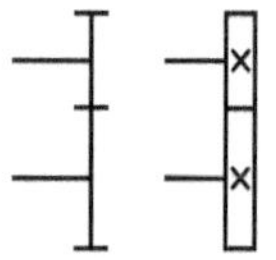　内啮合 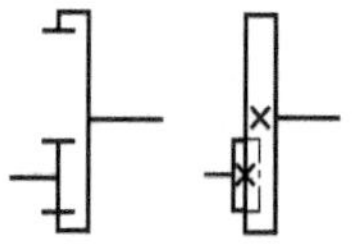	带传动	
齿轮齿条啮合传动		链传动	
圆锥齿轮传动	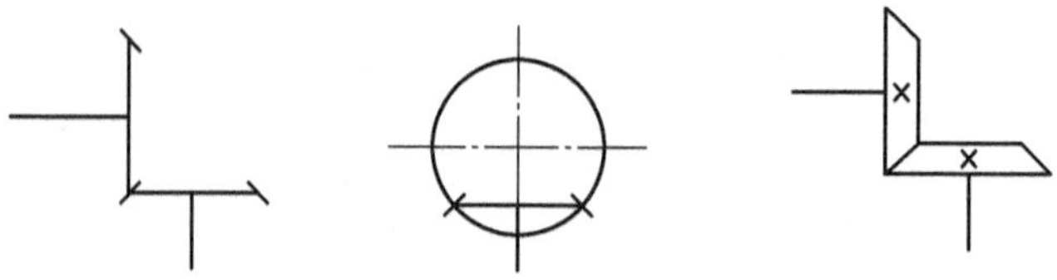	电动机	

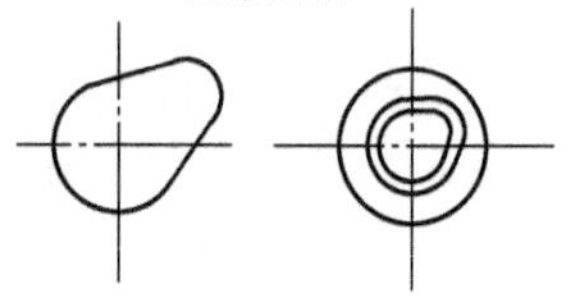

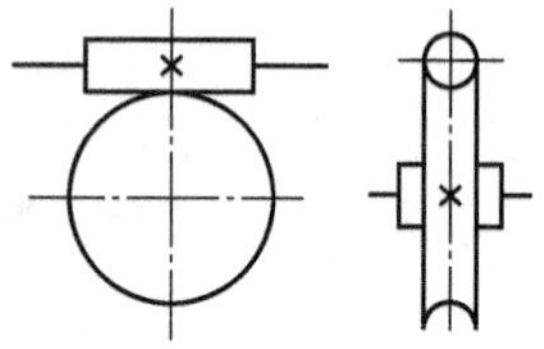

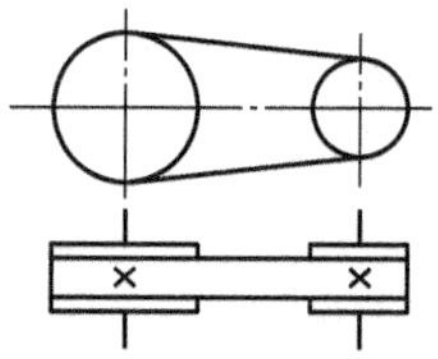

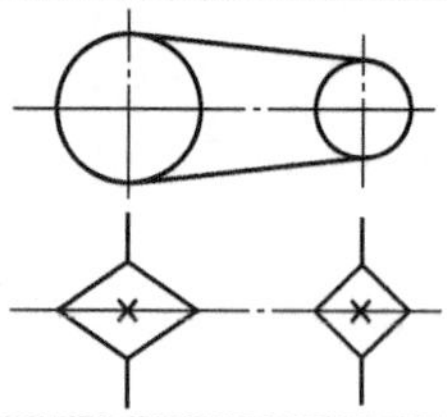

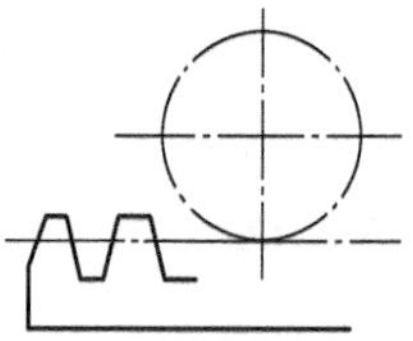

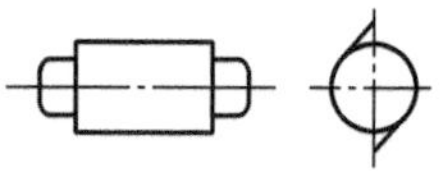

1.3.2　绘制机构运动简图的步骤

由实际机构到机构运动简图，是一个从具体到抽象的过程。通过运动简图可以更加清楚而又简明地反映机构的运动特性，因此，在绘制简图时，必须抓住机构的运动特性，排除各种与运动无关的因素。但是，对于结构和外形比较复杂的实际机构，绘制其机构运动简图往往需要较高的技巧和反复实践。

绘制机构运动简图的步骤可归结为：

（1）认清传动路线，即搞清机械的原动部分、传动部分和工作部分，从中找出原动件、机架及从动件，确定构件总数，并依次标上数码，且在原动件上标出箭头以表示其运动方向。

（2）认清相邻两构件的相对运动性质，由此确定运动副的类型并依次编号。对于转动副，要找到转动中心（铰链点）的位置；对于移动副，应确定移动导路的方位线，该线可任意平移；对于高副，应画出其两元素的形状。

（3）合理选择视图平面，以能最清楚地表达机构的运动为原则。因此，视图投影面通常选择大多数构件或主传动机构所在的运动平面。对于平面机构，一般选择运动平面作为视图平面。如果遇到在一个视图上难以表达清楚的情况，也可增加局部视图。

（4）选择适当比例尺 μ_l（μ_l = 实际尺寸(m)/图纸尺寸(mm)），以机架为参考坐标系，将主动件置于一个适当的位置，按比例定出各运动副的位置并以规定的符号画出各个运动副，用直线或曲线将同一构件上的各运动副连接起来即为所要绘制的机构运动简图。

以上步骤可以总结为一个便于大家记忆的顺口溜："先两头，后中间，从头到尾数一遍，看看构件是多少，再看它们怎相连。"

例 1-1 绘制如图 1-9(a)所示的偏心轮传动机构的运动简图。

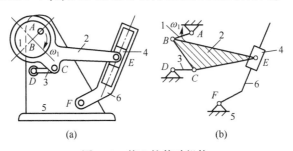

图 1-9 偏心轮传动机构

解：该机构由机架 5、原动件 1 及从动件 2、3、4、6 组成。原动件 1 为偏心轮，它与机架 5 组成转动副，其回转中心为点 A。三副构件 2 与构件 1、3、4 同样也组成转动副，其回转中心分别为点 B、C、E。构件 3、6 分别与机架 5 在点 D、F 组成转动副。构件 4 与构件 6 在点 E 处组成移动副。

合理选择投影平面和长度比例尺，定出各转动副回转中心点 A、B、C、D、E、F 的位置及移动副导路的方向，按规定的符号将运动副表示出来，再用直线把各运动副连接起来，然后在机架上加上阴影线、原动件上加上箭头，即得如图 1-9(b)所示的构件运动简图。

例 1-2 绘制如图 1-10(a)所示的活塞泵的机构运动简图。

解：该机构主要由机架 5（泵壳）、主动曲柄 1（圆盘）、连杆 2、摆杆 3 和活塞 4 组成。当主动曲柄 1 按给定的运动规律转动时，从动连杆 2 拖动摆杆 3 绕点 D 转动，而摆杆 3 又通过其上的齿轮与活塞 4 上的齿条啮合，带动活塞 4 上下移动，从而达到抽吸和排出气体或液体的效果。

从机构中各构件之间的相对运动关系可以看出，曲柄 1 通过转动副 A 和 B 分别与机架 5 和连杆 2 连接，连杆 2 与摆杆 3 通过转动副 C 连接，而摆杆 3 一方面通过转动副 D 与

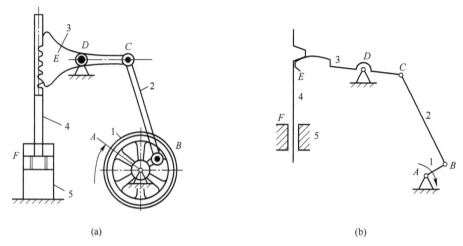

图 1-10 活塞泵及其运动机构简图

机架 5 连接,另一方面又通过齿轮副与活塞 4 连接。

由于视图面就是该机构各构件的运动平面,故选其为机构运动简图的投影面,适当选取比例尺,从构件 1 与构件 5 连接的运动副 A 开始,按照机构运动传递的路线及相对位置关系依次画出各个运动副,并以简单的线条连接同一构件上的运动副,即可作出机构运动简图,如图 1-10(b)所示。

1.4 平面机构自由度

如前所述,各种机构都是用来进行运动传递或改变运动形式的。显然,为了达到这一目的,当机构的原动件按给定的运动规律运动时,该机构中其余各活动构件的运动也都应是完全确定的。因此,为了使组合起来的各构件能够产生运动并具有运动的确定性,有必要探讨机构自由度和机构具有确定运动的条件。

1.4.1 平面机构自由度的计算公式

作平面运动的自由构件共有 3 个自由度,而它们一旦通过运动副连接起来之后,便产生了各种约束。一个平面低副形成 2 个约束,只剩 1 个自由度;一个平面高副具有 1 个约束,还剩 2 个自由度。对于一个既包含平面低副又含有平面高副的平面机构,其自由度可按下面方法计算。

设机构具有 n 个活动构件(机架除外),在未以运动副的形式连接起来之前,这些自由活动的构件具有 $3n$ 个自由度。当用 p_l 个低副和 p_h 个高副把活动构件之间、活动构件与机架之间连接起来之后,机构中各活动构件所具有的自由度将随之减少。由于 p_l 个低副产生 $2p_l$ 个约束,p_h 个高副产生 p_h 个约束,因此由 p_l+p_h 个运动副引入的约束总数为 $2p_l+p_h$。活动构件的自由度总数减去运动副引入的约束总数即为机构自由度,以 F 表示,则

$$F = 3n - 2p_l - p_h \tag{1-1}$$

由式(1-1)可知,机构自由度取决于活动构件的数目、运动副的类型及其数目,它表

明了机构的自由度,也即为机构相对于机架所具有的独立运动的数目。该公式早在1869年由俄国科学院院士契贝谢夫提出。

1.4.2 机构具有确定运动的条件

通常机构中的原动件都是通过转动副或移动副与机架相连接的,因此一个原动件只能输入一个独立运动。如电动机作为原动机,其转子只能给原动件一个独立的转动;同样气缸或液压缸作为原动件,其活塞也只能提供给原动件一个独立的移动,而自由度正是表示这些独立运动的。因此,机构的自由度应当与原动件数相等。机构原动件的数目可以由设计人员自行给定,如果在提出新的设计方案时所给定的原动件数目与机构自由度不相等,那将会出现什么情况呢?下面针对机构自由度、原动件数与机构的确定运动之间的关系进行进一步考察。

如图1-11所示的铰链四杆机构中,其自由度$F = 3n - 2p_1 - p_h = 3\times3 - 2\times4 = 1$,设构件1为原动件,当它按给定的运动规律绕固定铰链点A转至某一位置时,从动构件2和3均有与其相对应的确定位置。这说明自由度等于1的机构在具有一个原动件时其运动是确定的。但是,倘若取构件1和3两个构件作为原动件,则机构将按受力较大的原动件的运动规律运动,而受力较小的原动件将变为从动件。如果某构件或运动副的强度不足,则最薄弱的环节将被损坏。

又如图1-12所示的铰链五杆机构,其自由度$F = 3n - 2p_1 - p_h = 3\times4 - 2\times5 = 2$。如果只给定一个原动件如构件1,则当它处在$\varphi_1$位置时,构件2、3、4的位置并不确定,它们可以处在实线位置或虚线位置,也可以处在其他位置,即从动件的运动是不能确定的,只能作无规则运动。但是,如果再给定一个原动件如构件4,则当构件1和4分别按给定的运动规律运动至实线φ_1和φ_4位置时,构件2、3也处在唯一确定的实线位置。由此可见,自由度等于2的机构在具有两个原动件时才可存在确定的相对运动。

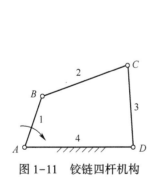

图1-11 铰链四杆机构

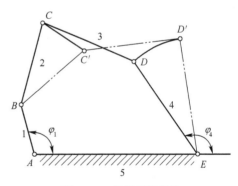

图1-12 铰链五杆机构

如图1-13所示为构件的另一些组合情况。对于图1-13(a)其自由度$F = 3n - 2p_1 - p_h = 3\times2 - 2\times3 = 0$,表明机构各构件之间不可能产生相对运动,该机构已经蜕变成为一个刚性桁架。又如图1-13(b)所示的构件组合,其自由度$F = 3n - 2p_1 - p_h = 3\times3 - 2\times5 = -1$,自由度小于零说明该构件组合所受的约束过多,已经成为超静定桁架。

综上所述可知,机构各构件之间是否具有确定的相对运动,与该机构相对于机架的自由度及给定的原动件数目有直接关系。

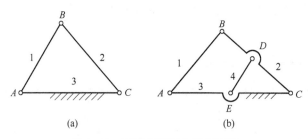

图 1-13 刚性桁架及超静定桁架

（1）当 $F \leq 0$ 时，各构件之间无相对运动，机构蜕变为刚性桁架。自由度已不具有原来的意义。

（2）当 $F > 0$ 时，机构具有运动的可能性，但是不一定具有运动的确定性。只有当机构的原动件数等于机构的自由度数时，机构才具有运动的确定性。如果原动件数小于自由度数，从动件将得不到确定的运动；反之，如果原动件数大于自由度数，机构将不可能同时执行诸原动件所要求的运动规律，倘若强制执行，则机构薄弱处将被破坏。

1.4.3　计算平面机构自由度时应注意的事项

在应用式(1-1)计算机构自由度时，有些需要注意的事项必须正确地加以处理才能得到正确的计算结果，否则会得到与机构运动不相符的情况，这并不是契贝谢夫公式存在什么问题，而是由以下特殊原因所引起的。

1. 复合铰链

两个以上构件同转动副在同一中心并接时，该处的结构称为复合铰链。在如图 1-14(a) 所示的六杆机构中，构件 2、3、4 同在 C 处组成转动副。从图 1-14(b) 可以看出，三个构件在 C 处组成了 C_1、C_2 两个转动副，如果将 C 处的转动副当作一个转动副来计算，那么机构自由度的计算结果将与实际情况不符。例如，认为 $n=5, p_l=6, p_h=0$，则 $F=3 \times 5 - 2 \times 6 = 3$，这表明要使机构具有确定运动，需要三个原动件，但实际上只要有一个原动件，机构就具有确定运动。错误的原因就是没有判别清楚 C 处是一个复合铰链，即由三个构件共同组成了两个转动副。依此类推，由 K 个构件（包含机架）汇交而成的复合铰链应具有 $(K-1)$ 个转动副。因此，在计算机构自由度时，一定要注意识别复合铰链，以免搞错转动副的数目。

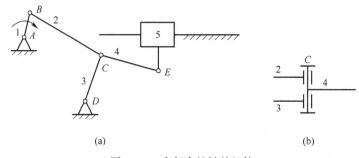

图 1-14 含复合铰链的机构

例 1-3　计算如图 1-15 所示的李普金直线机构的自由度。当该直线机构满足条件

$AB=AD$,$AF=FC$,$BC=CD=DE=EB$ 时,点 E 的一段轨迹为垂直于 AF 的一段直线,因此可以用这个机构作为圆片锯的主体机构(锯片安装在点 E 处)。

解:机构中的活动构件个数为 $n=7$;在点 A、B、C、D 四处构成由三个构件组成的复合铰链,各具有两个转动副;点 E、F 处各有一个转动副,故 $p_l=10$,$p_h=0$,由式(1-1)得

$$F = 3 \times 7 - 2 \times 10 - 0 = 1$$

计算结果与实际情况相符。

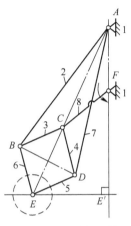

图 1-15 圆盘锯机构

2. 局部自由度

机构中若某些构件自身所具有的局部运动,不影响其他构件的运动,那么将这种不改变整个机构运动状况的某一构件的独立运动称为局部自由度。

例 1-4 计算如图 1-16(a)所示滚子从动件凸轮机构的自由度。

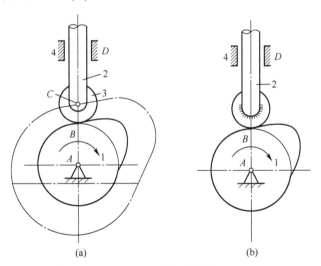

图 1-16 局部自由度

解:如图 1-16(a)所示的凸轮机构中,为了减少高副元素的磨损,常在从动件 2 上安装一个滚子 3,可将滑动摩擦变成滚动摩擦。如果直接按式(1-1)计算可得

$$F = 3n - 2p_l - p_h = 3 \times 3 - 2 \times 3 - 1 = 2$$

根据计算结果,该机构似乎应该有两个原动件才可具有确定运动,但实际上只要当凸轮1作为原动件时,整个机构就具有确定的运动。出现错误的原因是滚子3绕C轴的转动是个局部自由度,它转动得快慢甚至不均匀,不会影响整个机构的运动输出。因此,在机构自由度计算时,对局部自由度的处理方法是将它去掉。如图1-16(b)所示,设想将滚子3与从动件2焊成一体,预先排除局部自由度后再计算机构的自由度,即

$$F = 3n - 2p_l - p_h = 3 \times 2 - 2 \times 2 - 1 = 1$$

或者在式(1-1)中直接减去局部自由度 $F' = 1$,即

$$F = 3n - 2P_l - P_h - F' = 3 \times 3 - 2 \times 3 - 1 - 1 = 1$$

局部自由度不影响整体机构运动与输出构件的运动无关,只是起到减少摩擦的作用,所以实际机械中常有局部自由度的出现。

3. 虚约束

所谓虚约束就是对机构运动不起新的独立限制作用的重复约束,也称为消极约束。虚约束与转动副间的距离、导路方向、曲率中心的位置等几何条件密切相关,它是在一些特定的几何条件下产生的。而在自由度的计算公式中并没有考虑这些几何条件的影响,因此对于虚约束的处理与局部自由度相同也应该是提前发现,提前去除。

虚约束常出现在以下场合。

1)两构件组成多个运动副

(1)转动副轴线重合。当两构件构成多个轴线互相重合的转动副时,只有一个转动副起约束作用,其余的均为虚约束。如图1-17所示的 A、A' 以及 B、B' 所示即属此例。

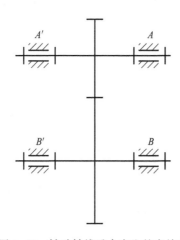

图1-17 转动轴线重合产生的虚约束

(2)移动副导路平行。当两构件组成多个导路互相平行的移动副时,只有一个移动副起约束作用,其余的均为虚约束。如图1-18所示的缝纫机刺布机构中 D、D' 即属此例。

(3)两构件组成多个平面高副。

① 若各接触处该平面高副两元素的公法线彼此重合,则因各接触处提供同一个约束,故仍视为一个高副。如图1-19所示的 B、B' 即属此例,视为一个高副。

② 若各接触处该平面高副两元素的公法线彼此不重合,则构成了复合高副,它相当

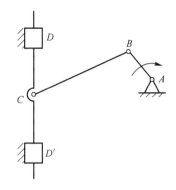

图 1-18 移动副导路平行产生的虚约束

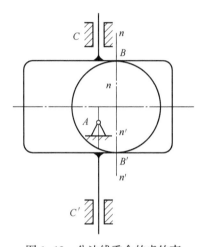

图 1-19 公法线重合的虚约束

于一个低副。(注:此例不属于虚约束,应区别对待。)如图 1-20(a)所示为一个转动副;如图 1-20(b)所示为一个移动副。

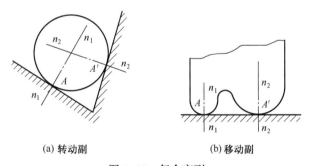

(a) 转动副　　　　　　(b) 移动副

图 1-20 复合高副

2) 轨迹重合

机构中如果增加约束后使构件的运动轨迹与未增加约束时的轨迹相同,则引入一个虚约束,计算时应去掉轨迹重合的虚约束。属于这种虚约束,往往是两构件通过转动副相连接,而且两构件在连接点上的轨迹是重合的。

例如,如图 1-21(a)所示的平行四边形机构 ABCD 中,当 AB 是原动件时,BC 杆作平动,因而 BC 杆上各点的运动规律完全一致,且它们的运动轨迹均是圆(以 AB 为半径,以 AD 线上相应点为圆心的圆)。显然,BC 杆上一点 E 的轨迹也是圆,圆心是机架 AD 上的点 F。若在此机构上,增加一构件 EF,并用转动副 E、F 将其分别与构件 BC 和 AD 相连,则机构运动情况和未增加 EF 杆时完全一致。如果计算机构自由度时不去掉虚约束(见图 1-21(b)),则 $F = 3n - 2p_1 - p_h = 3 \times 4 - 2 \times 6 = 0$,与实际情况不符,原因是该机构带来了轨迹重合的虚约束,它是由增加了一个活动构件 EF(引入了 3 个自由度)和两个转动副 E、F(引入了 4 个约束)共同构成的(虚约束 $p' = 4-3 = 1$,相当于 1 个约束)。为此应提前去掉虚约束(见图 1-21(a)),再按式(1-1)计算机构的自由度,即 $F = 3n - 2p_1 - p_h = 3 \times 3 - 2 \times 4 = 1$,或者用在式(1-1)中考虑虚约束的情况,即

$$F = 3n - (2p_1 + p_h - p') - F' = 3 \times 4 - (2 \times 6 + 0 - 1) - 0 = 1$$

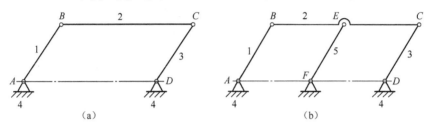

图 1-21 可产生虚约束的机构

从上例还可以看出,在机构运动过程中,如果不同构件上两点间的距离始终保持不变时(见图 1-21(b),EF=AB=CD=常数),那么用一个构件(图 1-21(b)中的构件 EF)和两个转动副(图 1-21(b)中的转动副 E、F)将此两点连接起来,即将引入一个虚约束。

作为轨迹重合带来虚约束的另一个例子是如图 1-22 所示的椭圆仪机构。由于 AB= BC=BD,滑块 3、4 的导路互相垂直,故可以证明当构件 1 作整周转动时,连杆 2 上除 B、C、D 三点之外,其余各点将画出长短轴不同的椭圆,而构件 2 上点 D 的轨迹为沿 y 轴的直线。又因该构件在点 D 处用转动副与滑块 4 铰接,且滑块的移动方向又垂直于水平方

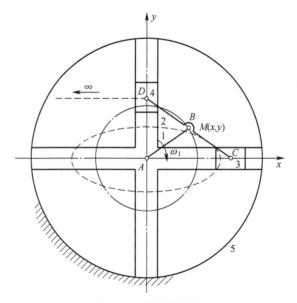

图 1-22 椭圆仪机构

向,故移动副的轨迹与构件 2 上点 D 的轨迹完全重合。因此,滑块及其一个转动副和一个移动副共同引入了一个虚约束,即 $p'=2\times2-3\times1=1$,应当假想地予以去除。如果误认为 $n=4, p_1=6$,则得 $F=3\times4-2\times6=0$。事实上,该机构不是桁架,而是具有确定运动的椭圆仪机构。计算结果之所以有误也是由于未考虑虚约束所造成的,因此,应提前发现虚约束并将它去除。故该椭圆仪的自由度为 $F=3n-2p_1-p_h=3\times3-2\times4=1$。

3) 机构中对运动不起独立限制作用的对称部分

如图 1-23 所示的行星轮系机构,若未存在齿轮 $2'$ 和 $2''$,当齿轮 1 为原动件时,$F=3n-2p_1-p_h=3\times3-2\times3-2=1$,机构具有确定运动。若增加两个对称布置的行星轮 $2'$ 和 $2''$,机构运动不变,却产生了两个重复约束(每增加 1 个行星轮便增加 3 个自由度、4 个约束,合起来共产生了 1 个虚约束,即 $p'=2p_1+p_h-3n=2\times1+2-3=1$),计算自由度时应去掉所加的对称部分。实际机构中之所以添加了行星轮 $2'$ 和 $2''$,是为了使机构受力均衡同时还能传递更大的功率。

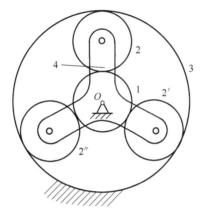

图 1-23 行星轮系

综上所述,存在虚约束的机构,一般常具有相似或对称部分的结构特征。因此,如果研究的机构在结构上具有相似或对称部分时,应注意分析是否存在虚约束。

尽管虚约束对机构的运动不起作用,但它可以增加机构的刚度,提高耐磨性,促进稳定性,传递较大的功率等改善机构性能的作用,所以实际机构中虚约束随处可见。然而机构中的虚约束都是在一些特定的几何条件下存在的,如果这些条件得不到满足,那么这些虚约束将变为真实的约束,从而影响机构的正常运动和工作。因此,在设计机构时,如果遇到某种特殊要求需要采用虚约束时,则必须对机构各构件的尺寸及形位公差提出严格的要求。

1.5 平面机构的高副低代

为了揭示平面高副机构(含有高副的平面机构)与平面低副机构(全为低副的平面机构)之间的关系与转化,使平面低副机构的运动分析方法能推广应用于一切平面机构,需要根据一定条件对机构中的高副虚拟地以低副代替,这种在平面机构中用低副代替高副的方法称为高副低代。

在平面机构中用低副替代高副时必须满足以下两个条件：
(1) 替代前后机构的自由度不变；
(2) 替代前后机构的瞬时速度和瞬时加速度不变。

为了满足第一个条件，必须使替代前后运动副所提供的约束数目不变。如前所述，一个平面高副具有一个约束，而一个平面低副却有两个约束，故为了保证替代前后机构的自由度完全相同，约束数不变，不能简单地用一个低副去代替一个高副。一般应用"一杆两低副"来代替一高副，如图1-24所示，因一个构件和两个低副正好引入一个约束，相当于一个高副所提供的约束数。

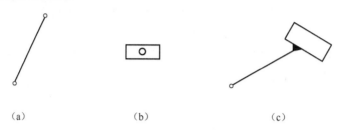

图 1-24 含有两个低幅的虚拟构件

为了满足第二个条件，关键在于正确地确定低副的类型和位置。如图 1-25(a)所示的两个偏心圆盘组成的高副机构，构件 1 和构件 2 分别绕点 A 和点 B 转动，它们的几何中心分别为 O_1 和 O_2。从图中可以看出，在机构运动过程中，AO_1、BO_2 及两高副元素在接触点 C 处的公法线长度 O_1O_2($O_1O_2 = r_1 + r_2$) 始终保持不变。因此，可以用图1-25(b)所述的铰链四杆机构 AO_1O_2B 代替原机构，显然通过双转副构件 O_1O_2 所传递的运动与通过原高副 C 所传递的运动是完全一样的，即替代机构中构件 AO_1 和 BO_2 的运动规律与原机构中的构件 1 和 2 的运动规律完全相同。故用含有两个转动副 O_1、O_2 的虚拟杆件 4 代替原机构中的高副 C，即可保证替代前后机构的瞬时速度和加速度保持不变。由以上分析可以看出，用铰链四杆机构来替代原高副机构完全符合高副低代的两个条件。

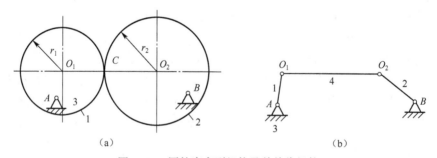

图 1-25 圆轮廓高副机构及其替代机构

上述替代方法还可以推广到各种平面高副。如图 1-26(a)所示的高副机构为两条任意曲线轮廓，在高副接触点 C 作公法线 n—n，并在其上找出两轮廓曲线在接触点处的曲率中心 O_1 和 O_2，在法线上添加一虚拟的双转副构件 4 通过两个转动副 O_1、O_2 分别与构件 1 和 2 铰接，便可替代原来的高副 C，得到如图 1-26(b)所示的替代机构。但是需要指出的是，当高副元素为非圆曲线时，由于高副接触点曲率中心的位置不断变化，造成机构在运动过程中，随着接触点的改变，曲率半径也随之变化，因此，对于任意曲线轮廓的高副机构,高副低代只是一种瞬时的替代,在不同位置有不同的瞬时替代机构。

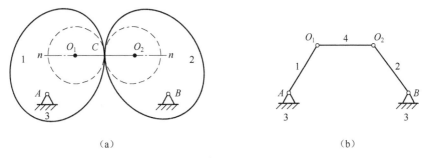

图 1-26 任意曲线轮廓高副机构及其替代机构

综上分析可知,高副低代的一般方法为:首先过高副两元素接触点作其公法线,并在公法线上分别确定两元素在接触点处的曲率中心,然后将所添加的虚拟构件分别与组成高副的两构件在各自的曲率中心处铰接,由此用一个双转副构件来代替一个高副,但要注意这两个转动副的位置必须分别处于高副两轮廓接触点的曲率中心。

如果高副两元素之一为一点(图 1-27(a)),那么因其曲率半径为零,故曲率中心就在高副接触点 C 处,则虚拟的高副瞬时替代机构如图 1-27(b)所示。

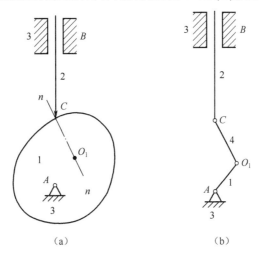

图 1-27 带有尖点轮廓的高副机构及其替代机构

如果高副两元素之一为一直线(图 1-28(a)),那么由于直线的曲率中心位于无穷远处而转化为移动副,其瞬时替代机构如图 1-28(b)或图 1-28(c)所示。

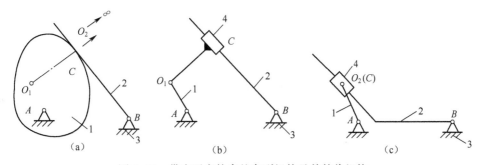

图 1-28 带有平底轮廓的高副机构及其替代机构

根据上述高副低代的方法,将任何含有高副的平面机构进行低代后,即可视为只含低副的平面机构,因此在讨论机构组成原理和结构分析时,只需研究平面低副机构即可。

1.6 平面机构组成原理和结构分析

如前所述,任何机构都是由机架、原动件和从动件系统三部分组成。由于机架的自由度为零,每个原动件只有一个自由度,且原动件数等于自由度数。因此,如果将机构的原动件和从动件系统分开,则从动件系统必然是自由度为零的运动链。

为了系统地研究从动件系统的共性问题,需要将从动件系统进一步分解成更简单的自由度为零的构件组——杆组。

1.6.1 杆组

杆组是从机构从动件系统中拆出的,若干个不可再分的、自由度为零的构件组,又称为基本杆组或阿苏尔杆组。

不同类型的杆组具有不同的结构特征,它决定着机构的结构特点以及运动和动力分析的方法。下面讨论只含低副的基本杆组的构成及特性(如果机构中有高副可先高副低代)。

设杆组由 n 个构件和 p_l 个低副组成,根据杆组定义应满足:

$$F = 3n - 2p_l = 0$$

或
$$p_l = \frac{3}{2}n \tag{1-2}$$

因为构件数和运动副数都是正整数,所以要满足式(1-2),n 应该是 2 的倍数,p_l 应该是 3 的倍数。根据 n 的取值不同,杆组可分为以下几种情况。

1. 二杆三副杆组

$n = 2$,$p_l = 3$ 的二杆三副杆组,简称Ⅱ级杆组,也是应用最多的基本杆组,其形式如图 1-29 所示。

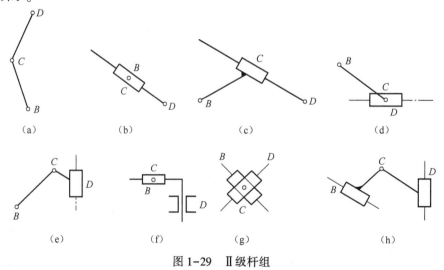

图 1-29 Ⅱ级杆组

杆组内各构件之间形成的运动副(如图1-29中的C)称为内接副(内副),和杆组外其他构件相连接的运动副(如图1-29中的B、D)称为外接副(外副)。当外接副的运动确定之后,内接副的运动将随之而定,因此,杆组具有运动的确定性。另外,由于杆组自由度为零,因此它还具有静力的确定性。

2. 四杆六副杆组

$n=4$, $p_1=6$ 组成四杆六副杆组,有两种类型,其中最常见的是Ⅲ级杆组,如图1-30所示。在Ⅲ级杆组中均存在一个含有3个内接副的刚性构件,如图1-30中所有Ⅲ级杆组中的构件2均与3个内接副B、C、E相连接,而每个内接副所连接的分支构件是双副构件。如果在四杆六副杆组中包含由4个内接副连接而成的非刚性封闭的四边形则称为Ⅳ级杆组,如图1-31所示。

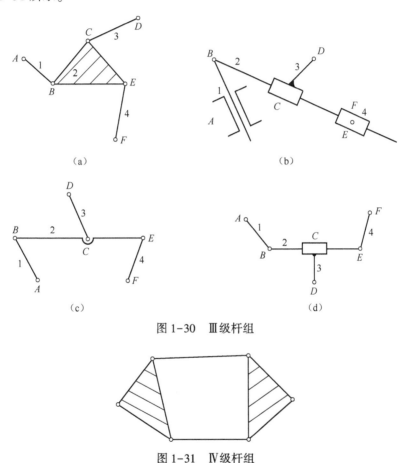

图1-30 Ⅲ级杆组

图1-31 Ⅳ级杆组

高于Ⅲ级杆组的基本杆组在实际机构中很少出现,故不再加以介绍。

1.6.2 平面机构的组成原理

平面机构的组成原理:任何平面机构都可以看作是由若干个杆组(通过外接副)依次连接到原动件和机架上所组成。

根据上述原理,当对现有机构进行运动或动力分析时,可将机构分解成机架、原动件和若干个基本杆组,由于杆组具有运动确定性和静力确定性,因此引入杆组的概念后,不仅可以根据机构中所含的杆组来讨论机构的组成原理和分类,还可以在此基础上对相同的基本杆组用相同的方法进行分析。

例如,将图1-32(b)、(d)分别所示的Ⅱ级杆组和Ⅲ级杆组按照机构组成原理组成机构的过程,先将图1-32(b)中的Ⅱ级杆组通过外接副 B、D 连接到图1-32(a)所示的原动件1和机架上,形成四杆机构 ABCD(见图1-32(c)),然后再将图1-32(d)所示的Ⅲ级杆组通过外接副 E、I、J 依次与Ⅱ级杆组及机架相连构成图1-32(e)所示的八杆机构。

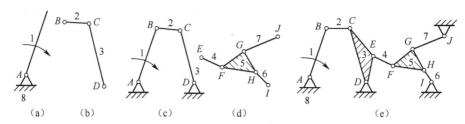

图1-32 机构组成原理

根据机构的组成原理,在进行新机构方案设计时,首先选定机架,并将自由度数与原动件数目相等的原动件用低副连接于机架上,然后再将各个基本杆组依次连接于机架和原动件上,由此构成一个新机构。但在创新设计中,必须遵循在满足相同工作要求的前提下,机构的结构越简单、杆组的级别越低、构件数和运动副的数目越少越好。但同时还应注意杆组的各个外接副不能全部并接在同一构件上,否则将起不到增加杆组的作用。如图1-33所示,因为这种并接会使杆组与被并接件形成桁架以致起不到添加杆组的作用。

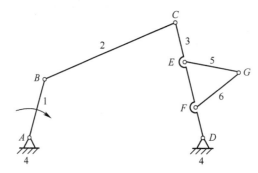

图1-33 不起作用的杆组连接

1.6.3 平面机构的结构分析

机构的分析就是了解机构的组成,将已知机构分解成机架、原动件、自由度为零的基本杆组,并由此确定机构的级别。机构分析的过程正好与机构的扩展即由杆组依次组成机构的过程相反,因此,通常也将它称为拆杆组。

从机构中拆出杆组应符合下述规则:

(1) 先去掉机构中的局部自由度和虚约束,将机构中的高副低代,计算自由度后用箭头标出原动件。

(2) 从远离原动件的从动端拆起。

(3) 先拆出构件数最少且自由度为零的构件组,即先拆Ⅱ级杆组,若拆不成再拆Ⅲ级杆组。

(4) 杆组拆下时,拆开的运动副认为是带在拆下的构件上。

(5) 杆组拆下后,留下的仍应是具有原自由度数的机构。

(6) 依次拆下杆组,直至留下机架和与自由度数相等的原动件为止。只含有原动件和机架的机构称为Ⅰ级机构。Ⅰ级机构的数目要与原机构的自由度数相等。

(7) 确定机构的级别:机构的级别是由杆组中的最高级别来决定的。

通过对机构的结构分析,可以对机构进行结构分类,然后对同一类别的机构和同样的杆组,采用类似的方法进行运动分析及动力分析,这就是机构结构分析所要研究的内容和目的。

例 1-5 试对图 1-34(a)大筛机构进行结构分析。

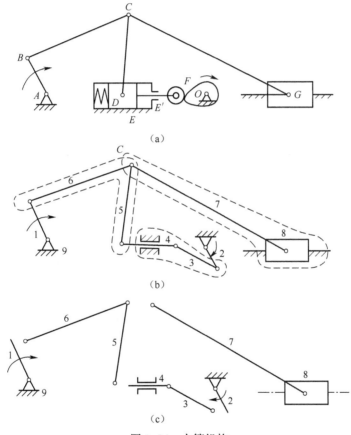

图 1-34 大筛机构

解:(1) 除去局部自由度和虚约束,高副低代后如图 1-34(b)所示。

(2) 计算自由度,并在原动件上标上箭头:

$$F = 3 \times 8 - 2 \times 11 = 2$$

(3) 从远离原动件的从动端处开始拆,由机架 9 和复合铰链 C 处拆下Ⅱ级杆组 7-8;注意拆下Ⅱ级杆组 7-8 后剩下的机构自由度不变仍应该为 2,即 $F = 3 \times 6 - 2 \times 8 = 2$。

(4) 从剩余机构拆下Ⅱ级杆组 5-6,此时Ⅰ级机构 1-9 也随之拆下,则剩下的机构自由度将为1,即 $F = 3 \times 3 - 2 \times 4 = 1$。

(5) 最后拆下Ⅱ级杆组3-4,并随之拆下Ⅰ级机构2-9。由上述拆得的结果可知该机构共有2个Ⅰ级机构,与自由度数目相等。

(6) 该机构由3个Ⅱ级杆组组成,最高级别为Ⅱ级,故该机构为Ⅱ级机构。

例1-6 试分别对图1-35(a)所示机构的两种情况进行结构分析:(1)构件1为原动件;(2)构件5为原动件。

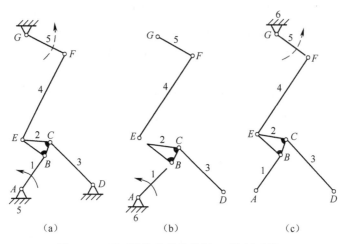

图1-35 平面机构的结构分析(更换原动件)

解:(1) 构件1为原动件(图1-35(b)):依次拆下Ⅱ级杆组4-5、2-3,剩下原动件1和机架6组成的Ⅰ级机构,故该机构为Ⅱ级机构。

(2) 构件5为原动件(图1-35(c)):试拆构件组1-2或2-3,则剩下除原动件和机架以外的两个构件其运动已再不确定,故试拆失败。此时不能拆成Ⅱ级机构,只能拆下由构件1、2、3、4及六个转动副组成的Ⅲ级杆组,剩下原动件5和机架6组成Ⅰ级机构。因此,此时该机构为Ⅲ级机构。

从上例可以看出,机构中若更换原动件,有可能使该机构的级别加以改变。

*1.7 空间机构自由度

设一个空间机构中共有 n 个活动构件,当未用运动副将所有构件连接之前,这些活动构件在空间共具有 $6n$ 个自由度,如果用 P_1 个Ⅰ级副、P_2 个Ⅱ级副、P_3 个Ⅲ级副、P_4 个Ⅳ级副和 P_5 个Ⅴ级副将其连接成空间机构之后,这些运动副就会产生 $5P_5 + 4P_4 + 3P_3 + 2P_2 + P_1$ 个约束,由于机构的自由度应为活动构件自由度的总数与运动副引入的约束总数之差,故有

$$F = 6n - (5P_5 + 4P_4 + 3P_3 + 2P_2 + P_1) = 6n - \sum_{i=1}^{5} iP_i \quad (1-3)$$

式(1-3)适用于一般空间机构。需要指出的是,有些机构由于运动副的某种特殊组合和特殊布置,使得机构中所有构件同时受到某些相同的约束而丧失了独立运动的可能性,这种共同受到的约束称为公共约束。对于具有 q 个公共约束的机构来说,其自由度计算公

式应为

$$F = (6-q)n - \sum_{i=q+1}^{5}(i-q)P_i \tag{1-4}$$

很显然对于平面机构而言,由于各构件之间的相互运动均被限制在同一平面或相互平行的平面内,因此机构中所有的构件都同时受到了3个相同的约束,即平面机构的公共约束数$q=3$,将其代入式(1-4)即可得出平面机构自由度的计算公式(1-1)。

例1-7 如图1-36所示,计算飞机起落架机构的自由度。

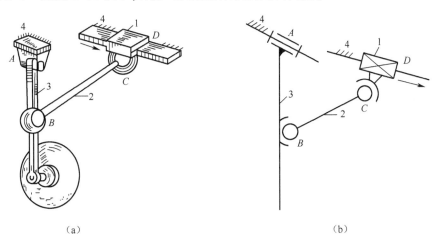

图1-36 飞机起落架

解:如图1-36所示,构件1为主动件,该机构是由一个转动副A、一个移动副D和两个面球副B、C所组成的空间四杆机构。通过分析可以发现此机构有一个局部自由度,即构件2的自身旋转对其他构件的运动并不构成影响,故计算机构自由度时应将其消除。

$$F = 6n - \sum_{i=1}^{5}iP_i - F' = 6\times3 - 3\times2 - 5\times2 - 1 = 1$$

此例的局部自由度不仅对机构运动输出无积极作用,反而由于构件2的自身旋转会带来振动与噪声,因此在设计或组成机构时,可作相应的改进。如图1-37所示,将图1-36的球面副C改为球销副,或者单独将球面副B换成球销副,效果相同,以此来约束构件2自身的转动,则原机构将变成为一个无局部自由度的空间四杆机构,其自由度为

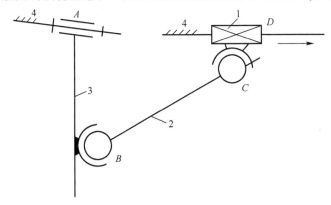

图1-37 改进的起落架机构

$$F = 6n - \sum_{i=1}^{5} iP_i = 6 \times 3 - 3 \times 1 - 4 \times 1 - 5 \times 2 = 1$$

例1-8 如图1-38所示为新旧缝纫机踏板驱动机构。新机构为空间四杆机构(见图1-38(a)),其自由度为

$$F = 6n - \sum_{i=1}^{5} iP_i = 6 \times 3 - 3 \times 1 - 4 \times 1 - 5 \times 2 = 1$$

显然,假如给该机构输入一个已知运动(如驱动踏板),该机构的运动将是确定的。

如图1-38(b)所示的缝纫机老式踏板驱动机构。它是一个全铰链平面四杆机构,因为各构件的运动均在同一个平面内,所以公共约束数$q=3$,将其代入式(1-4),则有

$$F = (6-q)n - (5-q)P_5 = (6-3) \times 3 - (5-3) \times 4 = 1$$

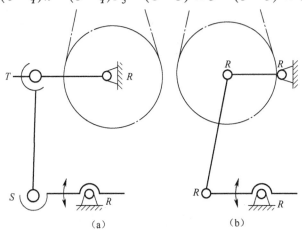

图1-38 新旧缝纫机踏板驱动机构

其计算结果与用平面自由度公式(1-1)的结果完全相同。由于老式缝纫机的设计采用平面机构,加工时难以保证机构的平面条件,因此机构的运行质量较差。而将其设计成空间机构之后,不但机构运行顺畅,而且噪声很小。当然,空间运动副的加工难度较大,成本也较高,但综合指标说明,这是确一个比较好的机构构型设计方案。

思考题与习题

1-1 何谓构件?何谓零件?零件如何组成构件?

1-2 何谓自由度?它和确定构件位置的参数有什么关系?自由平面运动的构件有几个自由度?自由空间运动的构件有几个自由度?

1-3 何谓运动副?平面运动副如何分类?平面低副和平面高副各有何特点?

1-4 何谓约束?它和自由度有什么关系?机构中是如何引入约束的?

1-5 何谓运动链?它与机构的关系如何?

1-6 机构具有确定运动的条件是什么?当机构的自由度大于或小于原动件数时会产生什么后果?

1-7 如何判别复合铰链、局部自由度和虚约束?

1-8 机构是由哪三部分组成的?在机构中原动件、机架、从动件的自由度各为多少?

1-9 为什么机构中从动件的自由度等于零？何谓杆组？是不是自由度为零的构件系统都可称为杆组？

1-10 如何绘制机构运动简图？

1-11 如题1-11图所示为石油机械中回转式柱塞泵结构图。原动件1绕固定转轴O_1回转，轴心A作圆周运动，而活塞3绕另一固定轴O_2回转。试绘制该机构运动简图，并计算其自由度。

1-12 绘制题1-12图所示机构运动简图，并计算其自由度。

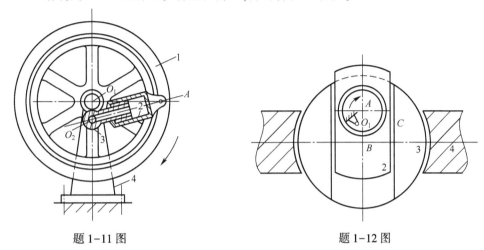

题1-11图　　　　　　　　　题1-12图

1-13 绘制题1-13图所示压力机的运动简图，并计算其自由度。

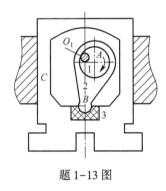

题1-13图

1-14 试指出题1-14图所示三种机构简图在设计上不合理的地方，并修改成自由度为1的机构。

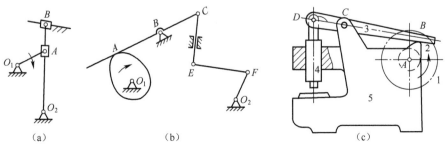

题1-14图

1-15 试计算题 1-15 图所示机构的自由度,并指出复合铰链、局部自由度和虚约束。

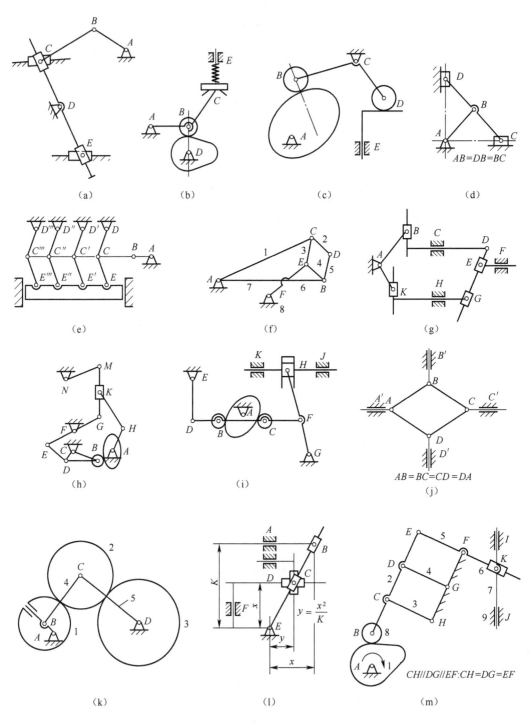

题 1-15 图

1-16 计算题 1-16 图中各机构的自由度,拆杆组并确定机构的级别。

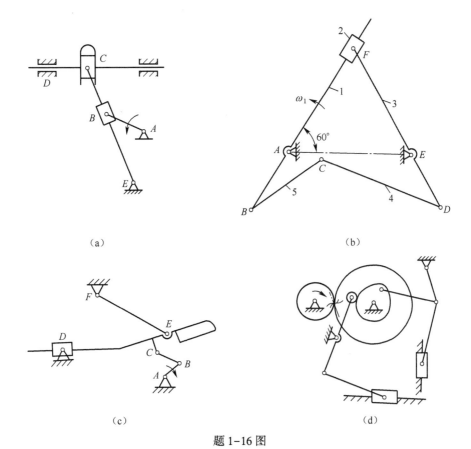

题 1-16 图

1-17 计算题 1-17 图中各机构的自由度,并对机构进行结构分析,选 A、B 构件为原动件。

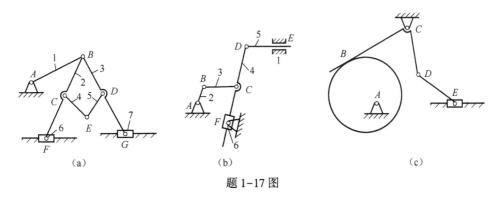

题 1-17 图

第 2 章　平面机构的运动分析

2.1　概　　述

2.1.1　平面机构运动分析的任务

平面机构的运动分析是在机构的几何尺寸和原动件运动规律已知的前提下,不考虑引起机构运动的外力、机构构件的弹性变形及机构运动副中间隙对其运动的影响等,而仅研究当原动件处于某一位置时,如何确定机构其余构件上各点的轨迹、位移、速度和加速度及这些构件的位置、角位移、角速度和角加速度等运动参数。

2.1.2　平面机构运动分析的目的

进行机构的运动分析,不论是对现有机械的工作性能还是设计新的机械,都必须首先计算出机构的运动参数,满足运动要求;同时运动分析也是机构力分析的基础。

例如,在如图 2-1 所示的 V 形发动机机构简图中,为了确定活塞 E 的冲程、确定机壳的外廓尺寸,必须先确定连杆 DE 的连接点 D 的轨迹。

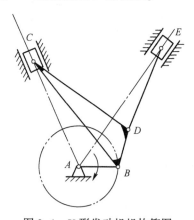

图 2-1　V 形发动机机构简图

为了确定机械的工作条件,需要确定机构构件上某些点的速度。如设计牛头刨床的导杆机构时,为了保证加工质量,提高工作效率,延长刀具使用寿命,就必须满足刨刀工作行程为近似等速运动,而空行程是急回运动。

在要求确定机构构件上某些点的加速度或机器的动能和功率以及进行机构的力分析时,也都必须对机构先进行速度分析。

2.1.3　平面机构运动分析的方法

机构运动分析的方法分三类:图解法、解析法和实验法。本章主要讨论图解法和解析法。

图解法具有简单、形象、直观的特点,但精度不高。常用来解决简单机构运动分析问题,对高速及精密机械的机构,用图解法作运动分析则很难满足精度的要求。图解法常用的方法有速度瞬心法和矢量方程图解法等。

解析法是将研究的问题抽象成数学模型,运算精度高、速度快,随着计算机辅助设计软件的不断发展与完善,采用解析法进行机械的分析、综合越来越方便、快捷、高效。解析法根据分析过程的不同常用的方法有杆组法和整体分析法。

2.2 速度瞬心法及其在机构速度分析中的应用

2.2.1 速度瞬心法

1. 速度瞬心的定义

由理论力学知识可知,彼此作平面相对运动的两刚体,在任一瞬时,其相对运动都可以看作是绕一重合点的转动,该重合点称为两刚体的瞬时速度中心,简称瞬心。即速度瞬心是相对运动的两构件上绝对速度相等(相对速度为零)的瞬时重合点。

通常用 P_{ij} 或 P_{ji} 表示构件 i、j 的速度瞬心。如图 2-2 所示,P_{12} 为构件 1、2 的速度瞬心,P_{12} 既是构件 1 上的点(P_1),也是构件 2 上的点(P_2),同时满足 $\boldsymbol{v}_{P_1} = \boldsymbol{v}_{P_2}$。该瞬时两构件绕 P_{12} 点作相对运动,故两构件上任意重合点的相对速度都垂直于该点与瞬心的连线。

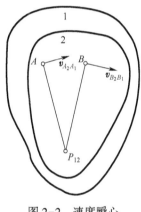

图 2-2 速度瞬心

2. 速度瞬心的分类

速度瞬心可分为两类:绝对瞬心和相对瞬心。

1) 绝对瞬心

两相对运动的构件,若其中一个构件是固定的,则该瞬心处的绝对速度为零,故称为绝对速度瞬心。

2) 相对瞬心

两相对运动的构件都是运动的,则该瞬心处的绝对速度不为零,故称为相对速度瞬心。

3. 速度瞬心数目的确定

由于任意两个相对运动的构件都有一个速度瞬心,显然由 N 个构件组成的机构(包

含机架),根据排列组合原理可确定该机构中速度瞬心的数目为

$$K = C_N^2 = \frac{N(N-1)}{2} \tag{2-1}$$

4. 速度瞬心位置的确定

当作平面运动两构件的相对运动已知时,其瞬心的位置可根据瞬心的定义求出。例如图 2-3 中,已知两构件 2 和 1 上两个重合点 A 和 B 的相对速度 $v_{A_2A_1}$ 和 $v_{B_2B_1}$ 的方向 ($v_{A_2A_1}$ 表示构件 2 上点 A_2 相对于构件 1 上与其重合的点 A_1 的速度;$v_{B_2B_1}$ 表示构件 2 上点 B_2 相对于构件 1 上与其重合的点 B_1 的速度),那么过该两点作其相对速度矢量的垂线,得交点 P_{12},便是构件 1 和 2 的瞬心。

1) 直接接触两构件的瞬心可用瞬心的定义求出

(1) 如图 2-3(a)、(b) 所示,当两构件以转动副连接时,其转动中心就是它们的瞬心;

(2) 如图 2-3(c)、(d) 所示,当两构件以移动副连接时,由于这两构件上所有重合点的相对速度方向都平行于移动方向,因此它们的瞬心位于导路垂线的无穷远处;

(3) 如图 2-3(e) 所示,当两构件以纯滚动的高副连接时,由于两构件接触点的相对速度为零,因此接触点就是它们的瞬心;

(4) 如图 2-3(f) 所示,当两构件以既滑动又滚动的高副连接时,由于它们接触点的相对速度(不为零)方向沿切线 t-t 方向,因此它们的瞬心位于过接触点的公法线 n-n 上,具体位置还要根据其他条件才能确定。

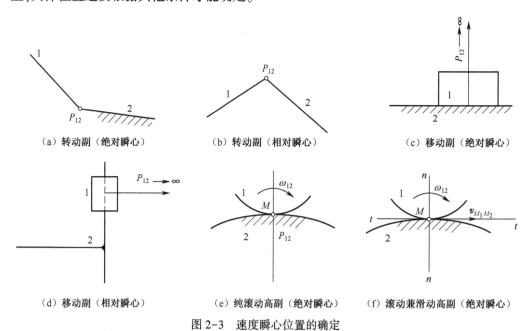

(a) 转动副(绝对瞬心)　　(b) 转动副(相对瞬心)　　(c) 移动副(绝对瞬心)

(d) 移动副(相对瞬心)　　(e) 纯滚动高副(绝对瞬心)　　(f) 滚动兼滑动高副(绝对瞬心)

图 2-3 速度瞬心位置的确定

2) 不直接接触两构件的瞬心可用三心定理求

三心定理:作平面运动的三个构件共有三个瞬心,这三个瞬心位于同一条直线上。现证明如下:

如图 2-4 所示,三个作平面运动的构件 1、2 和 3 共有三个瞬心 P_{12}、P_{23}、P_{13}。为简

化证明,令构件1固定,由上述可知 P_{12}、P_{13} 分别为构件 1、2 和构件 1、3 之间的绝对瞬心。现需证明构件 2 和 3 之间的相对瞬心 P_{23} 必位于 P_{12} 和 P_{13} 的连线上。

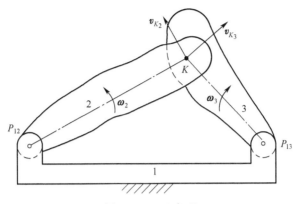

图 2-4 三心定理

如图 2-4 所示,假定 P_{23} 不在 P_{12} 和 P_{13} 的连线上,而是在任意重合点 K。当构件 2 和 3 各按其角速度 ω_2 和 ω_3 转动时,构件 2 上点 K 的绝对速度为 v_{K_2},构件 3 上点 K 的绝对速度为 v_{K_3},它们分别垂直于直线 KP_{12} 和 KP_{13}。显然,这时速度 v_{K_2} 与 v_{K_3} 的方向不一致。但由瞬心的定义可知,瞬心点 K 应是构件 2 和 3 上绝对速度相等的重合点,即这两个速度 v_{K_2} 和 v_{K_3} 应大小相等、方向相同。今 v_{K_2} 和 v_{K_3} 方向不同,故点 K 不可能是构件 2 和 3 的瞬心。反之,只有位于 P_{12} 和 P_{13} 的连线上时,两构件上重合点 K 的绝对速度方向才能一致,所以瞬心 P_{23} 必位于 P_{12} 和 P_{13} 的连线上。

2.2.2 速度瞬心法在机构速度分析中的应用

用速度瞬心法对机构进行速度分析的方法:首先找到已知构件和待求构件的相对速度瞬心,然后建立起待求构件与已知构件的速度关系即可求解。下面通过工程中的几个简单实例说明用速度瞬心法对机构进行速度分析的方法。

1. 铰链四杆机构

例 2-1 如图 2-5 所示为铰链四杆机构。已知各构件的长度,原动件 1 的角速度 ω_1,设作图时的长度比例尺为 μ_l。试求:

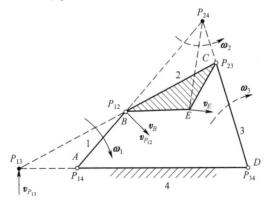

图 2-5 铰链四杆机构的瞬心

(1) 机构的瞬心数目和位置；

(2) 图示位置时构件 2、3 的角速度 ω_2、ω_3 以及连杆 2 上点 E 的速度 v_E。

解：(1) 确定机构的瞬心数目和位置。

该机构的瞬心数目为 $K = \dfrac{N(N-1)}{2} = \dfrac{4 \times (4-1)}{2} = 6$。

直接接触两构件 1、4，1、2，2、3，3、4 的瞬心 P_{14}、P_{12}、P_{23}、P_{34} 就在它们组成的转动副中心 A、B、C、D 处。不直接接触两构件 1、3，2、4 的瞬心 P_{13}、P_{24} 怎么求呢？由三心定理可知，三个构件 4、1、2 的三个瞬心 P_{14}、P_{12} 及 P_{24} 应位于同一直线上。另外，三个构件 4、3、2 的三个瞬心 P_{34}、P_{23} 及 P_{24} 也应位于同一直线上。因此，两直线 $P_{14}P_{12}$ 和 $P_{34}P_{23}$ 交点必是构件 2 和 4 的瞬心 P_{24}。

同理，两直线 $P_{23}P_{12}$ 和 $P_{34}P_{14}$ 的交点必是构件 1 和 3 的瞬心 P_{13}。

因为构件 4 是机架，所以 P_{14}、P_{24} 和 P_{34} 是绝对瞬心；而 P_{13}、P_{12} 和 P_{23} 是相对瞬心。

(2) 求图示位置时构件 2、3 的角速度 ω_2、ω_3 以及连杆 2 上点 E 的速度 v_E。

已经确定的瞬心 P_{12} 是构件 1、2 上绝对速度相等的重合点，即

$$v_{P_{12}} = \omega_1 l_{P_{14}P_{12}} = \omega_2 l_{P_{24}P_{12}}$$

则

$$\omega_2 = \omega_1 \dfrac{l_{P_{14}P_{12}}}{l_{P_{24}P_{12}}} = \omega_1 \dfrac{\overline{P_{14}P_{12}}\mu_l}{\overline{P_{24}P_{12}}\mu_l} = \omega_1 \dfrac{\overline{P_{14}P_{12}}}{\overline{P_{24}P_{12}}}$$

ω_2 的方向可由 $v_{P_{12}}$ 绕 P_{24} 的转动方向确定，即逆时针方向。

同理，P_{13} 是构件 1、3 上绝对速度相等的重合点，即

$$v_{P_{13}} = \omega_1 l_{P_{14}P_{13}} = \omega_3 l_{P_{34}P_{13}}$$

则

$$\omega_3 = \omega_1 \dfrac{l_{P_{14}P_{13}}}{l_{P_{34}P_{13}}} = \omega_1 \dfrac{\overline{P_{14}P_{13}}\mu_l}{\overline{P_{34}P_{13}}\mu_l} = \omega_1 \dfrac{\overline{P_{14}P_{13}}}{\overline{P_{34}P_{13}}} \text{（方向为顺时针）}$$

构件 2 上点 E 的速度为

$$v_E = \omega_2 l_{P_{24}E} = \omega_2 \overline{P_{24}E}\mu_l \text{（方向垂直于 $\overline{P_{24}E}$，指向与 ω_2 的转向一致）}$$

需要指出的是：$l_{P_{14}P_{12}}$、$\overline{P_{14}P_{12}}$ 分别表示机构中瞬心 P_{14} 和 P_{12} 之间的实际长度、图上长度，其余同。

2. 曲柄滑块机构

例 2-2 如图 2-6 所示为曲柄滑块机构。已知各构件的长度，原动件 1 的角速度 ω_1，设作图时的长度比例尺为 μ_l。试求：

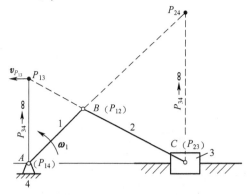

图 2-6 曲柄滑块机构的瞬心

(1) 机构的瞬心数目和位置;
(2) 图示位置时滑块 C 的速度 $\boldsymbol{v}_C$。

解:(1) 确定机构的瞬心数目和位置。

该机构的瞬心数目为 $K = \dfrac{N(N-1)}{2} = \dfrac{4 \times (4-1)}{2} = 6$。

首先求直接接触两构件的瞬心:转动副中心 A、B、C 各为瞬心 P_{14}、P_{12}、P_{23},移动副两构件瞬心 P_{34} 在垂直导路方向的无穷远处。其次,不直接接触两构件的瞬心用三心定理求:过 P_{23} 作导路的垂线表示 P_{23} 与 P_{34} 的连线,过 P_{14} 与 P_{12} 作直线,这两条直线 $P_{23}P_{34}$、$P_{14}P_{12}$ 的交点就是 P_{24}。同理,过 P_{14} 作导路的垂线表示 P_{14} 和 P_{34} 的连线 $P_{14}P_{34}$,它与 P_{12} 和 P_{23} 连线 $P_{12}P_{23}$ 的交点就是 P_{13}。因为构件 4 是机架,所以 P_{14}、P_{24}、P_{34} 为绝对瞬心,而 P_{12}、P_{23}、P_{13} 为相对瞬心。

(2) 求图示位置时滑块 C 的速度 $\boldsymbol{v}_C$。

设作图时的长度比例尺为 μ_l。

为求 $\boldsymbol{v}_C$,可不必求出全部瞬心,只要求出构件 1、3 的相对瞬心 P_{13} 即可。滑块 3 直线移动,在任一瞬时其上每一点的速度都相等。根据瞬心的定义,P_{13} 是构件 1、3 上绝对速度相等的重合点,即

$$v_C = v_{P_{13}} = \omega_1 l_{AP_{13}} = \omega_1 \overline{AP_{13}} \mu_l \ (\text{方向水平向左})$$

3. 高副机构

例 2-3 如图 2-7 所示为平底从动件盘形凸轮机构。已知凸轮机构的几何尺寸,凸轮为原动件以等角速度 $\boldsymbol{\omega}_1$ 转动,设作图时的长度比例尺为 μ_l。试求:

(1) 机构的瞬心数目和位置;
(2) 图示位置从动件的速度 $\boldsymbol{v}_2$。

解:(1) 确定机构的瞬心数目和位置。

该机构的瞬心数目为 $K = \dfrac{N(N-1)}{2} = \dfrac{3 \times (3-1)}{2} = 3$。

该机构的三个瞬心均为直接接触两构件的瞬心:转动副中心为构件 1、3 的瞬心 P_{13};移动副两构件 2、3 的瞬心 P_{23} 在垂直导路方向的无穷远处;组成高副的两构件 1、2 的瞬心 P_{12},既在接触点的公法线 n-n 上,又在 $P_{13}P_{23}$ 的连线上,如图 2-7 所示。

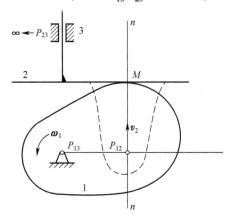

图 2-7 凸轮机构的瞬心

（2）图示位置从动件的速度v_2。

建立速度方程,得

$$v_2 = v_{P_{12}} = \omega_1 \cdot l_{P_{12}P_{13}} = \omega_1 \cdot \overline{P_{12}P_{13}} \cdot \mu_l \text{（方向垂直于} P_{12}P_{13} \text{向上）}$$

由上述几个例题可知,用瞬心法对构件数目较少的简单机构进行速度分析非常方便。但对于多杆机构,因瞬心数目多,用此方法很麻烦,且速度瞬心法不便于对机构进行加速度分析。

2.3 用相对运动图解法作机构的速度和加速度分析

相对运动图解法也称为矢量方程图解法。该方法利用理论力学的运动合成原理,建立构件上两点之间的相对运动关系,即根据速度合成定理和加速度合成定理列出机构各构件上相应点之间的相对运动矢量方程式,并按选定的比例尺依据方程式作出矢量多边形,从而求出构件上各指定点的速度和加速度以及各构件的角速度和角加速度。

根据不同的相对运动情况,在进行机构运动分析时,可分为两类:同一构件上两点间的运动关系问题和组成移动副两构件重合点间的运动关系问题。下面就其矢量方程的建立及求解作进一步的讨论。

2.3.1 同一构件上两点之间的速度、加速度关系

如图2-8(a)所示为铰链四杆机构,已知各构件的长度,原动件1的瞬时位置角φ_1、角速度ω_1、角加速度α_1的大小和方向。求图示位置时点C、E的速度v_C、v_E和加速度a_C、a_E,构件2、3的角速度ω_2、ω_3和角加速度α_2、α_3。

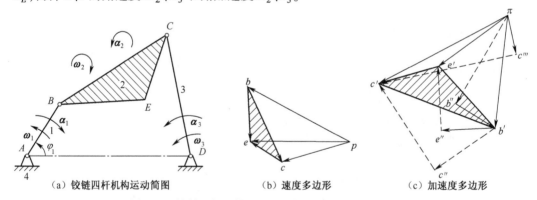

（a）铰链四杆机构运动简图　　（b）速度多边形　　（c）加速度多边形

图2-8　铰链四杆机构的速度和加速度矢量方程图解法

1. 速度分析

因已知原动件1以等角速度ω_1转动,又因构件1与构件2在点B用转动副相连,故点B的速度v_B的大小和方向均已知。而构件2上点C的速度v_C,是点B的速度v_B和点C相对点B的相对速度v_{CB}的矢量和,其矢量方程为

$$\begin{array}{cccc} & v_C & = & v_B & + & v_{CB} \\ \text{方向:} & \perp CD & & \perp AB & & \perp CB \\ \text{大小:} & ? & & \omega_1 \cdot l_{AB} & & ? \end{array}$$

由矢量方程式可看出,只有 v_C 和 v_{CB} 的大小未知,故可用图解法求解。取速度比例尺 $\mu_v = \dfrac{\text{实际速度值}(\text{m/s})}{\text{图上长度}(\text{mm})}$,表示图上每 1mm 代表的速度值。下面按比例作速度矢量多边形,先任取一点 p,作矢量 $\boldsymbol{pb}$ 代表 $\boldsymbol{v}_B$,其长度等于 v_B/μ_v,方向垂直于 AB,指向与 $\boldsymbol{\omega}_1$ 的转向一致;过点 p 作代表 $\boldsymbol{v}_C$ 的方向线垂直于 $\boldsymbol{CD}$,过点 b 作代表 $\boldsymbol{v}_{CB}$ 的方向线垂直于 $\boldsymbol{CB}$,两方向线交点为 c,则矢量 $\boldsymbol{pc}$ 和 $\boldsymbol{bc}$ 分别代表 $\boldsymbol{v}_C$ 和 $\boldsymbol{v}_{CB}$,其大小为 $v_C = \mu_v \cdot pc$ 和 $v_{CB} = \mu_v \cdot bc$,如图 2-8(b)所示。

同理,依据同一构件上点 E 相对点 C、点 E 相对点 B 的相对速度原理,可列出相对速度矢量方程式:

$$\boldsymbol{v}_E = \boldsymbol{v}_B + \boldsymbol{v}_{EB} = \boldsymbol{v}_C + \boldsymbol{v}_{EC}$$

方向: ?　　⊥ AB　　⊥ EB　　⊥ CD　　⊥ EC

大小: ?　　$\omega_1 \cdot l_{AB}$　　?　　$\mu_v \cdot pc$　　?

因为点 E 的速度 $\boldsymbol{v}_E$ 其方向和大小均未知,所以必须借助于点 E 相对点 C、点 E 相对点 B 的两个相对速度矢量方程式联立求解。此时式中只有 $\boldsymbol{v}_{EB}$ 和 $\boldsymbol{v}_{EC}$ 的大小未知,故可以用图解法求解。

如图 2-8(b)所示,过点 b 作代表 $\boldsymbol{v}_{EB}$ 的方向线垂直于 $\boldsymbol{EB}$,过点 c 作代表 $\boldsymbol{v}_{EC}$ 的方向线垂直于 $\boldsymbol{EC}$,则两条方向线交于点 e,连接 pe,便可知矢量 $\boldsymbol{pe}$ 即代表 $\boldsymbol{v}_E$,其大小为

$$v_E = \mu_v \cdot pe$$

构件 2 的角速度为

$$\omega_2 = v_{CB}/l_{CB} = (\mu_v \cdot bc)/l_{CB} \ (\text{顺时针})$$

同理可得构件 3 的角速度为

$$\omega_3 = v_C/l_{CD} = (\mu_v \cdot pc)/l_{CD} \ (\text{逆时针})$$

2. 加速度分析

因构件 1 的角速度 $\boldsymbol{\omega}_1$ 和角加速度 $\boldsymbol{\alpha}_1$ 的大小、方向均已知,故点 B 的法向加速度 $\boldsymbol{a}_B^n$ 和切向加速度 $\boldsymbol{a}_B^t$ 的大小和方向也已知。构件 1、2 用转动副在 B 点相连,有 $\boldsymbol{a}_{B1} = \boldsymbol{a}_{B2} = \boldsymbol{a}_B$。根据加速度合成定理可知:构件 2 上点 C 的加速度 $\boldsymbol{a}_C$ 应是点 B 的加速度 $\boldsymbol{a}_B$ 与点 C 相对点 B 的相对加速度 $\boldsymbol{a}_{CB}$ 的矢量和,即

$$\boldsymbol{a}_C = \boldsymbol{a}_B + \boldsymbol{a}_{CB}$$

或　　　$\boldsymbol{a}_C^n + \boldsymbol{a}_C^t = \boldsymbol{a}_B^n + \boldsymbol{a}_B^t + \boldsymbol{a}_{CB}^n + \boldsymbol{a}_{CB}^t$

方向: $C \to D$　　⊥ CD　　$B \to A$　　⊥ AB　　$C \to B$　　⊥ CB

大小: v_C^2/l_{CD}　　?　　$\omega_1^2 \cdot l_{AB}$　　$\alpha_1 \cdot l_{AB}$　　v_{CB}^2/l_{CB}　　?

式中只有 $\boldsymbol{a}_C^t$ 和 $\boldsymbol{a}_{CB}^t$ 的大小未知,故可用加速度矢量图解法求解。先选取加速度比例尺 $\mu_a = \dfrac{\text{实际加速度值}(\text{m/s}^2)}{\text{图上长度}(\text{mm})}$,表示图上每 1mm 代表的加速度值;然后作出加速度矢量多边形,如图 2-8(c)所示。具体步骤如下:任取一点 π,作平行 BA 的矢量 $\boldsymbol{\pi b''}$ 代表 $\boldsymbol{a}_B^n$,过 b'' 作垂直于 BA 的矢量 $\boldsymbol{b''b'}$ 代表 $\boldsymbol{a}_B^t$,连接 π、b',则矢量 $\boldsymbol{\pi b'}$ 代表 $\boldsymbol{a}_B$。再过 b' 作平行 CB 的矢量 $\boldsymbol{b'c''}$ 代表 $\boldsymbol{a}_{CB}^n$,过 c'' 作代表 $\boldsymbol{a}_{CB}^t$ 的方向线 $c''c'$;从点 π 作平行 CD 的矢量 $\boldsymbol{\pi c'''}$ 代表 $\boldsymbol{a}_C^n$,过 c''' 作垂直于 CD 的 $\boldsymbol{a}_C^t$ 方向线 $c'''c'$,两方向线 $c''c'$ 和 $c'''c'$ 相交于 c',连接 π、c',

则矢量 $\boldsymbol{\pi c'}$ 代表 $\boldsymbol{a}_C$，其大小为 $a_C = \mu_a \cdot \pi c'$。

构件 2、3 的角加速度分别为

$$\alpha_2 = \frac{a_{CB}^t}{l_{BC}} = \frac{\mu_a \cdot c''c'}{l_{BC}} (\mathrm{rad/s^2})$$

$$\alpha_3 = \frac{a_C^t}{l_{CD}} = \frac{\mu_a \cdot c'''c'}{l_{CD}} (\mathrm{rad/s^2})$$

将代表 a_{CB}^t 的矢量 $c''c'$ 平移到机构简图上的点 C，即可确定 $\boldsymbol{\alpha}_2$ 的方向为逆时针方向。同理，将代表 a_C^t 的矢量 $c'''c'$ 平移到机构简图上的点 C，可知 $\boldsymbol{\alpha}_3$ 的方向也为逆时针方向。

求点 E 的加速度 $\boldsymbol{a}_E$，可根据构件 2 上 B、E 两点的相对加速度原理列出下式：

$$\boldsymbol{a}_E = \boldsymbol{a}_B + \boldsymbol{a}_{EB}^n + \boldsymbol{a}_{EB}^t$$

方向： ?　　　$\pi \to b'$　　　$E \to B$　　　$\perp EB$

大小： ?　　　$\mu_a \cdot \pi b'$　　　$\omega_2^2 \cdot l_{EB}$　　　$\alpha_2 \cdot l_{EB}$

上式中只有 $\boldsymbol{a}_E$ 的大小和方向未知，故可用矢量图解法求解。在图 2-8(c)中，过 b' 作平行于 EB 的矢量 $b'e''$ 代表 $\boldsymbol{a}_{EB}^n$，再作垂直于 EB 的矢量 $e''e'$ 代表 $\boldsymbol{a}_{EB}^t$，得到点 e'，则矢量 $\boldsymbol{\pi e'}$ 代表 $\boldsymbol{a}_E$，其大小为 $a_E = \mu_a \cdot \pi e' (\mathrm{m/s^2})$。

3. 速度影像和加速度影像

当已知同一构件上两点的速度或加速度，可以利用速度影像或加速度影像很方便地确定出该构件上其他点的速度或加速度、角速度或角加速度。

1) 速度影像

在图 2-8(b)中，由各速度矢量构成的多边形称为速度多边形或速度图。在速度多边形中点 p 为速度极点，代表该构件上速度为零的点，由极点 p 向外放射的矢量，代表构件上相应点的绝对速度，其指向是由点 p 指向该点；而连接两绝对速度矢端的矢量便代表该两点在机构图中的同名点间的相对速度，如 $\boldsymbol{bc}$ 代表 $\boldsymbol{v}_{CB}$，方向由 b 指向 c，$\boldsymbol{bc}$ 与 $\boldsymbol{v}_{CB}$ 下角标顺序相反。

由图 2-8(a)、(b)可以看出：在速度多边形中，代表各相对速度的矢量 $\boldsymbol{bc}$、$\boldsymbol{ce}$、$\boldsymbol{be}$ 分别垂直于机构简图中的 BC、CE 和 BE，因此 △bce 与 △BCE 相似，且两三角形顶角字母 b、c、e 和 B、C、E 的顺序相同均为顺时针方向，图形 bce 称为图形 BCE 的速度影像。故当已知同一构件上两点的速度时，可利用速度影像求该构件上其他任一点的速度。

2) 加速度影像

在图 2-8(c)中，由各加速度矢量构成的多边形称为加速度多边形或加速度图。在加速度多边形中，点 π 称为加速度极点，代表该构件上加速度为零的点；连接点 π 和任一点的矢量便代表该点在机构图中同名点的绝对加速度，其指向由 π 指向该点；而连接两绝对加速度矢端的矢量，则代表构件上相应两点的相对加速度，如 $\boldsymbol{b'c'}$ 代表 $\boldsymbol{a}_{CB}$，方向由 b' 指向 c'，$\boldsymbol{b'c'}$ 与 $\boldsymbol{a}_{CB}$ 下角标顺序相反。

由加速度多边形可知

$$a_{CB} = \sqrt{(a_{CB}^n)^2 + (a_{CB}^t)^2} = \sqrt{(\omega_2^2 \cdot l_{CB})^2 + (\alpha_2 \cdot l_{CB})^2} = l_{CB}\sqrt{\omega_2^4 + \alpha_2^2}$$

同理可得

$$a_{EB} = l_{EB}\sqrt{\omega_2^4 + \alpha_2^2}$$

$$a_{EC} = l_{EC}\sqrt{\omega_2^4 + \alpha_2^2}$$

所以 $\qquad a_{CB} : a_{EB} : a_{EC} = l_{CB} : l_{EB} : l_{EC}$

即 $\qquad b'c' : b'e' : c'e' = CB : EB : EC$

由此可见 $\triangle b'c'e'$ 与机构图中的 $\triangle BCE$ 相似,且两三角形顶角字母顺序的绕行方向相同,图形 $b'c'e'$ 称为图形 BCE 的加速度影像。故当已知同一构件上两点的加速度时,可利用加速度影像求该构件上其他任一点的加速度。

3) 小结

(1) p ——速度极点(速度为零的点);π ——加速度极点(加速度为零的点)。

(2) p 指向任一小写字母的矢量表示该点的绝对速度,如 $p \to b$ 代表 $\boldsymbol{v}_B$;π 指向任意一个有上角标"′"的小写字母的矢量表示该点的绝对加速度,如 $\pi \to b'$ 代表 $\boldsymbol{a}_B$。

(3) 连接 p 以外任意两个小写字母的矢量代表这两点的相对速度,如 $b \to c$ 代表 $\boldsymbol{v}_{CB}$,指向与下角标相反;连接 π 以外任意两个小写字母的矢量代表这两点的相对加速度,如 $b' \to c'$ 代表 $\boldsymbol{a}_{CB}$,指向与下角标相反。

(4) 影像原理:同一构件上各点的位置多边形与这些点的速度多边形和加速度多边形相似,且字母绕行的方向一致。

当已知同一构件上两点的速度和加速度时,则该构件上其他任意一点的速度和加速度即可直接利用影像原理求出,而不必再列矢量方程式求解。

为表达清楚,在加速度图中,各加速度的分量均用虚线表示。

2.3.2 组成移动副两构件重合点间的速度、加速度关系

如图 2-9 所示的导杆机构中,已知机构的位置,各构件的长度,原动件 1 以等角速度 $\boldsymbol{\omega}_1$ 顺时针转动,求构件 3 的角速度 $\boldsymbol{\omega}_3$ 和角加速度 $\boldsymbol{\alpha}_3$。

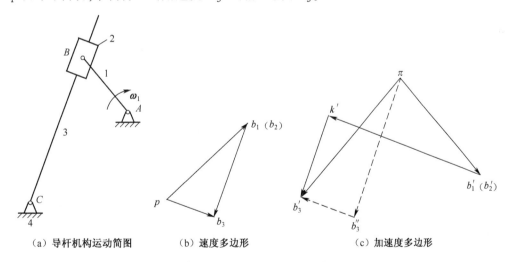

(a) 导杆机构运动简图　　(b) 速度多边形　　(c) 加速度多边形

图 2-9　导杆机构的运动分析

1. 速度分析

在图 2-9(a)中,构件 1 与构件 2 组成转动副,点 B 既是构件 1 上的点,同时也是构件 2 上的点,故有 $v_{B_1} = v_{B_2} = \omega_1 \cdot l_{AB}$,方向与 AB 垂直,指向与 ω_1 的转向一致;构件 2 与构件

3组成移动副,构件2上的点B_2与构件3上的点B_3是瞬时重合点,构件2、3之间只有相对移动而没有相对转动,故组成移动副的两构件2、3的角速度相等,即有$\omega_2 = \omega_3$。根据牵连运动为转动的速度合成定理,动点B_3的绝对速度$\boldsymbol{v}_{B_3}$等于它的重合点B_2牵连速度$\boldsymbol{v}_{B_2}$和相对于重合点的相对速度$\boldsymbol{v}_{B_3B_2}$的矢量和,其矢量方程为

$$\boldsymbol{v}_{B_3} = \boldsymbol{v}_{B_2} + \boldsymbol{v}_{B_3B_2}$$

方向： $\perp BC$ $\perp AB$ $//BC$

大小： ? $\omega_1 \cdot l_{AB}$?

式中只有$\boldsymbol{v}_{B_3}$和$\boldsymbol{v}_{B_3B_2}$的大小未知,故可用矢量图解法求解。选取合适的速度比例尺μ_v,作出速度多边形,如图2-9(b)所示。作图步骤如下:任取一点p为速度极点,过点p作垂直于AB的矢量$\boldsymbol{pb}_2$代表$\boldsymbol{v}_{B_2}$,与ω_1同向;过点b_2作平行于BC的$\boldsymbol{v}_{B_3B_2}$方向线与过点p作垂直于BC的$\boldsymbol{v}_{B_3}$方向线交于点b_3,则矢量$\boldsymbol{pb}_3$代表$\boldsymbol{v}_{B_3}$、矢量$\boldsymbol{b}_2\boldsymbol{b}_3$代表$\boldsymbol{v}_{B_3B_2}$,其大小分别为

$$v_{B_3} = \mu_v \cdot \boldsymbol{pb}_3 (\text{m/s})$$
$$v_{B_3B_2} = \mu_v \cdot \boldsymbol{b}_2\boldsymbol{b}_3 (\text{m/s})$$

构件3的角速度为

$$\omega_3 = \frac{v_{B_3}}{l_{B_3C}} = \frac{\mu_v \cdot \boldsymbol{pb}_3}{l_{B_3C}} (\text{rad/s})$$

将代表$\boldsymbol{v}_{B_3}$的矢量$\boldsymbol{pb}_3$平移至机构位置图上点B,可知ω_3的方向为顺时针。

2. 加速度分析

在图2-9(a)中,构件1与构件2组成转动副,点B既是构件1上的点,同时也是构件2上的点,故有$\boldsymbol{v}_{B_1} = \boldsymbol{v}_{B_2}$、$\boldsymbol{a}_{B_1} = \boldsymbol{a}_{B_2}$。构件2与构件3组成移动副,构件2上的点$B_2$与构件3上的点$B_3$是瞬时重合点,构件2、3之间只有相对移动而没有相对转动,故组成移动副的两构件2、3的角速度和角加速度一定分别相等,即有$\omega_2 = \omega_3$、$\alpha_2 = \alpha_3$。

根据运动合成原理,点B_3的加速度$\boldsymbol{a}_{B_3}$为点B_2的加速度$\boldsymbol{a}_{B_2}$与哥氏加速度$\boldsymbol{a}_{B_3B_2}^k$、相对加速度$\boldsymbol{a}_{B_3B_2}^\tau$的矢量和,其加速度矢量方程为

$$\boldsymbol{a}_{B_3} = \boldsymbol{a}_{B_2} + \boldsymbol{a}_{B_3B_2}^k + \boldsymbol{a}_{B_3B_2}^\tau$$

或 $\boldsymbol{a}_{B_3}^n + \boldsymbol{a}_{B_3}^t = \boldsymbol{a}_{B_2}^n + \boldsymbol{a}_{B_2}^t + \boldsymbol{a}_{B_3B_2}^k + \boldsymbol{a}_{B_3B_2}^\tau$

方向： $B \to C$　$\perp B_3C$　$B_2 \to A$　　$\perp B_3C$　$//B_3C$

大小： $\omega_3^2 \cdot l_{B_3C}$　?　$\omega_1^2 \cdot l_{AB}$　0　$2\omega_2 \cdot v_{B_3B_2}$　?

式中:$\boldsymbol{a}_{B_3B_2}^k$为哥氏加速度,大小为$2\omega_2 \cdot v_{B_3B_2} \cdot \sin\theta$,其中$\theta$为相对速度$\boldsymbol{v}_{B_3B_2}$与牵连角速度$\omega_2(=\omega_3)$矢量之间的角度,对于平面机构$\omega_2$矢量垂直于运动平面,而$\boldsymbol{v}_{B_3B_2}$矢量位于运动平面之内,故$\theta = 90°$,则$\boldsymbol{a}_{B_3B_2}^k = 2\omega_2 \cdot v_{B_3B_2}$,其方向为将$v_{B_3B_2}$沿$\omega_2$的转动方向转90°;$\boldsymbol{a}_{B_3B_2}^\tau$为点$B_3$对点$B_2$的相对加速度。

在上面的矢量方程式中只有$\boldsymbol{a}_{B_3}^t$和$\boldsymbol{a}_{B_3B_2}^\tau$的大小未知,故可用矢量图解法求解。先选取加速度比例尺$\mu_a = \dfrac{\text{实际加速度值}(\text{m/s}^2)}{\text{图上长度}(\text{mm})}$,表示图上每1mm代表的加速度值;然后作

出加速度矢量多边形,如图 2-9(c)所示。具体步骤如下:任取一点 π 为加速度极点,过 π 作平行于 BA 的矢量 $\pi\boldsymbol{b}_2'$ 代表 $\boldsymbol{a}_{B_2}^n$,过 b_2' 作垂直于 B_3C 的矢量 $b_2'k'$ 代表 $\boldsymbol{a}_{B_3B_2}^k$、过点 k' 作平行于 B_3C 的 $\boldsymbol{a}_{B_3B_2}^r$ 方向线;再过点 π 作平行于 B_3C 的矢量 $\pi\boldsymbol{b}_3''$ 代表 $\boldsymbol{a}_{B_3}^n$、过 b_3'' 作垂直于 B_3C 的 $\boldsymbol{a}_{B_3}^\tau$ 方向线。两方向线相交于 b_3',连接 π、b_3',则矢量 $\pi\boldsymbol{b}_3'$ 代表 $\boldsymbol{a}_{B_3}$、$\boldsymbol{b}_3''\boldsymbol{b}_3'$ 代表 $\boldsymbol{a}_{B_3}^\tau$。加速度多边形如图 2-9(c)所示。构件 3 的角加速度为

$$\alpha_3 = \frac{a_{B_3}^t}{l_{B_3C}} = \frac{\mu_a \cdot b_3''b_3'}{l_{B_3C}}(\mathrm{rad/s^2})$$

将代表 $a_{B_3}^t$ 的矢量 $b_3''b_3'$ 平移至机构位置图点 B 上,即可知 $\boldsymbol{\alpha}_3$ 的方向为逆时针。

例 2-4 图 2-10 为某机构的运动简图,已知机构位置及各构件的尺寸,原动件 1 以等角速度 ω_1 逆时针转动,求机构在图示位置时构件 5 的速度 $\boldsymbol{v}_E$。

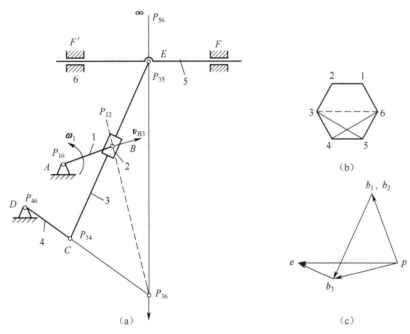

图 2-10 例 2-4 图

解: 因为构件 1 与构件 2 用转动副相连,所以有

$$v_{B_2} = v_{B_1} = \omega_1 \cdot l_{AB}$$

构件 2 与构件 3 组成移动副的重合点 B,根据牵连运动为转动的速度合成定理,可写出矢量方程式:

$$\boldsymbol{v}_{B_3} = \boldsymbol{v}_{B_2} + \boldsymbol{v}_{B_3B_2} \qquad (2\text{-}2)$$

方向: ?　　⊥AB　　//CE

大小: ?　　$\omega_1 \cdot l_{AB}$　　?

由于上式中有三个未知量,而一个矢量方程只能解两个未知量,因此只利用上式无法求解。但若能找出 $\boldsymbol{v}_{B_3}$ 的方向,则上式便可解。

如果求出构件 3 的绝对瞬心 P_{36},则 $\boldsymbol{v}_{B_3}$ 的方向便可知。利用速度多边形的方法求绝对瞬心 P_{36},如图 2-10(b)所示,将机构构件按序号写在六边形顶角上 1,2,3,4,5,6。能

直接求得瞬心的就在顶点间连一短线,如 3-4 表示 P_{34},5-6 表示 P_{56} 等。现要求 P_{36},即 3-6 连线所示,可以看出 3-4-6 构成一个三角形;3-5-6 也构成一个三角形,此时可用三心定理确定 P_{36}。在图 2-10(a)上,P_{36} 必在 P_{34}、P_{46} 的连线上,同时也在 P_{35}、P_{56} 连线上,这两条线的交点为 P_{36},即构件 3 的绝对瞬心,因而 v_{B_3} 的方向可确定为垂直于 $P_{36}B$,矢量方程式(2-2)可写成

$$\boldsymbol{v}_{B_3} = \boldsymbol{v}_{B_2} + \boldsymbol{v}_{B_3 B_2} \tag{2-3}$$

方向: $\perp P_{36}B$　　$\perp AB$　　$//CE$

大小: ?　　　　$\omega_1 \cdot l_{AB}$　　?

式(2-3)只有两个未知量,可用图解法求解,如图 2-10(c)所示。

点 E 的速度矢量方程式为

$$\boldsymbol{v}_E = \boldsymbol{v}_{B_3} + \boldsymbol{v}_{EB_3} \tag{2-4}$$

方向: $//FF'$　　$p \to b_3$　　$\perp EB$

大小: ?　　　　$\mu_v \cdot pb_3$　　?

如图 2-10(c)所示,用图解法求得

$$v_E = \mu_v pe$$

2.4　用解析法作机构的运动分析

用解析法对机构进行位移、速度、加速度分析,关键是先建立机构的位移方程式,然后对时间求一次、二次导数,即可得到机构的速度方程和加速度方程,通过解线性方程组可得到机构任意位置时的速度和加速度值,完成机构的运动分析。

解析法计算有封闭矢量多边形投影法、复数矢量法、矩阵法等。复数矢量法由于利用了复数运算中求导方便、运算中各矢量的大小及方向表示明确等优点,不仅方便地对机构包括复杂的连杆机构进行运动分析和动力分析,而且可用来进行机构的综合,还可利用计算机求解。故本节只介绍复数矢量法对平面机构进行运动分析。复数矢量法是将机构看成一封闭矢量多边形,并用复数形式表示该机构的封闭矢量方程式,再将矢量方程式分别对所建立的直角坐标系取投影。下面以几种常用机构为例进行运动分析。

2.4.1　铰链四杆机构的运动分析

在如图 2-11 所示的铰链四杆机构中,已知各构件的相对长度分别为 l_1、l_2、l_3、l_4,原动件 1 的转角为 φ_1 并以等角速度 ω_1 逆时针转动,要求确定构件 2、3 的角位移、角速度和角加速度。

1. 位置分析

如图 2-11 所示的铰链四杆机构,先建立一直角坐标系,将 ABCD 看作一封闭矢量多边形,l_1、l_2、l_3、l_4 即分别代表各构件矢量,则该机构的封闭矢量方程式为

$$\boldsymbol{l}_1 + \boldsymbol{l}_2 = \boldsymbol{l}_3 + \boldsymbol{l}_4$$

规定角 φ_1 应以 x 轴的正向逆时针方向度量,故用复数形式表示为

$$l_1 e^{i\varphi_1} + l_2 e^{i\varphi_2} = l_4 + l_3 e^{i\varphi_3} \tag{2-5}$$

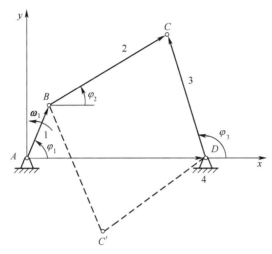

图 2-11 铰链四杆机构的运动分析

按欧拉公式展开得

$$l_1(\cos\varphi_1 + \sin\varphi_1) + l_2(\cos\varphi_2 + \sin\varphi_2) = l_4 + l_3(\cos\varphi_3 + \sin\varphi_3) \quad (2-6)$$

方程式(2-6)的实部和虚部应分别相等,即

$$l_1\cos\varphi_1 + l_2\cos\varphi_2 = l_4 + l_3\cos\varphi_3 \quad (2-7)$$

$$l_1\sin\varphi_1 + l_2\sin\varphi_2 = l_3\sin\varphi_3 \quad (2-8)$$

将式(2-7)、式(2-8)移项再求平方和,消去 φ_2 后得

$$l_2^2 = (l_4 + l_3\cos\varphi_3 - l_1\cos\varphi_1)^2 + (l_3\sin\varphi_3 - l_1\sin\varphi_1)^2 \quad (2-9)$$

为方便求解,将式(2-9)用三角方程表示为

$$A\cos\varphi_3 + B\sin\varphi_3 + C = 0 \quad (2-10)$$

式中:$A = l_4 - l_1\cos\varphi_1$,$B = -l_1\sin\varphi_1$,$C = (A^2 + B^2 + l_3^2 - l_2^2)/(2l_3)$。

又因

$$\sin\varphi_3 = \frac{2\tan(\varphi_3/2)}{1 + \tan^2(\varphi_3/2)}$$

$$\cos\varphi_3 = \frac{1 - \tan^2(\varphi_3/2)}{1 + \tan^2(\varphi_3/2)}$$

将上式代入式(2-10)得关于 $\tan(\varphi_3/2)$ 的一元二次方程式,可解出

$$\varphi_3 = 2\arctan\frac{B \pm \sqrt{A^2 + B^2 - C^2}}{A - C} \quad (2-11)$$

式(2-11)中根号前的"±"号,可根据机构的初始装配模式来确定,以满足机构连续运动的条件。取"+"号时,装配模式按图 2-11 中实线所示;取"-"号时,装配模式按图 2-11 虚线所示。当根号内的数值小于零时,则表示机构的相应位置不能实现。

构件 2 的角位移 φ_2 可由式(2-7)、式(2-8)求出,即

$$\varphi_2 = \arctan\frac{B + l_3\sin\varphi_3}{A + l_3\cos\varphi_3} \quad (2-12)$$

2. 速度分析

将式(2-5)对时间求导得

$$l_1\omega_1 \mathrm{i} e^{\mathrm{i}\varphi_1} + l_2\omega_2 \mathrm{i} e^{\mathrm{i}\varphi_2} = l_3\omega_3 \mathrm{i} e^{\mathrm{i}\varphi_3} \tag{2-13}$$

将式(2-13)两边分别乘以 $e^{-\varphi_2}$，消去 ω_2 得

$$l_1\omega_1 \mathrm{i} e^{\mathrm{i}(\varphi_1-\varphi_2)} + l_2\omega_2 \mathrm{i} e^{\mathrm{i}(\varphi_2-\varphi_2)} = l_3\omega_3 \mathrm{i} e^{\mathrm{i}(\varphi_3-\varphi_2)}$$

按欧拉公式展开后，取实部相等得

$$\omega_3 = \omega_1 \frac{l_1 \sin(\varphi_1 - \varphi_2)}{l_3 \sin(\varphi_3 - \varphi_2)} \tag{2-14}$$

同理，为了消去 ω_3，将式(2-13)两边同乘以 $e^{-\varphi_3}$ 后得

$$l_1\omega_1 \mathrm{i} e^{\mathrm{i}(\varphi_1-\varphi_3)} + l_2\omega_2 \mathrm{i} e^{\mathrm{i}(\varphi_2-\varphi_3)} = l_3\omega_3 \mathrm{i} e^{\mathrm{i}(\varphi_3-\varphi_3)}$$

同理，按欧拉公式展开后，取实部相等得

$$\omega_2 = -\omega_1 \frac{l_1 \sin(\varphi_1 - \varphi_3)}{l_2 \sin(\varphi_2 - \varphi_3)} \tag{2-15}$$

求得的角速度为正，表示转向为逆时针；角速度为负，表示转向为顺时针。

3. 加速度分析

将式(2-13)对时间求导得

$$-l_1\omega_1^2 e^{\mathrm{i}\varphi_1} - l_2\omega_2^2 e^{\mathrm{i}\varphi_2} + l_2\alpha_2 \mathrm{i} e^{\mathrm{i}\varphi_2} = -l_3\omega_3^2 e^{\mathrm{i}\varphi_3} + l_3\alpha_3 \mathrm{i}^2 e^{\mathrm{i}\varphi_3} \tag{2-16}$$

式(2-16)为 $a_B^n + a_{CB}^n + a_{CB}^t = a_C^n + a_C^t$ 的复数矢量表达式。为了消去 α_2，将式(2-16)两边同时乘以 $e^{-\varphi_2}$ 得

$$-l_1\omega_1^2 e^{\mathrm{i}(\varphi_1-\varphi_2)} - l_2\omega_2^2 e^{\mathrm{i}(\varphi_2-\varphi_2)} + l_2\alpha_2 \mathrm{i} e^{\mathrm{i}(\varphi_2-\varphi_2)} = -l_3\omega_3^2 e^{\mathrm{i}(\varphi_3-\varphi_2)} + l_3\alpha_3 \mathrm{i} e^{\mathrm{i}(\varphi_3-\varphi_2)}$$

按欧拉公式展开后，取实部相等得

$$\alpha_3 = \frac{l_1\omega_1^2 \cos(\varphi_1 - \varphi_2) + l_2\omega_2^2 - l_3\omega_3^2 \cos(\varphi_3 - \varphi_2)}{l_3 \sin(\varphi_3 - \varphi_2)} \tag{2-17}$$

同理，为了消去 α_3，将式(2-16)两边同时乘以 $e^{-\varphi_3}$ 得

$$-l_1\omega_1^2 e^{\mathrm{i}(\varphi_1-\varphi_3)} - l_2\omega_2^2 e^{\mathrm{i}(\varphi_2-\varphi_3)} + l_2\alpha_2 \mathrm{i} e^{\mathrm{i}(\varphi_2-\varphi_3)} = -l_3\omega_3^2 e^{\mathrm{i}(\varphi_3-\varphi_3)} + l_3\alpha_3 \mathrm{i} e^{\mathrm{i}(\varphi_3-\varphi_3)}$$

按欧拉公式展开后，取实部相等得

$$\alpha_2 = \frac{l_3\omega_3^2 - l_1\omega_1^2 \cos(\varphi_1 - \varphi_3) - l_2\omega_2^2 \cos(\varphi_2 - \varphi_3)}{l_2 \sin(\varphi_2 - \varphi_3)} \tag{2-18}$$

角加速度的正、负可表明角速度的变化趋势，角加速度与角速度同号时表示加速；反之则为减速。

2.4.2 曲柄滑块机构的运动分析

在如图2-12所示的曲柄滑块机构中，已知曲柄1为原动件，其长度为 l_1、转角为 φ_1 并以等角速度 $\boldsymbol{\omega}_1$ 逆时针转动，连杆2的长度为 l_2。需要确定连杆2的转角 φ_2、角速度 $\boldsymbol{\omega}_2$ 及角加速度 $\boldsymbol{\alpha}_2$；并确定滑块的位置 $\boldsymbol{x}_C$、速度 $\boldsymbol{v}_C$ 及加速度 $\boldsymbol{a}_C$。

1. 位置分析

如图2-12所示，可将曲柄滑块机构的矢量方程式写为

$$\boldsymbol{l}_1 + \boldsymbol{l}_2 = \boldsymbol{x}_C$$

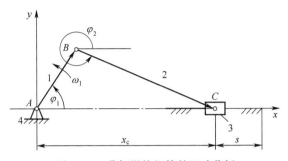

图 2-12 曲柄滑块机构的运动分析

其复数形式为

$$l_1 e^{i\varphi_1} + l_2 e^{i\varphi_2} = x_C \tag{2-19}$$

按欧拉公式展开得

$$l_1(\cos\varphi_1 + \sin\varphi_1) + l_2(\cos\varphi_2 + \sin\varphi_2) = x_C$$

分别取实部和虚部得

$$l_1\sin\varphi_1 + l_2\sin\varphi_2 = 0$$

即

$$\varphi_2 = \arcsin\frac{-l_1\sin\varphi_1}{l_2} \tag{2-20}$$

$$x_C = l_1\cos\varphi_1 + l_2\cos\varphi_2 \tag{2-21}$$

2. 速度分析

对式(2-19)求导数得

$$l_1\omega_1 i e^{\varphi_1} + l_2\omega_2 i e^{\varphi_2} = v_C \tag{2-22}$$

对式(2-22)两边乘以 $e^{-\varphi_2}$,整理后取实部得

$$-l_1\omega_1\sin(\varphi_1 - \varphi_2) = v_C\cos\varphi_2$$

$$v_C = \frac{-l_1\omega_1\sin(\varphi_1 - \varphi_2)}{\cos\varphi_2} \tag{2-23}$$

取虚部得

$$l_1\omega_1\cos\varphi_1 + l_2\omega_2\cos\varphi_2 = 0$$

$$\omega_2 = \frac{-l_1\omega_1\cos\varphi_1}{l_2\cos\varphi_2} \tag{2-24}$$

3. 加速度分析

对式(2-22)求导数得

$$-l_1\omega_1^2 e^{i\varphi_1} + l_2\alpha_2 i e^{i\varphi_2} - l_2\omega_2^2 e^{i\varphi_2} = a_C \tag{2-25}$$

对式(2-25)两边乘以 $e^{-\varphi_2}$,整理后取实部得

$$-l_1\omega_1^2\cos(\varphi_1 - \varphi_2) - l_2\omega_2^2 = a_C\cos\varphi_2$$

$$a_C = -\frac{l_1\omega_1^2\cos(\varphi_1 - \varphi_2) + l_2\omega_2^2}{\cos\varphi_2} \tag{2-26}$$

取虚部得

$$-l_1\omega_1^2\sin\varphi_1 + l_2\alpha_2\cos\varphi_2 - l_2\omega_2^2\sin\varphi_2 = 0$$

$$\alpha_2 = \frac{l_1\omega_1^2\sin\varphi_1 + l_2\omega_2^2\sin\varphi_2}{l_2\cos\varphi_2} \qquad (2-27)$$

2.4.3 导杆机构的运动分析

在如图 2-13 所示的导杆机构中,已知曲柄 1 为原动件,其长度为 l_1、转角为 φ_1 并以等角速度 ω_1 逆时针转动;固定铰链 A、C 间的长度为 l_4。需要确定导杆 3 的转角 φ_3、角速度 ω_3 及角加速度 α_3;并确定滑块在导杆上的位置 s、滑块速度 $v_{B_2B_3}$ 及加速度 $a_{B_2B_3}$。

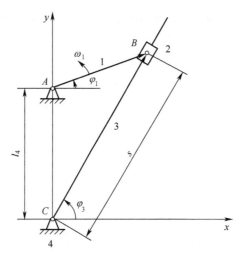

图 2-13 导杆机构的运动分析

1. 位置分析

如图 2-13 所示,可将导杆机构的矢量方程式写为

$$\boldsymbol{l}_1 + \boldsymbol{l}_4 = \boldsymbol{s}$$

其复数形式为

$$l_1 e^{i\varphi_1} + l_4 i = s e^{i\varphi_3} \qquad (2-28)$$

按欧拉公式展开后分别取实部和虚部得

$$l_1\cos\varphi_1 = s\cos\varphi_3$$
$$l_1\sin\varphi_1 + l_4 = s\sin\varphi_3$$

两式相除后得

$$\tan\varphi_3 = \frac{l_1\sin\varphi_1 + l_4}{l_1\cos\varphi_1}$$

$$\varphi_3 = \arctan\frac{l_1\sin\varphi_1 + l_4}{l_1\cos\varphi_1} \qquad (2-29)$$

求得 φ_3 后,即可求得滑块在导杆上的位置 s 为

$$s = \frac{l_1\cos\varphi_1}{\cos\varphi_3} \qquad (2-30)$$

2. 速度分析

对式(2-28)求导数得

$$l_1\omega_1\mathrm{i}\mathrm{e}^{\varphi_1} = v_{B_2B_3}\mathrm{e}^{\mathrm{i}\varphi_3} + s\omega_3\mathrm{i}\mathrm{e}^{\mathrm{i}\varphi_3} \tag{2-31}$$

对上式两边乘以 $\mathrm{e}^{-\varphi_2}$，整理后取实部得

$$v_{B_2B_3} = -l_1\omega_1\sin(\varphi_1 - \varphi_3) \tag{2-32}$$

$$s\omega_3 = l_1\omega_1\cos(\varphi_1 - \varphi_3)$$

$$\omega_3 = \frac{l_1\omega_1\cos(\varphi_1 - \varphi_3)}{s} \tag{2-33}$$

3. 加速度分析

对式(2-31)求导数得

$$-l_1\omega_1^2\mathrm{e}^{\mathrm{i}\varphi_1} = (a_{B_2B_3} - s\omega_3^2)\mathrm{e}^{\mathrm{i}\varphi_3} + (s\alpha_3 + 2v_{B_2B_3}\omega_3)\mathrm{i}\mathrm{e}^{\mathrm{i}\varphi_3} \tag{2-34}$$

对式(2-34)两边乘以 $\mathrm{e}^{-\varphi_2}$，整理后取实部得

$$-l_1\omega_1^2\cos(\varphi_1 - \varphi_3) - l_2\omega_2^2 = a_{B_2B_3} - s\omega_3^2$$

取虚部得

$$-l_1\omega_1^2\sin(\varphi_1 - \varphi_3) = s\alpha_3 + 2v_{B_2B_3}\omega_3$$

故

$$a_{B_2B_3} = s\omega_3^2 - l_1\omega_1^2\cos(\varphi_1 - \varphi_3) \tag{2-35}$$

$$\alpha_3 = -\frac{2v_{B_2B_3}\omega_3 + l_1\omega_1^2\sin(\varphi_1 - \varphi_3)}{s} \tag{2-36}$$

例 2-5 如图 2-14 所示为六杆复合式组合机构。已知：原动件 1 以等角速度 $\omega_1 = 20\mathrm{rad/s}$ 逆时针转动，其位置角 $\varphi_1 = 45°$，且 $BE \perp BC$，$AF \perp AD$，各构件的尺寸 $l_{AB} = 150\mathrm{mm}$，$l_{AD} = 210\mathrm{mm}$，$l_{AF} = 600\mathrm{mm}$，$l_{BC} = 500\mathrm{mm}$，$l_{BE} = 250\mathrm{mm}$，$l_{DC} = 265\mathrm{mm}$。试用复数矢量法求解构件 4 的角速度 ω_4 和角加速度 α_4；构件 4、5 在点 F 处的相对速度 $v_{F_4F_5}$ 和相对加速度 $a_{F_4F_5}$。

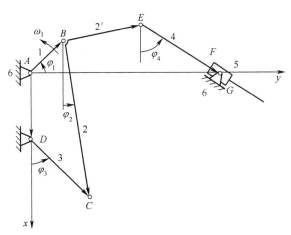

图 2-14 六杆复合式组合机构的运动分析

解：1. 对封闭矢量 $ABCD$ 进行运动分析

1) 位置分析

建立一直角坐标系，如图 2-14 所示。取点 A 为坐标系的原点，AD 方向为 x 轴，AF 方向为 y 轴，标出各杆矢量和方位角，同时令 $l_6 = l_{AD}$。

则封闭矢量 $ABCD$ 的矢量方程式为

$$l_1 + l_2 = l_6 + l_3$$

其复数形式为

$$l_1 e^{i\left(\frac{\pi}{2}+\varphi_1\right)} + l_2 e^{i\varphi_2} = l_6 + l_3 e^{i\varphi_3} \tag{2-37}$$

按欧拉公式展开得

$$l_1 \sin\varphi_1 + l_2 \cos\varphi_2 = l_6 + l_3 \cos\varphi_3 \tag{2-38}$$

$$l_1 \cos\varphi_1 + l_2 \sin\varphi_2 = l_3 \sin\varphi_3 \tag{2-39}$$

消去 φ_3 得

$$(-l_1 \sin\varphi_1 + l_2 \cos\varphi_2 - l_6)^2 + (l_1 \cos\varphi_1 + l_2 \sin\varphi_2)^2 = l_3^2$$

即 $l_1^2 + l_2^2 - l_3^2 + l_6^2 + 2l_1 l_6 \sin\varphi_1 - 2(l_1 l_2 \sin\varphi_1 + l_2 l_6)\cos\varphi_2 + 2l_1 l_2 \cos\varphi_1 \sin\varphi_2 = 0$

令 $A = 2l_1 l_2 \cos\varphi_1 = 2 \times 150 \times 500\cos45° = 106066.0172$

$B = -2l_2(l_1 \sin\varphi_1 + l_6) = -2 \times 500(150\sin45° + 210) = -316066.0172$

$C = l_1^2 + l_2^2 - l_3^2 + l_6^2 + 2l_1 l_6 \sin\varphi_1 = 150^2 + 500^2 - 265^2 + 210^2 + 2 \times 150 \times 210\sin45° = 290922.7272$

则有

$$A\sin\varphi_2 + B\cos\varphi_2 + C = 0$$

故

$$\tan\frac{\varphi_2}{2} = \frac{-A \pm \sqrt{A^2 + B^2 - C^2}}{C - B}$$

代入数值得

$$\tan\frac{\varphi_2}{2} = \frac{-106066.0172 \pm \sqrt{106066.0172^2 + (-306066.0172)^2 - 290922.7272^2}}{290922.7272 - (-306066.0172)}$$

$$\tan\frac{\varphi_2}{2} = \frac{106066.0172 \pm 142444.2827}{596988.7444}$$

由图 2-14 可知 φ_2 为正值，解得

$$\varphi_2 = 11.3°$$

将 $\varphi_2 = 11.3°$ 代入式(2-39)得

$$\varphi_3 = \arcsin\frac{150\cos45° + 500\sin11.3°}{265} = 50.35°$$

2) 速度分析

对式(2-37)求导数得

$$l_1 \omega_1 e^{i\left(\frac{\pi}{2}+\varphi_1\right)} + l_2 \omega_2 e^{i\varphi_2} = l_3 \omega_3 e^{i\varphi_3} \tag{2-40}$$

对式(2-40)各项乘以 $e^{-i\varphi_3}$，并取虚部得

$$l_1 \omega_1 \sin\left(\frac{\pi}{2} + \varphi_1 - \varphi_3\right) + l_2 \omega_2 \sin(\varphi_2 - \varphi_3) = 0$$

$$\omega_2 = -\frac{\omega_1 l_1 \cos(\varphi_1 - \varphi_3)}{l_2 \sin(\varphi_2 - \varphi_3)} = -\frac{20 \times 150\cos(45° - 50.35°)}{500\sin(11.3° - 50.35°)} = 9.48\mathrm{rad/s}$$

取实部得

$$-l_1 \omega_1 \sin\varphi_1 + l_2 \omega_2 \cos\varphi_2 = l_3 \omega_3 \cos\varphi_3$$

$$\omega_3 = \frac{-l_1 \omega_1 \sin\varphi_1 + l_2 \omega_2 \cos\varphi_2}{l_3 \cos\varphi_3} = \frac{-150 \times 20\sin45° + 500 \times 9.48\cos11.3°}{265 \times \cos50.35°} = 14.94\mathrm{rad/s}$$

3）加速度分析

对式(2-40)求导得

$$il_1\omega_1^2 e^{i(\frac{\pi}{2}+\varphi_1)} + l_2\alpha_2 e^{i\varphi_2} + il_2\omega_2^2 e^{i\varphi_2} = l_3\alpha_3 e^{i\varphi_3} + il_3\omega_3^2 e^{i\varphi_3}$$

整理后得

$$-l_1\omega_1^2\sin(\varphi_1-\varphi_3) + l_2\alpha_2\sin(\varphi_2-\varphi_3) + l_2\omega_2^2\cos(\varphi_2-\varphi_3) = l_3\omega_3^2$$

故

$$\alpha_2 = \frac{l_1\omega_1^2\sin(\varphi_1-\varphi_3) - l_2\omega_2^2\cos(\varphi_2-\varphi_3) + l_3\omega_3^2}{l_2\sin(\varphi_2-\varphi_3)}$$

$$= \frac{150\times 20^2\sin(45°-50.35°) - 500\times 9.48^2\cos(11.3°-50.35°) + 265\times 14.94^2}{500\sin(11.3°-50.35°)}$$

$$= -59.23\text{rad/s}^2$$

2. 对封闭矢量 *ABEFG* 进行运动分析

1）位置分析

令

$$l_7 = l_{AG} = l_{AF}$$

则 *ABEFG* 的矢量方程式为

$$l_1 + l_{2'} + l_4 = l_7$$

其复数形式为

$$l_1 e^{i(\frac{\pi}{2}+\varphi_1)} + l_{2'} e^{i(\frac{\pi}{2}+\varphi_2)} + l_4 e^{i\varphi_4} = il_7 \tag{2-41}$$

按欧拉公式展开后取实部得

$$-l_1\sin\varphi_1 - l_{2'}\sin\varphi_2 + l_4\cos\varphi_4 = 0 \tag{2-42}$$

取虚部得

$$l_1\cos\varphi_1 + l_{2'}\cos\varphi_2 + l_4\sin\varphi_4 = l_7 \tag{2-43}$$

得

$$\tan\varphi_4 = \frac{l_7 - l_1\cos\varphi_1 - l_{2'}\cos\varphi_2}{l_1\sin\varphi_1 + l_{2'}\sin\varphi_2} = \frac{600 - 150\cos45° - 250\cos11.3°}{150\sin45° + 250\sin11.3°} = 1.605$$

所以 $\varphi_4 = 58.07°$

由式(2-42)可得

$$l_4 = \frac{l_1\sin\varphi_1 + l_{2'}\sin\varphi_2}{\cos\varphi_4} = \frac{150\sin45° + 250\sin11.3°}{\cos58.07°} = 293.17\text{mm}$$

2）速度分析

对式(2-41)求导得

$$il_1\omega_1 e^{i(\frac{\pi}{2}+\varphi_1)} + il_{2'}\omega_2 e^{i(\frac{\pi}{2}+\varphi_2)} + il_4\omega_4 e^{i\varphi_4} + v_{F_4F_5}e^{i\varphi_4} = 0 \tag{2-44}$$

各项乘以 $e^{-i\varphi_4}$ 后取虚部得

$$-l_1\omega_1\sin(\varphi_1-\varphi_4) - l_{2'}\omega_2\sin(\varphi_2-\varphi_4) + l_4\omega_4 = 0$$

求得

$$\omega_4 = \frac{l_1\omega_1\sin(\varphi_1-\varphi_4) + l_{2'}\omega_2\sin(\varphi_2-\varphi_4)}{l_4}$$

$$= \frac{150 \times 20\sin(45° - 58.07°) + 250 \times 9.48\sin(11.3° - 58.07°)}{293.17}$$

$$= -8.204 \text{rad/s}$$

取实部得

$$v_{F_4F_5} = l_1\omega_1\cos(\varphi_1 - \varphi_4) + l_{2'}\omega_2\cos(\varphi_2 - \varphi_4)$$
$$= 150 \times 20\cos(45° - 58.07°) + 250 \times 9.48\cos(11.3° - 58.07°)$$
$$= 4545.57 \text{mm/s}$$

3) 加速度分析

对式(2-44)求导得

$$-l_1\omega_1^2 e^{i(\frac{\pi}{2}+\varphi_1)} + il_{2'}\alpha_2 e^{i(\frac{\pi}{2}+\varphi_2)} - l_{2'}\omega_2^2 e^{i(\frac{\pi}{2}+\varphi_2)} + iil_4\alpha_4 e^{i\varphi_4} - l_4\omega_4^2 e^{i\varphi_4} + 2v_{F_4F_5}\omega_4 e^{i\varphi_4} + a_{F_4F_5}e^{i\varphi_4} = 0$$

各项乘以 $e^{-i\varphi_4}$ 后取虚部得

$$-l_1\omega_1^2\cos(\varphi_1 - \varphi_4) - l_{2'}\alpha_2\sin(\varphi_2 - \varphi_4) - l_{2'}\omega_2^2\cos(\varphi_2 - \varphi_4) + l_4\alpha_4 + 2v_{F_4F_5}\omega_4 = 0$$

求得

$$\alpha_4 = \frac{-2v_{F_4F_5}\omega_4 + l_1\omega_1^2\cos(\varphi_1 - \varphi_4) + l_{2'}\alpha_2\sin(\varphi_2 - \varphi_4) + l_{2'}\omega_2^2\cos(\varphi_2 - \varphi_4)}{l_4}$$

代入数值后得

$$\alpha_4 = 543.05 \text{rad/s}^2$$

取实部得

$$a_{F_4F_5} = -l_1\omega_1^2\sin(\varphi_1 - \varphi_4) + l_{2'}\alpha_2\cos(\varphi_2 - \varphi_4) - l_{2'}\omega_2^2\sin(\varphi_2 - \varphi_4) + l_4\omega_4^2$$

代入数值后得

$$a_{F_4F_5} = 39528.51 \text{mm/s}^2$$

上述是针对图2-14六杆复合式组合机构在给定位置进行的运动分析,如果要对机构任意位置进行运动分析,则重复计算的工作量非常大,故更适宜用杆组法,即把组成机构的基本杆组作为研究对象,分别建立各个基本杆组运动分析子程序,借助计算机进行计算。

2.4.4 机构的运动线图

对各种机构的位移、速度、加速度建立数学模型,代入已知参数,即可编程应用计算机计算出机构一个运动循环的运动参数,并可同时根据所得数据作出机构的位置线图、速度线图和加速度线图,这些线图即称为机构的运动线图。通过运动线图可清晰地看出机构在整个运动循环中的位移、速度和加速度的变化情况,有利于掌握机构的性能,并作为机构设计的重要参考资料。

现以如图2-12所示的曲柄滑块机构为例说明机构运动线图的绘制方法,主动曲柄1以等角速度 ω_1 逆时针方向转动,将式(2-17)、式(2-18);式(2-20)、式(2-21);式(2-22)、式(2-23)代入已知参数,则从动件滑块点C的位移 s_C、速度 $\boldsymbol{v}_C$、加速度 $\boldsymbol{a}_C$ 的运动线图如图2-15所示(为作图方便,将AC轴线逆时针旋转90°)。运动线图的绘制可用图解法或解析法。具体作图步骤如下:

(1) 选取长度比例尺 μ_l(m/mm),作出机构运动简图。

(2) 取曲柄 AB 的最低位置为起始位置,沿 ω_1 转向将点 B 轨迹(即以点 A 为圆心、AB 为半径所作的圆)分成 12 等份(等份数越多作图精确度越高),得点 B 一系列位置 1,2,3,…,12。

(3) 由点 B 的对应位置作出滑块点 C 的一系列位置 C_1、C_2、C_3…C_{12}。

(4) 取直角坐标系作位移线图。纵坐标代表滑块点 C 的位移 s_C,取位移比例尺 $\mu_s = \mu_l$;横坐标代表曲柄 AB 的转角(或时间 t),在横轴上选取 L(mm)为曲柄转一周的转角 $\varphi = 2\pi(360°)$。

(5) 让横坐标通过滑块点 C 的最低位置点 C_1,且与滑块移动导路垂直,并将横坐标上的线段 L 分成与点 B 所在圆周对应的等份数,过各等分点作横轴的垂线,将 C_1、C_2、C_3…C_{12} 分别向对应等分点垂线投影,将这些交点连成一光滑曲线,即得到滑块 C 的位移线图 s_C。

用前述图解法或解析法,求得对应曲柄在图示机构一系列位置的滑块 C 的速度 v_C 和加速度 a_C,可得到滑块 C 在一个运动循环内的速度线图和加速度线图,如图 2-15(b) 所示。

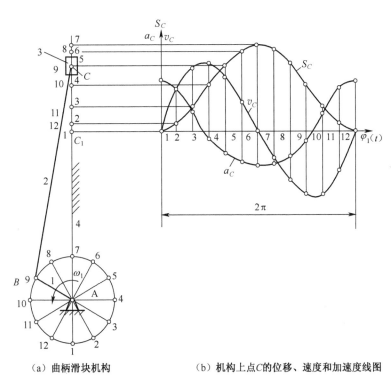

(a) 曲柄滑块机构　　　　(b) 机构上点 C 的位移、速度和加速度线图

图 2-15　曲柄滑块机构的运动线图

思考题与习题

2-1　何谓速度瞬心?相对瞬心和绝对瞬心有何异同点?

2-2　何谓三心定理?什么情况下需要用三心定理来确定瞬心?

2-3 何谓速度影像和加速度影像？它们在什么情况下使用？

2-4 在同一机构中，当原动件改变时，其机构的速度多边形和加速度多边形是否改变？

2-5 速度瞬心法和矢量方程图解法各有哪些优缺点？各适用于什么场合？

2-6 如何用矢量方程图解法对机构进行运动分析？

2-7 用矢量方程图解法和解析法对机构进行运动分析各有何优缺点？

2-8 用解析法进行运动分析时，如何判断各构件的方位角所在的象限？如何确定构件的速度、加速度、角速度和角加速度的方向？

2-9 判断在题2-9图示各机构中，点 B 是否存在哥氏加速度？

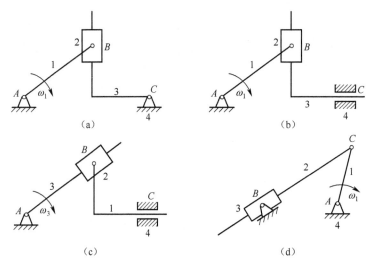

题2-9图

2-10 确定题2-10图中各机构在图示位置时的所有速度瞬心。

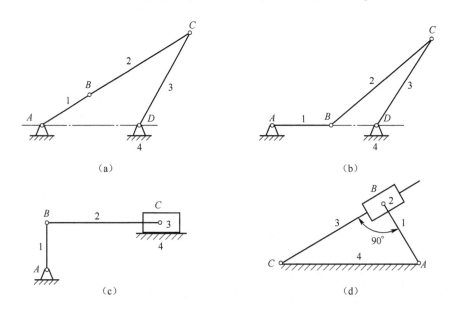

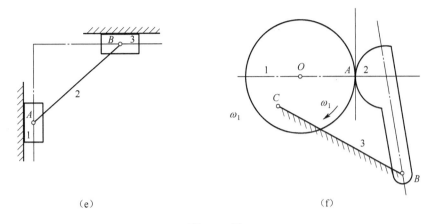

(e)　　　　　　　　　　　(f)

题 2-10 图

2-11　在题 2-11 图示曲柄摇块机构中,已知曲柄 1 以等角速度 $\omega_1=10\text{rad/s}$ 逆时针转动,$\varphi_1=45°$,$l_{AB}=30\text{mm}$,$l_{AC}=100\text{mm}$,$l_{BD}=50\text{mm}$,$l_{DE}=40\text{mm}$,求点 D、E 的速度、加速度;构件 3 的角速度和角加速度。

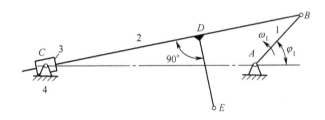

题 2-11 图

2-12　在题 2-12 图示机构中,已知原动件 1 以等角速度 $\omega_1=10\text{rad/s}$ 逆时针转动,$l_{AB}=40\text{mm}$,$l_{AD}=80\text{mm}$,$l_{CD}=45\text{mm}$,$l_{BC}=50\text{mm}$,$l_{BE}=60\text{mm}$。试用矢量方程图解法求图示位置时点 E 的速度和加速度。

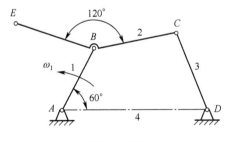

题 2-12 图

2-13　在题 2-13 图示机构中,已知构件 1 以等角速度 $\omega_1=10\text{rad/s}$ 顺时针转动,各构件长度为 $l_{AB}=120\text{mm}$,$l_{CD}=60\text{mm}$,$l_{AC}=60\text{mm}$,$l_{DE}=250\text{mm}$,$\varphi_1=60°$,且 $AC\perp CE$。试用矢量方程图解法求图示位置时点 E 的速度和加速度。

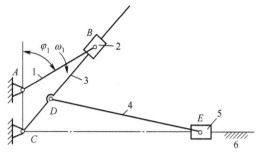

题 2-13 图

2-14 在题 2-14 图示机构中,已知原动件 1 以等角速度 $\omega_1 = 5\text{rad/s}$ 顺时针转动, $\varphi_1 = 30°$,各构件长度为 $l_{AB} = 150\text{mm}$, $l_{BC} = 600\text{mm}$, $l_{CE} = 200\text{mm}$, $l_{CD} = 460\text{mm}$, $l_{EF} = 600\text{mm}$, $x_D = 400\text{mm}$, $y_D = 500\text{mm}$, $y_F = 600\text{mm}$。试求:

(1) 该位置时活塞 5 的速度、加速度和构件 4 的角速度和角加速度;

(2) 绘制在一个运动循环中,活塞 5 的运动线图。

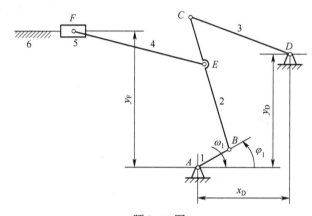

题 2-14 图

第3章 平面连杆机构及其设计

3.1 平面连杆机构及其传动特点

平面连杆机构是由若干个构件用低副(转动副或移动副)连接而成的平面机构,故又称为平面低副机构。

连杆机构的共同特点是:机构主动件的运动都要通过中间连杆传递给从动件,所以此类机构统称为连杆机构。

平面连杆机构是一种应用极为广泛的机构,在各种机械、仪器和机电一体化产品中都有广泛的应用,这主要取决于连杆机构的以下一些传动特点:

(1) 由于运动副为面接触的低副,因此压强小,承载能力高;而且低副的接触面间易于润滑,因此磨损小而寿命长。

(2) 因转动副和移动副的接触面一般多为圆柱面或平面,故易于加工和保证加工精度。

(3) 构件间的接触是依靠运动副本身的几何约束来实现的,不必依靠弹簧等装置,故结构简单,运动传递可靠。

(4) 能够实现多种运动规律、多种运动轨迹、各种运动形式的转换,如它可把原动件的转动转换成从动件的转动、摆动、移动或平面复杂运动,从而可以实现生产实际要求的运动规律或运动轨迹。

平面连杆机构也存在以下一些缺点:

(1) 因低副间存在间隙,而通常连杆机构的运动链又较长,故构件尺寸误差和运动副间隙误差会增加机构运动的累积误差而影响运动的精度,降低机械传动效率。

(2) 要准确地实现复杂的运动规律或轨迹比较困难,设计较为复杂,一般只能近似满足。

(3) 连杆机构中作平面复杂运动和作往复运动的构件所产生的惯性力难以平衡,故不适于高速传动。

随着连杆机构设计方法的不断改进,计算机的普及和优化设计的发展以及制造工艺水平的不断提高,连杆机构的缺点正在减少,连杆机构必将获得更广泛的应用。

3.2 平面四杆机构的类型及演化

由于连杆机构中的构件多呈杆状,故常简称构件为杆。所以连杆机构常根据其所含杆数而命名,有四杆机构、六杆机构等。最简单的连杆机构由两构件组成,即机架和一个原动件,如电动机、汽轮机和鼓风机等。但是应用最广泛的是平面四杆机构,它也是组成多杆机构的基础,因此本章着重介绍平面四杆机构。

3.2.1 四杆机构的基本形式

全部为转动副的平面四杆机构称为铰链四杆机构,如图3-1所示。它是平面四杆机构的最基本形式,其他形式的四杆机构都可以看作是在此基础上通过演化而成的。图中固定构件 4 称为机架,与机架通过转动副连接的构件 1 和 3 称为连架杆,不与机架通过运动副连接的构件 2 称为连杆。连杆是传递运动和动力的构件,一般作平面复杂运动,通过它将两个连架杆 1 和 3 连接起来。若组成转动副的两构件能作整周相对转动(如图 3-1 中的 A、B 副),则称该转动副为整转副,否则称为摆转副(如图 3-1 中的 C、D 副)。与机架组成整转副的连架杆称为曲柄,与机架组成摆转副的连架杆称为摇杆。通常按照两连架杆运动形式的不同,可将铰链四杆机构分为三种基本形式:曲柄摇杆机构、双曲柄机构和双摇杆机构。

1. 曲柄摇杆机构

在铰链四杆机构的两个连架杆中,若其中一个为曲柄,另一个为摇杆,则称其为曲柄摇杆机构,如图 3-1 所示。在曲柄摇杆机构中,通常曲柄为原动件,曲柄的连续转动可转换为摇杆的往复摆动。例如,如图 3-2 所示的雷达天线俯仰机构,当曲柄 1 缓慢匀速转动时,通过连杆 2 使摇杆 3 在一定角度的范围内摆动,从而达到调整天线俯仰角、搜索信号的目的。但有时也可以摇杆为原动件,此时将摇杆的往复摆动转换为曲柄的整周转动。如图 3-3(b)所示的缝纫机踏板机构,图 3-3(a)为其机构运动简图。摇杆 3 往复摆动,通过连杆 2 使曲柄 1 连续转动,再经过皮带传动驱动机头主轴转动。

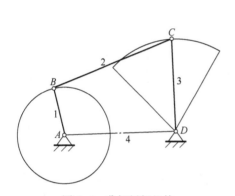

图 3-1 曲柄摇杆机构

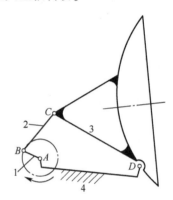

图 3-2 雷达天线俯仰机构

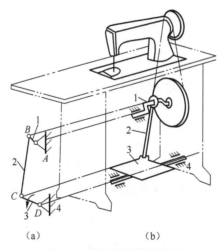

图 3-3 缝纫机脚踏板机构

2. 双曲柄机构

在铰链四杆机构中,若两连架杆均为曲柄,则称其为双曲柄机构。根据两曲柄的长度是否相等,又可将其分为不等长双曲柄机构(图3-4)和等长双曲柄机构(图3-6)。在不等长双曲柄机构中,当主动曲柄 AB 作等速回转时,从动曲柄 CD 作变速转动。如图3-5所示的惯性筛机构,就利用了不等长双曲柄机构的这一特性,当主动曲柄1作等速转动时,从动曲柄3作变速转动,通过连杆5驱使筛子6变速往复移动,从而使物料因惯性而达到筛分的目的。

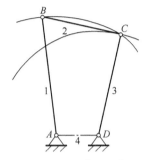
图 3-4 双曲柄机构

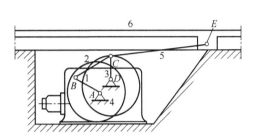
图 3-5 惯性筛机构

在等长双曲柄机构中,应用较广的是平行双曲柄机构,又称平行四边形机构,如图3-6所示。这种机构的对边长度平行且相等,组成一个平行四边形,四个转动副均为整转副。两曲柄1、3以相同的角速度沿相同的方向回转,连杆2作平移运动,连杆上任一点的轨迹均为以曲柄长度为半径的圆。如图3-7所示的火车机车车轮联动机构和如图3-8所示的摄影平台升降机构,均是利用了平行四边形机构中相应的特性制成的。

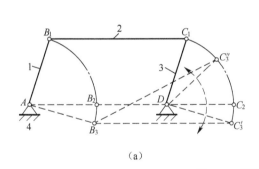
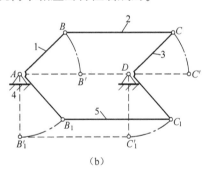

图 3-6 平行双曲柄机构

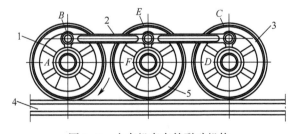
图 3-7 火车机车车轮联动机构

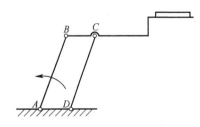
图 3-8 摄影平台升降机构

如图3-9所示为另外一种等长双曲柄机构——反平行四边形机构(或逆平行四边形

机构)。该机构的对边长度相等,但彼此不平行。两曲柄转向相反,且角速度不等。这种机构被应用于公共汽车的车门启闭,它可使两扇门同时反向对开或关闭。

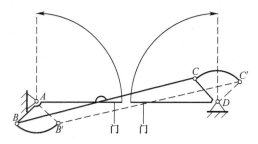

图 3-9 用于车门启闭的反平行四边形机构

必须指出,在如图 3-6 所示的平行双曲柄机构中,若以长边为机架,在主动曲柄 1 转动一周中,从动曲柄 3 将会出现两次与机架 4、连杆 2 同时共线的位置。在这两个位置处会出现从动曲柄 3 转向不确定现象。例如,在图 3-6(a)中,当主动曲柄 1 由 AB_2 转到 AB_3 时,从动曲柄 3 可能转到 DC_3',保持平行双曲柄机构 $AB_3C_3'D$;也可能转到 DC_3'',变成反向双曲柄机构 $AB_3C_3''D$。在实际应用中,必须消除这种运动不确定现象。如可利用从动件本身质量的惯性或在机构中安装一个大质量的飞轮闯过这个位置。也可以在主、从动曲柄上错开一定角度再安装一组平行四边形机构,形成虚约束来解决,如图 3-6(b)所示,当上面一组平行四边形机构由 $ABCD$ 转到 $AB'C'D$ 共线位置时,下面另一组平行四边形机构从 AB_1C_1D 转到 $AB_1'C_1'D$ 仍处于正常位置,故机构仍然保持确定运动。如图 3-7 所示的火车机车车轮联动机构,还可以增加一个辅助曲柄,形成虚约束来消除平行四边形机构在这个位置的运动不确定状态。

3. 双摇杆机构

在铰链四杆机构中,若两连架杆均为摇杆,则称其为双摇杆机构,如图 3-10 所示。

如图 3-11 所示为飞机起落架中所用的双摇杆机构,图中实线为飞机降落时,起落架放下的位置;虚线为飞机起飞后,为了减小空气阻力,起落架收起藏于机翼中的位置。这些动作是由原动摇杆 AB 通过连杆 BC,带动从动摇杆 CD 实现的。

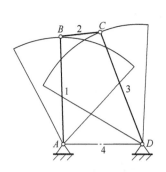

图 3-10 双摇杆机构

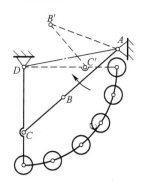

图 3-11 飞机起落架机构

港口鹤式起重机的主体机构也是一个双摇杆机构,如图 3-12(b)所示,图 3-12(a)为其机构运动简图。摇杆 AB 摆动时,连杆 BC 上悬挂重物的点 E 在近似的水平直线上移动,将重物从船上卸到岸上(或从岸上装到船上),这样重物在平移时可以避免不必要的升降而消耗能量。

在双摇杆机构中,如果两个摇杆的长度相等并最短,则构成等腰梯形机构。如图3-13所示的汽车前轮转向机构,就是等腰梯形机构的应用实例。汽车转弯时,与前轮轴固连的两个摇杆的摆角 β 和 δ 不等,两前轮轴线的交点与后轮轴线近似汇交于一点 P,点 P 即为汽车此时转弯的瞬时转动中心。汽车的四个轮子都能在地面上近似纯滚动,从而保证汽车转弯平稳,减少轮胎因滑动造成的磨损。

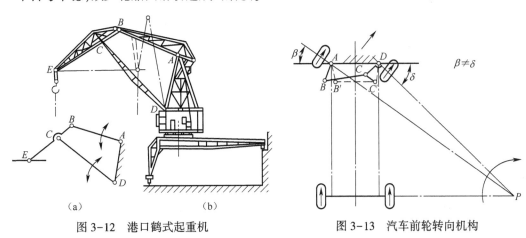

图3-12 港口鹤式起重机　　　　图3-13 汽车前轮转向机构

3.2.2 平面四杆机构的演化形式

以上介绍了铰链四杆机构的三种基本形式,除此之外,在机械中还广泛应用着其他形式的四杆机构,虽然它们的外形和构造各不相同,但却往往具有相同的相对运动特性或一定的内在联系。这些"型式"的四杆机构可以认为是由铰链四杆机构通过演化得到的。值得注意的是尽管演化方式有多种,但都要遵循"不改变构件间的相对运动状况,而只可改变构件的形状或绝对运动"的原则。

1. 转动副转化成移动副

铰链四杆机构通过改变其中某些构件的形状和尺寸,可将其演化为单滑块机构和双滑块机构。

如图3-14(a)所示的曲柄摇杆机构中,摇杆3上点 C 的运动轨迹是以点 D 为圆心,以摇杆长 l_{CD} 为半径的圆弧 β-β。若将摇杆3做成弧形滑块,使其沿足够长的弧度与 β-β 一样的固定圆弧导槽往复滑动,如图3-14(b)所示,则机构运动的性质不发生改变。但此时曲柄摇杆机构已演化为具有曲线导槽的曲柄滑块机构。又若将圆弧导槽的半径增大到无穷大,其圆心 D 移至无穷远处,则圆弧槽变成了直槽,转动副 D 也就演化成了移动副,构件3也就由摇杆变成了滑块,这样机构就演化成了单滑块机构中的曲柄滑块机构,如图3-14(c)所示。图中 e 为曲柄回转中心 A 到滑块上转动副 C 点轨迹的距离,称为偏心距。当 $e \neq 0$ 时,称为偏置曲柄滑块机构,如图3-14(c)所示;当 $e=0$ 时称为对心曲柄滑块机构,如图3-14(d)所示。因此可以认为曲柄滑块机构是由曲柄摇杆机构演化而来的。它在机械中有着广泛的应用,如蒸汽机、空气压缩机及冲床等的主机构都是曲柄滑块机构。

若将单滑块机构中的对心曲柄滑块机构进一步演化,即将图3-14(d)中的连杆2做

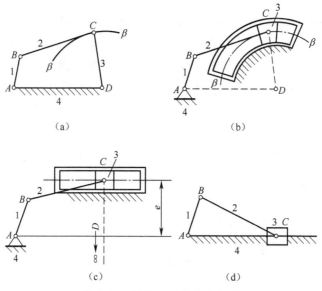

图 3-14 转动副转化成移动副

成滑块形式,使之沿圆弧导轨 α - α 运动,如图 3-15(a)所示,显然其运动性质并未改变,当圆弧导轨 α - α 的半径趋于无穷大时,就变成了直线导轨,则曲柄滑块机构便可演化为双滑块机构中的正弦机构。在该机构中,从动件 3 的位移与原动件 1 的转角 φ 的正弦成正比,即 $s = l_{AB}\sin\varphi$。它多用于仪表和解算等装置中。

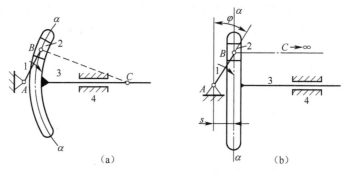

图 3-15 双滑块四杆机构

2. 取不同构件为机架

在平面低副机构中,根据低副运动的可逆性,即当选取不同构件为机架时,各构件之间的相对运动关系不会改变。利用这个运动特点,在四杆机构中,选取不同构件为机架,可以演化出不同形式的机构。这种演化方法在机械原理中也称为机构的倒置。

1) 曲柄摇杆机构取不同构件为机架

在如图 3-16(a)所示的曲柄摇杆机构中,当机架换为构件 1 时,由于转动副 A、B 均为整转副,故它们所对应的连架杆 2、4 均为曲柄,则成为双曲柄机构,如图 3-16(b)所示;当取构件 2 为机架时,由于转动副 B 为整转副,而转动副 C 为摆转副,故转动副 B 所对应的连架杆 1 为曲柄,而转动副 C 所对应的连架杆 3 则为摇杆,该机构仍为曲柄摇杆机构,如图 3-16(c)所示;当取构件 3 为机架时,由于转动副 C、D 均为摆转副,因此它们所对应的连架杆2、4均为摇杆,则演化为双摇杆机构,如图3-16(d)所示。这种通过更换机架而得到的机构称为原机构的倒置机构。

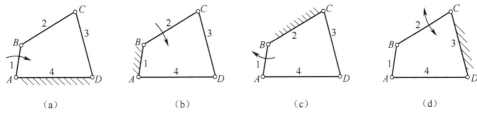

图3-16 曲柄摇杆机构取不同构件为机架

2) 曲柄滑块机构取不同构件为机架

由上述可知,曲柄滑块机构是曲柄摇杆机构演化而来的。在图3-17(a)所示的曲柄滑块机构中,构件4为机架,构件1为曲柄,转动副 A、B 均为整转副,C 为摆转副。若改换构件1为机架,如图3-17(b)所示,则滑块3沿构件4相对移动,显然构件4为活动导路,将其称之为导杆。此时构件2、4均可作整周转动,此机构称为曲柄转动导杆机构。

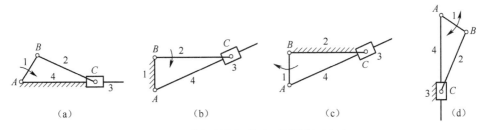

图3-17 曲柄滑块机构取不同构件为机架

在导杆机构中,若导杆能作整周转动,则称为回转导杆机构,图3-18所示回转柱塞泵机构即为应用实例,此外它还常应用于插床和小型刨床中。如果构件1的尺寸大于构件2的尺寸,即 $l_{AB} > l_{BC}$,则此时导杆4仅能摆动,机构为摆动导杆机构,如图3-19所示的牛头刨床的导杆机构 ABC 即为一例。

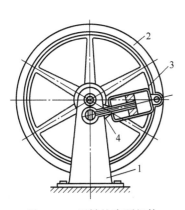

图3-18 回转柱塞泵机构

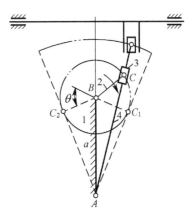

图3-19 牛头刨床

若将如图3-17(a)所示机构中的构件2作为机架,如图3-17(c)所示,则构件1仍为曲柄,但滑块3则变成摇块,即得曲柄摇块机构。这种机构经常应用于摆缸式内燃机和液压驱动装置中。例如,在如图3-20所示的自卸卡车翻斗机构中,当油缸3中的压力油推动活塞杆4运动时,车斗1便绕转动副B转动,当达到一定倾斜角度时,物料就自动卸下。

在如图3-17(a)所示机构中,若改换构件3为机架,即得到如图3-17(d)所示的定块移动导杆机构。如图3-21所示的手摇抽水唧筒就是其应用实例,此外这种机构还常应用于抽油泵中。

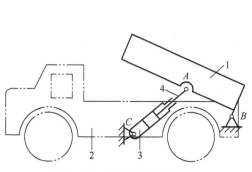
图3-20 自卸卡车翻斗机构

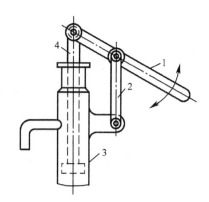
图3-21 手摇抽水唧筒机构

3. 改变运动副的尺寸

平面四杆机构中若改变其中某些运动副的尺寸也可演化成其他形式的四杆机构。

在如图3-22(a)所示的曲柄摇杆机构中,如果将转动副B的半径逐渐扩大到超过曲柄AB的长度,如图3-22(b)、(c)所示,则机构各构件之间的相对运动并没有发生改变。此时曲柄1变成圆盘1,其几何中心为B,而转动中心为A,二者并不重合,圆盘1称为偏心轮,该机构称为偏心轮机构。A、B之间的距离e称为偏心距,它与曲柄的长度相等。

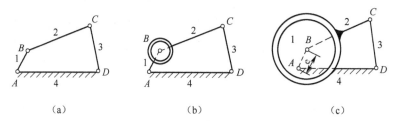

图3-22 曲柄摇杆机构演化为偏心轮摇杆机构

同理,如图3-23(a)所示的曲柄滑块机构也可扩大转动副B的尺寸,演化成如图3-23(b)所示的偏心轮机构。这种演化方法也称为扩大转动副的尺寸。

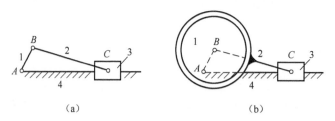

图3-23 曲柄滑块机构演化为偏心轮滑块机构

当曲柄的长度很短时,通常把曲柄做成偏心轮,可提高其强度、刚度,且制造、装配简单。因此,偏心轮机构常应用于传力和振动都较大的冲床、剪床、破碎机中。

4. 运动副元素的逆换

某些四杆机构若将其中的移动副两元素的包容面进行逆换,即杆块对调,不会影响两构件之间的相对运动关系,却能演化成不同形式的四杆机构。例如,如图 3-24(a)所示的曲柄摇块机构,若将构成移动副的杆 2 和块 3 对调,即互换包容面,则演化成如图 3-24(b)所示的曲柄摆动导杆机构。

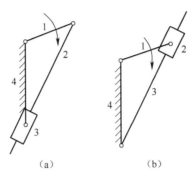

图 3-24 运动副元素的逆换

由上述分析可知,铰链四杆机构可通过转动副转化成移动副、取不同构件为机架、改变运动副尺寸以及杆块对调等途径,演化成为其他形式的四杆机构,以满足生产实际的各种需要。

3.3 铰链四杆机构有曲柄的条件及主要工作特性

由于铰链四杆机构是平面四杆机构的基本形式,其他形式的四杆机构都可看作是由它演化而来的,因此本节只着重介绍铰链四杆机构有曲柄的条件及主要工作特性,所得结论也可应用于其他四杆机构。

3.3.1 铰链四杆机构有曲柄的条件

铰链四杆机构中,有无曲柄,有几个曲柄,与机构中各杆的相对长度和机架的选择有关。为了研究铰链四杆机构有曲柄的条件,就需要首先得出铰链四杆机构中存在整转副的条件。

如图 3-25 所示为一铰链四杆机构,构件 1、3 为连架杆,构件 2 为连杆,构件 4 为机架。设各杆长度分别用 l_1、l_2、l_3 和 l_4 表示。若要使连架杆 1 能绕转动副 A 相对机架 4 整周转动成为曲柄,则 A 必为整转副,即要求连架杆 1 应能处于图中任意位置。因此连架杆 1 绕转动副 A 转动过程中,只要能够顺利通过它与连杆 2 重叠共线和拉直共线的两位置 AB_1C_1 和 AB_2C_2,其他位置就都能通过,它就能成为曲柄。

当连架杆 1 处于 AB_1 位置时,它与连杆 2 重叠共线,形成 $\triangle AC_1D$。根据三角形任意两边之和必大于第三边的定理可得

$$l_4 < (l_2 - l_1) + l_3$$
$$l_3 < (l_2 - l_1) + l_4$$

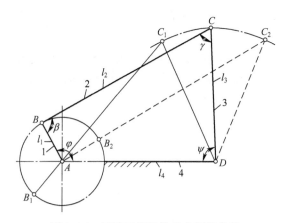

图 3-25 铰链四杆机构有曲柄的条件

即

$$l_1 + l_4 < l_2 + l_3 \tag{3-1}$$

$$l_1 + l_3 < l_2 + l_4 \tag{3-2}$$

当连架杆 1 处于 AB_2 位置时,它与连杆 2 拉直共线,形成 $\triangle AC_2D$。同理可写出以下关系式:

$$l_1 + l_2 < l_3 + l_4 \tag{3-3}$$

另外,如图 3-26(a)、(b)和(c)所示,还可能出现构件 1、2、3 与机架 4 四杆共线的特殊情况,此时有以下关系式:

$$l_1 + l_4 = l_2 + l_3 \tag{3-4}$$

$$l_1 + l_3 = l_2 + l_4 \tag{3-5}$$

$$l_1 + l_2 = l_3 + l_4 \tag{3-6}$$

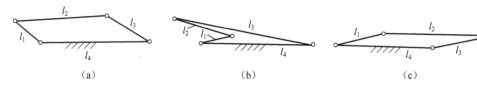

图 3-26 铰链四杆机构杆长的特例

综合式(3-1)~式(3-6),可得

$$l_1 + l_4 \leq l_2 + l_3 \tag{3-7}$$

$$l_1 + l_3 \leq l_2 + l_4 \tag{3-8}$$

$$l_1 + l_2 \leq l_3 + l_4 \tag{3-9}$$

将式(3-7)、式(3-8)、式(3-9)两两相加可得

$$l_1 \leq l_2,\ l_1 \leq l_3,\ l_1 \leq l_4 \tag{3-10}$$

分析式(3-7)~式(3-10),可得出如图 3-25 所示铰链四杆机构中,转动副 A 为整转副的条件为:

(1) 最短杆与最长杆的长度之和不大于其他两杆的长度之和。此条件称为杆长之和条件。

(2) 组成整转副的两构件中必有一个最短杆。

因此,当四杆机构满足杆长之和条件时,与最短杆相连的转动副必为整转副,其余的转动副则是摆转副。

由此可知,四杆机构有曲柄的条件为:
(1) 各杆长度满足杆长之和条件;
(2) 连架杆与机架中必有一杆为最短杆。

以上两个条件缺一不可,否则就只能是互为摇杆。在互为曲柄的两杆中,固定一杆作为机架,则另一杆即为曲柄。

显然在如图 3-25 所示机构中,各杆长度满足上述条件。转动副 A 为整转副,与之相连的杆 1 为曲柄,而杆 3 则为摇杆,此机构为曲柄摇杆机构。

综上可得相应推论:

(1) 在铰链四杆机构中,如果各杆长度满足杆长之和条件,且有一个最短杆,则:
①以最短杆为连架杆,则最短杆为曲柄,另一连架杆为摇杆,该机构为曲柄摇杆机构;
②以最短杆为机架,则两连架杆均为曲柄,该机构为双曲柄机构;③以最短杆为连杆,则无曲柄存在,该机构为双摇杆机构。

(2) 在铰链四杆机构中,如果最短杆与最长杆的长度之和大于其余两杆的长度之和,则四个转动副均为摆转副,不论以哪个构件为机架,该机构均无曲柄存在,只能是双摇杆机构。

需要指出的是,在应用上述结论判断铰链四杆机构的类型时,还应注意四杆组成封闭多边形的条件,即最长杆的杆长应小于其余三杆的长度之和。

3.3.2 铰链四杆机构的急回运动和行程速度变化系数

当机构中的原动件等角速整周转动,输出构件具有正反行程的往复运动时,如果正反行程的平均速度不相等,即正行程(也叫工作行程)的平均速度较慢,而反行程(也叫空回程)的平均速度较快,则称该机构具有急回运动特性。

如图 3-27 所示为一曲柄摇杆机构,设曲柄 AB 为原动件,匀速顺时针转动,从动摇杆 CD 往复摆动。在曲柄 AB 转动一周的过程中,有两次与连杆 BC 共线,一次为重叠共线位置 AB_1C_1,此时摇杆位于最左边 C_1D 处,称为左极限位置;另一次为拉直共线位置 AB_2C_2,此时摇杆位于最右边 C_2D 处,称为右极限位置。摇杆在左、右两极限位置之间的夹角,称为摇杆的摆角,用 ψ 表示。摇杆处于左、右两极限位置时,对应曲柄两位置之间所夹的锐角,称为极位夹角,用 θ 表示。

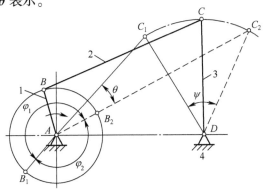

图 3-27 曲柄摇杆机构的急回运动

当曲柄 AB 以等角速度 ω 由位置 AB_1 顺时针转到位置 AB_2 时,曲柄转过的角度为 $\varphi_1 = 180° + \theta$,此时摇杆由左极限位置 C_1D 摆到右极限位置 C_2D,摇杆摆角为 ψ,摇杆的这个过程称为工作行程。这一过程所用时间 $t_1 = \varphi_1/\omega$,摇杆上点 C 的平均速度 $v_1 = \overset{\frown}{C_1C_2}/t_1$;而当曲柄 AB 继续顺时针转动,从位置 AB_2 转回到位置 AB_1 时,其所对应的转角为 $\varphi_2 = 180° - \theta$,摇杆则由位置 C_2D 摆回到 C_1D,其摆过的角度仍然为 ψ,摇杆的这个过程称为空回行程。这一过程所用的时间 $t_2 = \varphi_2/\omega$,摇杆上点 C 的平均速度 $v_2 = \overset{\frown}{C_2C_1}/t_2$。由图可知,$\varphi_1 > \varphi_2$,因而 $t_1 > t_2$,所以 $v_2 > v_1$,即摇杆空回程的平均速度大于其工作行程的平均速度。故曲柄摇杆机构具有急回运动特性。在生产实际中,常利用这种急回特性来缩短空回程(非工作行程)的时间,提高生产效率,如牛头刨床、往复式输送机等。但也有一些机构却是利用快进慢退来进行工作的,如颚式破碎机就是利用其动颚的快进慢退,以避免矿石的过度粉碎(因破碎后的矿石有一定的颗粒度要求)。

衡量机构的急回运动的程度,可以用行程速度变化系数 K 来表示,即

$$K = \frac{v_2}{v_1} = \frac{\overset{\frown}{C_2C_1}/t_2}{\overset{\frown}{C_1C_2}/t_1} = \frac{t_1}{t_2} = \frac{180° + \theta}{180° - \theta} \tag{3-11}$$

或

$$\theta = 180° \frac{K-1}{K+1} \tag{3-12}$$

由式(3-11)和式(3-12)说明,行程速度变化系数 K 与极位夹角 θ 成函数关系。$\theta = 0°$ 时,$K = 1$,表明机构没有急回运动,这种机构在正反行程中都在工作;一般情况下,当 $\theta > 0°$ 时,$K > 1$,说明机构具有急回特性,θ 越大,K 值就越大,急回特性越显著,同时惯性力也越大。因此设计时,为了防止惯性力过大,通常取 $K \leqslant 2$,$\theta \leqslant 60°$。

此外,具有急回特性的四杆机构除曲柄摇杆机构外,还有偏置曲柄滑块机构,如图3-28(a)所示,当滑块处于两极限位置时,曲柄所夹的锐角即极位夹角 $\theta > 0°$,因此偏置曲柄滑块机构具有急回特性;而用同样方法可画出,对心曲柄滑块机构的极位夹角 $\theta = 0°$,如图3-28(b)所示,故不存在急回特性。同理可判断摆动导杆机构,当导杆摆动到与曲柄垂直的左右两个极限位置时,曲柄所夹的锐角即极位夹角 $\theta > 0°$,且 $\theta = \psi$,即该机构的极位夹角等于导杆的摆角 ψ,所以摆动导杆机构也具有急回特性。

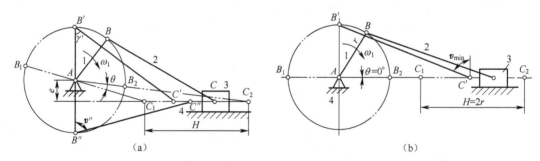

图 3-28 曲柄滑块机构的急回运动分析

3.3.3 压力角和传动角

在实际生产中不仅要求机构能够实现预期的运动规律,而且希望其运转轻便,效率

高。而压力角和传动角正是表征机构传力性能是否优劣的物理量。

在如图 3-29 所示的曲柄摇杆机构中,曲柄 AB 为原动件,若不计各构件的重力、惯性力和运动副中的摩擦力,则连杆 BC 为二力杆。曲柄通过连杆作用于从动摇杆 CD 上点 C 的力 F 是沿 BC 方向,此力 F 的方向线与该力作用点的绝对速度 v_C 的方向之间所夹锐角 α 称为压力角。F 力在 v_C 方向上的分力 $F_t = F\cos\alpha$,是推动摇杆 CD 绕点 D 转动的有效分力,而 F 力沿从动摇杆 CD 方向上的分力 $F_n = F\sin\alpha$,它只能增加运动副中的约束反力,因此是有害力。显然,压力角越大,有效分力就越小,而有害分力就越大,机构传动越费劲,效率就越低,因此,压力角越小,对机构传动越有利。

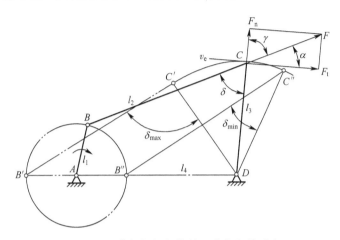

图 3-29 曲柄摇杆机构的压力角与传动角

压力角 α 的余角 γ 称为传动角,即 $\gamma = 90° - \alpha$。由图 3-29 可见,传动角 γ 就是连杆与摇杆之间所夹的锐角,观察和测量起来都比较方便。因此,在平面连杆机构设计中常用传动角 γ 的大小来衡量机构的传动质量。传动角 γ 越大,机构的传力性能越好。

当机构运转时,其传动角的大小是变化的。为了保证机构传动良好,设计时,对于一般机械,通常应使最小传动角 $\gamma_{min} \geq 40°$;对于高速和破碎机、冲床等大功率机械,应使 $\gamma_{min} \geq 50°$;对于小功率机械比如仪器、仪表等,γ_{min} 也可略小于 40°。为此,需要确定机构最小传动角 γ_{min} 的位置,并检验 γ_{min} 的值是否在许可的范围之内。

传动角 γ 的大小随连杆与摇杆之间的夹角 δ 而变化。当 δ<90° 时,则 γ = δ;当 δ>90° 时,则 γ = 180° - δ。所以欲求得最小传动角 γ_{min},必须求得 δ_{min} 与 δ_{max}。在 △BCD 中,BD 为 δ 的对边,当 BD 最长与最短时,则分别有 δ_{max} 与 δ_{min}。由几何关系知,当曲柄 AB 与机架 AD 拉直共线时,即图中 AB'C'D 位置,有

$$\delta_{max} = \arccos\left[\frac{l_2^2 + l_3^2 - (l_1 + l_4)^2}{2l_2 l_3}\right] \quad (3\text{-}13)$$

当曲柄 AB 与机架 AD 重叠共线时,即图中 AB"C"D 位置,有

$$\delta_{min} = \arccos\left[\frac{l_2^2 + l_3^2 - (l_4 - l_1)^2}{2l_2 l_3}\right] \quad (3\text{-}14)$$

则 (180° - δ_{max}) 与 δ_{min} 中的较小者为最小传动角 γ_{min},所以铰链四杆机构的最小传动角出现在曲柄与机架共线的两位置之一。

在如图3-30所示的偏置曲柄滑块机构中,当曲柄为原动件时,从动滑块上点C所受的推力F与点C的速度v_c之间的夹角为压力角α,γ为传动角。由图可见,机构在$AB'C'$处,有最小传动角$\gamma_{\min}$,其大小为

$$\gamma_{\min} = \arccos\left(\frac{l_1 + e}{l_2}\right) \tag{3-15}$$

从式(3-15)可以分析出,当曲柄为原动件时,曲柄滑块机构最小传动角出现在曲柄与导路垂直且远离偏心一方的位置。

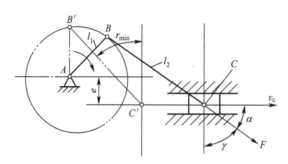

图3-30 曲柄滑块机构的压力角与传动角

3.3.4 死点位置

在如图3-31所示的曲柄摇杆机构中,若摇杆CD为主动件,而曲柄AB为从动件,则当摇杆摆动到极限位置C_1D或C_2D时,连杆BC和从动曲柄AB共线,主动摇杆通过连杆加于从动曲柄上的力F或F'经过铰链中心A,此时传动角$\gamma = 0°$,即压力角$\alpha = 90°$,从而驱使从动曲柄运动的有效分力为零,因而不能使曲柄转动。机构的这种传动角为零的位置称为死点位置。因此,在四杆机构中当连杆运动至与转动从动件共线或与移动从动件导路垂直时,作用力通过从动件回转中心或移动中心,该位置为死点位置。

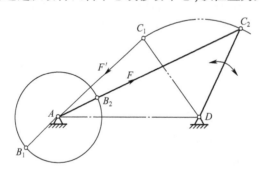

图3-31 曲柄摇杆机构的死点位置

死点位置的存在会使机构的从动件出现卡死或运动不确定现象。为了消除这种不利影响,使机构顺利通过死点位置,可以通过对从动曲柄施加外力,或加装飞轮以增大构件的惯性力作用,也可采用机构的错位排列等措施。

如图3-3所示为缝纫机踏板机构,在实际使用中,有时会出现踏不动或倒转现象,就是机构处于死点位置引起的。通常可在机头主轴上安装飞轮,借助飞轮的惯性,使机构闯过死点位置。

死点位置对机构传动虽然不利,但是在工程实践中,也常常利用它来实现一定的工作要求,例如,如图3-11所示的飞机起落架机构,着陆时机轮放下,杆 BC 和 AB 成一直线,机构处于死点位置,此时虽然机轮上受到巨大的冲击力,但也不能使从动件 AB 摆动,从而保持支撑着飞机的状态。日常生活中利用死点位置的实例也很多,如折叠桌、折叠椅等。

3.4 平面四杆机构的设计

3.4.1 设计的基本问题

平面四杆机构设计的主要任务是:根据工作要求选择合适的机构类型,再按照给定的运动条件和其他附加条件,即结构条件(如要求存在曲柄等)、动力条件(如传动角要求)等,确定机构运动简图的尺寸参数。

生产实践对四杆机构的要求多种多样,归纳起来,主要有以下三类问题:

(1)实现已知运动规律。要求主、从动件满足预定的若干对应位置关系;或当原动件运动规律已知时,设计机构使其从动件能准确或近似地按给定的运动规律运动(又称为函数生成问题)。

(2)实现连杆给定的位置。要求机构能引导连杆按规定顺序精确或近似地经过预定的若干位置,故又称为刚体引导问题。

(3)实现已知运动轨迹。要求在机构运动过程中,连杆上某些点能精确或近似地沿着预定的轨迹运动(又称为轨迹生成问题)。

设计四杆机构的方法有解析法、图解法和实验法。解析法是以机构参数来表达各构件间的运动函数关系,通过方程的求解获得有关运动尺寸,因此精度高,但解题方程的建立和求解比较烦琐,随着数学手段的发展和电子计算机的普遍,该方法正在逐渐普及;图解法是利用机构运动过程中各运动副位置之间的几何关系,通过几何作图法求解运动参数的方法,所以直观形象,容易理解,求解速度较快,但精度较低,适用于设计简单问题或对精度要求不高的问题;实验法需要利用各种图谱、表格及模型或实验作图试凑等方法来获得机构运动参数,简单直观,但费时较多,精度亦不太高。设计时究竟采用哪种方法,应按实际情况选择。现分别介绍如下。

3.4.2 用图解法设计四杆机构

1. 按连杆预定的位置设计四杆机构

铰链四杆机构中,给定连杆的位置可有两种不同情况。

1)已知活动铰链中心的位置

设连杆上两个活动铰链中心 B、C 的位置为已知,要求机构在运动过程中连杆能依次占据 B_1C_1、B_2C_2、B_3C_3 三个位置,如图3-32所示,设计该铰链四杆机构,即确定固定铰链中心 A、D 的位置。

作图依据:铰链四杆机构的固定铰链中心 A、D 分别为相应活动铰链 B、C 轨迹圆弧的中心。

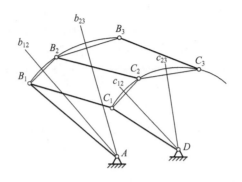

图 3-32 求固定铰链中心位置

作图方法:分别作 B_1B_2 和 B_2B_3 的垂直平分线,其交点即为固定铰链中心 A 的位置;同理可求得固定铰链中心 D 的位置,连接 AB_1C_1D 即为所求的铰链四杆机构在第一位置时的机构简图。按比例尺作图时,由图上量得尺寸乘以比例尺后即得两连架杆的长度 l_{AB}、l_{CD} 和机架的长度 l_{AD}。

特殊情况,若 C_1、C_2、C_3 位于一条直线上,则得曲柄滑块机构或摇杆滑块机构。

由上述作图过程可知,给定连杆 BC 的三个位置时,可得到唯一的解。如果只给定连杆的两个位置 B_1C_1 和 B_2C_2,则点 A 和点 D 可分别在 B_1B_2、C_1C_2 的中垂线 b_{12}、c_{12} 上任选,故有无穷多个解。在实际设计时,还要考虑一些其他条件,如曲柄存在条件、最小传动角条件或其他结构上的要求等,以得到唯一的解。

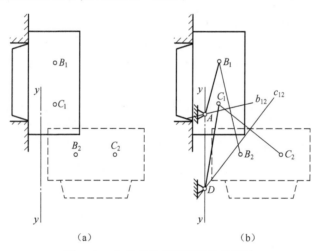

图 3-33 加热炉炉门启闭机构的设计

如图 3-33(a)所示加热炉炉门启闭机构,连杆 BC 即为炉门。炉门关闭时,BC 在垂直位置 B_1C_1,炉门打开时,BC 在水平位置 B_2C_2,并且炉门外边朝上。根据实际情况,固定铰链装在 y-y 轴线上,其设计过程同上,如图 3-33(b)所示。

2) 已知固定铰链中心的位置

设已知固定铰链 A、D 的位置,及连杆上标线(即在连杆上作出的标志连杆位置的线段) EF 的三个位置 E_1F_1、E_2F_2、E_3F_3,如图 3-34(a)所示,设计该铰链四杆机构,即确定活动铰链中心 B、C 的位置。

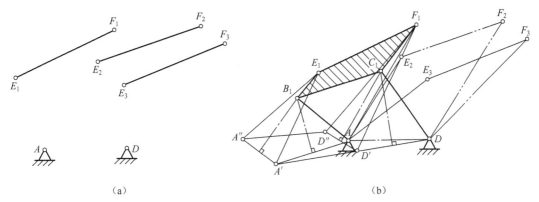

图 3-34 已知固定铰链和连杆三个标线位置的设计

作图依据：利用机构倒置原理，将此类设计问题转换为上述已知连杆活动铰链中心的位置设计四杆机构的问题。若改取四杆机构中的连杆 BC 为机架，原机架 AD 为连杆，则原机构（图 3-35(a)）中的活动铰链 B、C 变为固定铰链，而固定铰链 A、D 则变为活动铰链（图 3-35(b)）。作图方法：如图 3-35(b) 所示，将原机构第二个位置的构型 AB_2C_2D 视为刚体，并移动该刚体使 B_2C_2 与 B_1C_1 重合，从而得到活动铰链中心 A、D 在倒置机构中的第二个位置 A'、D'，则点 B_1 在 AA' 的中垂线上，点 C_1 在 DD' 的中垂线上。

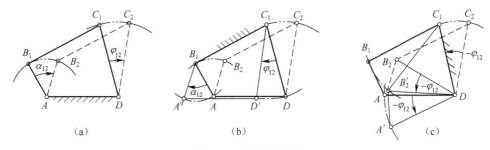

图 3-35 机构倒置法

根据以上分析可得该问题的设计步骤为（见图 3-35(b)）：

（1）以 E_1F_1 作为倒置机构新机架的位置；

（2）刚化 AE_2F_2D 和 AE_3F_3D（目的是保持机构倒置后连杆和机架在各位置时的相对位置不变）；

（3）移动 AE_2F_2D 和 AE_3F_3D 使 E_2F_2 和 E_3F_3 分别与 E_1F_1 重合，由此得到 $A'D'$ 及 $A''D''$；

（4）分别作 AA'、$A'A''$ 的中垂线，交点即为活动铰链 B_1 的位置；同理作 DD'、$D'D''$ 的中垂线，交点即为活动铰链 C_1 的位置；

（5）连接 AB_1C_1D，即为所设计的铰链四杆机构在第一位置时的机构简图。

由上述可知，给定连杆三个位置，有唯一解；若只给定连杆的两个位置，则有无穷多解，此时可根据其他辅助条件来获得唯一解。

2. 按两连架杆对应位置设计四杆机构

设已知连架杆 1 所处的位置 φ_1、φ_2、φ_3 及其长度 l_1 和连架杆 3 上的 DE 线段所处的三个对应位置 ψ_1、ψ_2、ψ_3 及机架 AD 长度 l_4，如图 3-36(a) 所示，设计该铰链四杆机构，即

确定活动铰链中心 C 在杆 3 上的位置。

作图依据：由机构倒置原理，如图 3-35(c)所示，若改取原机构的连架杆 CD 为机架，则连架杆 AB 将变为连杆，再将原机构第二个位置的构型 AB_2C_2D 视为刚体，绕点 D 反转 $-\varphi_{12}$ 使 C_2D 与 C_1D 重合，从而获得倒置机构中活动铰链 A、B 的位置。这样就将原来求活动铰链中心 C 的位置问题转换成求固定铰链中心 C 的问题了。故这种方法又称为反转法或反转机构法。

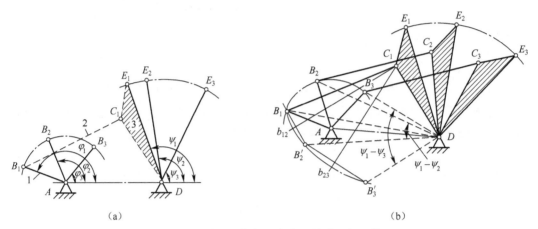

图 3-36 按两连架杆对应位置设计四杆机构

根据以上分析可得该问题的设计步骤为(见图 3-36(b))：

(1) 按照给定条件确定固定铰链中心 A、D，并作出两连架杆的三个对应位置 AB_1、AB_2、AB_3 及 DE_1、DE_2、DE_3；

(2) 以 DE_1 作为倒置机构新机架的位置；

(3) 连接 DB_2 及 DB_3，并将它们分别绕点 D 逆时针转过 $\psi_1-\psi_2$ 角及 $\psi_1-\psi_3$ 角，得点 B'_2 和 B'_3；

(4) 连接 $B_1B'_2$、$B'_2B'_3$ 分别作其中垂线，交点即为点 C_1；

(5) 连接 AB_1C_1D，即为所设计的铰链四杆机构。

由于 AB 杆的长度和初始位置可以任选，故实现两连架杆两组对应角位移的设计问题有无穷多组解，需要附加其他条件才可获得确定解。

3. 按给定的行程速度变化系数设计四杆机构

设计这类具有急回运动要求的四杆机构，关键是利用机构在两极限位置时的几何关系。

1) 曲柄摇杆机构

设已知摇杆的长度 l_{CD} 和摆角 ψ 以及行程速度变化系数 K，试设计此曲柄摇杆机构。如图 3-37 所示，本设计的实质是确定曲柄回转中心 A 的位置，定出其余三杆的长度 l_{AB}、l_{BC}、l_{AD}，其设计步骤如下：

(1) 根据给定的行程速度变化系数 K，按式(3-12)计算出极位夹角 θ。

(2) 任选一点为固定铰链中心 D，选取长度比例尺 μ_l，根据摇杆长度 l_{CD} 和摆角 ψ 作摇杆的两个极限位置 C_1D 和 C_2D，如图 3-37 所示。

(3) 连接直线 C_1C_2，过 C_1 点作 C_1C_2 的垂线 C_1M，并作 $\angle C_1C_2N=90°-\theta$，$C_1M$ 与

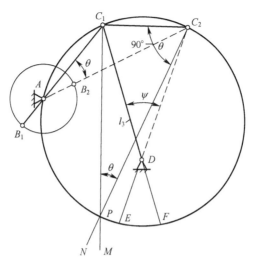

图 3-37 按行程速度变化系数 K 设计曲柄摇杆机构

C_2N 交于 P 点,显然 $\angle C_1PC_2 = \theta$。

(4) 作 $\triangle C_1PC_2$ 的外接圆,在此圆周上任取一点 A 作为曲柄的回转中心,分别连接 AC_1 和 AC_2,则 $\angle C_1AC_2 = \angle C_1PC_2 = \theta$。满足给定的行程速度变化系数 K 的要求。

(5) 因摇杆处于两极限位置时,曲柄与连杆共线,故有 $l_{AC_1} = l_{BC} - l_{AB}$,$l_{AC_2} = l_{BC} + l_{AB}$,从而可得曲柄长度 $l_{AB} = (l_{AC_2} - l_{AC_1})/2$,连杆长度 $l_{BC} = (l_{AC_2} + l_{AC_1})/2$。由图得 $l_{AD} = \mu_l \overline{AD}$。

由于点 A 是在 $\triangle C_1PC_2$ 的外接圆上任选的,因此,若仅按题中给定的条件设计,可得无穷多解。欲使其有确定的解,可以添加其他的附加条件,例如,可以预先给定机架 AD 的长度 l_{AD}、连杆 BC 的长度 l_{BC}、曲柄 AB 的长度 l_{AB} 三者之一,或者使最小传动角 $\gamma_{\min}$ 满足给定要求等。

具体设计时,应注意:

(1) 曲柄回转中心 A 不能选在劣弧 $\overparen{C_1C_2}$ 和 $\overparen{EF}$,否则所得机构不能满足摇杆摆角要求。

(2) 曲柄回转中心 A 的位置只能选在圆弧 $\overparen{C_1E}$ 和 $\overparen{C_2F}$ 上,但当点 A 向点 E 或 F 靠近时,机构的最小传动角将随之减小而趋向零,故点 A 应适当远离点 E 或点 F 较为有利。

(3) 曲柄回转中心 A 的位置选在圆弧 $\overparen{C_1E}$ 还是 $\overparen{C_2F}$ 上,应根据摇杆工作行程和空行程的摆动方向以及曲柄 AB 的转向而定。例如,如图 3-37 所示位置,曲柄 AB 顺时针转动,则摇杆从位置 C_1D 摆到 C_2D 为工作行程,再从位置 C_2D 摆回到 C_1D 为急回空行程。

2) 偏置曲柄滑块机构

当给定行程速度变化系数 K 和滑块的行程 H,要求设计偏置曲柄滑块机构时,可根据滑块的行程 H 确定滑块的两极限位置 C_1 和 C_2,类似摇杆的两极限位置,如图 3-38 所示,C_1、C_2 分别对应滑块行程的两端点,其设计方法同上。

3) 摆动导杆机构

已知机架的长度 l_{AC}、行程速度变化系数 K,试设计此摆动导杆机构。

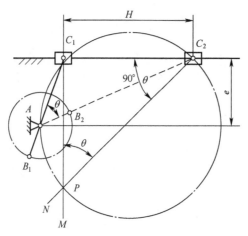

图 3-38 按行程速度变化系数 K 设计曲柄滑块机构

由图 3-39 可知,摆动导杆机构的极位夹角 θ 等于导杆摆角 ψ,其所需确定的尺寸就是曲柄的长度 l_{AB}。设计步骤如下:

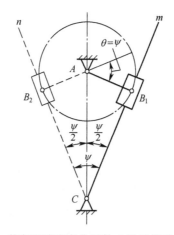

图 3-39 按行程速度变化系数 K 设计摆动导杆机构

(1) 根据给定的行程速度变化系数 K,按式(3-12)计算出极位夹角 θ;

(2) 任选一点为固定铰链中心 C,选取长度比例尺 μ_l,根据 $\psi = \theta$,作出导杆两极限位置 C_m 和 C_n;

(3) 作摆角 ψ 的角平分线 AC,并在线上取 $AC = l_{AC}/\mu_l$,得固定铰链中心 A 的位置;

(4) 过点 A 作导杆极限位置的垂线 AB_1(或 AB_2),即得曲柄 AB 的长度 $l_{AB} = \mu_l \overline{AB_1}$(或 $l_{AB} = \mu_l \overline{AB_2}$)。

3.4.3 用解析法设计四杆机构

1. 按连杆预定的位置设计四杆机构

该设计问题中连杆的位置是通过在连杆上任选一基点 M 的坐标和连杆的方位角来表示的。如图 3-40 所示,按照连杆上点 M 所能占据的一系列预定位移 $M_i(x_{Mi}, y_{Mi})$ 及连杆的相应转角 θ_{2i} 来表示连杆的一系列预定位置。试设计该四杆机构。

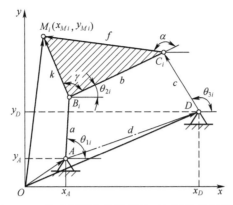

图 3-40 按连杆预定位置设计四杆机构的解析法

建立直角坐标系 xOy,将该机构分成左右两个双杆组进行研究。

由左侧双杆组 AB_iM_i 的矢量封闭图可得如下矢量方程:

$$OA + AB_i + B_iM_i - OM_i = 0 \quad (3\text{-}16)$$

其在 x、y 轴上投影,得

$$\begin{cases} x_A + a\cos\theta_{1i} + k\cos(\gamma + \theta_{2i}) - x_{Mi} = 0 \\ y_A + a\sin\theta_{1i} + k\sin(\gamma + \theta_{2i}) - y_{Mi} = 0 \end{cases} \quad (3\text{-}17)$$

将式(3-17)中的 θ_{1i} 消去,并整理可得

$$\frac{x_{Mi}^2 + y_{Mi}^2 + x_A^2 + y_A^2 + k^2 - a^2}{2} - x_A x_{Mi} - y_A y_{Mi}$$

$$+ k(x_A - x_{Mi})\cos(\gamma + \theta_{2i}) + k(y_A - y_{Mi})\sin(\gamma + \theta_{2i}) = 0 \quad (3\text{-}18)$$

同理,由右侧双杆组可得

$$\frac{x_{Mi}^2 + y_{Mi}^2 + x_D^2 + y_D^2 + f^2 - c^2}{2} - x_D x_{Mi} - y_D y_{Mi}$$

$$+ f(x_D - x_{Mi})\cos(\alpha + \theta_{2i}) + f(y_D - y_{Mi})\sin(\alpha + \theta_{2i}) = 0 \quad (3\text{-}19)$$

式(3-18)和式(3-19)为非线性方程,各含有 5 个待定参数 x_A、y_A、a、k、γ 和 x_D、y_D、c、f、α,故最多只能按 5 个连杆预定位置精确求解。对于上述非线性方程,需要利用数值法求解。当预定位置数 $N<5$ 时,可先预选 $N_0 = 5 - N$ 个参数,再进行计算。

求得上述参数后,点 B 的坐标为

$$\begin{cases} x_{Bi} = x_{Mi} - k\cos(\gamma + \theta_{2i}) \\ y_{Bi} = y_{Mi} - k\sin(\gamma + \theta_{2i}) \end{cases} \quad (3\text{-}20)$$

四杆机构的连杆长 b 和机架长 d 分别为

$$\begin{cases} b = \sqrt{(x_{Bi} - x_{Ci})^2 + (y_{Bi} - y_{Ci})^2} \\ d = \sqrt{(x_A - x_D)^2 + (y_A - y_D)^2} \end{cases} \quad (3\text{-}21)$$

2. 按预定的两连架杆对应位置设计四杆机构

该设计问题要求铰链四杆机构中两连架杆 AB(主动件 1)和 CD(从动件 3)的转角之间满足若干个对应的位置关系,即 $\theta_{3i} = f(\theta_{1i})$,$i = 1, 2, \cdots, n$。

建立坐标系如图 3-41 所示,当机构在任意位置时,各构件组成矢量封闭多边形,有

如下关系：

$$a + b = d + c$$

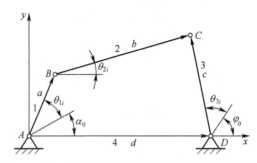

图 3-41 按两连架杆预定位置设计四杆机构的解析法

将上式向坐标轴投影，可得

$$a\cos(\theta_{1i} + \alpha_0) + b\cos\theta_{2i} = d + c\cos(\theta_{3i} + \varphi_0)$$
$$a\sin(\theta_{1i} + \alpha_0) + b\sin\theta_{2i} = c\sin(\theta_{3i} + \varphi_0)$$

由于机构按比例缩放时，不会影响各构件的相对转角关系，因此可按相对长度进行设计。分别设 $a/a = 1, b/a = l, c/a = m, d/a = n$，构件1、3的初始位置为 α_0 和 φ_0，故设计变量为 $l、m、n、\alpha_0$ 及 φ_0 共5个。现将各构件长度的相对值，代入上述坐标轴投影表达式，并移项，得

$$l\cos\theta_{2i} = n + m\cos(\theta_{3i} + \varphi_0) - \cos(\theta_{1i} + \alpha_0) \quad (3-22)$$

$$l\sin\theta_{2i} = m\sin(\theta_{3i} + \varphi_0) - \sin(\theta_{1i} + \alpha_0) \quad (3-23)$$

将式(3-22)、式(3-23)两边平方后相加，消去 θ_{2i}，得

$$\cos(\theta_{1i} + \alpha_0) = C_0\cos(\theta_{3i} + \varphi_0) + C_1\cos(\theta_{3i} + \varphi_0 - \theta_{1i} - \alpha_0) + C_2 \quad (3-24)$$

式中：$C_0 = m, C_1 = -\dfrac{m}{n}, C_2 = \dfrac{m^2 + n^2 + 1 - l^2}{2n}$。

式(3-24)中含有 $C_0、C_1、C_2、\alpha_0、\varphi_0$ 5个待定参数，所以两连架杆转角对应关系最多可按5个对应位置精确求解。当 $N>5$ 时，一般不能求得精确解，此时可用最小二乘法等进行近似设计；当 $N<5$ 时，可预选 $N_0 = 5 - N$ 个尺度参数值，此时有无穷多个解。

3. 按给定的急回运动要求设计四杆机构

1) 曲柄摇杆机构的解析法

已知摇杆长度 c、摆角 ψ、行程速度变化系数 k，设计该曲柄摇杆机构，即求解曲柄、连杆和机架的尺寸 $a、b、d$。如图3-42所示为待设计四杆机构的极限位置。

在 $\triangle DC_1C_2$ 中，$\overline{C_1C_2} = 2c\sin\dfrac{\psi}{2}$

在 $\triangle AC_1C_2$ 中利用余弦定理，可得

$$\overline{C_1C_2}^2 = (b+a)^2 + (b-a)^2 - 2(b+a)(b-a)\cos\theta$$

$$(2c\sin\dfrac{\psi}{2})^2 = (b+a)^2 + (b-a)^2 - 2(b+a)(b-a)\cos\theta \quad (3-25)$$

式中极位夹角 $\theta = 180°\dfrac{k-1}{k+1}$。

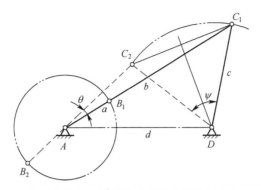

图 3-42　按给定的急回运动要求设计曲柄摇杆机构的解析法

在式(3-25)中有两个未知数,每给定一个 a 值后,可求得 b,故有无穷多组解。求出 a、b 后,在 $\triangle AC_1D$ 中,可利用 a、b、c 的值求出机架尺寸 d。

2) 曲柄滑块机构的解析法

已知曲柄滑块机构的行程速度变化系数 k,滑块行程 h,以及曲柄长度 a 与连杆长度 b 的比值 $\lambda = a/b$。试设计该曲柄滑块机构,即要求确定曲柄长度 a、与连杆长度 b 及偏距 e 的尺寸。

如图 3-43 所示,在 $\triangle AC_1C_2$ 中利用余弦定理,可得

$$h^2 = (b+a)^2 + (b-a)^2 - 2(b+a)(b-a)\cos\theta \tag{3-26}$$

式中极位夹角 $\theta = 180° \dfrac{k-1}{k+1}$。

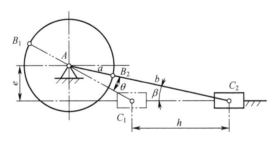

图 3-43　按给定的急回运动要求设计曲柄滑块机构的解析法

将 $\lambda = a/b$ 代入式(3-26)中,可求得曲柄长度 a 及连杆长度 b 的尺寸。

再在 $\triangle AC_1C_2$ 中利用正弦定理,可得

$$\frac{b-a}{\sin\beta} = \frac{h}{\sin\theta} \tag{3-27}$$

由式(3-27)可求得 β 值。

利用图 3-43 中的几何关系可求得偏距 e 的大小,即

$$e = (a+b)\sin\beta \tag{3-28}$$

3.4.4　用实验法设计四杆机构

已知平面曲线 $m-m$,如图 3-44 所示。要求设计一四杆机构,使其连杆上某点 M 的轨迹近似于给定的曲线 $m-m$。

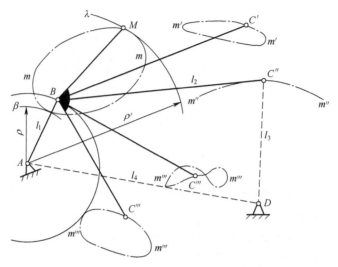

图 3-44 按给定的轨道轨迹设计四杆机构

此问题可用解析法、图谱法解决,现用实验法。设计步骤如下:

(1) 在给定平面曲线 $m-m$ 的适当位置,初步选定曲柄回转铰链中心 A 的位置。

(2) 以点 A 为圆心作两个圆弧 λ 与 β 分别与曲线 $m-m$ 外切与内切,并求得这两条圆弧的半径 ρ 和 ρ',此即为点 A 到曲线 $m-m$ 的最近与最远距离。

(3) 曲柄 AB 的长度 l_1 和连杆上 BM 的长度 l_{BM} 可按下式求得:

$$\rho' = l_{BM} + l_1, \rho = l_{BM} - l_1$$

由此可得

$$\begin{cases} l_{BM} = \dfrac{\rho' + \rho}{2} \\ l_1 = \dfrac{\rho' - \rho}{2} \end{cases} \tag{3-29}$$

(4) 使连杆上的点 M 沿给定的曲线 $m-m$ 运动,点 B 沿以 A 为圆心,l_1 为半径的圆运动,这时固接在连杆上的其他点 C'、C''、C''' …也将绘出一定形状的轨迹 $m'm'$、$m''m''$、$m'''m'''$ …。

(5) 在上述已画出的这些轨迹中,找出一条在其全长上最接近圆弧的轨迹 $m''-m''$,其圆心即为固定铰链中心点 D,描绘此圆弧 $m''-m''$ 的点 C'' 即为连杆上的铰链中心 C。$ABC''D$ 即为所求的可近似实现给定轨迹 $m-m$ 的铰链四杆机构,由此可求得 l_2、l_3、l_4 及 δ。

(6) 若得不到满意的圆弧,则可调整连杆上的点 C 位置或另选曲柄中心 A 的位置,重新实验直到满意为止。

如果点 C 的轨迹不是圆弧而是近似直线,则可用曲柄滑块机构来实现给定的轨迹。

思考题与习题

3-1 为什么连杆机构又称为低副机构,它有哪些特点?

3-2 铰链四杆机构有哪几种基本形式？它们之间的主要区别在哪里？

3-3 何谓"曲柄"？铰链四杆机构中曲柄存在的条件是什么？

3-4 何谓行程速度变化系数和极位夹角？它们之间有何关系？当极位夹角为零度时行程速度变化系数等于多少？你能否画出这个曲柄摇杆机构？

3-5 何谓连杆机构的压力角和传动角？其大小对机构的工作有何影响？为什么设计连杆机构时有最小传动角的限制？

3-6 何谓死点位置？这时的压力角等于多少？试举出避免死点位置和利用死点的例子。

3-7 如题 3-7 图所示，设已知四杆机构各杆的长度为 $l_1 = 240\text{mm}$、$l_2 = 600\text{mm}$、$l_3 = 400\text{mm}$、$l_4 = 500\text{mm}$。试问：

（1）当取杆 4 为机架时，是否有曲柄存在？

（2）若各杆长度不变，能否采用选取不同杆为机架的方法获得双曲柄机构和双摇杆机构？怎么获得？

（3）若 l_1、l_2 和 l_3 三杆的长度不变，取杆 4 为机架，要获得曲柄摇杆机构，l_4 的取值范围应为多少？

3-8 如题 3-8 图为一偏置曲柄滑块机构。已知 $l_1 = 20\text{mm}$、$l_2 = 65\text{mm}$、$e = 15\text{mm}$，试求：

（1）曲柄主动时滑块的行程 H、极位夹角 θ、行程速度变化系数 K 和机构的最大压力角 $\alpha_{\max}$；

（2）滑块主动时机构的死点位置。

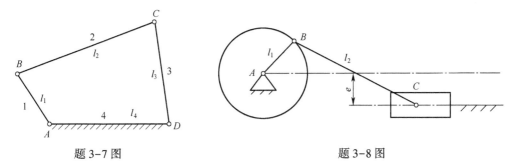

题 3-7 图 题 3-8 图

3-9 试画出如题 3-9 图所示各机构在下列两种情况下的压力角和传动角。

（1）构件 1 为原动件；（2）构件 3 为原动件。

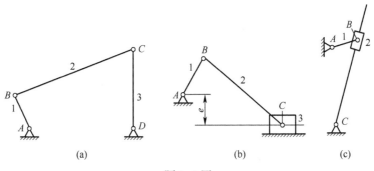

题 3-9 图

3-10 已知某曲柄摇杆机构的曲柄匀速转动,极位夹角 $\theta = 30°$,摇杆工作行程需 7s。试问:(1)摇杆空行程需几秒?

(2)曲柄的转速是多少?

3-11 试设计一曲柄摇杆机构,如题 3-9 图(a)所示,已知摇杆长度 $l_{CD} = 100$mm,摆角 $\psi = 30°$,行程速度变化系数 $K = 1.2$,要求最小传动角 $\gamma_{\min} \geq 40°$。

3-12 试设计一脚踏轧棉机的曲柄摇杆机构,如题 3-12 图所示,要求踏板 CD 能离水平位置上下各摆 $10°$,且 $l_{CD} = 500$mm、$l_{AD} = 1000$mm。

3-13 试设计一曲柄摇杆机构,如题 3-13 图所示,已知摇杆长度 $l_{CD} = 150$mm,行程速度变化系数 $K = 1$,摇杆的两极限位置为 $\psi' = 30°$ 和 $\psi'' = 90°$。

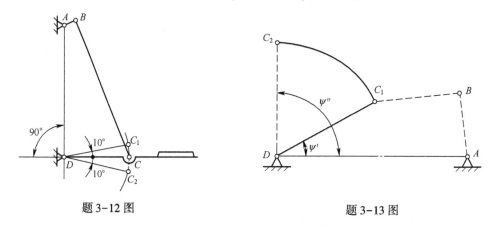

题 3-12 图　　　　　　　　　　　题 3-13 图

3-14 试设计一曲柄滑块机构,如题 3-9 图(b)所示,已知滑块的行程 $H = 50$mm,偏距 $e = 20$mm,行程速度变化系数 $K = 1.5$。

3-15 试设计一摆动导杆机构,如题 3-9 图(c)所示,已知机架长度 $l_{AD} = 100$mm,行程速度变化系数 $K = 1.4$。

3-16 如题 3-16 图所示,设要求四杆机构两连架杆的三组对应位置分别为 $\varphi_1 = 35°$、$\psi_1 = 50°$,$\varphi_2 = 80°$、$\psi_2 = 75°$ 和 $\varphi_3 = 125°$、$\psi_3 = 105°$,机架长度 $l_{AD} = 80$mm,试用解析法设计此四杆机构。

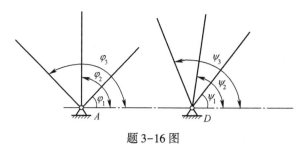

题 3-16 图

第4章 凸轮机构及其设计

由第 3 章所述可知,平面低副机构一般只能近似地实现给定的运动规律,而且设计比较复杂。当从动件的位移、速度和加速度必须严格按照预定规律变化,尤其当原动件连续运动而从动件作间歇运动时,以采用凸轮机构最为简便。凸轮机构是一种常用的高副机构,它在自动化、半自动化机械以及各种生产线中的应用十分广泛。本章就将对其进行全面讨论。

4.1 凸轮机构的应用和分类

4.1.1 凸轮机构应用

如图 4-1 所示为内燃机配气机构。当凸轮 1 以等角速度回转时,其轮廓迫使顶杆 2 往复运动,从而使气阀有规律地开启或关闭,以控制燃气在适当的时间进入气缸或排出废气。而气阀开启或关闭时间的长短及其运动的速度和加速度的变化规律,则取决于凸轮轮廓曲线的形状。

如图 4-2 所示为机床中用于夹紧工件的凸轮机构。凸轮 1 回转时,它的轮廓驱使从动件 2 往复摆动,从而将工件夹紧或放松。

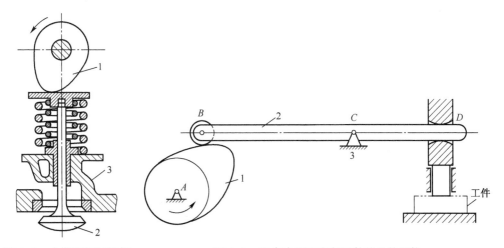

图 4-1 内燃机配气机构　　图 4-2 机床中用于夹紧工件的凸轮机构

如图 4-3 所示为车床车削手柄机构。凸轮 1 作为靠模被固定在床身上,当工人师傅操作拖板 3 左右移动时,凸轮 1 的轮廓曲线迫使滚子从动件 2 带动刀架上下进退,从而车出与凸轮 1 的廓线相对应的手柄形状。

如图 4-4 所示为自动送料机构。当带有凹槽的凸轮 1 转动时,通过嵌在槽中的滚子,驱使从动件 2 作往复移动。凸轮每回转一周,从动件就从储料器中推出一个毛坯,然后被送到加工位置。

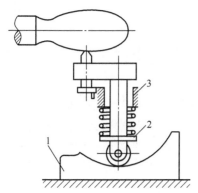
图 4-3　车床车削手柄机构

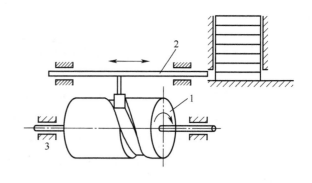
图 4-4　自动送料机构

由以上所举例子不难看出,凸轮机构主要是由凸轮、从动件和机架三个基本构件组成的高副机构。在绝大多数的情况下,凸轮机构中主件是凸轮,它是具有曲线轮廓或凹槽的构件,它运动时,通过高副接触可以使从动件获得连续或不连续的任意预期往复运动。与低副机构相比,凸轮机构不仅具有构件数少,结构简单、紧凑的优点,而且具有改变凸轮轮廓曲线就能实现从动件的各种预期的运动规律的特点。因此,凸轮机构在自动机床、轻工机械、纺织机械、印刷机械、食品机械、包装机械和机电一体化产品中得到广泛应用。但是凸轮机构是高副机构,凸轮与从动件之间为点或线接触,压强大,易磨损,凸轮轮廓曲线较难加工制造,所以凸轮机构一般只适用于传力不大的场合。

4.1.2　凸轮机构的分类

凸轮机构不仅应用广泛而且类型很多,常用的分类方法如下:

1. 按凸轮的形状分

(1) 盘形凸轮。这是凸轮的一种最常见、最基本形式。这种凸轮是一个绕固定轴转动并且具有变化向径的盘形构件,如图 4-1 和图 4-2 所示。

(2) 移动凸轮。当盘形凸轮的回转中心趋于无穷远时,即成为移动凸轮,这种凸轮相对机架作往复移动。有时也常将此种凸轮固定,使从动件连同支撑它的支架相对于凸轮运动,如图 4-3 所示。

(3) 圆柱凸轮。将移动凸轮卷成圆柱体,即成为圆柱凸轮。因此,这种凸轮就是在圆柱面上开有曲线凹槽或者在圆柱端面上作出曲线轮廓的圆柱体,如图 4-4 所示。

盘形凸轮和移动凸轮与从动件之间的相对运动为平面运动,称为平面凸轮机构;而圆柱凸轮与从动件之间的相对运动为空间运动,称为空间凸轮机构。

2. 按从动件的形式分

(1) 尖顶从动件。如图 4-5(a)、(d)所示,这种从动件结构简单,并且由于尖顶能与任意复杂的凸轮轮廓保持接触,因而从动件能准确地实现任意给定的运动规律。但它易于磨损,因此只适用于受力不大、速度较低以及要求传动灵敏的场合,如仪表记录仪等。

(2) 滚子从动件。如图 4-5(b)、(e)所示,为了克服尖顶从动件的缺点,在其尖顶处安装可自由转动的滚子与凸轮相接触,称为滚子从动件。滚子与凸轮轮廓之间为滚动摩擦,摩擦阻力小,可承受较大的载荷,应用最普遍。

（3）平底从动件。如图 4-5(c)、(f)所示,这种从动件与凸轮相接触的一端是平面,当不考虑摩擦时,凸轮对从动件的作用力始终与从动件平底垂直,受力平稳,并且接触面之间容易形成楔形油膜,有利于润滑,磨损较小,传动效率高,因而常用于高速凸轮机构中。但平底从动件不能用于具有内凹轮廓曲线的凸轮。

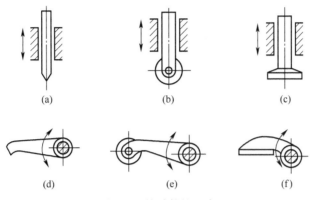

图 4-5　从动件的型式

3. 按从动件相对机架的运动形式分

（1）直动从动件凸轮机构。从动件相对于机架作直线往复移动,如图 4-5(a)、(b)、(c)。如果从动件的中心轴线通过凸轮回转中心,称为对心直动从动件凸轮机构如图 4-6(b)、(c),否则称为偏置直动从动件凸轮机构,如图 4-6(a)所示,e 为凸轮回转中心到从动件中心轴线的距离,称为偏距。

（2）摆动从动件凸轮机构。从动件绕机架上的固定轴线往复摆动,如图 4-5(d)、(e)、(f)所示。

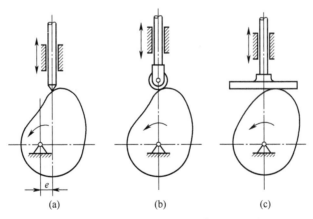

图 4-6　盘形凸轮机构

4. 按照凸轮与从动件维持高副接触的方式分

（1）力封闭型凸轮机构。在这类凸轮机构中,利用重力、弹簧力或其他外力使从动件与凸轮轮廓始终保持接触。如图 4-6 所示的凸轮机构都是利用从动件重力维持高副接触,而如图 4-1 所示凸轮机构则利用弹簧力来维持高副接触。

（2）形封闭型凸轮机构。所谓形封闭型凸轮机构，是指利用高副元素本身的特殊几何结构使从动件与凸轮轮廓始终保持接触。如图4-7(a)所示的槽凸轮机构，将凸轮轮廓曲线做成凹槽，从动件的滚子置于凸轮凹槽中，滚子的直径等于凹槽的法向宽度，依靠凹槽两侧的轮廓曲线使从动件与凸轮在运动过程中始终保持接触。这种封闭方式结构简单，其缺点是加大了凸轮的尺寸和重量。此外，还有共轭凸轮机构（见图4-7(b)）、等径凸轮机构（见图4-7(c)）和等宽凸轮机构（见图4-7(d)）等。

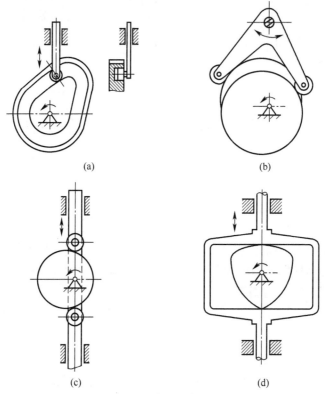

图4-7 形封闭凸轮机构

将上述各种分类方法组合起来，就可得到凸轮机构的分类。如图4-6(a)所示为偏置直动尖顶从动件盘形凸轮机构。如图4-6(b)所示为对心直动滚子从动件盘形凸轮机构。

4.2 从动件的常用运动规律

由上述可知，凸轮机构中凸轮的轮廓形状取决于从动件的运动规律，因此从动件的运动规律对凸轮轮廓曲线的设计至关重要。在设计之前，必须首先根据工作要求选定从动件的运动规律。

4.2.1 基本名词和术语

如图4-8(a)所示为一偏置直动尖顶从动件盘形凸轮机构。图中以凸轮的回转中心O为圆心，以凸轮轮廓曲线最小向径r_0为半径所作的圆称为凸轮的基圆，r_0称为基圆半径。从动件导路至凸轮回转中心点 O 之间的偏置距离用 e 表示。以 O 为圆心，以 e 为半径所作之圆称为偏距圆。

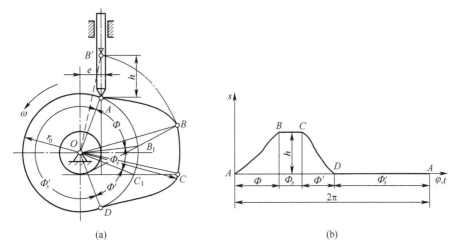

图 4-8 凸轮机构及其基本名词术语

图示凸轮的轮廓由 AB、BC、CD 及 DA 四段曲线组成。图示位置为从动件开始上升的位置，称为起始位置。这时从动件尖顶与凸轮轮廓曲线上点 A（基圆与曲线 AB 的连接点）接触。当凸轮以等角速度 ω 逆时针转动时，从动件在凸轮廓线 AB 段的推动下，将以一定运动规律由最低位置 A 被推到最高位置 B'，从动件运动的这一过程称为推程，相应的凸轮转角 $\Phi = \angle B'OB = \angle AOB_1$ 称为推程运动角。当从动件与凸轮廓线的 BC 段接触时，因为 BC 段为以凸轮回转中心 O 为圆心的圆弧，所以从动件将处于最高位置而静止不动，这一过程称为远休止，与之相应的凸轮转角 $\Phi_S = \angle BOC = \angle B_1OC_1$ 称为远休止角。当从动件与凸轮廓线的 CD 段接触时，它又由最高位置回到最低位置，这一过程称为回程，相应的凸轮转角 $\Phi' = \angle C_1OD$ 称为回程运动角。最后，当从动件与凸轮廓线的 DA 段接触时，因为 DA 段为以凸轮回转中心 O 为圆心的圆弧，所以从动件将在最低位置静止不动，这一过程称为近休止，相应的凸轮转角 Φ'_s 称为近休止角。当凸轮连续回转时，从动件将重复进行上述升—停—降—停的运动循环。从动件在推程或回程中移动的距离 h，称为行程。

所谓从动件的运动规律，是指从动件的位移 s、速度 v 和加速度 a 随时间 t 变化的规律。由于凸轮一般作等速转动，其转角 φ 与时间 t 成正比，即 $\varphi = \omega t$。因此，为了方便起见，从动件的运动规律常用从动件的位移 s、速度 v 和加速度 a 随凸轮转角 φ 的变化规律来表示。

如图 4-8(b)所示就是图 4-8(a)凸轮机构从动件的位移变化规律曲线，称为位移线图，通过微分可以作出从动件速度线图和加速度线图，它们一起称为从动件运动线图。现介绍几种从动件的常用运动规律。

4.2.2 从动件常用运动规律

根据从动件运动规律所用数学表达式的不同，常用的主要有多项式运动规律和三角函数运动规律两大类。下面分别加以介绍。

1. 多项式运动规律

从动件的多项式运动规律的一般表达式为

$$s = C_0 + C_1\varphi^1 + C_2\varphi^2 + \cdots + C_n\varphi^n \tag{4-1}$$

式中：φ 为凸轮转角；s 为从动件位移；C_0、C_1、C_2、$\cdots$、C_n 为待定系数，可利用边界条件等来确定。常用的有以下几种多项式运动规律。

1) 一次多项式运动规律

设凸轮以等角速度 ω 转动，在推程时，凸轮的运动角为 Φ，从动件完成行程 h，当采用一次多项式运动规律时，则有

$$\begin{cases} s = C_0 + C_1\varphi \\ v = \mathrm{d}s/\mathrm{d}t = C_1\omega \\ a = \mathrm{d}v/\mathrm{d}t = 0 \end{cases} \tag{4-2}$$

待定系数只有两个，边界条件也只能设定两个。设取边界条件：

在始点处：$\varphi = 0, s = 0$。

在终点处：$\varphi = \Phi, s = h$。

则由式(4-2)可得 $C_0 = 0, C_1 = h/\Phi$，故从动件推程的运动方程为

$$\begin{cases} s = \dfrac{h}{\Phi}\varphi \\ v = \dfrac{\mathrm{d}s}{\mathrm{d}t} = \dfrac{h}{\Phi}\omega = v_0 \quad (0 \leqslant \varphi \leqslant \Phi) \\ a = \dfrac{\mathrm{d}v}{\mathrm{d}t} = 0 \end{cases} \tag{4-3}$$

由上述可知，从动件此时作等速运动，故又称其为等速运动规律。如图 4-9 所示为其推程段的运动线图。由图可见，从动件在推程的开始位置，速度由零突变为 v_0，其加速度 $a = \mathrm{d}v/\mathrm{d}t = (v_0 - 0)/0 = \infty$。同理，在推程终止位置，速度由 v_0 突变为 0，其加速度为 $-\infty$。所以，在这两个位置由加速度产生的惯性力在理论上将出现瞬时的无穷大值，但实际上，由于材料具有弹性变形，加速度和惯性力不会达到无穷大，但仍很大，从而产生强烈冲击，这种冲击称为刚性冲击。因此，这种运动规律只适用于低速、轻载场合。

如图 4-8(b) 所示的位移线图，在已知推程运动方程的情况下，利用坐标变换的方法，可以很容易地由下式求出与推程运动规律相同的回程运动方程式：

$$\begin{cases} s_{\text{回}} = h - s_{\text{推}} \\ v_{\text{回}} = - v_{\text{推}} \\ a_{\text{回}} = - a_{\text{推}} \end{cases} \tag{4-4}$$

不过式(4-4)中推程运动角 Φ 要用回程运动角 Φ' 代替，凸轮转角 φ 要用 $(\varphi - \Phi - \Phi_s)$ 代替。

若从动件回程作等速运动，则由式(4-4)可知，其运动规律表达式为

$$\begin{cases} s = h - \dfrac{h}{\Phi'}(\varphi - \Phi - \Phi_s) \\ v = - \dfrac{h}{\Phi'}\omega = - v_0 \quad (\Phi + \Phi_s \leqslant \varphi \leqslant \Phi + \Phi_s + \Phi') \\ a = 0 \end{cases} \tag{4-5}$$

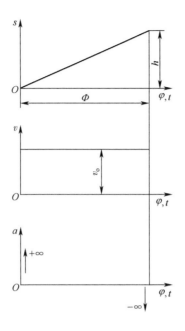

图 4-9 等速运动规律

2) 二次多项式运动规律

二次多项式运动规律表达式为

$$\begin{cases} s = C_0 + C_1\varphi + C_2\varphi^2 \\ v = \mathrm{d}s/\mathrm{d}t = C_1\omega + 2C_2\omega\varphi \\ a = \mathrm{d}v/\mathrm{d}t = 2C_2\omega^2 \end{cases} \quad (4\text{-}6)$$

由式(4-6)可见,这时从动件的加速度为常数。为了保证凸轮机构运动的平稳性,通常从动件先作等加速运动,再作等减速运动。如果其推程加速段与减速段的凸轮转角和从动件的行程各占一半,即分别相等,则 $\varphi = \Phi/2, s = h/2$。这时,从动件推程加速段的边界条件为:

在始点处:$\varphi = 0, s = 0, v = 0$。

在终点处:$\varphi = \Phi/2, s = h/2$。

将其代入式(4-6)中,可求得 $C_0 = 0, C_1 = 0, C_2 = 2h/\Phi^2$,故从动件等加速推程段的运动方程为

$$\begin{cases} s = \dfrac{2h}{\Phi^2}\varphi^2 \\ v = \dfrac{\mathrm{d}s}{\mathrm{d}t} = \dfrac{4h\omega}{\Phi^2}\varphi \quad (0 \leqslant \varphi \leqslant \dfrac{\Phi}{2}) \\ a = \dfrac{\mathrm{d}v}{\mathrm{d}t} = \dfrac{4h\omega^2}{\Phi^2} = a_0 \end{cases} \quad (4\text{-}7)$$

由式(4-7)可见,在此阶段,从动件的位移 s 与凸轮转角 φ 的平方成正比,故其位移曲线为一段顶点在原点,开口向上的抛物线。当 $\varphi = 1, 2, 3, \cdots$ 时,s 分别为 $1\left(\dfrac{2h}{\Phi^2}\right)$,

$4\left(\dfrac{2h}{\Phi^2}\right), 9\left(\dfrac{2h}{\Phi^2}\right), \cdots$，所以，可过原点任作一条射线，按比值 $1:4:9:\cdots$，用作图法可以很方便地将其位移线图画出，如图 4-10 所示。

推程减速段的边界条件为：

在始点处：$\varphi = \Phi/2, s = h/2$。

在终点处：$\varphi = \Phi, s = h, v = 0$。

将其代入式（4-6）中，可得 $C_0 = -h, C_1 = 4h/\Phi, C_2 = -2h/\Phi^2$，故从动件等减速推程段的运动方程为

$$\begin{cases} s = h - \dfrac{2h}{\Phi^2}(\Phi - \varphi)^2 \\ v = \dfrac{\mathrm{d}s}{\mathrm{d}t} = \dfrac{4h\omega}{\Phi^2}(\Phi - \varphi) \quad \left(\dfrac{\Phi}{2} \leqslant \varphi \leqslant \Phi\right) \\ a = \dfrac{\mathrm{d}v}{\mathrm{d}t} = -\dfrac{4h\omega^2}{\Phi^2} = -a_0 \end{cases} \quad (4\text{-}8)$$

这时，从动件的位移曲线如图 4-10 所示为一段开口向下的抛物线。显然等减速段的位移线图与等加速段的位移线图是反对称的。根据这一特点，按等加速段位移线图的作图方法，画出等减速段的位移线图。

上述两种运动规律的结合，构成从动件的等加速等减速运动规律。

如图 4-10 所示为这种运动规律的运动线图，由运动线图可见，这种运动规律在推程始点、末点及正、负加速度交接点处，即 A、B、C 三点处的加速度有突变，因而从动件的惯性力也将有突变，不过这种突变为有限值，引起凸轮和从动件之间的冲击也不像刚性冲击那么剧烈。这种由于加速度发生有限值突变而引起的冲击，称为柔性冲击。因此，等加速等减速运动规律只适用于中、低速轻载的场合。

利用式（4-4）的方法，不难求出从动件回程作等减速等加速运动的方程为

回程等减速段：

$$\begin{cases} s = h - \dfrac{2h}{\Phi'^2}(\varphi - \Phi - \Phi_s)^2 \\ v = -\dfrac{4h\omega}{\Phi'^2}(\varphi - \Phi - \Phi_s) \quad \left(\Phi + \Phi_s \leqslant \varphi \leqslant \Phi + \Phi_s + \dfrac{\Phi'}{2}\right) \\ a = -\dfrac{4h\omega^2}{\Phi'^2} \end{cases} \quad (4\text{-}9)$$

回程等加速段：

$$\begin{cases} s = h - \dfrac{2h}{\Phi'^2}(\Phi + \Phi_s + \Phi' - \varphi)^2 \\ v = -\dfrac{4h\omega}{\Phi'^2}(\Phi + \Phi_s + \Phi' - \varphi) \quad \left(\Phi + \Phi_s + \dfrac{\Phi'}{2} \leqslant \varphi \leqslant \Phi + \Phi_s + \Phi'\right) \\ a = \dfrac{4h\omega^2}{\Phi'^2} \end{cases} \quad (4\text{-}10)$$

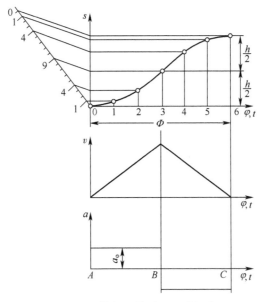

图 4-10 等加速等减速运动规律

3) 五次多项式运动规律

当采用五次多项式时,五次多项式运动规律表达式为

$$\begin{cases} s = C_0 + C_1\varphi + C_2\varphi^2 + C_3\varphi^3 + C_4\varphi^4 + C_5\varphi^5 \\ v = ds/dt = C_1\omega + 2C_2\omega\varphi + 3C_3\omega\varphi^2 + 4C_4\omega\varphi^3 + 5C_5\omega\varphi^4 \\ a = dv/dt = 2C_2\omega^2 + 6C_3\omega^2\varphi + 12C_4\omega^2\varphi^2 + 20C_5\omega^2\varphi^3 \end{cases} \quad (4-11)$$

因待定系数有 6 个,故可设定 6 个边界条件为:

在始点处:$\varphi = 0, s = 0, v = 0, a = 0$。

在终点处:$\varphi = \Phi, s = h, v = 0, a = 0$。

代入式(4-11)可解得 $C_0 = C_1 = C_2 = 0, C_3 = 10h/\Phi^3, C_4 = -15h/\Phi^4, C_5 = 6h/\Phi^5$,故从动件推程的运动方程式为

$$\begin{cases} s = h\left[10\left(\dfrac{\varphi}{\Phi}\right)^3 - 15\left(\dfrac{\varphi}{\Phi}\right)^4 + 6\left(\dfrac{\varphi}{\Phi}\right)^5\right] \\ v = \dfrac{ds}{dt} = \dfrac{30h\omega}{\Phi}\left[\left(\dfrac{\varphi}{\Phi}\right)^2 - 2\left(\dfrac{\varphi}{\Phi}\right)^3 + \left(\dfrac{\varphi}{\Phi}\right)^4\right] \quad (0 \leqslant \varphi \leqslant \Phi) \\ a = \dfrac{dv}{dt} = \dfrac{60h\omega^2}{\Phi^2}\left[\left(\dfrac{\varphi}{\Phi}\right) - 3\left(\dfrac{\varphi}{\Phi}\right)^2 + 2\left(\dfrac{\varphi}{\Phi}\right)^3\right] \end{cases} \quad (4-12)$$

式(4-12)中的位移方程式称为五次多项式(或 3-4-5 多项式)。图 4-11 为其运动线图。由图可见,此运动规律既无刚性冲击也无柔性冲击。

如果工作中有多种要求,只需把这些要求列成相应的边界条件,并增加多项式中的方次,即可求得从动件相应的运动方程式。但当边界条件增多时,设计计算会很复杂,加工精度也难以达到,因此尽量不要采用太高方次的多项式。

2. 三角函数运动规律

简谐运动规律和摆线运动规律是两种基本的三角函数运动规律。从动件作简谐运动

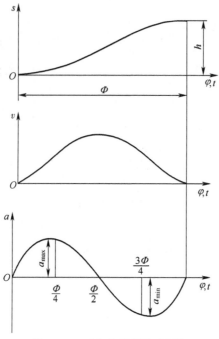

图 4-11 五次多项式运动规律

时,其加速度按余弦规律变化,故又称余弦加速度规律;从动件作摆线运动时,其加速度按正弦规律变化,故又称正弦加速度规律。

1) 简谐运动规律

当凸轮转过推程运动角 Φ 时,其轮廓曲线将迫使从动件作简谐运动,所谓简谐运动是指质点在圆周上作匀速运动时,它在这个圆直径上的投影所构成的运动。其位移线图如图 4-12 所示。由线图可知,当质点由 O 沿半径 R 的圆周等速顺时针运动到 2 时,则该质点在其轨迹圆直径上的投影,也就是在 s 轴上的投影,即为从动件的位移 s,此时质点与圆心的连线转过 θ 角,就相当于凸轮转过运动角 φ。由运动线图可知,其位移曲线方程为

$$s = R - R\cos\theta$$

图中 $R=h/2$,θ 相当于 φ,而当 $\theta=\pi$ 时,相当于 $\varphi=\Phi$。因质点与凸轮都作匀速圆周运动,故 $\theta/\pi = \varphi/\Phi$,从而 $\theta = \pi\varphi/\Phi$。将 R 与 θ 值代入位移方程,整理后,逐步对时间求导数,得从动件推程作简谐运动的方程为

$$\begin{cases} s = \dfrac{h}{2}\left(1 - \cos\dfrac{\pi}{\Phi}\varphi\right) \\ v = \dfrac{\mathrm{d}s}{\mathrm{d}t} = \dfrac{h\pi\omega}{2\Phi}\sin\dfrac{\pi}{\Phi}\varphi \quad (0 \leqslant \varphi \leqslant \Phi) \\ a = \dfrac{\mathrm{d}v}{\mathrm{d}t} = \dfrac{h\pi^2\omega^2}{2\Phi^2}\cos\dfrac{\pi}{\Phi}\varphi \end{cases} \quad (4\text{-}13)$$

从动件作简谐运动时,其加速度是按余弦规律变化的,故又把这种运动规律称为余弦加速度运动规律。由运动线图可见,从动件在推程的起始和终止两点加速度有有限值的突变,会引起柔性冲击。因此,这种运动规律在一般情况下只适用于中速中载的场合。但当从动件均无远、近休止,且在推程和回程中都作简谐运动,则加速度曲线就变成连续曲

线,如图 4-12 虚线所示,在此情况下无柔性冲击,可应用于高速场合。

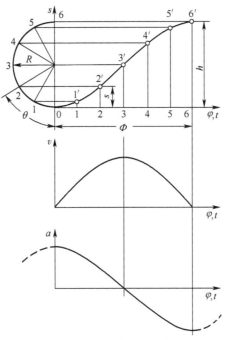

图 4-12 简谐运动规律

简谐运动规律位移线图的作图方法,如图 4-12 所示。将横轴上代表 Φ 的线段分成若干等分(图中为 6 等分),由等分点 $1,2,3,\cdots$ 向上引垂直线,得 $11',22',33',\cdots$。再以从动件行程 h 为直径在纵轴上作一半圆,将此半圆也分成相同等份,由半圆上的等分点 $1,2,3,\cdots$ 分别引平行于横轴的直线与上述各垂直线 $11',22',33',\cdots$ 对应相交于 $1',2',3'\cdots$,将这些交点连成一条光滑曲线,即为简谐运动的位移线图。

利用式(4-4)的方法,不难求出从动件回程作简谐运动的方程为

$$\begin{cases} s = \dfrac{h}{2}\left[1+\cos\dfrac{\pi}{\Phi'}(\varphi-\Phi-\Phi_s)\right] \\ v = -\dfrac{h\pi\omega}{2\Phi'}\sin\dfrac{\pi}{\Phi'}(\varphi-\Phi-\Phi_s) \qquad (\Phi+\Phi_s \leqslant \varphi \leqslant \Phi+\Phi_s+\Phi') \\ a = -\dfrac{h\pi^2\omega^2}{2\Phi'^2}\cos\dfrac{\pi}{\Phi'}(\varphi-\Phi-\Phi_s) \end{cases} \qquad (4\text{-}14)$$

2) 摆线运动规律

当凸轮转过推程运动角 Φ 时,其轮廓曲线将迫使从动件作摆线运动。当一半径为 r 的滚圆沿纵轴作匀速纯滚动时,其圆周上一点 A 将描绘出一条摆线,此时点 A 在纵轴上投影的运动就称为摆线运动,其运动线图如图 4-13 所示。设滚圆上的点 A 起初与纵轴相切于点 A_0,当半径为 r 的滚圆沿纵轴作纯滚动,转过 θ 角时,滚圆与纵轴相切点 B,$\overset{\frown}{BA} = \overline{BA_0} = r\theta$,而滚圆上的点 A 则描绘出从 A_0 至 A 的一段摆线轨迹,点 A 在纵轴上的投影发生的位移即为从动件的位移 s,由图可知

$$s = \overline{A_0B} - r\sin\theta = r\theta - r\sin\theta$$

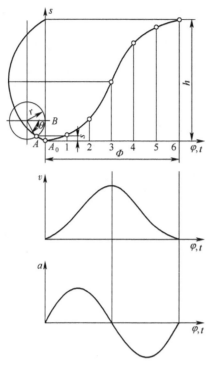

图 4-13 摆线运动规律

图中 $h = 2\pi r$，θ 相当于 φ，而当 $\theta = 2\pi$ 时，相当于 $\varphi = \Phi$。因滚圆与凸轮都作匀速圆周运动，故 $\theta/2\pi = \varphi/\Phi$，从而 $\theta = 2\pi\varphi/\Phi$。将 r 与 θ 值代入位移方程，整理后，依次对时间求导数，得从动件推程作摆线运动的方程为

$$\begin{cases} s = h\left(\dfrac{\varphi}{\Phi} - \dfrac{1}{2\pi}\sin\dfrac{2\pi}{\Phi}\varphi\right) \\ v = \dfrac{\mathrm{d}s}{\mathrm{d}t} = \dfrac{h\omega}{\Phi}\left(1 - \cos\dfrac{2\pi}{\Phi}\varphi\right) \quad (0 \leq \varphi \leq \Phi) \\ a = \dfrac{\mathrm{d}s}{\mathrm{d}t} = \dfrac{2\pi h\omega^2}{\Phi^2}\sin\dfrac{2\pi}{\Phi}\varphi \end{cases} \quad (4\text{-}15)$$

从动件作摆线运动时，其加速度按正弦规律变化，故这种运动规律又称正弦加速度运动规律。由图可见，摆线运动的速度曲线和加速度曲线都是始终连续变化的，没有突变。因此，它既没有刚性冲击，也没有柔性冲击，可用于高速凸轮机构。

利用式(4-4)的方法，不难求出从动件回程作摆线运动的方程为

$$\begin{cases} s = h\left[1 - \dfrac{\varphi - \Phi - \Phi_s}{\Phi'} + \dfrac{1}{2\pi}\sin\dfrac{2\pi}{\Phi'}(\varphi - \Phi - \Phi_s)\right] \\ v = -\dfrac{h\omega}{\Phi'}\left[1 - \cos\dfrac{2\pi}{\Phi'}(\varphi - \Phi - \Phi_s)\right] \quad (\Phi + \Phi_s \leq \varphi \leq \Phi + \Phi_s + \Phi') \\ a = -\dfrac{2\pi h\omega^2}{\Phi'^2}\sin\dfrac{2\pi}{\Phi'}(\varphi - \Phi - \Phi_s) \end{cases}$$

$$(4\text{-}16)$$

4.2.3 从动件运动规律的组合

在工程实际中,除了上面介绍的几种从动件常用运动规律之外,根据工作需要,还可以选择其他形式的运动规律,或将几种运动规律组合起来使用,以改善从动件的运动和动力特性。例如,在凸轮机构中,为了避免冲击,从动件不宜采用加速度有突变的运动规律,但是,生产实际又要求从动件必须作等速运动,在这种情况下,可以采用将摆线运动规律(也可选其他合适的运动规律)与等速运动规律组合而成的改进型等速运动规律,如图4-14所示。它既满足了生产实际中等速运动要求,又克服了其推程始末两点存在的刚性冲击,从而改进了等速运动的动力特性。

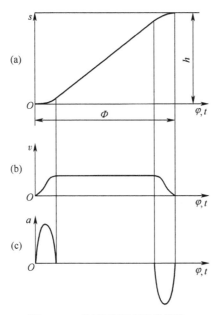

图 4-14 改进型等速运动规律

构造组合运动规律应根据工作的需要,首先考虑用哪些运动规律来参与组合;其次要保证无刚性冲击,组合运动规律的位移曲线和速度曲线在各段运动规律的结合点处必须连续,对于中、高速凸轮机构,为避免柔性冲击,要求其加速度曲线在各段运动规律的结合点处也必须连续,并在运动的起始和终止处满足边界条件;再次还应使组合运动规律的最大速度和最大加速度的值尽可能小,以便获得更好的运动和动力特性。

以上介绍的都是直动从动件的运动规律,其实对于摆动从动件的运动规律也是一样的,只不过将位移变成角位移,速度变成角速度,加速度变成角加速度罢了。

4.2.4 从动件运动规律的选择和设计

选择从动件运动规律,首先要满足机械的工作要求,同时还应使凸轮机构具有良好的动力特性和所设计的凸轮廓线便于加工等。下面仅就凸轮机构的工作条件区分几种情况简要说明。

(1) 当机械的工作过程只要求从动件实现一定的工作行程,而对其运动规律无特殊要求时,应考虑所选择的运动规律使凸轮机构具有较好的动力特性和便于加工。如图4-2

所示用于夹紧工件的凸轮机构就属于此种情况。该凸轮机构速度很低,而且它只要求当凸轮转过一定角度时,从动件摆动一定角度而使压杆压下将工件夹紧,至于在此过程中,从动件按什么规律运动则没有严格要求。在此情况下,可考虑采用圆弧、直线等简单的曲线作为凸轮的轮廓曲线。

(2) 机械的工作过程对从动件的运动规律有完全确定的要求。如某些模拟计算机中用以实现一些特定函数关系的凸轮机构就是如此,此时从动件的运动规律已无选择余地,但如果动力特性差的话,可考虑采用组合运动规律作适当改进,如图 4-14 所示。

(3) 在选择和设计从动件运动规律时,除了考虑刚性冲击和柔性冲击外,还应对各种运动规律所产生的最大速度 v_{max}、最大加速度 a_{max} 及其影响加以分析比较。① v_{max} 越大,则从动件系统的动量 mv 越大。当其在启动、停车或突然受阻时,将产生很大的冲击力。对于重载凸轮机构,考虑到从动件系统质量很大,为了控制其动量的最大值,应选择 v_{max} 较小的运动规律。② a_{max} 越大,则从动件系统的惯性力越大,机构运动副中的动压力越大,这对机构的强度、振动及磨损都有较大的影响。对于高速凸轮机构,为了减小惯性力的危害,应选择 a_{max} 值较小的运动规律。表 4-1 列出了上述几种从动件常用运动规律的 v_{max}、a_{max} 及冲击特性,供选择从动件运动规律时参考。

表 4-1　几种从动件常用运动规律特性比较

运动规律	$v_{max} = \dfrac{h\omega}{\Phi} \times$	$a_{max} = \dfrac{h\omega^2}{\Phi^2} \times$	冲击	适用场合
等速运动	1.00	∞	刚性	低速轻载
改进型等速(摆线)	1.33	8.38	—	低速重载
等加速等减速	2.00	4.00	柔性	中速轻载
简谐运动	1.57	4.93	柔性	中低速中载
摆线运动	2.00	6.28	—	中高速轻载
五次多项式	1.88	5.77	—	高速中载

注:表中改进型等速运动规律的数值,随组合曲线的类型和组合曲线所对应的凸轮转角的大小而异

例 4-1 如图 4-15(a)所示,一工具架在 x、y 方向分别由两个凸轮驱动。已知 x 方向的凸轮以 $n=120$ r/min 匀速转动,从动件推程 $h=80$ mm。要求在 $BC=50$ mm 区间从动件以 600 mm/s 等速移动,并在行程的两端各停歇 $\dfrac{1}{12}$ s。试设计 x 向驱动凸轮机构全周期运动规律。

解:(1) 根据题意,x 向驱动凸轮机构从动件在推程的 BC 区间应按等速运动规律移动,而在 DE、FA 区间处于休止状态。因此,x 向从动件运动规律应采用升—停—降—停型。

(2) 为避免刚性冲击,推程中 AB、BC、CD 三段连接处应具有相同的速度。为避免柔性冲击,在 A、B、C、D 四点的加速度均应为零。不难发现,AB 段可供选择的运动曲线是全推程摆线运动规律的前半段或全推程五次多项式运动规律的前半段。考虑到前者的运动方程较简单,故 AB 段选用摆线运动规律的前半段。同理,CD 段选用摆线运动规律的后半段。

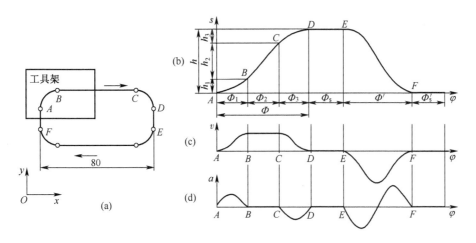

图 4-15 凸轮机构从动件运动规律组合设计

(3) 至于 EF 段,为了能够同 DE 段和 FA 段的水平直线光滑连接,且满足在点 E、F 的速度和加速度均为零的要求,最理想的曲线应是全回程的摆线运动规律。

(4) 确定推程段运动参数。三段行程分别为:BC 段 $h_2 = 50$mm,AB、CD 两段 $h_1 = h_3 = (h - h_2)/2 = 15$mm。对应的凸轮转角分别为 Φ_2、Φ_1、$\Phi_3(=\Phi_1)$。

BC 段(等速),$v = \dfrac{h_2}{\Phi_2}\omega$,可得 $\Phi_2 = \dfrac{h_2}{v}\omega = \dfrac{50 \times 120 \times 2\pi}{600 \times 60} = \dfrac{\pi}{3}$

AB 段(正弦加速度),$v_{\max} = \dfrac{2h_1}{\Phi_1}\omega$

根据边界条件,点 B 处 $v_{\max} = v$,可得 $\dfrac{2h_1}{\Phi_1}\omega = \dfrac{h_2}{\Phi_2}\omega$

$$\Phi_1 = \dfrac{2h_1}{h_2}\Phi_2 = \dfrac{2 \times 15}{50} \times \dfrac{\pi}{3} = \dfrac{\pi}{5}$$

同理,CD 段 $\Phi_3 = \Phi_1 = \dfrac{\pi}{5}$

可见,推程运动角 $\Phi = \Phi_1 + \Phi_2 + \Phi_3 = \dfrac{11\pi}{15}$。

(5) 确定回程段运动参数。根据题意,从动件在运动行程的两端各停歇 $\dfrac{1}{12}$s,则

远休止角: $\Phi_s = \omega t = \dfrac{120 \times 2\pi}{60} \times \dfrac{1}{12} = \dfrac{\pi}{3}$

近休止角: $\Phi'_s = \Phi_s = \dfrac{\pi}{3}$

回程运动角: $\Phi' = 2\pi - \Phi - \Phi_s - \Phi'_s = \dfrac{3\pi}{5}$

(6) 作出从动件位移、速度、加速度运动线图示意图,如图 4-15(b)、(c)、(d)所示。

4.3 按给定运动规律设计凸轮轮廓曲线

根据工作要求和结构条件,选定凸轮机构的形式,确定凸轮机构的基圆半径等基本尺寸,合理选择从动件的运动规律和凸轮转向,就可以进行凸轮轮廓曲线的设计了。

凸轮轮廓曲线的设计方法有图解法和解析法。图解法比较直观,概念清晰,但作图误差较大,只适用于设计精度要求较低的凸轮。但通过图解法可以帮助我们理解凸轮轮廓曲线的设计原理以及上节介绍的基本概念。随着机械不断朝着高速、精密、自动化方向发展,计算机技术和数控加工机床在生产中的广泛应用,解析法已成为凸轮轮廓曲线设计的主要方法。本节先介绍作图法,后介绍解析法。

4.3.1 凸轮轮廓曲线设计方法的基本原理

尽管凸轮机构的类型很多,从动件的运动规律各不相同,但是用图解法设计凸轮轮廓曲线的原理是一样的,都是利用凸轮和从件之间的相对运动保持不变的概念,采用"反转法"原理进行设计绘制的。如图 4-16 所示为一对心直动尖顶从动件盘形凸轮机构。机构工作时,凸轮以等角速度 ω 绕其回转中心 O 逆时针转动,从动件在凸轮的推动下实现预期的往复运动。即凸轮转过 φ_1,从动件上升 s_1;凸轮转过 φ_2,从动件上升 s_2;……;凸轮转过 Φ,从动件完成推程,行程为 h。显然,凸轮和从动件都在运动。为了便于在图纸上画出凸轮轮廓曲线,应当使运动着的凸轮与图纸平面相对静止,为此,可设想给整个凸轮机构加上一个绕 O 转动的公共角速度 $-\omega$,这时凸轮与从动件之间的相对运动并未改变,但此时凸轮相对静止不动,而从动件则一方面随其导路以角速度 $-\omega$ 绕 O 转动,另一方面又同时在导路内作预期的往复运动。根据这种关系,不难求出从动件反转后的一系列位置 1,2,……。由于从动件尖顶始终与凸轮轮廓接触,因此从动件反转后尖顶的运动轨迹,就是凸轮的轮廓曲线。

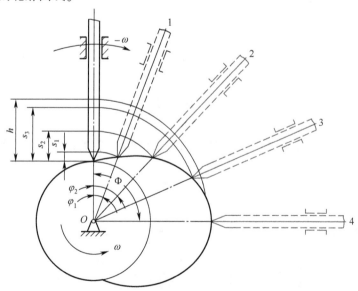

图 4-16 凸轮轮廓曲线设计的反转法原理

4.3.2 用作图法设计凸轮轮廓曲线

1. 直动从动件盘形凸轮机构

1) 偏置直动尖顶从动件盘形凸轮机构

如图 4-17(a) 所示为一偏置直动尖顶从动件盘形凸轮机构,已知凸轮基圆半径 r_0、从动件导路的偏距 e 以及从动件的位移线图(图 4-17(b)),设凸轮以等角速度 ω 顺时针转动,要求绘出此凸轮的轮廓曲线。

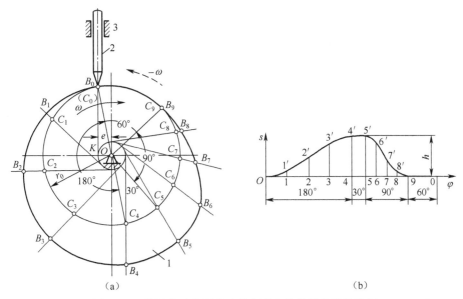

图 4-17 偏置直动尖顶从动件盘形凸轮轮廓曲线的绘制

应用"反转法"原理,绘制此凸轮轮廓曲线的步骤如下:

(1) 选取适当比例尺 μ_l(此处选 $\mu_l = \mu_s$),以 r_0 为半径作基圆,以 e 为半径作偏距圆与从动件导路中心线切于点 K,基圆与从动件导路中心线的交点 $B_0(C_0)$ 即为从动件推程的起始位置。

(2) 将位移线图 $s-\varphi$ 的推程运动角和回程运动角分别作若干等份(图中各为四等份)。

(3) 从 OC_0 开始,沿 ω 的反方向量取推程运动角 $\Phi = \angle C_0OC_4 = 180°$、远休止角 $\Phi_S = \angle C_4OC_5 = 30°$、回程运动角 $\Phi' = \angle C_5OC_9 = 90°$、近休止角 $\Phi'_S = \angle C_9OC_0 = 60°$,并将此处的推程运动角和回程运动角分成与图 4-17(b) 中的推程运动角和回程运动角相同的等份(也为四等份),得 C_1、C_2、C_3 和 C_6、C_7、C_8 诸点。

(4) 过 C_1、C_2、C_3、…作与 B_0K 一样切向的一系列偏距圆的切线,它们便是反转后从动件导路中心线的一系列位置。

(5) 沿以上各切线从基圆开始量取从动件相应的位移量,即取线段 $\overline{C_1B_1} = \overline{11'}$、$\overline{C_2B_2} = \overline{22'}$、…,得反转后从动件尖顶的一系列位置 B_1、B_2、B_3…。

(6) 将点 B_0、B_1、B_2…连成光滑曲线(B_4 和 B_5 之间以及 B_9 和 B_0 之间均为以 O 为圆心的圆弧),即得到所求的凸轮轮廓曲线。

若偏距 $e=0$，则成为对心直动尖顶从动件盘形凸轮机构。这时，从动件的导路中心线通过凸轮的回转中心 O，反转后偏距圆的切线变为过凸轮回转中心的径向射线，其设计方法与上述相同。

2）偏置直动滚子从动件盘形凸轮机构

如图 4-18 所示为一偏置直动滚子从动件盘形凸轮机构，其凸轮轮廓曲线的绘制可按下述方法进行：首先把滚子中心看作尖顶从动件的"尖顶"，假想去掉滚子，则成为偏置直动尖顶从动件盘形凸轮机构，按照上面讲述的方法画出一条轮廓曲线 η；然后以 η 上各点为中心，以滚子半径为半径作一系列圆；最后作这些圆的内包络线 η'，它便是滚子从动件盘形凸轮机构凸轮的实际轮廓曲线，而 η 称为此凸轮的理论轮廓曲线。由作图过程可知，滚子从动件凸轮机构中，基圆半径 r_0 和后面要讲述的压力角 α 均对理论轮廓曲线而言。

同样，若偏距 $e=0$，则成为对心直动滚子从动件盘形凸轮机构，其设计方法与上述相同。

3）直动平底从动件盘形凸轮机构

如图 4-19 所示为一对心直动平底从动件盘形凸轮机构，其凸轮实际轮廓曲线的画法与上述相仿。首先将平底与导路中心线的交点 B_0 当作从动件的"尖顶"，按照尖顶从动件凸轮轮廓曲线的绘制方法，求出"尖顶"反转后的一系列位置 B_1、B_2、B_3、$\cdots$；其次，过这些点画一系列的平底，得一平底直线簇；最后作此平底直线簇的包络线，即可得到凸轮的实际轮廓曲线。

由以上作图过程可知，对于直动平底从动件盘形凸轮机构而言，无论导路是对心还是偏置，也不管把平底上哪一点看作"尖顶"，所得到的平底直线簇是完全一样的。因此，由平底直线簇包络所得的凸轮实际轮廓曲线也完全是一样的。

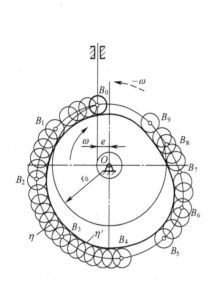

图 4-18 偏置直动滚子从动件盘形凸轮轮廓曲线的绘制

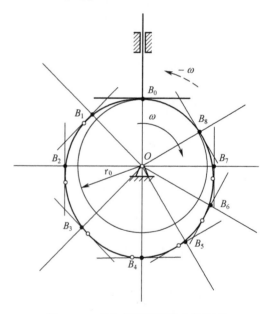

图 4-19 对心直动平底从动件盘形凸轮轮廓曲线的绘制

2. 摆动从动件盘形凸轮机构

如图 4-20(a)所示为一摆动尖顶从动件盘形凸轮机构，已知凸轮基圆半径 r_0、凸轮与

从动件的中心距 a、从动件的长度 l 以及从动件的角位移线图(图4-20(b)),设凸轮以等角速度 ω 顺时针转动,要求绘出此凸轮的轮廓曲线。

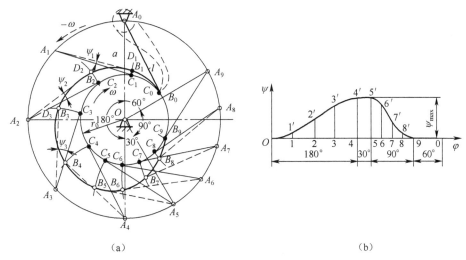

(a)　　　　　　　　　　(b)

图4-20 摆动尖顶从动件盘形凸轮轮廓曲线的绘制

仍然应用"反转法"原理,可设想给整个凸轮机构加上一个绕其回转中心 O 转动的公共角速度 $-\omega$,这时凸轮与从动件之间的相对运动并未改变,但此时凸轮相对静止不动,而摆动从动件则一方面随机架 AO 以角速度 $-\omega$ 绕 O 转动,另一方面又同时绕点 A 作预期的往复摆动。因此,这种凸轮轮廓曲线的绘制可按如下步骤进行。

(1) 选取适当的比例尺 μ_l,根据给定的 a 分别定出凸轮的转动中心 O 和从动件的摆动中心 A_0。以 r_0 为半径作基圆,再以 A_0 为圆心、以 l 为半径作圆弧交基圆于点 $B_0(C_0)$ (如要求从动件推程逆时针摆动,B_0 在 OA_0 的右方,反之则在 OA_0 的左方),该点即为摆动从动件尖顶的初始位置。

(2) 将位移线图 $\psi-\varphi$ 中的推程运动角和回程运动角分别分成若干等份(图中各为四等份),求出各等分点对应的角位移值 $\psi_1 = \mu_\psi \overline{11'}$、$\psi_2 = \mu_\psi \overline{22'}$、…($\mu_\psi$ 为角位移比例尺)。

(3) 以 O 圆心、以 $\overline{OA_0}$ 为半径画圆。沿 $-\omega$ 方向顺次量取推程运动角 $\varPhi = \angle A_0OA_4 = 180°$、远休止角 $\varPhi_S = \angle A_4OA_5 = 30°$、回程运动角 $\varPhi' = \angle A_5OA_9 = 90°$、近休止角 $\varPhi'_S = \angle A_9OA_0 = 60°$,并将此处的推程运动角和回程运动角分成与图4-20(b)中的推程运动角和回程运动角相同的等份(也各为四等份),得 A_1、A_2、A_3、…和 A_6、A_7、A_8、…。

(4) 以 A_1、A_2、A_3、…为圆心及 l 为半径作一系列圆弧 $\overset{\frown}{C_1D_1}$、$\overset{\frown}{C_2D_2}$、$\overset{\frown}{C_3D_3}$、…,分别与基圆交于 C_1、C_2、C_3、…。从 A_1C_1、A_2C_2、A_3C_3、…开始,沿逆时针方向量取与图5-17(b)对应的从动件摆角 ψ_1、ψ_2、ψ_3、…,得摆动从动件反转后相对于凸轮的一系列位置 A_1B_1、A_2B_2、A_3B_3、…,它们与圆弧 $\overset{\frown}{C_1D_1}$、$\overset{\frown}{C_2D_2}$、$\overset{\frown}{C_3D_3}$、…分别交于点 B_1、B_2、B_3、…。

(5) 将点 B_0、B_1、B_2、…连成光滑封闭曲线,即为所求的摆动尖顶从动件盘形凸轮轮廓曲线。

由图可见，有几个位置（如3、4、5等）凸轮轮廓曲线与直杆形摆动从动件 AB 发生干涉，这样就不能实现预期的运动规律。为了保证从动件尖顶始终与凸轮轮廓曲线接触，从动件必须做成弯杆形。

同前所述，如果是摆动滚子或平底从动件，则可把上述求得的 B_1、B_2、B_3、$\cdots$ 看作是摆动尖顶从动件反转后"尖顶"的一系列位置，将这些点连成一条光滑的曲线，即为理论轮廓曲线，只要在其上选一系列点作滚子圆或平底，再作它们的包络线，就得到实际轮廓曲线。

4.3.3 用解析法设计凸轮轮廓曲线

1. 偏置直动滚子从动件盘形凸轮机构

1) 凸轮理论轮廓曲线的方程式

如图 4-21 所示为偏置直动滚子从动件盘形凸轮机构，已知凸轮基圆半径 r_0、从动件导路的偏距 e、滚子半径 r_T、以及从动件的运动规律 $s = s(\varphi)$，设凸轮以等角速度 ω 逆时针转动，要求用解析法设计此凸轮的轮廓曲线。为此，建立 xOy 坐标系，使 y 轴与从动件的导路中心线平行，点 B_0 为凸轮推程段轮廓曲线的起始点，这时从动件处于最低位置，这便是从动件推程的初始位置。当凸轮转过 φ 角时，从动件沿导路按预定运动规律发生位移 s。由"反转法"原理作图可见，此时滚子中心处于点 B，其直角坐标为

$$\begin{cases} x = (s_0 + s)\sin\varphi + \tilde{e}\cos\varphi \\ y = (s_0 + s)\cos\varphi - \tilde{e}\sin\varphi \end{cases} \quad (4-17)$$

式中：$\tilde{e}$ 为偏距，$s_0 = \sqrt{r_0^2 - \tilde{e}^2}$。式(4-17)即为凸轮理论轮廓曲线的方程式。

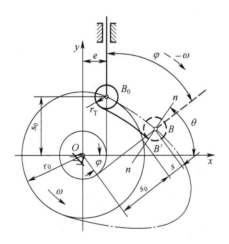

图 4-21 偏置直动滚子从动件盘形凸轮轮廓曲线的解析法设计

2) 凸轮实际轮廓曲线的方程式

对于滚子从动件凸轮机构，其理论轮廓曲线与实际轮廓曲线为等距曲线，两者在法线方向的距离应等于滚子半径 r_T。当已知理论轮廓曲线上任一点 $B(x,y)$ 时，只要沿理论

轮廓曲线在该点的法线方向 $n-n$ 取距离为 r_T，即得实际廓线上的相应点 $B'(x',y')$。由高等数学可知，理论轮廓曲线上 B 点处法线的斜率与其切线斜率互为负倒数，即

$$\tan\theta = \frac{1}{-\mathrm{d}y/\mathrm{d}x} = \frac{\mathrm{d}x/\mathrm{d}\varphi}{-\mathrm{d}y/\mathrm{d}\varphi} \tag{4-18}$$

由式(4-17)对 φ 求导，得

$$\begin{cases} \mathrm{d}x/\mathrm{d}\varphi = (\mathrm{d}s/\mathrm{d}\varphi - \tilde{e})\sin\varphi + (s_0 + s)\cos\varphi \\ \mathrm{d}y/\mathrm{d}\varphi = (\mathrm{d}s/\mathrm{d}\varphi - \tilde{e})\cos\varphi - (s_0 + s)\sin\varphi \end{cases} \tag{4-19}$$

将式(4-19)代入式(4-18)，可求出 θ 为

$$\theta = \arctan\frac{(\mathrm{d}s/\mathrm{d}\varphi - \tilde{e})\sin\varphi + (s_0 + s)\cos\varphi}{-(\mathrm{d}s/\mathrm{d}\varphi - \tilde{e})\cos\varphi + (s_0 + s)\sin\varphi} \tag{4-20}$$

此处应当注意：θ 角可在 $0° \sim 360°$ 之间变化。式(4-18)中 $\mathrm{d}x/\mathrm{d}\varphi \geq 0$，$-\mathrm{d}y/\mathrm{d}\varphi > 0$ 时，$0° \leq \theta < 90°$；$\mathrm{d}x/\mathrm{d}\varphi > 0$，$-\mathrm{d}y/\mathrm{d}\varphi \leq 0$ 时，$90° \leq \theta < 180°$；$\mathrm{d}x/\mathrm{d}\varphi \leq 0$，$-\mathrm{d}y/\mathrm{d}\varphi < 0$ 时，$180° \leq \theta < 270°$；$\mathrm{d}x/\mathrm{d}\varphi \leq 0$、$-\mathrm{d}y/\mathrm{d}\varphi \geq 0$ 时，$270° \leq \theta \leq 360°$。当求出 θ 角后，实际轮廓曲线上的相应点 $B'(x',y')$ 的坐标可由下式求出：

$$\begin{cases} x' = x - r_T\cos\theta \\ y' = y - r_T\sin\theta \end{cases} \tag{4-21}$$

此即为凸轮的实际轮廓曲线方程式。

式(4-17)、式(4-19)、式(4-20)中，偏距 $\tilde{e}$ 为代数值，其正负号规定如下：如图 4-21 所示，当凸轮沿逆时针方向转动时，从动件的导路中心线位于凸轮回转中心的右侧，$\tilde{e}$ 为正，反之为负；若凸轮沿顺时针方向转动时，则正好相反。

3）刀具中心运动轨迹方程

在数控铣床上铣削凸轮或在凸轮磨床上磨削凸轮时，需要给出刀具中心运动轨迹方程。若使用的刀具(铣刀或砂轮)的半径与从动件滚子半径相等，则凸轮的理论轮廓曲线方程式即为刀具中心运动轨迹方程式；若两者不等，则由于刀具的外圆总是与凸轮的实际轮廓曲线相切的，即刀具的中心运动轨迹与凸轮实际轮廓曲线是等距曲线，当然与理论轮廓曲线也是等距曲线，所以只需将式(4-21)中的 r_T 换成滚子半径与刀具半径之差即可。

2. 对心直动平底从动件盘形凸轮机构

如图 4-22 所示为一对心直动平底从动件盘形凸轮机构，其平底与从动件导路中心线垂直。建立坐标系 xOy，使从动件的导路中心线与 y 轴重合。B_0 为凸轮推程轮廓曲线的起始点，当凸轮转过 φ 角时，从动件发生的位移为 s，根据"反转法"原理可知，此时从动件平底与凸轮应在 B 点相切。又由瞬心的有关知识可知，此时从动件与凸轮的相对瞬心在点 P，从动件此时的速度为

$$v = v_P = \omega l_{OP}$$

从而

$$l_{OP} = v/\omega = \mathrm{d}s/\mathrm{d}\varphi$$

由图可知，点 B 的坐标为

$$\begin{cases} x = (r_0 + s)\sin\varphi + (\mathrm{d}s/\mathrm{d}\varphi)\cos\varphi \\ y = (r_0 + s)\cos\varphi - (\mathrm{d}s/\mathrm{d}\varphi)\sin\varphi \end{cases} \quad (4\text{-}22)$$

此即为凸轮实际轮廓曲线的方程式。

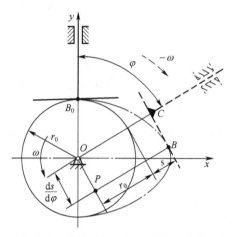

图 4-22 对心直动平底从动件盘形凸轮轮廓曲线的解析法设计

3. 摆动滚子从动件盘形凸轮机构

如图 4-23 所示为摆动滚子从动件盘形凸轮机构，取凸轮回转中心 O 与摆动从动件的摆动中心 A_0 的连线为 y 轴，建立 xOy 坐标系。A_0B_0 为从动件推程的初始位置，它与机架 A_0O 之间的夹角为 ψ_0，称为摆动从动件初位角。根据"反转法"原理，摆动从动件随机架 A_0O 一起反转 φ 角后，处于图示 AB 位置，其角位移位 ψ。若机架长为 a，摆动从动件长为 l，则 B 点坐标为

$$\begin{cases} x = a\sin\varphi - l\sin(\varphi + \psi_0 + \psi) \\ y = a\cos\varphi - l\cos(\varphi + \psi_0 + \psi) \end{cases} \quad (4\text{-}23)$$

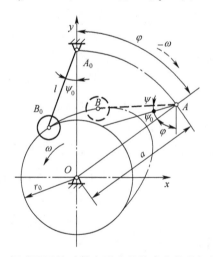

图 4-23 摆动滚子从动件盘形凸轮轮廓曲线的解析法设计

利用余弦定理可知式 (4-23) 中，$\psi_0 = \arccos\dfrac{a^2 + l^2 - r_0^2}{2al}$。

此即为凸轮的理论轮廓曲线方程式。凸轮的实际轮廓曲线为其理论轮廓曲线的等距曲线,仍用式(4-18)至式(4-21)计算,不过要将其中的线位移改为角位移。

4.4 凸轮机构基本参数的确定

前面在讨论凸轮轮廓曲线的设计时,凸轮的基圆半径 r_0、直动从动件的偏距 e 或摆动从动件与凸轮的中心距 a、滚子半径 r_T 和平底尺寸等均认为是已知的,而实际上凸轮机构的这些基本尺寸也是由设计者事先确定的。下面就从凸轮机构的受力情况是否良好、运动是否失真、结构是否紧凑等方面对上述尺寸加以讨论。

4.4.1 凸轮机构压力角

如图 4-24 所示为偏置直动尖顶从动件盘形凸轮机构在推程的任一位置,此时从动件尖顶与凸轮在点 B 接触,Q 为作用在从动件上的载荷。当不考虑凸轮与从动件之间的摩擦时,凸轮给予从动件的作用力 F 是沿接触点 B 的法线 $n-n$ 方向,此力 F 可分解为沿从动件运动方向的有效分力 F' 和垂直于从动件运动方向从而使从动件压紧导路的有害阻力 F'',其大小分别为

$$\begin{cases} F' = F\cos\alpha \\ F'' = F\sin\alpha \end{cases} \tag{4-24}$$

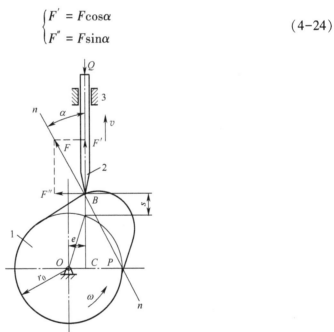

图 4-24 凸轮机构的压力角

式中:α 为从动件所受正压力方向(即接触点 B 的法线 $n-n$ 方向)与从动件上力作用点 B 的速度方向之间所夹的锐角,称为凸轮机构在图示位置时的压力角。由式(4-24)可知,

$$F''/F' = \tan\alpha$$

显然,压力角 α 越小,F''/F' 越小,力的利用程度越高,凸轮推动从动件运动就越容易;压力角 α 越大,F''/F' 越大,力的利用程度越低,凸轮推动从动件运动就费劲(力)。当 α 逐

渐增大超过某一数值后,由有害分力 F'' 引起的从动件与导路的摩擦阻力就会超过有效分力 F',此时无论凸轮给从动件的作用力 F 有多大,都不能使从动件运动,这种现象称为机构的自锁。在生产实际中,为了保证凸轮机构正常工作,不发生自锁,并且运转轻便灵活,效率较高,必须对压力角加以限制,凸轮轮廓曲线上各点与从动件尖顶接触时的压力角一般是变化的,在设计时应使凸轮机构的最大压力角 α_{max} 不超过许用压力角 $[\alpha]$,即 $\alpha_{max} < [\alpha]$。根据实际经验,在推程时,对于直动从动件通常取 $[\alpha] = 30° \sim 38°$;对摆动从动件通常取 $[\alpha] = 40° \sim 50°$。滚子接触、润滑良好、支撑刚性较好时,取数据的上限;否则取下限。

若在回程时,从动件是在弹簧力或重力等的作用下返回,一般不会出现自锁,而且大多是空回行程,则回程许用压力角可以大一些,取 $[\alpha'] = 70° \sim 80°$。

4.4.2 凸轮机构的基圆半径

在图 4-24 中,$n-n$ 是过凸轮与从动件接触点 B 的公法线,它与过凸轮回转中心 O 且垂直于从动件导路的直线相交于点 P,点 P 就是凸轮和从动件的相对瞬心。由瞬心的有关知识可知,$v_P = v = \omega l_{OP}$,从而有

$$l_{OP} = v/\omega = ds/d\varphi$$

又由图中 $\triangle BCP$ 可得

$$\tan\alpha = \frac{|ds/d\varphi - \tilde{e}|}{s + \sqrt{r_0^2 - \tilde{e}^2}} \tag{4-25}$$

式中:r_0 为凸轮的基圆半径;s 为对应凸轮转角 φ 的从动件位移;$\tilde{e}$ 为偏距。

由式(4-25)可知,在偏距一定,从动件运动规律已知的条件下,加大基圆半径 r_0,可减小压力角 α,从而改善机构的传力性能,但此时机构的尺寸将会增大。因此,在实际设计时,应该综合考虑。一般是满足凸轮机构的最大压力角不超过许用压力角(即 $\alpha_{max} < [\alpha]$)的前提下,尽量选择较小的基圆半径,以便减小凸轮机构的尺寸。但是,这样确定的凸轮基圆半径一般较小,还应根据具体结构进行调整。当凸轮与轴做成一体时,凸轮实际轮廓曲线的基圆半径应略大于轴的半径;当凸轮与轴分开做时,凸轮上要做出轮毂,此时凸轮实际轮廓曲线的基圆半径应略大于轮毂的半径。

式(4-25)中,偏距 $\tilde{e}$ 为代数值,其正负号规定如下:如图 4-24 所示,当导路与瞬心 P 在凸轮回转中心 O 的同侧时,$\tilde{e}$ 为正,可使压力角减小;反之,当导路与瞬心 P 在凸轮回转中心 O 的异侧时,$\tilde{e}$ 为负,压力角将增大。因此,为了减小推程压力角,凸轮机构往往采用偏置结构,将从动件导路向推程相对速度瞬心的同侧偏置,但此时回程压力角增大了。具体设计时,应全面考虑,合理确定偏距 $\tilde{e}$。若推程中从动件的最大、最小速度分别为 v_{max} 和 v_{min},则 $|\tilde{e}|$ 可按如下经验公式选取:

$$0.5(v_{max} + v_{min})/\omega = |\tilde{e}| < r_0 \tag{4-26}$$

4.4.3 滚子从动件滚子半径的选择

设计滚子从动件凸轮机构时,滚子半径的选择要考虑滚子的结构、强度以及凸轮轮廓

曲线的形状等多方面的因素。下面主要从凸轮轮廓曲线的形状与滚子半径的关系进行分析。

如图 4-25 所示，a 为凸轮理论轮廓曲线，b 为实际轮廓曲线，r_T 为滚子半径，ρ 为理论轮廓曲线上某点的曲率半径，ρ' 为实际轮廓曲线对应点的曲率半径。

当理论轮廓曲线内凹时，如图 4-25(a)所示，$\rho' = \rho + r_T$，这样，不论滚子大小如何，实际轮廓曲线总是可以通过理论轮廓曲线上的一系列滚圆包络出来的。

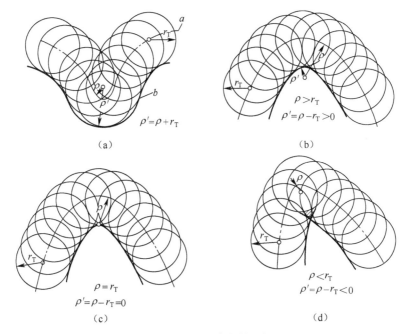

图 4-25 滚子半径的选择

当理论轮廓曲线外凸时，如图 4-25(b)、(c)、(d)所示，$\rho' = \rho - r_T$。它可分为三种情况：①若 $\rho > r_T$，则 $\rho' > 0$，如图 4-25(b)所示，这时实际轮廓曲线可以由理论轮廓曲线作出；②若 $\rho = r_T$，则 $\rho' = 0$，如图 4-25(c)所示，这时实际轮廓曲线仍可以由理论轮廓曲线作出，但已变尖，称为变尖现象，这种轮廓曲线在尖点处极易磨损，无实际应用价值；③若 $\rho < r_T$，则 $\rho' < 0$，如图 4-25(d)所示，这时实际轮廓曲线出现交叉，交点以外的轮廓曲线，即图中涂黑部分在凸轮加工中将被切去，致使从动件不能按预期的运动规律运动，称为失真现象。

通过上述分析可知，滚子半径 r_T 必须小于理论轮廓曲线上外凸部分的最小曲率半径 $\rho_{\min}$，通常取 $r_T \leq 0.8\rho_{\min}$。另外，滚子的尺寸还受其强度、结构的限制，不能做得太小，根据经验一般取 $r_T = (0.1 \sim 0.5)r_0$，其中，r_0 为凸轮的基圆半径。综合以上两方面，合理确定滚子半径 r_T。

4.4.4 平底从动件平底尺寸的确定

如图 4-26 所示为一对心直动平底从动件盘形凸轮机构，推程时，从动件的平底与凸轮的接触点 T' 在导路的右侧，B、T' 两点之间的距离为 $l_{OP} = l_{BT'} = |ds/d\varphi|_{推程}$，其最大距离为 $l_{OP}^{\max} = l_{BT'}^{\max} = |ds/d\varphi|_{推程}^{\max}$。回程时，从动件与凸轮的接触点 T'' 在导路的左侧，B、

T'' 两点之间的距离为 $l_{OP} = l_{BT''} = |ds/d\varphi|_{回程}$，其最大距离为 $l_{OP}^{max} = l_{BT''}^{max} = |ds/d\varphi|_{回程}^{max}$。为了保证凸轮转动过程中从动件平底始终与凸轮接触，从动件平底的宽度应满足 $b > |ds/d\varphi|_{推程}^{max} + |ds/d\varphi|_{回程}^{max}$。通常平底的底面为一圆盘，其直径 $D > 2|ds/d\varphi|_{max}$，$|ds/d\varphi|_{max}$ 应根据推程和回程的从动件运动规律分别计算，取其最大值。一般按结构情况可取：

$$D = 2|ds/d\varphi|_{max} + (5 \sim 7) \text{mm} \tag{4-27}$$

对于平底从动件凸轮机构，设计时还要注意失真现象，如图 4-27 所示，当凸轮的基圆半径 r_0 较小时，从动件的平底位置 B_1E_1 和 B_3E_3 相交于 B_2E_2 之内，从而使凸轮的实际轮廓曲线与从动件平底的位置 B_2E_2 接触不上，导致从动件在此位置不能实现预期的运动规律，出现失真现象。可通过适当增大基圆半径，消除这种现象。图中将基圆半径由 r_0 增大到 r_0'，失真现象随即消失。

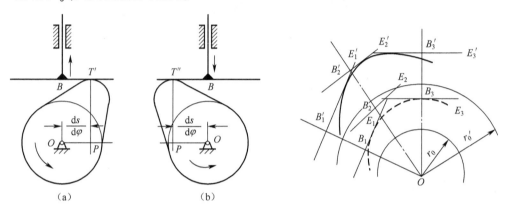

图 4-26 平底尺寸的确定   图 4-27 平底从动件凸轮机构的失真现象

思考题与习题

4-1 凸轮机构是如何组成的？类型有哪些？

4-2 从动件的常用运动规律有哪几种？它们各有什么特点？各适用于什么场合？

4-3 如题 4-3 图所示为一对心直动尖顶从动件盘形凸轮机构从动件的部分运动线图，试在图上补全各段的 $s-\varphi$、$v-\varphi$ 和 $a-\varphi$ 曲线，并指出在哪些位置会出现刚性冲击？哪些位置会出现柔性冲击？

4-4 何谓凸轮机构的理论轮廓曲线？何谓凸轮机构的实际轮廓曲线？二者有何区别与联系？

4-5 理论轮廓曲线相同而滚子半径不同的两个对心直动滚子从动件盘形凸轮机构，其从动件的运动规律是否相同？

4-6 实际轮廓曲线相同而滚子半径不同的两个对心直动滚子从动件盘形凸轮机构，其从动件的运动规律是否相同？

4-7 何谓凸轮机构的压力角？为什么要规定许用压力角？

4-8 凸轮的基圆半径是指凸轮的转动中心到理论轮廓曲线的最小向径？还是指凸轮的转动中心到实际轮廓曲线的最小向径？

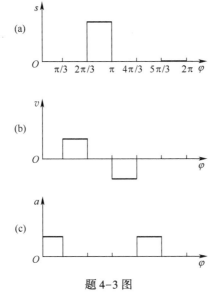

题 4-3 图

4-9 盘形凸轮基圆半径的选择与哪些因素有关?

4-10 何谓凸轮机构的运动失真?它是如何产生的,怎样才能避免运动失真?

4-11 设计如题 4-11 图所示一偏置直动滚子从动件盘形凸轮机构,已知凸轮以等角速度 ω 顺时针方向回转,基圆半径 $r_o = 40\text{mm}$,偏距 $e = 10\text{mm}$,滚子半径 $r_T = 5\text{mm}$。从动件运动规律为 $\Phi = 150°$、$\Phi_s = 30°$、$\Phi' = 120°$、$\Phi'_s = 60°$,从动件在推程以等加速等减速运动规律上升,行程 $h = 20\text{mm}$,回程以简谐运动规律返回原处。试用图解法绘出凸轮的轮廓曲线并校核其推程压力角。

4-12 设计如题 4-12 图所示一直动平底从动件盘形凸轮机构,已知凸轮以等角速度 ω 顺时针方向回转,基圆半径 $r_o = 40\text{mm}$,平底与导路方向垂直。从动件的运动规律为 $\Phi = 180°$、$\Phi_s = 0°$、$\Phi' = 180°$、$\Phi'_s = 0°$,从动件在推程以简谐运动规律上升,行程 $h = 20\text{mm}$;回程以等加速等减速运动规律返回原处,试用图解法绘出凸轮的轮廓曲线。

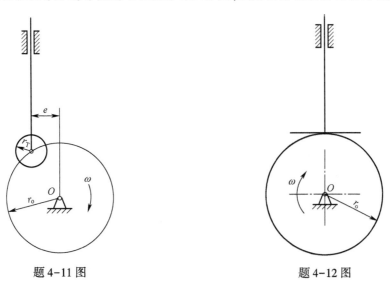

题 4-11 图 　　　　　　　　题 4-12 图

4-13 设计如题 4-13 图所示一摆动滚子从动件盘形凸轮机构,已知凸轮以等角速度 ω 逆时针方向回转,基圆半径 $r_0 = 40$mm,滚子半径 $r_T = 10$mm,摆杆长 $l = 50$mm,凸轮回转中心 O 与摆杆的摆动中心 A 之间的距离为 $a = 60$mm。从动件的运动规律为 $\Phi = 150°$、$\Phi_s = 30°$、$\Phi' = 120°$、$\Phi'_s = 60°$,从动件推程以简谐运动规律顺时针摆动,最大摆角 $\psi_{max} = 20°$,回程以等加速等减速运动规律返回原处。试用图解法绘出凸轮的轮廓曲线。

4-14 如题 4-14 图所示为偏置直动滚子从动件盘形凸轮机构。该凸轮为绕点 O 转动的偏心圆盘,圆盘的圆心在点 A。试在图上:
(1) 作出凸轮的理论轮廓曲线;
(2) 画出凸轮的基圆和凸轮机构的初始位置;
(3) 当从动件推程作为工作行程时,标出凸轮的合理转向;
(4) 用反转法作出当凸轮从初始位置按上面确定的合理转向转过 150° 时的机构简图,并标出该位置上从动件的位移和凸轮机构的压力角;
(5) 标出从动件的行程 h、推程运动角 Φ、回程运动角 Φ'。

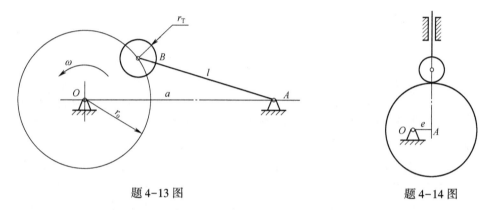

题 4-13 图   题 4-14 图

4-15 画出题 4-15 图示凸轮机构的基圆;在图上标出凸轮从图示位置转过 30° 时,从动件的位移及凸轮机构的压力角。

4-16 已知条件同题 4-11,试用解析法设计凸轮的轮廓曲线,计算推程的 α_{max},并校核之。如用计算机编程计算时,凸轮转角可隔 2° 计算,并把凸轮轮廓打印出来。

4-17 已知条件同题 4-12,试用解析法设计凸轮的轮廓曲线。如用计算机编程计算时,凸轮转角可隔 2° 计算,并把凸轮轮廓打印出来。

4-18 已知条件同题 4-13,试用解析法设计凸轮的轮廓曲线。如用计算机编程计算时,凸轮转角可隔 2° 计算,并把凸轮轮廓打印出来。

4-19 在题 4-19 图示的直动滚子从动件盘形凸轮机构中,凸轮为一偏心圆,已知 $OA = 12$mm,$e = 10$mm,$R = 30$mm,$r_T = 8$mm,凸轮转速为 $n = 180$r/min。求:
(1) 推程段从动件的位移、速度和加速度方程;
(2) 推程时从动件的最大速度和最大加速度;
(3) 该凸轮机构的最大压力角。

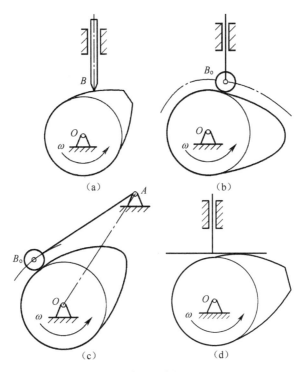

题 4-15 图

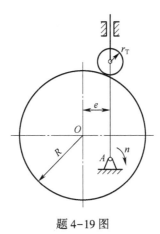

题 4-19 图

第5章　齿轮机构及其设计

5.1　齿轮机构的特点及其分类

齿轮机构是通过主动轮轮齿依次拨动从动轮轮齿来进行啮合传动的高副机构。它可用于传递任意两轴之间的运动和动力,具有传递速度快及功率范围大,传动平稳且效率高,使用寿命长,工作安全可靠等优点,是现代机械中最重要、应用最为广泛的传动机构之一。同时,它也是历史上应用最早的传动机构之一,早在公元前152年我国就有关于齿轮机构的记载。但齿轮机构也还存在着要求较高的制造和安装精度,故成本较高等缺点。

齿轮机构不仅应用范围广,而且类型很多,可用以下几种常用的方法进行分类。

1. 按照一对齿轮啮合传动中的传动比是否恒定分

1)定传动比齿轮机构

因这类机构中的齿轮都是圆形的,故亦称为圆形齿轮机构。它具有传动比恒定,即当主动轮等角速度转动时,从动轮可按一定的角速度比也作等角速度转动,从而使机械在传动中获得较高的稳定性,满足了现代机械日益向高速重载方向发展的需求,因此在各种机械中获得极其广泛的应用。

2)变传动比齿轮机构

因这类机构中的齿轮一般都是非圆形的,故亦称为非圆形齿轮机构(图5-1)。其齿轮传动的角速度比按一定的规律变化,即当主动轮等角速度转动时,从动轮则按一定的规律变角速度转动。主要用于某些特殊要求的机械中,用以实现某种特定要求的函数关系或与连杆机构组合来改善机械的运动和动力性能等。

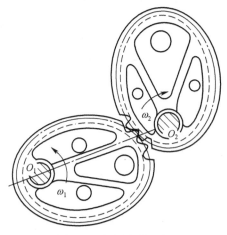

图 5-1　椭圆齿轮机构

2. 按照两轮啮合传动时的相对运动分

圆形齿轮机构按照两轮啮合传动时其相对运动是平面的还是空间的,又可将其分为平面齿轮机构和空间齿轮机构。

1) 平面齿轮机构

平面齿轮机构用于传递两平行轴之间的运动和动力,其轮坯是圆柱形的,故称为圆柱齿轮。根据轮齿沿圆柱体排列方向的不同,又可分为以下几种:

(1) 直齿圆柱齿轮机构。其轮齿的齿向与轴线平行,简称直齿轮。这种齿轮当轮齿分布在圆柱体外表面上时称为外齿轮,当轮齿分布在圆柱体内表面上时称为内齿轮。按照一对直齿圆柱齿轮机构啮合方式的不同又可分为以下三类:

① 外啮合齿轮传动。如图 5-2(a)所示,这是由两个外齿轮组成的传动,其特点是两轮的转动方向相反。

② 内啮合齿轮传动。如图 5-2(b)所示,这是由一个外齿轮和一个内齿轮组成的传动,其特点是两轮的转动方向相同。

③ 齿轮与齿条传动。如图 5-2(c)所示,当其中一个外齿轮的直径增至无穷大时即演变为齿条。齿轮与齿条啮合传动时,齿轮转动,齿条直线移动。

 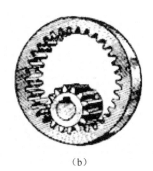 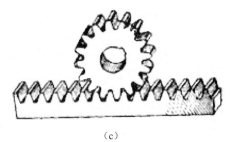

(a) (b) (c)

图 5-2 直齿圆柱齿轮机构

(2) 平行轴斜齿圆柱齿轮机构。其轮齿的齿向与轴线倾斜一个螺旋角,简称斜齿轮,如图 5-3 所示。平行轴斜齿圆柱齿轮传动也有外啮合、内啮合、齿轮与齿条啮合之分。

(3) 人字齿轮机构。人字齿轮的齿形可以看成是由两个螺旋角大小相等、方向相反的斜齿轮拼合而成或制成整体,齿向形同"人"字,故称为人字齿轮,如图 5-4 所示。

 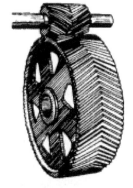

图 5-3 平行轴斜齿圆柱齿轮机构   图 5-4 人字齿轮机构

2) 空间齿轮机构

空间齿轮机构用于传递两相交轴或两交错轴之间的运动或动力,常见的类型有:

(1) 圆锥齿轮机构。其轮齿分布在截圆锥体的表面上,也有直齿、斜齿和曲线齿之分,用于传递两相交轴之间的运动和动力。其中应用最广的是直齿圆锥齿轮机构,如图5-5(a)所示;其次是曲线齿圆锥齿轮机构,如图5-5(b)所示;实践中很少应用斜齿圆锥齿轮传动机构,如图5-5(c)所示。

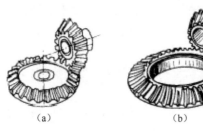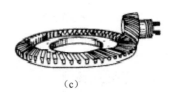

(a)　　　　　　　　(b)　　　　　　　　(c)

图 5-5　圆锥齿轮机构

(2) 交错轴斜齿圆柱齿轮机构。当两个斜齿圆柱齿轮轴线形成空间交错的位置时,即可传递两交错轴之间的运动和动力,如图5-6所示,称为交错轴斜齿圆柱齿轮机构。

(3) 蜗杆蜗轮机构。该机构也是用于传递交错轴之间的运动和动力的机构,通常两轴垂直交错成90°,小齿轮的齿数极少,其齿可绕圆柱体一周以上故形成螺旋状特称蜗杆,与蜗杆配对的齿轮称为蜗轮,一般以蜗杆为主动件作减速传动,如图5-7所示。

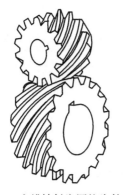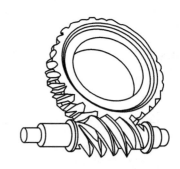

图 5-6　交错轴斜齿圆柱齿轮机构　　　　图 5-7　蜗杆蜗轮机构

5.2　齿廓啮合基本定律

一个齿轮的最关键部位是其轮齿的齿廓曲线,虽然它与两轮的转速比即平均传动比无关,但却与两轮的角速度比即瞬时传动比有关,因此齿廓曲线的形状直接关系到齿轮传动的平稳性及轮齿的承载能力。所以有必要首先研究齿廓曲线与齿轮瞬时传动比(简称传动比)之间的关系,即所谓齿廓啮合基本定律。

如图5-8所示为一对平面齿廓在点 K 处相互啮合,O_1、O_2 为两轮的固定回转中心,齿廓曲线 G_1、G_2 分别绕轴心 O_1、O_2 转动。过啮合接触点 K 作两齿廓公法线 $n\text{-}n$ 与连心线交于点 P,由三心定理可知,点 P 即为这一对齿廓的相对速度瞬心,故两齿廓在该点绝对速度相等,相对速度为零,即

$$v_p = \overline{O_1p}\omega_1 = \overline{O_2p}\omega_2$$

由此可得两齿轮的传动比为

$$i_{12} = \frac{\omega_1}{\omega_2} = \frac{\overline{O_2p}}{\overline{O_1p}} \tag{5-1}$$

在啮合原理中将点 P 称为两齿廓的啮合节点，简称节点。式(5-1)表明：一对相互啮合传动的齿轮，在任意位置啮合接触时，过接触点所作两齿廓的公法线必通过节点 P，其传动比等于连心线 O_1O_2 被节点 P 所分成的两段线段的反比。这一规律称为齿廓啮合基本定律。

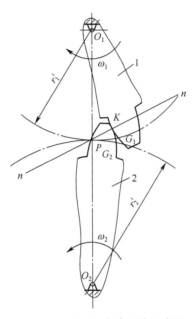

图 5-8　一对平面齿廓啮合示意图

齿廓啮合基本定律反映了齿廓形状与传动比的关系，即节点 p 的位置与齿廓曲线有关。因 O_1、O_2 为两轮的固定回转中心，若要使 O_2p 与 O_1p 的比值始终保持常数，则节点 p 必为固定的点。即要实现定传动比传动，则无论两轮齿廓在何处接触，过接触点所作的两齿廓公法线必与两轮连心线交于一固定点 p。因此节点 p 在两轮动平面上的轨迹分别是以 O_1、O_2 为圆心，以 O_1p 和 O_2p 为半径的两个圆，并将其称为节圆。现以 r_1' 和 r_2' 表示 O_1p 和 O_2p，如图 5-8 所示。故有

$$i_{12} = \frac{\omega_1}{\omega_2} = \frac{\overline{O_2p}}{\overline{O_1p}} = \frac{r_2'}{r_1'} = 常数$$

显然，节圆是齿轮啮合传动的产物，单个齿轮因无节点，故不存在节圆的概念。由于两齿轮的节圆切于点 p，且点 p 为两轮的速度瞬心点，因此一对齿轮在传动过程中，两轮的啮合运动可视为一对节圆作无滑动的纯滚动。而节圆半径只取决于两轮回转中心 O_1O_2 之间的距离(称为中心距)和角速度比 i_{12}。

如果需要两轮的传动比按一定规律变化时，则要求节点 p 依相应规律在连心线上移动。此时点 p 在两轮动平面上的轨迹并非圆而是两条封闭的非圆曲线，称为节线，故相应的齿轮即为非圆齿轮，如图 5-1 所示。

能作为一对啮合齿轮的齿廓曲线，必须满足齿廓啮合基本定律。而满足齿廓啮合基

本定律的一对齿廓称为共轭齿廓,共轭齿廓的齿廓曲线称为共轭曲线。根据齿廓啮合基本定律,通常在给定传动比和中心距的条件下,只要给出一条齿廓曲线,就可以利用共轭齿廓的图解或解析的方法求出与其共轭的另一条齿廓曲线。因此从理论上讲,可以作为共轭齿廓的曲线是很多的,但在实际应用时,必须综合考虑到设计、制造、安装和使用等各种因素而加以选择。目前常用的齿廓曲线有渐开线、摆线、变态摆线、圆弧和抛物线等。而渐开线齿廓具有便于设计、制造、安装、互换性好等优点,所以目前绝大多数齿轮都采用渐开线齿廓。本章主要研究渐开线齿廓。

5.3 渐开线齿廓及其啮合特性

5.3.1 渐开线的形成

如图 5-9 所示,当一直线 BK 在一圆周上作纯滚动时,该直线上任一点 K 在平面上的轨迹 AK 称为该圆的渐开线。该圆称为渐开线的基圆,其半径用 r_b 表示,该直线 BK 称为渐开线的发生线,θ_K 角称为渐开线上点 K 的展角。

5.3.2 渐开线的性质

(1) 由于发生线在基圆上作纯滚动,故它在基圆上滚过的一段长度等于基圆上被滚过的弧长,即 $\overline{BK} = \overparen{AB}$。

(2) 当发生线 $\overline{BK}$ 在基圆上作纯滚动时,切点 B 即为其速度瞬心,故发生线上点 K 的速度方向垂直于 $\overline{BK}$ 并与渐开线在该点的切线 $t-t$ 方向重合,所以 $\overline{BK}$ 就是渐开线的法线,其长度即为渐开线在点 K 处的曲率半径,切点 B 即为渐开线在点 K 的曲率中心。显然,渐开线上各点的曲率半径不同,离基圆越近,曲率半径越小,基圆上的曲率半径为零。因此,渐开线的发生线 $\overline{BK}$ 既是基圆的切线又是渐开线的法线还是渐开线的曲率半径,所以它是非常重要的"四线合一"的一条线。

(3) 渐开线的形状取决于基圆半径的大小。如图 5-10 所示,在展角相同处,基圆半

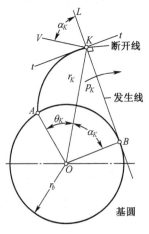

图 5-9 渐开线的形成

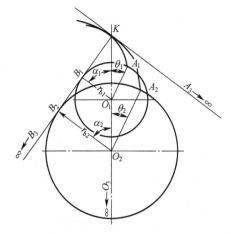

图 5-10 渐开线形状与基圆大小的关系

径越小,渐开线越弯曲,基圆半径越大,渐开线越平直,当基圆半径趋于无穷大时,渐开线趋于直线,故齿条的齿廓曲线为直线。

(4) 基圆以内无渐开线。

渐开线的性质是研究渐开线齿轮啮合传动的基础,所以应该牢记。为了方便大家记忆现总结如下:弧长等于发生线;基圆切线是法线,它是"四线合一"的一条线;齿廓形状随基圆;基圆内无渐开线。

5.3.3 渐开线方程

在研究渐开线齿轮的啮合原理和几何尺寸计算时,经常需要用到渐开线方程。而渐开线既可以用直角坐标方程也可以用极坐标方程来表示。但对齿轮机构,用极坐标方程比较方便,故本章仅研究渐开线极坐标系坐标方程。

现建立渐开线极坐标,设极点为基圆圆心 O;极轴为渐开线起始点 A 的向径 $OA = r_b$,则渐开线上任意点 K 的极坐标为向径 r_K 和极角(展角)θ_K,如图 5-9 所示。

为了求出渐开线的极坐标方程,需要引入渐开线压力角的概念,它是齿轮啮合传动的重要参数。若以如图 5-9 所示的渐开线作为齿轮的齿廓曲线,则当此渐开线与其共轭齿廓在点 K 啮合时,因齿轮绕点 O 转动,故齿廓上点 K 的速度方向应垂直于直线 OK,而齿廓在该点所受正压力的方向即为法线 BK 方向,按照压力角是力线和速度线所夹之锐角的定义,我们将法线 BK 与点 K 速度方向线(沿 KV 方向)所夹的锐角称为渐开线在点 K 处的压力角,用 α_K 表示。显然,$\alpha_K = \angle BOK$。由直角三角形 OBK 可得

$$r_K = \frac{r_b}{\cos\alpha_K} \tag{5-2}$$

又因

$$\tan\alpha_K = \frac{\overline{BK}}{\overline{OB}} = \frac{\widehat{AB}}{r_b} = \frac{r_b(\alpha_K + \theta_K)}{r_b} = \alpha_K + \theta_K$$

故得

$$\theta_K = \tan\alpha_K - \alpha_K$$

上式表明展角 θ_K 的大小随压力角 α_K 的变化而变化,是压力角 α_K 的函数,称为渐开线的函数。工程上用 $\mathrm{inv}\,\alpha_K$ 表示 θ_K。

综上所述,渐开线的极坐标参数方程式为

$$\begin{cases} r_K = \dfrac{r_b}{\cos\alpha_K} \\ \theta_K = \mathrm{inv}\alpha_K = \tan\alpha_K - \alpha_K \end{cases} \tag{5-3}$$

在研究渐开线齿轮啮合传动时经常用到上述渐开线方程。当已知压力角 α_K 时,可直接求出展角 θ_K,但当已知 θ_K 求 α_K 时,则需求解超越方程。为了方便计算,工程上已将 α_K 的渐开线函数值列成表格以备查用,如表 5-1 所列。由式(5-2)可知,同一条渐开线上各点的压力角是不同的。渐开线在基圆上的压力角为零,离基圆越远,压力角越大。

表 5-1 渐开线函数表

α^n	次	0′	5′	10′	15′	20′	25′	30′	35′	40′	45′	50′	55′
11	0.00	23941	24495	25057	25628	26208	26797	27394	28001	28616	29241	29875	30518
12	0.00	31171	31832	32504	33185	33875	34575	35285	36005	36735	37474	38224	38984
13	0.00	39754	40534	41325	42126	42938	43760	44593	45437	46291	47157	48033	48921
14	0.00	49819	50729	51650	52582	53526	54482	55448	56427	57417	58420	59434	60460
15	0.00	61498	62548	63611	64686	65773	66873	67985	69110	70248	71398	72561	73738
16	0.0	07493	07613	07735	07857	07982	08107	08234	08362	08492	08623	08756	08889
17	0.0	09025	09161	09299	09439	09580	09722	09866	10012	10158	10307	10456	10608
18	0.0	10760	10915	11071	11228	11387	11547	11709	11873	12038	12205	12373	12543
19	0.0	12715	12888	13063	13240	13418	13598	13779	13963	14148	14334	14523	14713
20	0.0	14904	15098	15293	15490	15689	15890	16092	16296	16502	16710	16920	17132
21	0.0	17345	17560	17777	17996	18217	18440	18665	18891	19120	19350	19583	19817
22	0.0	20054	20292	20533	20775	21019	21266	21514	21765	22018	22272	22529	22788
23	0.0	23049	23312	23577	23845	24114	24386	24660	24936	25214	25495	25777	26062
24	0.0	26350	26639	26931	27225	27521	27820	28121	28424	28729	29037	29348	29660
25	0.0	29975	30293	30613	30935	31260	31587	31917	32249	32583	32920	33260	33602
26	0.0	33947	34294	34644	34997	35352	35709	36069	36432	36798	37166	37537	37910
27	0.0	38287	38666	39047	39432	39819	40209	40602	40997	41395	41797	42201	42607
28	0.0	43017	43430	43845	44264	44685	45110	45537	45967	46400	46837	47276	47718
29	0.0	48164	48612	49064	49518	49976	50437	50901	51368	51838	52312	52788	53268
30	0.0	53751	54238	54728	55221	55717	56217	56720	57226	57736	58249	58765	59285

5.3.4 渐开线齿廓的啮合特性

1. 渐开线齿廓满足定传动比要求

由于两齿轮加工完成之后,其基圆的大小已完全确定,因此当两齿轮位置固定不动时,两基圆一侧的内公切线是唯一的。根据渐开线的性质可知,渐开线上任意一点的法线必与基圆相切,故两基圆的内公切线 N_1N_2 即为过啮合点所作的齿廓公法线。因此,如图 5-11 所示,两齿廓 G_1、G_2 在任意点 K、K' 接触啮合的公法线也是一条固定的直线,所以它与连心线 O_1O_2 的交点 P 必为一定点。由此说明渐开线齿廓满足定传动比要求。

又由图 5-11 可知,$\triangle O_1PN_1 \backsim \triangle O_2PN_2$,因此传动比可写成

$$i_{12} = \frac{\omega_2}{\omega_2} = \frac{\overline{O_2P}}{\overline{O_1P}} = \frac{r_2'}{r_1'} = \frac{r_{b2}}{r_{b1}} = 常数 \tag{5-4}$$

上式说明渐开线齿廓满足齿廓啮合基本定律,具有定角速度比,其值与基圆半径成反比。这一特性可以减少因速度变化而产生的附加动载荷、振动及噪声,延长齿轮使用寿命,提高机器工作精度。

2. 渐开线齿廓具有可分性

所谓可分性即为当两轮中心距略有变动时,其传动比仍能保持不变的特性。

由于渐开线齿轮的传动比与两轮基圆半径成反比,而齿轮加工后基圆是定值,因此即使两轮的实际中心距与设计中心距略有偏差,也不会影响传动比的大小,这一特性称为渐

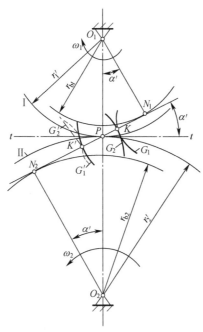

图 5-11 渐开线齿廓的啮合特性

开线的可分性。这对于渐开线齿轮的加工、安装、使用和维护都是十分有利的,是迄今为止在各种齿廓曲线中,渐开线齿廓所独有的。

3. "四线合一",位置不变

由于一对渐开线齿廓在任何位置啮合时,其接触点的公法线即为两基圆的内公切线,如前所述它为一条定直线。因此,一对渐开线齿廓从开始啮合到最终脱离啮合时各啮合点的轨迹称为啮合线也必然与之重合,是同一条定直线。

若不考虑两齿廓间的摩擦力,两条渐开线齿廓之间的相互作用力始终在齿廓公法线上,当主动轮匀角速度转动且传递的功率为常数时,一对渐开线齿廓间的相互作用力大小、方向均不变,相当于一对静力,因而渐开线齿轮传动平稳,不易产生振动。

综上所述,啮合线和啮合点的公法线、两基圆的内公切线以及齿廓间正压力的方向线均为同一条固定的直线 N_1N_2,其"四线合一",且位置不变。

4. 啮合角恒等于节圆压力角

如图 5-11 所示,啮合线 N_1N_2 与两轮节圆公切线 t-t 之间所夹之锐角 α',称为啮合角,其大小可反映出"四线"的倾斜程度。显然由图中几何关系可知,$\angle N_1O_1P = \angle N_2O_2P = \alpha'$。因此,一对啮合传动的渐开线齿廓其啮合角恒等于两轮齿廓的节圆压力角。

由于渐开线齿廓还具有较好的工艺性、互换性以及设计计算比较简单等优点,因此在现代工业中获得极其广泛的应用。

5.4 渐开线标准齿轮的基本参数和几何尺寸

5.4.1 齿轮各部分名称及符号

以直齿圆柱齿轮为例,如图 5-12 所示为一外齿轮的局部外形,轮齿的两侧面是对称的，为形状相同而方向相反的渐开线齿廓。为了便于齿轮的设计与计算，规定了如下所述的基本名称和符号。

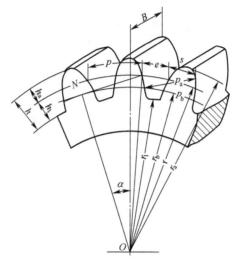

图 5-12 外齿轮

(1) 齿顶圆。由各轮齿齿顶所确定的圆为齿顶圆，它是外齿轮的最大圆即毛坯圆，其直径用 d_a 表示。

(2) 齿根圆。由各轮齿齿根(齿槽底)所确定的圆为齿根圆，它是在切齿过程中所形成的圆，其直径用 d_f 表示。

(3) 基圆。渐开线的发生圆，其直径用 d_b 表示。

(4) 分度圆。齿轮各部分几何计算的基准圆，其直径用 d 表示。

(5) 齿顶高。轮齿由分度圆到齿顶圆之间的径向高度称为齿顶高，用 h_a 表示。

(6) 齿根高。轮齿由分度圆到齿根圆之间的径向高度称为齿根高，用 h_f 表示。

(7) 齿全高。轮齿由齿根圆到齿顶圆之间的径向高度称之为齿全高，用 h 表示，$h = h_a + h_f$。

(8) 齿厚。在任意半径 r_i 的圆周上，一个齿两齿侧间的弧长即为该圆周上的齿厚，用 s_i 表示。分度圆上的齿厚用 s 表示。

(9) 齿槽宽。(齿间宽)在任意半径 r_i 的圆周上，两相邻齿齿侧间的弧长称为该圆周上的齿槽宽或齿间宽，用 e_i 表示。分度圆上的齿槽宽用 e 表示，但在分度圆上齿厚与齿槽宽相等，即 $s = e$。

(10) 齿距(周节)。沿任意圆周 r_i 所量得的相邻两齿同侧齿廓之间的弧长称为齿距或周节，用 P_i 表示，显然 $P_i = s_i + e_i$。同理，当沿基圆上测量时，将会得到基圆上的齿距 p_b，也称为基节。在分度圆上测量时将会得到分度圆齿距 P，并有 $p = s + e = 2s = 2e$。

相邻两齿同侧齿廓间的法线长度称为法节或法向齿距，用 p_n 表示。根据渐开线的性质可知，$p_n = p_b$。

(11) 齿宽。轮齿沿齿轮轴线方向测得的尺寸称为齿宽，如图 5-12 中用 B 表示。

虽然齿轮的名称尺寸比较繁多，但从径向、周向和轴向三个方向归纳起来也很容易掌握。从径向上看共有 7 个尺寸即 4 个圆，3 个高；周向上有 3 个尺寸(齿厚、齿槽宽和齿距)，以上 10 个尺寸是研究齿轮啮合传动的基础必须牢记，而轴向尺寸齿宽 B 在研究齿轮啮合原理中很少用到。

5.4.2 渐开线齿轮的基本参数

渐开线标准直齿圆柱齿轮共有五个基本参数,即:齿数 z、模数 m、压力角 α、齿顶高系数 h_a^*、顶隙系数 c^*。通过这五个基本参数即可求出渐开线标准直齿圆柱齿轮的全部几何尺寸。

(1) 齿数。齿轮轮齿在整个圆周上的总数,用 z 表示,其大小将影响传动比、齿轮的尺寸并与渐开线齿形有关。

(2) 模数。设齿轮齿数为 z,由齿距(周节)定义可知分度圆周长为 $\pi d = pz$,则分度圆直径为 $d = \dfrac{p}{\pi} z$,由此可见当以分度圆作为几何计算的基准圆时,由于无理数 π 的出现使齿轮的计算、制造和测量等颇为不便。因此为了使 d 能为有理数,就必须人为地规定比值 $\dfrac{p}{\pi}$ 为简单的有理数列,并将其比值称为模数,用 m 表示,即

$$m = \frac{p}{\pi} \tag{5-5}$$

$$p = \pi m \tag{5-6}$$

$$d = mz \tag{5-7}$$

模数 m 是齿轮尺寸计算的一个重要基本参数,其单位为 mm。齿数相同的齿轮,模数越大,齿轮的尺寸越大,轮齿的强度也越高,如图 5-13 所示。我国已制定了标准模数,如表 5-2 所列。

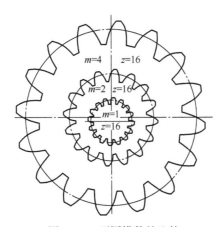

图 5-13 不同模数的比较

表 5-2 标准模数系列(GB 1357—1978)

第一系列	0.1	0.12	0.15	0.2	0.25	0.3	0.4	0.5	0.6	0.8	1
	1.25	1.5	2	2.5	3	4	5	6	8	10	12
	16	20	25	32	40	50					
第二系列	0.35	0.7	0.9	1.75	2.25	2.75	(3.25)	3.5	(3.75)	4.5	5.5
	(6.5)	7	9	(11)	14	18	22	28	(30)	36	45

(3) 压力角。由渐开线方程可知,渐开线齿廓上各点的压力角是不同的,其值直接影响齿轮传动效果,即压力角大,传动效率低,但压力角过小又会降低轮齿的承载能力。因此综合考虑传动效果和强度等因素,同时为了设计、制造、检验及使用方便,我国规定分度圆上的压力角 α 为 20°,在某些特殊装置中,也允许其他数值。

由式(5-2)及式(5-7),可得

$$r_b = r\cos\alpha = \frac{mz}{2}\cos\alpha \tag{5-8}$$

从式(5-8)可知,当模数 m 和齿数 z 一定时,压力角 α 不同,基圆半径 r_b 也不同,因而导致渐开线齿廓形状也不同,故 α 是决定齿廓形状的基本参数,又称为齿形角。

(4) 齿顶高系数 h_a^* 和顶隙系数 c^*。由式(5-6)可知,齿轮的模数决定了齿轮的周向尺寸,即 $m \propto p$。因此为了使齿轮在周向和径向上的尺寸成一定比例,使齿形匀称,要求径向尺寸也要与模数有关,因而引入了齿顶高系数 h_a^* 和顶隙系数 c^*。规定齿顶高 h_a 和齿根高 h_f 分别为

$$h_a = h_a^* m \tag{5-9}$$

$$h_f = (h_a^* + c^*)m \tag{5-10}$$

从式(5-9)和式(5-10)可以看出,齿轮的齿根高比齿顶高多出一段径向间隙 $c^* m$ 称为顶隙,这段顶隙不但可以防止一对齿轮啮合时齿顶与齿根互相挤碰在一起,而且还可以容纳足够的润滑油,有利于齿轮的啮合传动。

齿顶高系数 h_a^* 和顶隙系数 c^*,在我国已标准化,如表5-3所列。

表5-3 圆柱齿轮标准齿顶高系数及顶隙系数

系 数	正 常 齿 制		短齿制
	$m \geq 1$	$m < 1$	
h_a^*	1	1	0.8
c^*	0.25	0.35	0.8

5.4.3 渐开线标准齿轮的几何尺寸

以上所介绍的五个基本参数一经选定,齿轮的几何尺寸包括齿廓形状即可确定下来。而渐开线标准齿轮是指五个基本参数中的四个参数:m、α、h_a^*、c^* 均为标准值,且分度圆上 $s=e$;并具有标准的齿顶高与齿根高的齿轮。为了方便齿轮的设计计算,现将渐开线标准直齿圆柱齿轮传动的几何尺寸计算公式列于表5-4中。

表5-4 渐形线标准直齿圆柱齿轮几何尺寸计算公式

名称	代号	计 算 公 式	
		小齿轮	大齿轮
模数	m	根据齿轮受力情况和结构要求确定,选择标准值	
压力角	α	选取标准值	
分度圆直径	d	$d_1 = mz_1$	$d_2 = mz_2$
齿顶高	h_a	$h_{a1} = h_a^* m$	$h_{a2} = h_a^* m$

(续)

名称	代号	计算公式	
		小齿轮	大齿轮
齿根高	h_f	$h_{f1}=(h_a^*+c^*)m$	$h_{f2}=(h_a^*+c^*)m$
齿全高	h	$h_1=h_{a1}+h_{f1}=(2h_a^*+c^*)m$	$h_2=h_{a2}+h_{f2}=(2h_a^*+c^*)m$
齿顶圆直径	d_a	$d_{a1}=d_1+2h_{a1}=(z_1+2h_a^*)m$	$d_{a2}=d_2+2h_{a2}=(z_2+2h_a^*)m$
齿根圆直径	d_f	$d_{f1}=d_1-2h_{f1}=(z_1-2h_a^*-2c^*)m$	$d_{f2}=d_2-2h_{f2}=(z_2-2h_a^*-2c^*)m$
基圆直径	d_b	$d_{b1}=d_1\cos\alpha$	$d_{b2}=d_2\cos\alpha$
周节	p	$p=\pi m$	
基(法)节	p_b	$p_b=p\cos\alpha$	
分度圆齿厚	s	$s=\dfrac{\pi m}{2}$	
分度圆齿槽宽	e	$e=\dfrac{\pi m}{2}$	
节圆直径	d'	(当中心距为标准中心距 a 时) $d'=d$	
传动比	i	$i_{f2}=\dfrac{\omega_1}{\omega_2}=\dfrac{d_{b2}}{d_{b1}}=\dfrac{d_2}{d_1}=\dfrac{d_2'}{d_1'}=\dfrac{z_2}{z_1}$	
标准中心距	a	$a=\dfrac{1}{2}(d_1+d_2)=\dfrac{m}{2}(z_1+z_2)$	
顶隙	c	$c=c^*m$	

5.4.4 任意圆周上的齿厚计算

在设计、制造和检测齿轮时,常常需要知道某些圆周上的齿厚,如图 5-14 为外齿轮的一个齿,根据几何关系可得任意半径 r_K 圆上的齿厚 s_K。

$$s_K = r_K \varphi_K$$
$$\varphi_K = \angle BOB' - 2\angle BOC$$
$$= \frac{s}{r} - 2(\theta_K - \theta) = \frac{s}{r} - 2(\mathrm{inv}\alpha_K - \mathrm{inv}\alpha)$$

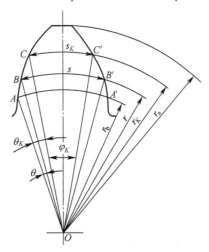

图 5-14 任意圆齿厚

所以

$$s_K = s\frac{r_K}{r} - 2r_K(\text{inv}\alpha_K - \text{inv}\alpha) \tag{5-11}$$

式中：α_K 为齿廓在该任意圆上的压力角，$\alpha_K = \arccos(r_b/r_K)$。

5.4.5 内齿轮

如图 5-15 所示，内齿轮的齿廓是内凹的，其轮齿分布在空心圆柱体的内表面上。与外齿轮的不同点是：

(1) 内齿轮的齿厚和齿槽宽分别对应于外齿轮的齿槽宽和齿厚。
(2) 内齿轮的齿顶圆小于分度圆，齿根圆大于分度圆。
(3) 内齿轮的齿顶圆必须大于基圆，从而使内齿轮齿顶的齿廓全部为渐开线。

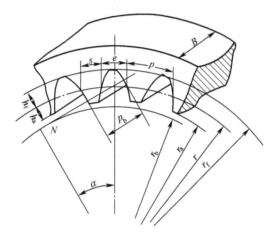

图 5-15　内齿轮

5.4.6 齿条

如图 5-16 所示为一标准齿条。当标准外齿轮的齿数增至无穷多，即齿轮回转中心趋于无穷远时，各圆半径无穷大，变成了相互平行的直线，从而使渐开线齿廓演变成互相平行的斜直线齿廓，成为外齿轮的一种特殊形式。因此，齿条与齿轮相比较既有相同点又有不同点，其特点主要有：

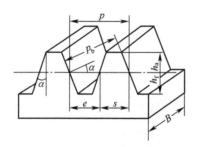

图 5-16　标准齿条

(1) 与齿顶线平行的各直线上的齿距相等，其值均为 πm。其中，齿厚与齿槽宽相等的一条直线称为中线或分度线。

（2）由于齿条直线齿廓上各点的法线彼此平行，而且传动时齿条作平动，齿廓上各点的速度均相同。因此齿条齿廓上各点的压力角都相等，且等于齿廓的倾斜角，称为齿形角，其大小为标准值20°。

齿条的基本尺寸计算可参照外齿轮的计算公式进行。

5.5 渐开线标准直齿圆柱齿轮的啮合传动

5.5.1 正确啮合条件

虽然渐开线齿轮能满足定传动比传动，但并非任意两个齿轮都能实现正确的啮合传动。例如，一个大模数齿轮的轮齿就无法进入到小模数齿轮的齿槽内进行啮合传动。因此，要想使一齿轮的轮齿能依次正确地嵌入到另一齿轮的齿间，如图 5-17 所示，一对啮合齿轮的相邻两对齿廓同时参与啮合时，根据渐开线特性可知，工作一侧齿廓的啮合点 K 和 K' 必同时落在啮合线 $N_1 N_2$ 上，否则不是发生干涉就是产生分离。因此，要保证两齿轮能正确啮合，必须使两齿轮在啮合线上的法向齿距相等，即

$$p_{n1} = p_{n2}$$

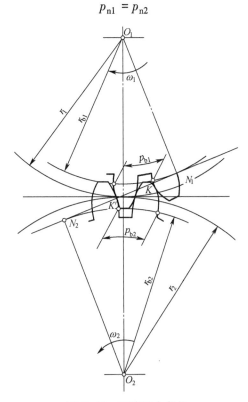

图 5-17 正确啮合条件

由于渐开线齿轮的基节等于法节，故 $p_{b1} = p_{b2}$

则 $$m_1\cos\alpha_1 = m_2\cos\alpha_2$$

式中：m_1、m_2，α_1、α_2 分别为两轮的模数和压力角。因齿轮的模数和压力角均为标准值，

所以要满足上式,应使

$$m_1 = m_2 = m, \alpha_1 = \alpha_2 = \alpha \tag{5-12}$$

综上,一对齿轮的正确啮合条件为:两齿轮的模数和压力角分别相等。该条件也是一对标准齿轮的互换条件。

5.5.2 标准齿轮传动的中心距

由于一对齿轮啮合传动时,两节圆始终相切,故齿轮中心距应为两轮节圆半径之和。尽管渐开线齿轮传动具有可分性,中心距的改变不会影响传动比的大小,但是它会直接影响两轮传动的顶隙和齿侧间隙的大小。如图 5-18(b)所示,当中心距增大时,顶隙和齿侧间隙的数值也都随之变大。而在计算齿轮的公称尺寸时,都是按顶隙为标准值和齿侧间隙为零来考虑的。因此,齿轮传动的中心距应满足以下两个条件。

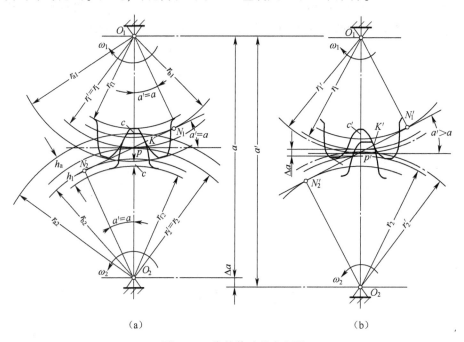

图 5-18 齿轮传动的中心距

1. 保证标准顶隙

如前所述,留有顶隙的目的是为了防止一对齿轮啮合时齿顶与齿根互相挤碰在一起,而且还可以容纳足够的润滑油,利于齿轮啮合传动。其标准值为 $c = c^* m$,由此可得外啮合齿轮传动的中心距(图 5-18(a))为

$$a = r_{a1} + c + r_{f2} = (r_1 + h_a^* m) + c^* m + (r_2 - h_a^* m - c^* m)$$
$$= r_1 + r_2 = \frac{m(z_1 + z_2)}{2} \tag{5-13}$$

即两轮的中心距等于两轮分度圆半径之和,这种中心距称为标准中心距,它是标准齿轮外啮合传动的最小中心距。按标准中心距进行的安装称为标准安装。此时两轮的分度圆相切,即 $a = r_1' + r_2' = r_1 + r_2$,又因 $i_{12} = r_2'/r_1' = r_2/r_1$,故又有分度圆与节圆重合(见图 5-18(a))。

2. 保证齿侧间隙为零

齿侧间隙简称侧隙，它是沿两轮节圆上来测量的，其值为一齿轮在节圆上的齿厚与另一齿轮在节圆上的齿槽宽之差。保证齿侧间隙为零，是指要求一个齿轮在节圆上的齿厚等于另一个齿轮在节圆上的齿槽宽。由前所述，当保证标准顶隙时，即有两轮的分度圆相切，分度圆与节圆重合，而两轮在分度圆上的齿厚与齿槽宽相等，因此两轮在节圆上的齿厚与齿槽宽也均相等，即 $s_1' = e_1' = s_2' = e_2' = \pi m/2$，故标准齿轮按标准中心距安装时能实现无侧隙啮合。

虽然理论上在计算齿轮中心距时要满足无侧隙条件，但实际应用中为了便于齿间润滑及避免轮齿受热膨胀和工作变形所引起的挤轧现象，在轮齿不受力的一侧齿廓间留有一些间隙，而且为了防止轮齿间的冲击，这种齿侧间隙一般都很小，通常是在制造时以齿厚公差来保证的，理论计算时可不予考虑。

由于齿轮在制造、安装过程中不免存在误差，另外齿轮在工作时作用在轴上的径向力会导致轴变形以及轴承磨损等原因，均可造成齿轮的实际中心距 a' 与标准中心距 a 略有差异，当实际中心距 a' 不等于标准中心距 a 时，称为非标准安装。如图 5-18(b) 所示，实际中心距 a' 大于标准中心距 a，分度圆与节圆不再重合，两轮的分度圆分离，节圆半径大于各自的分度圆半径，啮合角 α' 大于分度圆压力角 α，顶隙大于标准值 c^*m，齿侧间隙大于零。此时

$$a = r_1' + r_2' \neq r_1 + r_2$$

因

$$r_b = r\cos\alpha = r'\cos\alpha'$$

故

$$r_{b1} + r_{b2} = (r_1 + r_2)\cos\alpha = (r_1' + r_2')\cos\alpha'$$

即

$$a\cos\alpha = a'\cos\alpha'$$

由此可得实际安装中心距为

$$a' = r_1' + r_2' = \frac{r_{b1} + r_{b2}}{\cos\alpha'} = a\left(\frac{\cos\alpha}{\cos\alpha'}\right) \tag{5-14}$$

对于标准齿轮内啮合传动，如图 5-19 所示，其标准中心距为

$$a = r_2' - r_1' = r_2 - r_1 = m(z_2 - z_1)/2 \tag{5-15}$$

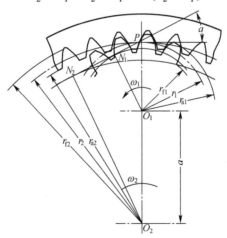

图 5-19 内啮合齿轮传动

当两轮的节圆与分度圆不再重合时,两轮的分度圆将产生分离,此时实际中心距 a' 小于标准中心距 a,啮合角 α' 也将小于分度圆压力角 α。

对于齿轮与齿条的啮合传动如图 5-20 所示,齿条作平移运动其速度为 $v_2 = r_1 \omega_1$,由于齿条的直线齿廓在不同位置都是彼此互相平行的,同时啮合线 $N_1 N_2$ 既要与齿轮的基圆相切,又要垂直于齿条的直线齿廓,因此无论是否标准安装,啮合线 $N_1 N_2$ 总是一条固定的直线,节点 P 也始终是一个恒定的点。由此可得齿轮齿条的啮合特点为:

(1) 无论是标准安装还是非标准安装,齿轮的节圆恒与其分度圆重合,啮合角恒等于齿轮的分度圆压力角,亦等于齿条的齿形角。

(2) 标准安装时齿条的分度线与节线重合;非标准安装时齿条的分度线与节线分离。

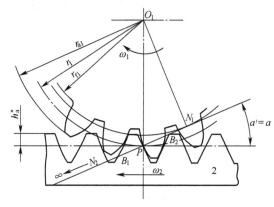

图 5-20 齿轮齿条传动

5.5.3 齿轮的连续传动条件与重合度

1. 齿轮啮合过程

我们知道,一对齿轮啮合传动必须符合正确啮合条件,但是仅具备两轮齿距相等的条件是不能保证齿轮连续平稳地进行工作的。因为正确啮合条件只是保证当后对轮齿进入啮合时,如果前对轮齿尚未脱离,则后对轮齿不会影响前对轮齿的传动,即齿与齿传动的不干涉条件,可它并不能保证前对轮齿尚未脱离啮合,后对轮齿必须接上的连续传动条件,而重合度正是有关这方面的性能指标,它强调的是运动的限定问题。要了解齿轮能否连续传动,必须首先弄清齿轮传动的啮合过程。

如图 5-21 所示为齿廓的啮合过程。当主动轮 1 顺时针方向旋转时,拨动从动轮 2 沿逆时针方向转动。由于一对齿轮的啮合总是从主动轮轮齿的齿根推动从动轮轮齿的齿顶开始的,因此啮合的起始点即为从动轮齿顶圆与啮合线的交点 B_2。随着啮合的进行,沿着主动轮的齿廓,啮合点由齿根逐步移向齿顶;沿着从动轮的齿廓,啮合点由齿顶逐步移向齿根,最终这对轮齿在啮合线 $N_1 N_2$ 上的啮合终止点 B_1 脱离啮合,该点即为主动轮的齿顶圆与啮合线之交点。由此可知啮合点实际走过的轨迹是线段 $B_1 B_2$,称为齿轮的实际啮合线段。由于线段 $B_1 B_2$ 的长短取决于两轮齿顶圆半径的大小,故当两轮齿顶圆半径增加时,点 B_2、B_1 将分别向点 N_1、N_2 趋近,但因基圆内无渐开线,因此实际啮合线长度不会超过 $N_1 N_2$,即 $N_1 N_2$ 是理论上可能的最大啮合线段,称为理论啮合线,而点 N_1、N_2 则称为啮合极限点。

由啮合过程可知,在齿轮轮齿的啮合过程中,并非全部齿廓都参与工作,其工作部分只限于从齿顶到齿根的某处参加啮合,我们将实际参与啮合的这段齿廓称为齿廓工作段,如图 5-21 中的阴影部分所示。

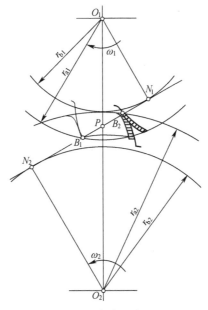

图 5-21 齿廓啮合过程

2. 连续传动条件

齿轮啮合的正确啮合条件是两轮啮合传动的必要条件,而两轮的连续传动是靠两轮轮齿的交替啮合实现的,即必须保证前一对轮齿尚未脱离啮合,后一对轮齿就应及时地进入啮合,此条件称为连续传动条件。为此需要使齿轮实际啮合线段 B_1B_2 的长度大于或至少等于齿轮的法节 p_b(图 5-22)。通常将 B_1B_2 与 p_b 的比值 ε_α 称为齿轮传动的重合

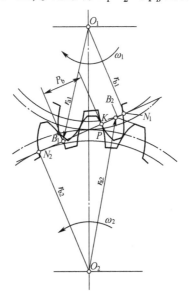

图 5-22 重合度

度,则齿轮的连续传动条件为

$$\varepsilon_\alpha = \frac{\overline{B_1B_2}}{P_b} \geqslant 1 \tag{5-16}$$

但是由于齿轮存在制造误差、安装误差以及受力变形等因素的影响,可能会使齿轮传动的实际重合度小于其理论计算值,因此 $\varepsilon_\alpha = 1$ 不能保证两齿轮可靠地连续传动。为了确保齿轮传动的连续性,实用中的 ε_α 应满足 $\varepsilon_\alpha \geqslant [\varepsilon_\alpha]$。在实际生产中根据齿轮的加工条件和使用要求,规定了重合度的许用值 $[\varepsilon_\alpha]$ 的经验范围,如表 5-5 所列。

表 5.5 $[\varepsilon_\alpha]$ 的推荐值

使用场合	一般机械制造业	汽车、拖拉机	金属切削机床
$[\varepsilon_\alpha]$	1.4	1.1~1.2	1.3

3. 重合度计算

由图 5-23 可知:

$$\overline{B_1B_2} = \overline{B_1P} + \overline{PB_2}$$

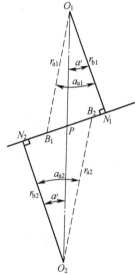

图 5-23 重合度

而

$$\overline{B_1P} = \overline{B_1N_1} - \overline{PN_1} = \frac{mz_1}{2}\cos\alpha(\tan\alpha_{a1} - \tan\alpha')$$

$$\overline{PB_2} = \overline{B_2N_2} - \overline{PN_2} = \frac{mz_2}{2}\cos\alpha(\tan\alpha_{a2} - \tan\alpha')$$

由式(5-16)可得外啮合直齿圆柱齿轮的重合度为

$$\varepsilon_\alpha = \frac{\overline{B_1B_2}}{P_b} = \frac{\overline{B_1P} + \overline{PB_2}}{\pi m \cos\alpha} = \frac{1}{2\pi}[z_1(\tan\alpha_{a1} - \tan\alpha') + z_2(\tan\alpha_{a2} - \tan\alpha')] \tag{5-17}$$

同理可求内啮合直齿圆柱齿轮的重合度为

$$\varepsilon_\alpha = \frac{\overline{B_1B_2}}{P_b} = \frac{\overline{B_1P} + \overline{PB_2}}{\pi m \cos\alpha} = \frac{1}{2\pi}[z_1(\tan\alpha_{a1} - \tan\alpha') + z_2(\tan\alpha' - \tan\alpha_{a2})] \quad (5-18)$$

式中：α' 为啮合角；z_1、z_2 及 α_{a1}、α_{a2} 分别代表齿轮 1、2 的齿数及齿顶圆压力角。

当齿轮齿条啮合时，由图 5-20 可知 $\overline{PB_2} = h_a^* m/\sin\alpha$，由此可得齿轮齿条啮合的重合度为

$$\varepsilon_\alpha = \frac{\overline{B_1B_2}}{P_b} = \frac{z_1}{2\pi}(\tan\alpha_{a1} - \tan\alpha') + \frac{2h_a^*}{\pi\sin 2\alpha} \quad (5-19)$$

由式(5-17)~式(5-19)可以看出，重合度 ε_α 与模数 m 无关，随着齿数 z 的增多而加大。如果假设当两齿轮齿数均趋于无穷大时，ε_α 将趋于理论极限值 $\varepsilon_{\alpha\max}$，此时

$$\overline{B_1P} = \overline{PB_2} = \frac{h_a^* m}{\sin\alpha}$$

因此，

$$\varepsilon_{\alpha\max} = \frac{4h_a^*}{\pi\sin 2\alpha} \quad (5-20)$$

对于 $\alpha = 20°$，$h_a^* = 1$ 的渐开线标准直齿圆柱齿轮，则得 $\varepsilon_{\alpha\max} = 1.981$。

另外，从式(5-17)和式(5-18)还可以看出，当两轮中心距增加时，会导致啮合角 α' 增加，从而使重合度 ε_α 减少；齿顶圆半径减少时，会导致齿顶圆压力角减少，也会使重合度 ε_α 下降。

重合度的大小不仅反映了一对齿轮能否实现连续传动，而且还表明了同时参加啮合的轮齿对数的多少。ε_α 为一对齿轮在转过一个齿距的时间内啮合对数的平均值，例如，$\varepsilon_\alpha = 1.3$，表示 30% 的时间内有两对齿在啮合，70% 的时间是一对齿啮合，如图 5-24 所示。

齿轮传动的重合度越大，表明同时参与啮合的轮齿对数越多，每对轮齿所受载荷就越小，齿轮传动的承载能力越强，传动也越平稳。

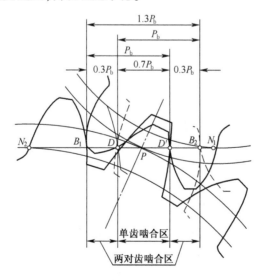

图 5-24 同时参与啮合的轮齿对数的关系

5.6 渐开线齿廓的加工及根切现象

5.6.1 渐开线齿廓的加工原理

近代齿轮的加工方法很多,有铸造法、热轧法、冲压法、模锻法、粉末冶金法和切削法等。但目前常用的是切削法,其工艺较多,就切削原理可概括为两种,即仿形法(成形法)、范成法(展成法)。

仿形法是利用轴向剖面形状和齿轮齿槽的齿廓形状完全相同的铣刀,在普通铣床上将轮坯齿槽部分的材料逐一铣掉来加工齿轮的,因此加工效率及精度均较低,使用日趋减少。

范成法(展成法)是利用一对齿轮(或齿轮与齿条)啮合时,其共轭齿廓互为包络线的原理来加工齿轮的。如果把其中一个齿轮(或齿条)做为刀具,就可以切出与之共轭的渐开线齿廓。加工时除了切削和让刀运动外,其刀具与轮坯之间的纯滚动与一对互相啮合的齿轮运动完全相同。因此用范成法加工齿轮时,只要刀具的模数及压力角和被切齿轮的相同,任何齿数的齿轮都可以用同一把刀具加工。插齿、滚齿、剃齿、磨齿等都常根据此原理来进行切削加工。

1. 插齿

利用齿轮插刀加工齿轮的工作原理如图 5-25(a)所示。齿轮插刀是一个齿廓为刀刃,齿数为 $z_刀$ 的外齿轮,其模数和压力角均与被切齿轮相同。加工时,为了在轮坯上包络出与齿轮插刀的渐开线齿廓相共轭的渐开线齿廓,如图 5-25(b)所示,插刀与轮坯需按定传动比 $i = \omega_刀/\omega_坯 = z_坯/z_刀$ 作范成运动,犹如一对齿轮在相互啮合传动,这是齿轮加工的主运动。同时,为将齿槽部分的材料切去,齿轮插刀还需沿轮坯轴线方向作往复切削运动。在切削之初,齿轮插刀应向轮坯中心作径向进给运动,以便切出齿全高。另外,为了防止齿轮插刀向上运动时擦伤已形成的齿面,轮坯还需沿进给运动的反方向作微小的让刀运动。

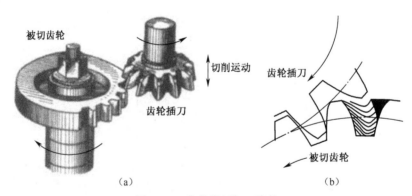

图 5-25 齿轮插刀加工齿轮

如图 5-26 所示为齿条插刀加工齿轮的工作原理。齿条插刀是齿廓为刀刃的齿条。插齿时,被切齿轮以角速度 ω 转动,齿条插刀以速度 $v = r\omega$ 移动,相当于齿轮与齿条的啮合运动,即范成运动。其切齿原理近似于用齿轮插刀加工齿轮的工作原理。

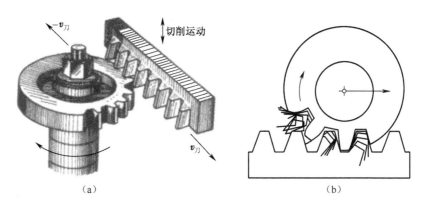

图 5-26 齿条插刀加工齿轮

2. 滚齿

由于插齿加工存在空程,其切削是不连续的,生产效率较低,因此滚齿加工得到了广泛应用。滚刀形状类似螺旋,其轴向开有纵槽(图 5-27(a))。加工直齿轮时,滚刀轴线与轮坯端面之间应有一个 λ 的安装角,此角为滚刀螺纹的导程角,亦即使滚刀螺纹的切线恰好与轮坯的齿向一致,以便加工出直齿轮的直齿槽(图 5-27(b))。滚刀切削面在被加工齿轮端面上的投影相当于齿条。这样滚刀转动就相当于一个无限长的齿条在移动,所以使用滚刀切削齿轮的原理就相当于用齿条插刀加工齿轮的工作原理。不过齿条插刀的范成运动和切削运动被滚刀刀刃的螺旋运动和滚刀轴线沿轮坯轴线的进给运动所代替,从而使插齿的间歇运动变成滚齿的连续运动。

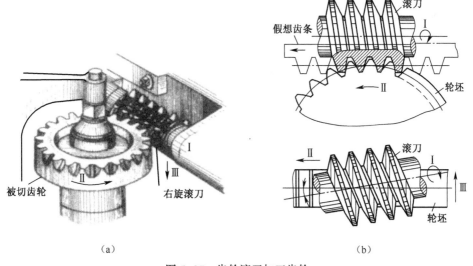

图 5-27 齿轮滚刀加工齿轮

利用范成法加工齿轮的特点是,只要刀具的模数和压力角与被切齿轮的模数及压力角相同,即可用同一把刀具加工出不同齿数的齿轮来。但是用插刀加工齿轮时,切削是不连续的,生产效率较低;而用齿轮滚刀加工时,由于切削是连续的,因此效率较高,适用于大批量生产。

5.6.2 用齿条形刀具范成切削标准齿轮时的位置

标准齿条型刀具的齿形如图 5-28(a)所示。刀具顶部比正常齿高出 c^*m,以便切出齿轮的顶隙部分,其他部分与标准齿条完全一样。用范成法切削标准齿轮时,应使刀具的中线(分度线)与轮坯的分度圆相切并作纯滚动(图 5-28(b))。由于范成运动相当于无侧隙啮合运动,因此加工出来齿轮的齿厚等于刀具的齿槽宽,其齿槽宽等于刀具的齿厚,并且均为标准值 $\pi m/2$。

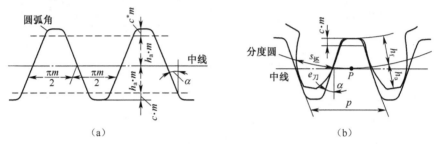

图 5-28 齿条型刀具

5.6.3 渐开线齿廓的根切现象

用范成法加工齿轮时,若刀具的齿顶线或齿顶圆与啮合线的交点超过被切齿轮的啮合极限点时,刀具的顶部会切入被加工齿轮的根部,将根部已加工出的渐开线切去一部分,这种现象称为根切,如图 5-29 所示。根切使齿根强度削弱,根切严重时还会减少重合度,所以应当避免。

下面以齿条型刀具为例加以证明。如图 5-30 所示,加工标准齿轮时,刀具的中线与轮坯的分度圆相切于节点 p,而刀具的齿顶线与啮合线的交点 B_2 已超过了啮合极限点 N。当刀具齿廓从啮合起始点 B_1(被切齿轮齿顶圆与啮合线的交点)开始向右送进到它通过点 N 的位置 l 时,刀具齿廓的 NF 段便切出轮坯的渐开线齿廓 NE,此过程并无根切产生。但是当刀具继续以 $v_刀 = r\omega$ 向右移动时,便开始发生根切现象,直至到达点 B_2 为止。设刀具右移距离为 $r\varphi$,则因刀具的中线与轮坯的分度圆作纯滚动,故轮坯转过 φ 角,到达 g' 位置,此时刀具齿廓 l' 与啮合线交于点 K,由此得

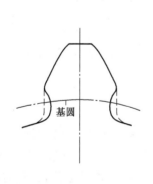

图 5-29 根切现象

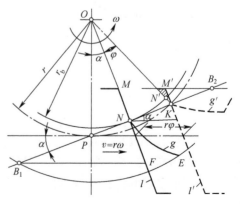

图 5-30 齿轮根切原因

$$\overline{NK} = r\varphi\cos\alpha = r_b\varphi$$

此时轮坯上的点 N 转过的弧长为 $\widehat{NN'} = r_b\varphi$，故有

$$\widehat{NN'} = \overline{NK}$$

由于 $\overline{NK}$ 是直线距离而 $\widehat{NN'}$ 是圆弧，故点 N' 必在刀具齿廓 l' 的左侧，又因点 N' 是轮坯渐开线齿廓在基圆上的起始点，因此刀具的齿顶必定切入轮坯的齿根，不但将基圆内的非渐开线齿廓切去一部分而且将基圆外的渐开线齿廓也切去了一部分，出现了根切现象。

5.6.4 渐开线标准齿轮不发生根切的最少齿数

如前所述，只有当刀具的齿顶线与啮合线的交点不超过啮合极限点时，才能避免根切。而在齿高相同的情况下，刀具齿数越多，其齿顶圆半径越大，与啮合线的交点越靠近啮合极限点，越容易发生根切。因此，齿条型刀具比齿轮型刀具更容易发生根切，凡齿条型刀具不根切，则齿轮型刀具肯定不发生根切，故只讨论齿条型刀具。如图 5-31 所示，当被加工齿轮的模数、压力角确定之后，其刀具齿顶线与啮合线的交点就唯一确定了，啮合极限点的位置随基圆大小变动，亦即取决于齿数的大小。所以与不根切的最小基圆半径相对应的齿数，是标准齿轮无根切的最少齿数 $z_{\min}$，简称最少齿数。因此为避免根切，应使

$$\overline{PN}\sin\alpha \geq h_a^* m$$

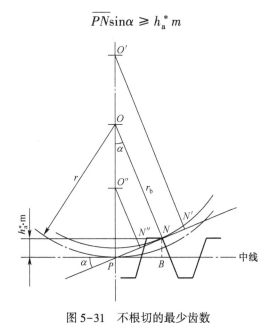

图 5-31 不根切的最少齿数

在 △PNO 中有

$$\overline{PN} = r\sin\alpha = \frac{mz}{2}\sin\alpha$$

由此可得不根切的最少齿数为

$$z_{\min} = \frac{2h_a^*}{\sin^2\alpha} \tag{5-21}$$

当
$$\alpha = 20°, h_a^* = 1 \text{ 时}, z_{\min} = 17$$
$$\alpha = 20°, h_a^* = 0.8 \text{ 时}, z_{\min} = 14$$

5.7 渐开线变位齿轮概述

5.7.1 变位目的

标准齿轮传动由于尺寸计算简单、互换性好等许多优点,获得广泛应用,但是随着对齿轮传动高速、重载、小型、轻量化的更高要求,标准齿轮的一些缺点日益暴露出来,这些不足之处主要有以下几点。

(1) 由于标准齿轮的齿数受根切的限制不可能太少,因此在一定的速比时传动无法满足小型轻量化的要求。

(2) 由于小齿轮的齿廓曲率半径及齿根厚度均比大齿轮小,而且啮合频率高,故强度低于大齿轮,易失效,从而限制了齿轮机构整体的承载能力和寿命的提高。

(3) 标准齿轮传动的安装必须满足 $a' = a = \dfrac{m}{2}(z_1 + z_2)$ 才能使传动既无侧隙又确保顶隙为标准值。显然,当 $a' < a$ 时无法安装;当 $a' > a$ 时虽然能安装且传动比不变,但传动的侧隙和顶隙增加了,重合度下降了,影响了传动的平稳性。

为了改善渐开线标准齿轮传动所存在的上述缺点,适应现代生产的发展需求,有必要对其进行修正,目前采用最广泛的方法是变位修正法。

5.7.2 径向变位法及变位齿轮

由前所述,用标准齿条型刀具范成标准齿轮时,必须确保刀具中线与轮坯分度圆相切对滚,此时如果想制成齿数小于最少齿数而又不根切的齿轮,通过采用减少齿顶高系数 h_a^* 或增加压力角 α 的方法,虽然从式(5-21)分析可以达到目的,但是减少齿顶高系数 h_a^* 会降低齿轮传动的重合度,影响齿轮传动的平稳性和承载能力;增加压力角 α 会增加齿轮传动的功率损耗,也将使重合度减少,同时还需要采用非标准刀具。因此,解决上述问题的最好方法是,在不改变被切齿轮齿数(即 $z < z_{\min}$)的前提下,只改变刀具与轮坯的相对位置,即将齿条由标准位置相对于轮坯中心沿径向向外移动一段距离 xm,由图 5-32 中的虚线位置移至实线位置使刀具齿顶线与啮合线的交点刚好通过啮合极限点 N,从而避免了根切。这种采用改变刀具与被切齿轮的相对位置来加工的方法称为径向变位法。采用径向变位法切制的齿轮称为变位齿轮。刀具由加工标准齿轮的位置沿轮坯径向所移动的距离 xm 称为变位量或移距量,其中 x 称为变位系数或移距系数,并且规定刀具远离轮坯中心时 x 为正;反之为负(此时必须是 $z > z_{\min}$,否则发生根切)。

由于用同一把刀具既可切制标准齿轮也可通过径向变位加工变位齿轮,因此变位齿轮与标准齿轮相比较,模数、压力角、分度圆、基圆都不变,只是刀具进或退了一段距离。因此变位齿轮与标准齿轮的齿廓曲线形状也是一样的,只不过两者截取的部位不同而已,如图 5-32 所示。由于不同部位的渐开线曲率半径不同,而且变位齿轮的齿厚、齿顶高、齿根高均发生了变化,因此采用变位齿轮不仅可以避免根切,而且可以利用上述这些变化配凑中心距,达到改善齿轮传动质量的目的,这种变位方法简单易行,无需更换刀具和设备即可实现齿轮变位,所以径向变位法已被广泛应用。

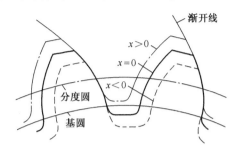

图 5-32 变位齿轮与标准齿轮的比较

5.7.3 避免根切时刀具的最小变位系数

由前述可知,当被切齿轮的齿数 $z < z_{min}$ 时,为了避免根切,刀具需作正变位使其齿顶线不超过啮合极限点 N,由图 5-33 可得

$$xm \geq h_a^* m - r\sin^2\alpha = \left(h_a^* - \frac{z}{2}\sin^2\alpha\right)m$$

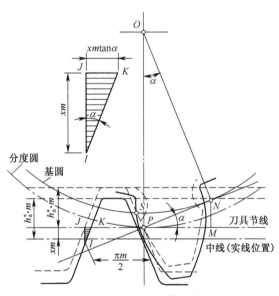

图 5-33 变位修正法

则

$$x \geq h_a^* - \frac{z\sin^2\alpha}{2}$$

又由式(5-21)可得

$$\frac{\sin^2\alpha}{2} = \frac{h_a^*}{z_{min}}$$

故上式可写成

$$x \geq h_a^* \left(\frac{z_{\min} - z}{z_{\min}} \right)$$

于是最小变位系数为

$$x_{\min} = h_a^* \left(\frac{z_{\min} - z}{z_{\min}} \right) \tag{5-22}$$

当 $h_a^* = 1, \alpha = 20°$ 时

$$x_{\min} = \frac{17 - z}{17} \tag{5-23}$$

显然,由式(5-23)可知,当齿轮齿数 $z < 17$ 时,$x_{\min}$ 为正值,为了避免根切,刀具需要正变位,其变位系数为 $x \geq x_{\min}$；当齿轮齿数 $z > 17$ 时,$x_{\min}$ 为负值,说明该齿轮在 $x \geq x_{\min}$ 的条件下采用负变位也不会根切。

5.7.4 变位齿轮的几何尺寸

1. 变位齿轮分度圆上的齿厚 s 与齿槽宽 e

如图 5-33 所示,正变位时,刀具由标准位置远离轮坯中心一段距离 xm,故节线上的齿槽宽比中线上的齿槽宽尺寸宽增加了 $2\overline{JK}$,因此切制出的正变位齿轮在分度圆上的齿厚也要增加 $2\overline{JK}$,与之相对应,被切齿轮的齿槽宽在分度圆上减少了 $2\overline{JK}$。由图示几何关系可知

$$\overline{JK} = xm\tan\alpha$$

故正变位齿轮分度圆上的齿厚 S 为

$$S = \frac{\pi m}{2} + 2xm\tan\alpha \tag{5-24}$$

正变位齿轮分度圆上的齿槽宽 e 为

$$e = \frac{\pi m}{2} - 2xm\tan\alpha \tag{5-25}$$

2. 变位齿轮的齿根高与齿顶高

对于正变位齿轮,由于刀具作径向变位 xm（图 5.33）,故轮坯齿根高比标准齿轮减少了一段 xm,即

$$h_f = h_a^* m + c^* m - xm = (h_a^* + c^* - x)m \tag{5-26}$$

由于变位齿轮的分度圆尺寸没有发生变化,因此齿顶高取决于被切齿轮的齿顶圆大小。为了保证齿全高不变,则正变位齿轮的齿顶圆半径就应比标准齿轮的齿顶圆半径增加 xm,则此时的正变位齿轮的齿顶高为

$$h_a = h_a^* m + xm = (h_a^* + x)m \tag{5-27}$$

上述公式同样适用于负变位齿轮,只需将变位系数 x 代成负数即可。

5.7.5 变位齿轮传动

变位齿轮传动与标准齿轮传动一样,需要满足正确啮合条件,即分度圆上的模数与压力角分别相等且均为标准值；连续传动条件,即重合度大于 1；除此之外变位齿轮的中

距同样要保证无侧隙啮合条件和标准顶隙。

1. 变位齿轮传动的中心距

若要实现一对齿轮的无侧隙啮合,则必须满足下列条件:
$$s_1' = e_2' \text{ 及 } s_2' = e_1'$$

由此得两节圆上的齿距为
$$p' = s_1' + e_1' = s_2' + e_2' = s_1' + s_2' \quad (5\text{-}28(\text{a}))$$

根据 $r_b = r'\cos\alpha' = r\cos\alpha$,可得
$$\frac{p'}{p} = \frac{2\pi r'}{z} \Big/ \frac{2\pi r}{z} = \frac{r'}{r} = \frac{\cos\alpha}{\cos\alpha'} \quad (5\text{-}28(\text{b}))$$

即
$$p' = p\frac{\cos\alpha}{\cos\alpha'}$$

将式(5-28(a))及式(5-28(b))合并后得
$$p\frac{\cos\alpha}{\cos\alpha'} = s_1' + s_2'$$

再将式(5-11)及式(5-24)代入上式经整理后得
$$\text{inv}\alpha' = \frac{2(x_1 + x_2)\tan\alpha}{z_1 + z_2} + \text{inv}\alpha \quad (5\text{-}29)$$

式(5-29)为无侧隙啮合方程式,它表明了用同一把标准齿条型刀具范成一对变位齿轮作无侧隙啮合传动时的几何关系,即一对变位齿轮作无侧隙啮合时,啮合角 α' 与变位系数之和 $x_1 + x_2$ 之间的关系。若 $x_1 + x_2 = 0$,则 $\alpha' = \alpha$,两轮的分度圆与节圆重合,其中心距 a' 等于标准中心距 a;若 $x_1 + x_2 \neq 0$,则 $\alpha' \neq \alpha$,两轮的分度圆与节圆不重合,其中心距 a' 为非标准中心距。当已知 $x_1 + x_2$ 时,可由此式求出一对变位齿轮无侧隙啮合传动的啮合角 α'。

设一对变位齿轮无侧隙啮合时的中心距为 a',它与标准中心距 a 之差为 ym,显然 ym 即为两分度圆分离之后的距离。其中 y 称为分度圆分离系数,其大小为
$$ym = a' - a = (r_1' + r_2') - (r_1 + r_2) = (r_1 + r_2)\left(\frac{\cos\alpha}{\cos\alpha'} - 1\right)$$
$$= \frac{m(z_1 + z_2)}{2}\left(\frac{\cos\alpha}{\cos\alpha'} - 1\right)$$

故
$$y = \frac{z_1 + z_2}{2}\left(\frac{\cos\alpha}{\cos\alpha'} - 1\right) \quad (5\text{-}30)$$

由此可得无侧隙啮合中心距 a' 为
$$a' = a + ym = \frac{m(z_1 + z_2)}{2} + ym \quad (5\text{-}31)$$

设保证标准顶隙时的中心距为 a'',则
$$a'' = r_{a1} + c + r_{f2} = r_1 + (h_a^* + x_1)m + c^*m + r_2 - (h_a^* + c^* - x_2)m$$
$$= a + (x_1 + x_1)m \quad (5\text{-}32)$$

式中:$(x_1 + x_2)m$ 代表为使传动的顶隙为标准值时造成两轮分度圆所分离的距离。显

然，要使传动既无侧隙又具有标准顶隙，则应使 $a'=a''$，即 $y=x_1+x_2$。但是可以证明，总是 $x_1+x_2>y$，即 $a''>a'$。所以为了解决这一矛盾，实际设计时两轮按 a' 安装首先确保无侧隙啮合，然后为使顶隙也为标准值，只好将两轮的齿顶在径向上各削去一段 Δym，因此重合度有所下降。Δy 称为齿顶高降低系数，其值为

$$\Delta y = (x_1 + x_2) - y \tag{5-33}$$

由此可见，对于 $x_1+x_2\neq 0$ 的变位齿轮传动，安装中心距 $a'=a+ym$，其齿顶高和齿顶圆半径分别为

$$h_a = h_a^* m + xm - \Delta ym = (h_a^* + x - \Delta y)m \tag{5-34}$$

$$r_a = \frac{mz}{2} + (h_a^* + x - \Delta y)m \tag{5-35}$$

2. 变位齿轮传动的类型及其特点

按照一对齿轮传动的变位系数和（x_1+x_2）的不同，可把变位齿轮传动分为以下三种类型。

1) 零传动（$x_1+x_2=0$）

零传动又可分为标准齿轮传动和等变位齿轮传动。

（1）标准齿轮传动。这种传动中的两轮变位系数均为零，即 $x_1=x_2=0$，故 $x_1+x_2=0$。为了避免根切，两轮齿数均大于或等于最少齿数。且由式(5-29)、式(5-30)、式(5-31)和式(5-33)可知：啮合角 $\alpha'=\alpha$；分度圆分离系数 $y=0$；中心距 $a'=a$；顶高降低系数 $\Delta y=0$。

（2）等变位齿轮传动（高度变位齿轮传动）。这种传动中的两轮变位系数的绝对值相等，且小轮正变位大轮负变位，即 $x_1=-x_2\neq 0$，故 $x_1+x_2=0$。为使变位后的两轮不发生根切，由式(5-22)可得

$$x_1 + x_2 \geq h_a^* \left[\frac{2z_{\min} - (z_1 + z_2)}{z_{\min}}\right] \tag{5-36}$$

则当 $h_a^*=1$，$x_1+x_2=0$ 时，由式(5-36)可知两轮齿数之和必须满足如下关系：

$$z_1 + z_2 \geq 2z_{\min} \tag{5-37}$$

式(5-37)表明，若要保证等变位齿轮传动不根切，必须满足两轮的齿数和大于或等于不根切最少齿数的两倍。

由式(5-29)、式(5-30)、式(5-31)和式(5-33)可得：啮合角 $\alpha'=\alpha$；分度圆分离系数 $y=0$；中心距 $a'=a$；顶高降低系数 $\Delta y=0$。即等变位齿轮传动的啮合角等于分度圆压力角，分度圆与节圆重合，中心距等于标准中心距，齿顶高无需降低。

这种传动相对于标准齿轮传动的主要优点是：可以获得更紧凑的传动尺寸；相对的提高齿轮传动的强度；改善齿轮传动的磨损情况；由于中心距为标准值，因此可以成对地替换标准齿轮及修复旧齿轮。

等变位齿轮传动的主要缺点有：传动的互换性差，必须成对地设计、制造和使用；小齿轮正变位受齿顶变尖的限制；重合度略有下降。

由于等变位齿轮传动中的两轮因变位齿顶高和齿根高与标准齿轮的不同了，因此这种传动也称为高度变位传动。

2) 正传动($x_1 + x_2 > 0$)

变位系数和大于零的传动称为正传动。因$x_1 + x_2 > 0$，故由式(5-29)、式(5-30)、式(5-31)和式(5-33)可得：啮合角$α'>α$；分度圆分离系数$y>0$；中心距$a'>a$；顶高降低系数$\Delta y >0$。即啮合角$α'$大于分度圆压力角$α$，中心距a'大于标准中心距a，分度圆小于节圆，两轮的齿全高均比标准齿轮降低了Δym。

正传动的主要优点有：由式(5-36)可知，两轮不根切的齿数和($z_1 + z_2$)可以小于$2z_{\min}$，因此正传动的齿轮机构可以获得比等变位齿轮传动更小的尺寸和重量；强度更高；改善了齿面磨损；在$a'>a$的场合，只能用正传动来配凑中心距。

正传动的主要缺点是：必须成对地设计、制造和使用；正变位的齿轮齿顶易变尖；由于$α'>α$，故重合度下降较多。

3) 负传动($x_1 + x_2 < 0$)

变位系数和小于零的传动称为负传动。为使两轮不根切，由式(5-36)可知：两轮不根切的齿数和($z_1 + z_2$)大于$2z_{\min}$。由于$x_1 + x_2 < 0$，故由式(5-29)、式(5-30)、式(5-31)和式(5-33)可得：啮合角$α'<α$；分度圆分离系数$y<0$；中心距$a'<a$；顶高降低系数$\Delta y >0$。即分度圆大于节圆，它们的分度圆呈交叉状态，两轮的齿全高均比标准齿轮降低了Δym。

与正传动相反，负传动因齿根变薄、齿根高增大、啮合角变小，所以轮齿强度降低；齿根处磨损较为严重；结构不太紧凑；同样必须成对地设计、制造和使用，因此应用较少，但是负传动的重合度有所提高；在$a'<a$的场合，用负传动来配凑中心距。

由于正传动和负传动的啮合角发生了变化，因此也将其统称为角度变位齿轮传动。

综上所述，各种变位齿轮传动各具特色，尤其是正传动优点较多，不仅可以避免根切，还可以提高轮齿强度、配凑中心距以及减少机构的几何尺寸，所以一般情况应尽量采用正传动；负传动的缺点较多，一般只用于配凑中心距这种特殊需要的场合；等变位齿轮传动常常用于在标准中心距时，为了改善传动质量，用等变位齿轮传动来代替标准齿轮传动。

为了便于设计计算，现将各类齿轮传动的主要计算公式列于表5-6中。

表5-6 外啮合齿轮机构的主要计算公式

名 称	符号	零传动($x_\Sigma=0$)		正传动和负传动 ($x_\Sigma \neq 0$)
		标准齿轮传动	等变位齿轮传动	
变位系数	x	$x_1 = x_2 = 0$	$x_1 = -x_2 \neq 0$	$x_1 \neq -x_2$
分度圆直径	d	$d = zm$		
啮合角	$α'$	$α' = α$		$\mathrm{inv}α' = \dfrac{2x_\Sigma}{z_\Sigma}\tanα + \mathrm{inv}α$ 或 $\cosα' = \dfrac{a}{a'}\cosα$
节圆直径	d'	$d' = d$		$d' = d\dfrac{\cosα}{\cosα'}$
中心距变动系数	y	$y = 0$		$y = \dfrac{z_\Sigma}{2}\left(\dfrac{\cosα}{\cosα'} - 1\right)$

(续)

名 称	符号	零传动($x_\Sigma=0$)		正传动和负传动 ($x_\Sigma \neq 0$)
		标准齿轮传动	等变位齿轮传动	
齿高变动系数	Δy	$\Delta y = 0$		$\Delta y = x_\Sigma - y$
齿顶高	h_a	$h_a = h_a^* m$	$h_a = (h_a^* + x)m$	$h_a = (h_a^* + x - \Delta y)m$
齿根高	h_f	$h_f = (h_a^* + c^*)m$		$h_f = (h_a^* + c^* - x)m$
齿全高	h	$h = (2h_a^* + c^*)m$		$h = (2h_a^* + c^* - \Delta y)m$
齿顶圆直径	d_a	$d_a = d + 2h_a$		
齿根圆直径	d_f	$d_f = d - 2h_f$		
中心距	a	$a = \frac{1}{2}(d_1+d_2)$		$a' = \frac{1}{2}(d_1'+d_2') = a + ym$

5.8 斜齿圆柱齿轮机构

5.8.1 渐开线斜齿圆柱齿轮

1. 斜齿圆柱齿轮的形成

由于直齿圆柱齿轮的齿向与轴线平行，故垂直于轴线的各个平面内的齿形与其端面齿形完全相同，因此出于方便，只需用一对齿轮的端面啮合特点就可以代表整个轮齿。但是考虑到齿轮总是有轴向宽度的，如图5-34(a)所示，则直齿圆柱齿轮齿廓曲面的形成实际上是发生面S在基圆柱上作纯滚动，其上与基圆柱母线NN平行的一条直线KK所展成的渐开线齿廓曲面(简称渐开面)。由渐开面形成的过程可知，该渐开面与基圆柱的交线AA是一条与轴线平行的直线，从而使一对渐开线直齿圆柱齿轮啮合传动时，两轮齿廓曲面上的瞬时接触线总是与其轴线互相平行的，如图5-34(b)所示。由此可知，一对直齿圆柱齿轮在啮合过程中，其轮齿是沿整个齿宽同时进入啮合，而后又沿整个齿宽同时退出啮合。因此，轮齿上的受载状况是突然加载和突然卸载。显然，这种传动容易发生冲击、振动、噪声，影响传动的平稳性，不适合高速传动。

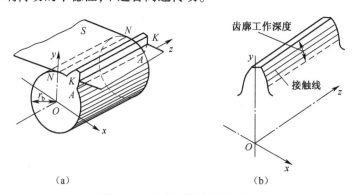

图 5-34 直齿圆柱齿轮的形成

为了弥补直齿圆柱齿轮的不足之处，提出了斜齿圆柱齿轮，其齿廓曲面的形成与直齿圆柱齿轮基本相同，只不过发生面上的直线KK不再与轴线平行，而是偏斜了一个角度

β_b，如图5-35(a)所示。当发生面 S 在基圆柱上作纯滚动时,斜线 KK 上每一点的轨迹都是依次从它与基圆柱面的接触点开始所展成的一条渐开线,因此 KK 线上各点所展成的都是形状相同但起始点不同的渐开线,这些渐开线的集合就是斜齿圆柱齿轮的齿廓曲面,即渐开螺旋面。β_b 称为基圆柱螺旋角,显然,β_b 越大,轮齿的齿向越偏斜。当 $\beta_b=0$ 时,斜齿变成直齿,因此,直齿圆柱齿轮可以视为斜齿圆柱齿轮的一个特例。

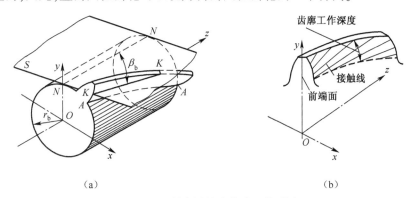

图 5-35 斜齿圆柱齿轮齿面的形成

由斜齿轮齿廓曲面的形成可知,一对斜齿圆柱齿轮啮合传动时,两轮的轮齿是先由齿的一端进入啮合,而后逐渐过渡到另一端脱离啮合。两齿廓曲面上的瞬时接触线是斜线,其长度由短变长,又由长变短,如图5-35(b)所示。因此,轮齿上所受的载荷也是由小逐渐变大,再由大逐渐变小。这样的啮合方式减少了传动时的冲击、振动、噪声,提高了传动的平稳性,适合高速传动。

2. 斜齿圆柱齿轮的基本参数

由于斜齿轮齿廓曲面是渐开螺旋面,其端面齿形和垂直于螺旋线方向的齿形以及通过回转轴线截面的齿形各不相同,因此斜齿轮的每个基本参数都有端面、法面和轴面之分,为了方便区分,端面、法面和轴面的相应参数分别用下脚标 t、n、x 表示。

由于斜齿轮常用标准齿条型刀具范成或用盘铣刀加工,切削时刀具通常都是沿轮齿的螺旋线方向进刀,此时斜齿轮的法面参数应该是与刀具参数相同的标准值,因此设计、测量和加工斜齿轮时均以法面为基准。而计算斜齿轮几何尺寸时却应按端面参数进行(因为理论渐开线在端面,而法面并非圆形),所以必须建立起法面和端面间的参数换算关系。轴面参数在此没有用到,故暂不讨论。

1) 螺旋角

斜齿轮的基本尺寸同直齿轮一样,均是以分度圆为基准来计算的。现将一斜齿圆柱齿轮沿其分度圆柱展开,则分度圆柱上的螺旋线便展成一条斜直线,如图5-36(a)所示,此斜直线即为直角三角形的斜边,底边即为分度圆柱的周长,而高即为导程,其几何关系为

$$\tan\beta = \frac{\pi d}{s}$$

式中:β 为分度圆柱上的螺旋角,即螺旋线的切线与其轴线所夹之锐角,表示斜齿轮轮齿的倾斜程度;d 为分度圆柱直径;s 为螺旋线的导程,即螺旋线绕分度圆柱一周后沿轴向上升的高度。对于同一个斜齿轮各圆柱面上的螺旋线导程都相同。因此,由图5-36(a)可知,基圆柱上的螺旋角 β_b 为

$$\tan\beta_b = \frac{\pi d_b}{s}$$

因为 $d_b = d\cos\alpha_t$，式中 α_t 为斜齿轮的端面压力角。故有

$$\frac{\tan\beta}{\tan\beta_b} = \frac{d}{d_b} = \frac{1}{\cos\alpha_t}$$

即

$$\tan\beta_b = \tan\beta\cos\alpha_t \tag{5-38}$$

由上述可知，不同圆柱面上的螺旋角不相等，其直径越大螺旋角也越大，显然分度圆柱上的螺旋角 β 大于基圆柱上的螺旋角 β_b。

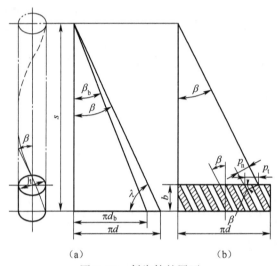

图 5-36 斜齿轮的展开

2) 模数

将斜齿轮的分度圆柱面展成一矩形，如图 5-36(b) 所示，矩形宽度即为轮宽 b，其长度即为分度圆柱的周长 πd。其中阴影部分表示轮齿，空白部分表示齿间。由图中的几何关系可知：

$$p_n = p_t\cos\beta \tag{5-39}$$

式中：p_n 为法面齿距；p_t 为端面齿距。由于 $p_n = \pi m_n$，$p_t = \pi m_t$，则有

$$m_n = m_t\cos\beta \tag{5-40}$$

式中：m_n 为法面模数（标准值）；m_t 为端面模数（非标准值）。

3) 压力角

由于一对斜齿轮与斜齿条啮合传动时，它们的法面压力角 α_n 和端面压力角 α_t 均应分别相等，因此为了便于研究，以斜齿条为例来说明法面压力角 α_n 与端面压力角 α_t 之间的换算关系。在如图 5-37 所示的斜齿条中，平面 ABD 为前端面，平面 ACE 为法面，$\angle ACB = 90°$。

在直角 $\triangle ABD$、$\triangle ACE$，及 $\triangle ACB$ 中

$$\tan\alpha_t = \frac{\overline{AB}}{\overline{BD}}, \quad \tan\alpha_n = \frac{\overline{AC}}{\overline{CE}}, \quad \overline{AC} = \overline{AB}\cos\beta$$

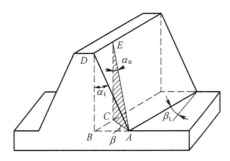

图 5-37 端面压力角与法面压力角的关系

因为 $\overline{BD} = \overline{CE}$，所以有

$$\tan\alpha_n = \tan\alpha_t \cos\beta \tag{5-41}$$

4) 齿顶高系数和顶隙系数

因为斜齿轮无论从端面还是从法面上看，其齿顶高和顶隙都是分别相等的，所以有

$$h_a = h_{at}^* m_t = h_{an}^* m_n$$

$$c = c_t^* m_t = c_n^* m_n$$

将式(5-40)代入以上两式可得

$$h_{at}^* = h_{an}^* \cos\beta \tag{5-42}$$

$$c_t^* = c_n^* \cos\beta \tag{5-43}$$

式中：h_{an}^* 和 c_n^* 分别为法面齿顶高系数和顶隙系数(标准值)；h_{at}^* 和 c_t^* 分别为端面齿顶高系数和顶隙系数(非标准值)。

3. 斜齿圆柱齿轮的当量齿轮与当量齿数

无论是用仿形法加工斜齿轮还是校核斜齿轮的强度，都需要知道它的法面齿形。但是斜齿轮的法面齿形比较复杂，很难也没有必要精确求出，因此工程上为了研究方便一般用近似的方法，即找出一个与斜齿轮法面齿形相当的直齿轮，其标准参数与斜齿轮的相同，齿形又与斜齿轮的法面齿形最接近，则该直齿轮即为斜齿轮的当量齿轮，其齿数 z_v 称为斜齿轮的当量齿数。

斜齿轮的法面齿形如图 5-38 所示。过斜齿轮分度圆柱螺旋线上点 P 作其法面 n-n，该面与分度圆柱的截面为一椭圆剖面，其长半轴 $a = r/\cos\beta$，短半轴 $b = r$，由于点 P 附近的一段椭圆和以该椭圆在点 P 处的曲率半径 ρ 为半径所画的圆弧十分接近，因此点 P 附近的齿形可以近似地视为该斜齿圆柱齿轮的法面齿形。显然，若将以 ρ 为半径所画的圆作为虚拟的直齿圆柱齿轮的分度圆半径时，不仅其上的模数和压力角与该斜齿轮的法面模数和压力角相等，而且齿形也与该斜齿轮的法面齿形极为相似。故此假想的直齿轮即为该斜齿轮的当量齿轮，其上的齿数即为斜齿轮的当量齿数。

由解析几何可知，椭圆在点 P 处的曲率半径为

$$\rho = \frac{a^2}{b} = \left(\frac{r}{\cos\beta}\right)^2 \frac{1}{r} = \frac{r}{\cos^2\beta}$$

因而

$$z_v = \frac{2\rho}{m_n} = \frac{2r}{m_n \cos^2\beta} = \frac{m_t z}{m_n \cos^2\beta} = \frac{z}{\cos^3\beta} \tag{5-44}$$

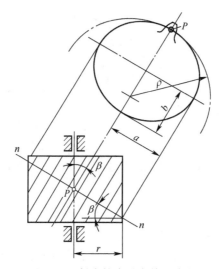

图 5-38 斜齿轮当量齿数的确定

由式(5-44)求得的当量齿数一般不是整数,也不必圆整成整数。

引进当量齿轮和当量齿数的概念后,直齿轮的某些原理便可以直接应用于斜齿轮。例如,利用当量齿数的关系,可以求出斜齿轮不发生根切的最少齿数为

$$z_{\min} = z_{v\min} \cos^3 \beta \tag{5-45}$$

式中:$z_{v\min}$ 为当量直齿圆柱齿轮不发生根切的最少齿数。若 $\beta = 20°$,$z_{v\min} = 17$,则 $z_{\min} = 14$,因此标准斜齿轮不发生根切的最少齿数比标准直齿轮要少。

5.8.2 平行轴斜齿圆柱齿轮机构

平行轴斜齿圆柱齿轮机构是用于传递两平行轴之间的运动和动力的平面齿轮机构。

1. 平行轴斜齿圆柱齿轮机构的啮合传动

1) 正确啮合条件

由斜齿轮齿廓曲面的形成可知,除了和直齿轮机构一样,要求两轮分度圆柱的模数和压力角相等之外,还要求两轮分度圆柱上的螺旋角必须匹配,确保传动时两轮螺旋线相切,即

$$m_{n1} = m_{n2} = m_n \quad \text{或} \quad m_{t1} = m_{t2} = m_t$$
$$\alpha_{n1} = \alpha_{n2} = \alpha_n \quad \text{或} \quad \alpha_{t1} = \alpha_{t2} = \alpha_t$$
$$\beta_1 = -\beta_2 \text{(外啮合)} \qquad \beta_1 = \beta_2 \text{(内啮合)}$$

2) 连续传动条件

与直齿圆柱齿轮啮合传动一样,要保证一对平行轴斜齿圆柱齿轮能够连续传动,其重合度也必须大于等于1。为了研究方便,现将端面参数相同的直齿轮与斜齿轮加以比较。

图 5-39 为端面参数完全相同的直齿轮与斜齿轮沿基圆柱面的展开图。$B_2 B_2$ 和 $B_1 B_1$ 分别表示一对轮齿啮入的起始位置和即将啮出的终止位置;L 为啮合区。

对于直齿轮传动,如图 5-39(a)所示,一对轮齿的啮入和啮出都是沿全齿宽进行的,故直齿轮传动的重合度为

$$\varepsilon_\alpha = \frac{L}{p_{bt}}$$

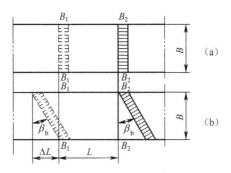

图 5-39 斜齿轮的重合度

式中：p_{bt} 为端面上的法向齿距。

对于斜齿轮传动，如图 5.39(b)所示，一对轮齿的啮入和啮出的位置仍然是 B_2B_2 和 B_1B_1，但是斜齿轮传动不是沿全齿宽，而是在 B_2B_2 处先由一端进入啮合，然后随齿轮的传动才逐步达到全齿宽的啮入。到达 B_1B_1 处也是先由一端脱离啮合，直至该轮齿转至图中的虚线位置时，全齿宽才完全啮出。因此，斜齿轮的实际啮合区比直齿轮增大了 $\Delta L = b\tan\beta_b$，则斜齿轮的重合度为

$$\varepsilon_\gamma = \frac{L + \Delta L}{p_{bt}} = \frac{L}{p_{bt}} + \frac{\Delta L}{p_{bt}} = \varepsilon_\alpha + \varepsilon_\beta \tag{5-46}$$

由式(5-46)可知，斜齿轮的重合度由两部分组成。其中第一部分 ε_α 为端面重合度，类似于直齿轮传动，可根据直齿轮传动重合度的计算公式，代入斜齿轮的端面参数求得，即

$$\varepsilon_\alpha = \frac{1}{2\pi}[z_1(\tan\alpha_{at1} - \tan\alpha_t') + z_2(\tan\alpha_{at2} - \tan\alpha_t')] \tag{5-47}$$

第二部分 ε_β 是由于齿轮的倾斜和齿轮具有一定的轴向宽度所引起的，故称为轴面重合度(纵向重合度)，即

$$\varepsilon_\beta = \frac{\Delta L}{p_{bt}} = \frac{b\tan\beta_b}{\pi m_t \cos\alpha_t}$$

将 $\tan\beta_b = \tan\beta\cos\alpha_t$，$m_t = m_n/\cos\beta$ 代入上式，可得

$$\varepsilon_\beta = \frac{b\sin\beta}{\pi m_n} \tag{5-48}$$

由式(5-48)可知，斜齿轮的轴面重合度随齿宽 B 及螺旋角 β 的增大而增加，因此斜齿轮的重合度比直齿轮的重合度大得多。

2. 平行轴斜齿圆柱齿轮的几何尺寸计算与变位

斜齿轮及其传动的几何尺寸计算与直齿轮及其传动的设计计算基本相同。由于斜齿轮的端面是理论上的渐开线，因此直齿轮的有关计算公式同样适用于斜齿轮的端面，只是在斜齿轮的设计计算时，要把法面参数换算成端面参数。

1) 分度圆直径

$$d = m_t z = \frac{m_n z}{\cos\beta} \tag{5-49}$$

2) 标准中心距

$$a = \frac{m_t(z_1 + z_2)}{2} = \frac{m_n(z_1 + z_2)}{2\cos\beta} \tag{5-50}$$

式(5-50)表明,当z_1、z_2和m_n一定时,可以通过改变螺旋角β的方法来配凑中心距,而不必采用变位的方法。因此斜齿轮的中心距常须圆整,以利于加工。但是由于螺旋角β有一定的取值范围,因此用改变β来调整中心距是有一定限度的。

3) 最少齿数

标准斜齿轮不发生根切的最少齿数也可以用标准直齿轮计算公式(5-21)求得

$$z_{min} = \frac{2h_{at}^*}{\sin^2\alpha_t} = \frac{2h_{an}^*\cos\beta}{\sin^2\alpha_t} \tag{5-51}$$

4) 变位系数

为了改善斜齿轮的传动性能、避免根切或配凑中心距,与直齿轮相同,也可采用径向变位的方法加工斜齿轮。加工时仅需将刀具沿轮坯的径向移动一段距离即可。

由于刀具变位量从端面和法面看均一样,即

$$x_t m_t = x_n m_n$$

故有

$$x_t = x_n \cos\beta \tag{5-52}$$

为了方便斜齿轮的设计计算,现将斜齿圆柱齿轮的几何尺寸计算公式列于表5-7中。

表5-7 斜齿圆柱齿轮几何计算公式

名称	代号	计算公式	名称	代号	计算公式
螺旋角	β	(一般取8°~15°)	基圆柱螺旋角	β_b	$\tan\beta_b = \tan\beta\cos\alpha_t$
法面模数	m_n	(取为标准值)	最少齿数	z_{min}	$z_{min} = 2h_{at}^*/\sin^2\alpha_t$
端面模数	m_t	$m_t = m_n/\cos\beta$			$= 2h_{an}^*\cos\beta/\sin^2\alpha_t$
法面压力角	α_n	(取为标准值)	法面变位系数	x_n	$x_n = x_t/\cos\beta$
端面压力角	α_t	$\tan\alpha_t = \tan\alpha_n/\cos\beta$	端面变位系数	x_t	$x_t \geq h_{at}^*(z_{min} - z)/z_{min}$
法面周节	p_n	$p_n = \pi m_n$	齿顶高	h_a	$h_a = m_t(h_{at}^* + x_t) =$
端面周节	p_t	$p_t = \pi m_t = p_n/\cos\beta$			$m_n(h_{an}^* + x_n)$
法面基节	p_{bn}	$p_{bn} = p_n\cos\alpha_n$	齿根高	h_f	$h_f = m_t(h_{at}^* + c_t^* - x_t)$
端面基节	p_{bt}	$p_{bt} = p_t\cos\alpha_t$			$= m_n(h_{an}^* + c_n^* - x_n)$
法面齿顶高系数	h_{an}^*	(取为标准值)	齿顶圆直径	d_a	$d_a = d + 2h_a$
端面齿顶高系统	h_{at}^*	$h_{at}^* = h_{an}^*\cos\beta$	齿根圆直径	d_f	$d_f = d - 2h_f$
法面顶隙系数	c_n^*	(取为标准值)	法面齿厚	s_n	$s_n = \left(\frac{\pi}{2} + 2x_n\tan\alpha_n\right)m_n$
端面顶隙系数	c_t^*	$c_t^* = c_n^*\cos\beta$			
分度圆直径	d	$d = zm_t = zm_n/\cos\beta$	端面齿厚	s_t	$s_t = \left(\frac{\pi}{2} + 2x_t\tan\alpha_t\right)m_t$
基圆直径	d_b	$d_b = d\cos\alpha_t$	当量齿数	z_v	$z_v = z/\cos^3\beta$

3. 平行轴斜齿轮机构的特点及其应用

(1) 啮合性能好,传动平稳,噪声小。

(2) 重合度大,承载能力高。

(3) 不发生根切的最少齿数少,结构紧凑。

(4) 制造成本及所用的机床和刀具均与直齿轮相同。

由于斜齿轮的以上特点,使其传动性能和承载能力都优于直齿轮,因此广泛用于高速、重载传动中。

但是因斜齿轮存在螺旋角 β,故传动时会产生轴向力,如图 5-40(a)所示,$F_a = F_n \sin\beta$,其值随螺旋角 β 的增大而增大,对传动不利。为了既能充分发挥斜齿轮的优点,又不使轴向力过大,设计时一般取 $\beta = 8° \sim 20°$。如果要消除轴向力,可采用如图 5-40(b)所示的人字齿轮,其螺旋角 $\beta = 25° \sim 35°$。但是人字齿轮轴向尺寸较大,加工较为复杂。

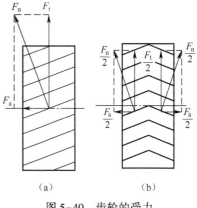

图 5-40 齿轮的受力

*5.8.3 交错轴斜齿圆柱齿轮简介

交错轴斜齿圆柱齿轮机构是由两个螺旋角不相等的斜齿轮组成的,用于传递空间既不平行也不相交的两交错轴之间的运动和动力。两轴线之间的夹角 Σ 称为交错角。

1. 交错轴斜齿圆柱齿轮机构的几何关系

1) 交错轴与螺旋角之间的关系

如图 5-41 所示为交错轴斜齿轮传动。两交错轴在两分度圆柱的切平面上投影的交角为交错角 Σ,它与两轮螺旋角的关系为

$$\Sigma = |\beta_1 + \beta_2| \tag{5-53}$$

如果两轮的螺旋线方向相同(图 5-41),则式(5-53)中的 β_1 和 β_2 皆取正值或皆取负值;如果两轮的螺旋线方向相反(图 5-42),则式(5-53)中的 β_1 和 β_2 一个取正值另一个取负值。

由式(5-53)可知,如果交错角为零,则两轮的螺旋角必然大小相等,旋向相反,变成平行轴斜齿圆柱齿轮机构,因此平行轴斜齿圆柱齿轮机构是交错轴斜齿圆柱齿轮机构的一个特例。

2) 中心距

由图 5-41 可知,两分度圆柱面相切于节点 P,故节点 P 必位于两交错轴间的公垂线上。显然,该公垂线的长度就是两轮的中心距 a,其几何尺寸的计算与平行轴斜齿圆柱齿轮机构传动相同。

$$a = r_1 + r_2 = \frac{1}{2}(m_{t1}z_1 + m_{t2}z_2) = \frac{m_n}{2}\left(\frac{z_1}{\cos\beta_1} + \frac{z_2}{\cos\beta_2}\right) \tag{5-54}$$

由式(5-54)可知,当 m_n 及 z_1、z_2 一定时,可以通过调整 β_1 和 β_2 的大小到达配凑中心距的目的。

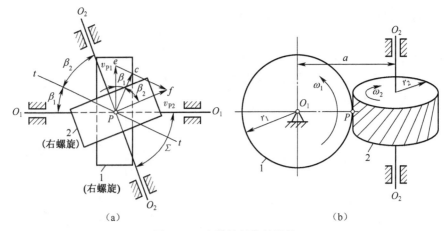

图 5-41 交错轴斜齿轮机构

2. 交错轴斜齿圆柱齿轮机构的啮合传动

1) 正确啮合条件

由于交错角 Σ 不为零,故两轮的啮合传动只能沿法面进行而无法使端面也接触。因此交错轴斜齿圆柱齿轮机构的正确啮合条件为:两轮法面内分度圆的模数和压力角应分别相等,且均为标准值,即

$$m_{n1} = m_{n2} = m_n, \alpha_{n1} = \alpha_{n2} = \alpha_n \tag{5-55}$$

2) 传动比及从动轮的回转方向

$$i_{12} = \frac{\omega_1}{\omega_2} = \frac{z_2}{z_1} = \frac{d_2/m_{t2}}{d_1/m_{t1}} = \frac{\dfrac{d_2}{m_n/\cos\beta_2}}{\dfrac{d_1}{m_n/\cos\beta_1}} = \frac{d_2\cos\beta_2}{d_1\cos\beta_1} \tag{5-56}$$

式(5-56)表明,交错轴斜齿圆柱齿轮机构的传动比取决于两轮分度圆直径及两轮螺旋角两个参数,此点与平行轴斜齿圆柱齿轮机构传动不同。

在交错轴斜齿圆柱齿轮传动中,当已知主动轮 1 的转动方向时,从动轮 2 的转向可以通过相对运动原理,用作图法求出。如图 5-41 所示,两轮在节点 P 处的速度关系为

$$v_{p2} = v_{p1} + v_{p1p2}$$

式中:v_{p1p2} 为两齿廓啮合点沿公切线 t-t 方向的相对速度,由 v_{p2} 的方向即可求出从动轮的转动方向。

设计交错轴斜齿圆柱齿轮传动时,可以通过改变螺旋角的旋向来改变从动轮的转向。如图 5-42 所示,两轮的布置和主动轮 1 的转向均与图 5-41 相同,但两轮的旋向与图 5-41 不同,均为左旋,经过图中分析可知,从动轮 2 的转向与图 5-41 正好相反。

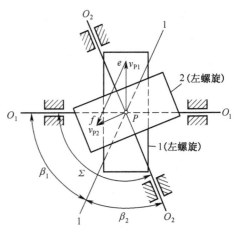

图 5-42 旋向对从动轮转向的影响

3. 交错轴斜齿圆柱齿轮机构的特点及其应用

（1）由式(5-56)可知,在传动比一定的情况下,可通过改变螺旋角大小的方法改变两轮分度圆直径,以达到配凑中心距的目的;还可以在两轮分度圆直径不变的情况下,通过改变螺旋角的大小来满足传动比的要求。

（2）在主动轮 1 转向不变的情况下,可通过改变两轮螺旋角旋向的方法,达到改变从动轮转向的目的。

（3）由于交错轴斜齿圆柱齿轮传动中的单个齿轮通常是斜齿轮,容易加工,故相对于其他交错轴传动的制造成本低。

（4）啮合时轮齿间是点接触,故压强大、齿面接触强度低,而且易磨损。

（5）轮齿之间不仅沿齿高方向有相对滑动,而且沿齿槽方向也存在相对滑动,因此齿面间的摩擦磨损严重,传动效率低。

（6）传动时有轴向力存在,交错角 Σ 越大,轴向力越大。

由于交错轴斜齿圆柱齿轮机构存在以上特点,故不宜在高速、重载及大功率的场合下应用,通常仅用于仪表或载荷不大的辅助传动装置中。

5.9 蜗杆蜗轮传动机构

蜗杆蜗轮机构用于传递空间交错轴之间的运动和动力,通常交错角 $\Sigma = 90°$。

5.9.1 蜗杆蜗轮的形成及传动特点

1. 蜗杆蜗轮的形成

蜗杆蜗轮机构是由交错轴斜齿圆柱齿轮机构演化而来的,如图 5-43 所示,在一对交错角 $\Sigma = 90°$,两轮旋向相同的交错轴斜齿轮机构中,如果一个小齿轮齿数 z_1 很少,螺旋角 β_1 很大,则轮齿在径向尺寸较小而轴向尺寸又相对较大的分度圆柱面上形成完整的螺旋线,致使齿轮形同螺杆,故称为蜗杆。与之啮合的大齿轮,其螺旋角 β_2 较小, $\beta_2 = 90° - \beta_1$, 齿数 z_2 很多,分度圆直径 d_2 较大且轴向宽度 b_2 较短,称为蜗轮。

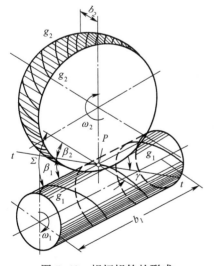

图 5-43 蜗杆蜗轮的形成

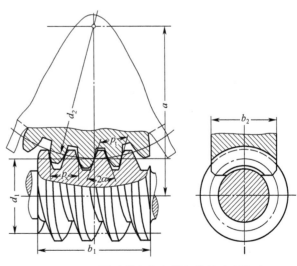

图 5-44 阿基米德蜗杆蜗轮机构的啮合传动

由上述演化而来的蜗杆蜗轮传动机构仍然是点接触的啮合传动，传递不了很大的动力，只是传动比较大而已。为了改善啮合状况，可将蜗轮分度圆柱面的直母线作成弧形，使其部分地包住蜗杆（图5-44）。同时选用与蜗杆形状和参数相同的滚刀（为了加工出顶隙，滚刀外径比蜗杆外径大两个顶隙值）来切制蜗轮，这样就可将点接触变为线接触，从而达到改善磨损，提高齿面接触强度，传递较大动力的目的。

2. 蜗杆蜗轮传动机构的主要特点

（1）传动比大，结构紧凑。因为通常 $z_1 = 1 \sim 4$，而 z_2 可以较多，因此与其他传动相比，速比较大，结构非常紧凑。

（2）冲击小、噪声低、传动平稳。蜗杆蜗轮的啮合传动具有螺旋机构的特点，如同螺杆与螺母，几乎没有噪声，传动平稳性高。

（3）反行程易自锁。对于蜗杆导程角 γ_1 小于啮合轮齿间当量摩擦角的蜗杆蜗轮传动，当以蜗轮为主动件时，将无法使从动蜗杆转动，机构出现自锁。反行程具有自锁性的蜗杆蜗轮传动常常用于起重装置或其他需要自锁的场合。

（4）磨损大、效率低。由于齿面间不可避免地存在较大的滑动速度，因此不仅易发热、磨损，而且功耗大、效率低，尤其是反行程具有自锁的蜗杆蜗轮传动，通常效率小于50%。所以设计时蜗轮常用昂贵的减摩材料制造，成本较高。

蜗杆蜗轮传动机构的种类很多，其中最常用的是阿基米德蜗杆蜗轮传动，下面仅对这种蜗杆蜗轮传动作一简单介绍。

5.9.2 蜗杆蜗轮机构的啮合传动

1. 正确啮合条件

如图5-44所示为一阿基米德蜗杆蜗轮机构的啮合传动。通过蜗杆轴线并垂直于蜗轮轴线所作的平面称为中间平面，在该平面内蜗杆蜗轮机构的啮合传动相当于一对标准齿条与齿轮的啮合传动，因此蜗杆与蜗轮的正确啮合条件为：在中间平面内蜗杆的轴面模数 m_{x1} 和压力角 α_{x1} 应分别与蜗轮的端面模数 m_{t2} 和压力角 α_{t2} 相等，且均为标准值 m 和 α，即

$$m_{x1} = m_{t2} = m, \alpha_{x1} = \alpha_{t2} = \alpha$$

当蜗杆与蜗轮轴线的交错角 $\Sigma = \beta_1 + \beta_2 = 90°$ 时，由于蜗杆的导程角 $\gamma_1 = 90° - \beta_1$，故蜗杆的导程角 γ_1 等于蜗轮的螺旋角 β_2，且旋向相同。

2. 传动比

因为蜗杆蜗轮机构是由交错角 $\Sigma = 90°$ 的交错轴斜齿圆柱齿轮机构演化而来的，所以其传动比为

$$i_{12} = \frac{\omega_1}{\omega_2} = \frac{z_2}{z_1} = \frac{d_2 \cos\beta_2}{d_1 \cos\beta_1} = \frac{d_2 \cos\gamma_1}{d_1 \sin\gamma_1} = \frac{d_2}{d_1 \tan\gamma_1} \quad (5-57)$$

蜗杆蜗轮的转动方向不仅可以按照交错轴斜齿轮机构来判断，还可以通过螺杆与螺母的相对运动来判断，即当右旋或左旋螺杆转动时，只需看螺母是前进还是后退便可得知蜗轮的回转方向。

5.9.3 蜗杆蜗轮传动机构的主要参数及几何尺寸

1. 基本参数

1) 齿数

蜗杆的齿数 z_1 称为头数,从端面上看如果只有一条螺纹线称为单头,若有两条螺纹线称为双头,依此类推。一般可取 $z_1 = 1 \sim 10$,推荐取 $z_1 = 1, 2, 4, 6$。当要求传动比大或反行程自锁时,z_1 取小值;如果要求具有较高的传动效率或传动速度时,z_1 应取大值。蜗轮的齿数 z_2 可通过传动比及选定的 z_1 计算而得。对于动力传动,推荐 $z_2 = 29 \sim 70$。

2) 模数

蜗杆的模数系列与齿轮的模数系列有所不同,如表 5-8 所列。

表 5-8 蜗杆模数 m 值

第一系列	1,1.25,1.6,2,2.5,3.15,4,5,6.3,8,10,12.5,16,20,25,31.5,40
第二系列	1.5,3,3.5,4.5,5.5,6,7,12,14
注:摘自 GB/T 10088—1988,优先采用第一系列	

3) 压力角

GB/T 10087—1988 规定,阿基米德蜗杆的压力角 $\alpha = 20°$。在动力传动中,允许增大压力角,推荐 $\alpha = 25°$;在分度传动中,允许减少压力角,推荐 $\alpha = 15°$ 或 $12°$。

4) 蜗杆分度圆直径

因为加工蜗轮所采用的滚刀分度圆直径,必须和蜗轮相配的蜗杆分度圆直径相等,因此 GB/T 10087—1988 规定了蜗杆分度圆直径 d_1 与模数及头数的匹配系列值,如表 5-9 所列。

表 5-9 蜗杆的基本参数

m	z_1	d_1	m	z_1	d_1	m	z_1	d_1	m	z_1	d_1
1	1	18			(28)			(50)			(90)
1.25	1	16	3.15	1,2,4	(35.5)	6.3	1,2,4	63	12.5	1,2,4	112
		22.4			(45)			(80)			(140)
1.6	1,2,4	20		1	56		1	112		1	200
	1	28			(31.5)			(63)			(112)
2	1,2,4	18	4	1,2,4	40	8	1,2,4	80	16	1,2,4	140
		22.4			(50)			(100)			(180)
		(28)		1	71		1	140		1	250
	1	35.5			(40)			71			(140)
2.5		(22.4)	5	1,2,4	50	10	1,2,4	90	20	1,2,4	160
	1,2,4	28			(63)			(112)			(224)
		(35.5)		1	90		1	160		1	315
	1	45									
注:模数和直径的单位为mm,括号内的数字可能不采用											

2. 几何尺寸计算

蜗杆蜗轮传动的几何尺寸，如齿顶高、齿根高、齿顶圆直径和齿根圆直径，都可按照直齿轮的公式计算，但顶隙系数 $c^* = 0.2$。为了方便计算，表 5-10 列出了阿基米德蜗杆蜗轮机构的几何尺寸计算公式。

表 5-10 阿基米德蜗杆蜗轮机构的几何尺寸计算

名　称	符　号	蜗　杆	蜗　轮
齿顶高	h_a	$h_{a1} = h_{a2} = h_a^* m$	
齿根高	h_f	$h_{f1} = f_{f2} = (h_a^* + c^*)m$	
全齿高	h	$h_1 = h_2 = (2h_a^* + c^*)m$	
分度圆直径	d	d_1 从表 5-9 中选取	$d_2 = mz_2$
齿顶圆直径	d_a	$d_{a1} = d_1 + 2h_{a1}$	$d_{a2} = d_2 + 2h_{a2}$
齿根圆直径	d_f	$d_{f1} = d_1 - 2h_{f1}$	$d_{f2} = d_2 - 2h_{f2}$
蜗杆导程角	γ	$\gamma = \arctan\left(\dfrac{z_1 m}{d_1}\right)$	
蜗轮螺旋角	β_2		$\beta_2 = \gamma$
节圆直径	d'	$d_1' = d_1$	$d_2' = d_2$
中心距	a	$a = \dfrac{1}{2}(d_1 + d_2)$	

5.10 圆锥齿轮机构

5.10.1 圆锥齿轮机构传动的特点及应用

圆锥齿轮机构用于传递两相交轴之间的运动和动力。两轴间的交角 Σ 可根据需要任意选取，一般机械中多采用 $\Sigma = 90°$，如图 5-45 所示。圆锥齿轮与圆柱齿轮不同之处在于轮齿分布在截圆锥体的锥面上，因此对应于圆柱齿轮中的各有关圆柱，在圆锥齿轮中则变为相应的圆锥；而且齿形自大端向锥顶方向逐渐收敛，从而使圆锥齿轮大端与小端的参数不同，为了便于计算和测量，通常规定圆锥齿轮大端的参数为标准值，大端模数如表 5-11 所列，压力角一般取为 20°，其尺寸按大端计算。

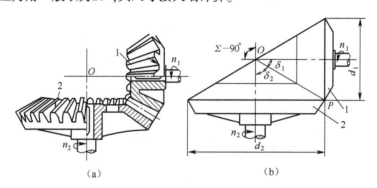

图 5-45 圆锥齿轮机构

表 5-11　锥齿轮模数(GB 12368—1990)　　　　　　　　　　　　　　　(mm)

…	1	1.125	1.25	1.375	1.5	1.75	2	2.25	2.5	2.75	3
3.25	3.5	3.75	4	4.5	5	5.5		6	6.5	7	8
9	10	11	12	14	16	18		20	…		

圆锥齿轮机构按两轮的啮合形式不同,可分为外啮合、内啮合及平面啮合三种类型,分别如图 5-46(a)、(b)、(c)所示。根据圆锥齿轮轮齿的齿廓曲面与其节圆锥面交线(称为节锥齿线)的形状,又可将圆锥齿轮分为直齿圆锥齿轮、斜齿圆锥齿轮和曲齿圆锥齿轮。其中直齿圆锥齿轮机构便于设计、制造和安装,因此应用最为广泛;斜齿圆锥齿轮机构很少应用;曲齿圆锥齿轮机构由于传动平稳,承载能力高,常用于高速、重载的场合,但是由于设计、制造比较复杂,其理论已超出本课程范围,故本节仅介绍直齿圆锥齿轮机构。

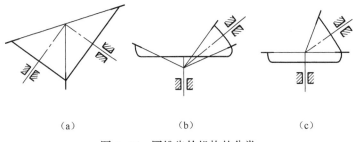

　　(a)　　　　　　　　(b)　　　　　　　　(c)

图 5-46　圆锥齿轮机构的分类

5.10.2　直齿圆锥齿轮齿廓的形成

一对圆锥齿轮的啮合运动相当于一对节圆锥作纯滚动,如图 5-45(b)所示。两节圆锥的切线 OP 是相对速度瞬心轴,两节圆锥的相对运动为绕锥顶 O 的球面运动。因此圆锥齿轮的共轭齿廓必然是同球面的曲线,从理论上讲圆锥齿轮的齿廓曲线是球面渐开线,其形成原理如下:

如图 5-47 所示,一圆平面 S 与一基圆锥切于 OP,且该圆平面的半径 R' 等于基圆锥的锥距 R(即 OP);圆心 O 与锥顶重合。当圆平面 S 绕基圆锥纯滚动时,该圆面外圆上任一点 B 在空间展成一条渐开线 AB,因为该渐开线上任一点到锥顶的距离均为 R,所以渐

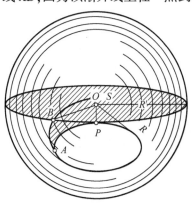

图 5-47　圆锥齿轮齿廓曲线的形成

开线 AB 必在以 O 为圆心,以 R 为半径的球面上,故直齿圆锥齿轮大端的齿廓曲线从理论上讲为球面渐开线。直齿圆锥齿轮的理论齿廓曲面是由以锥顶 O 为圆心,半径不同的球面渐开线所组成的。

5.10.3 直齿圆锥齿轮的背锥及当量齿轮

由于理论上形成的球面渐开线不能展成平面,这将给圆锥齿轮传动的设计和制造带来许多困难,因此为了便于应用,工程上采用近似的平面曲线来代替球面渐开线。

如图 5-48 所示为一标准直齿圆锥齿轮的轴向剖面图。OAB 代表大端的分度圆锥。过大端上的点 A 作 $AO_1 \perp AO$ 并与其轴线交于点 O_1,以 OO_1 为轴线、以 AO_1 为母线作一圆锥,此圆锥因锥向相反故称为背锥(辅助圆锥)。显然,背锥与球面相切于圆锥齿轮大端分度圆上。将大端球面渐开线齿廓向背锥上投影,得点 E' 和 F',由图可见 $\overline{E'F'}$ 和 $\widehat{EF}$ 相差甚小。当球面半径(锥距 R)与齿轮模数 m 的比值大于 30 时,背锥面与球面将更加贴近,球面渐开线 $\widehat{EF}$ 与它在背锥上的投影 $\overline{E'F'}$ 将相差更小。由于背锥能展成平面,因此可以把球面渐开线在背锥上的投影近似地作为圆锥齿轮的齿廓,这将方便于圆锥齿轮的设计和制造。

如将两轮的背锥展成平面,可得半径分别为各自背锥锥距的一对扇形齿轮,如图 5-49 所示。其模数、压力角、齿顶高和齿根高分别等于圆锥齿轮大端的模数 m、压力角 α、齿顶高 h_a 和齿根高 h_f。

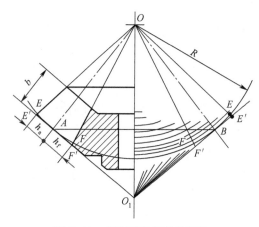

图 5-48 直齿圆锥齿轮的背锥

设想将这对扇形齿轮补成一个完整的直齿圆柱齿轮,则两轮的原有齿数 z_1、z_2 将增至为 z_{v1}、z_{v2}。把齿数为 z_{v1}、z_{v2} 的虚拟直齿圆柱齿轮称为圆锥齿轮的当量齿轮,z_{v1}、z_{v2} 称为圆锥齿轮的当量齿数。由图 5-49 可知:

$$r_{v1} = \overline{O_1P} = \frac{r_1}{\cos\delta_1} = \frac{mz_1}{2\cos\delta_1}$$

又由当量齿轮可知:

$$r_{v1} = \frac{mz_{v1}}{2}$$

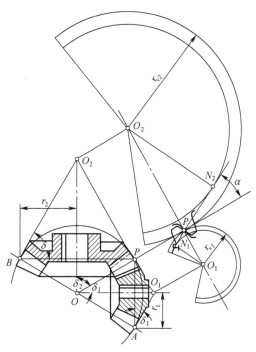

图 5-49 圆锥齿轮的当量齿轮

故得

$$z_{v1} = \frac{z_1}{\cos\delta_1}$$

对于任一圆锥齿轮有

$$z_v = \frac{z}{\cos\delta} \tag{5-58}$$

式中：δ 为圆锥齿轮的分度圆锥角；z_v 通常不为整数，因为当量齿数是虚拟的故不必圆整。

引进当量齿轮的概念后，不仅圆锥齿轮的齿形可以近似地用当量齿轮来代替，而且可以将直齿圆柱齿轮的某些理论和计算公式直接地运用到圆锥齿轮上。例如，用仿形法加工直齿圆锥齿轮时，可按当量齿数来选择铣刀号码；在校核圆锥齿轮的齿根弯曲疲劳强度时，也是按当量齿数来查取齿形系数。此外，直齿圆锥齿轮不发生根切的最少齿数 z_{min} 可根据当量齿轮的最少齿数 z_{vmin} 来换算，即

$$z_{min} = z_{vmin}\cos\delta \tag{5-59}$$

5.10.4 直齿圆锥齿轮的啮合传动

由于圆锥齿轮的啮合传动可以通过当量齿轮的啮合传动来研究，因此圆柱齿轮传动的一些结论完全适用于圆锥齿轮传动。

1. 正确啮合条件

一对圆锥齿轮的正确啮合条件为：两个当量齿轮的模数和压力角分别相等，亦即两圆锥齿轮的大端模数和压力角分别相等，且均为标准值。对于标准直齿圆锥齿轮传动，还应保证两轮的锥距相等，锥顶重合。

2. 连续传动条件

重合度大于等于1,为一对直齿圆锥齿轮啮合的连续传动条件。重合度的计算可按当量齿轮进行。

3. 传动比

一对直齿圆锥齿轮的传动比为

$$i_{12} = \frac{\omega_1}{\omega_2} = \frac{z_2}{z_1} = \frac{r_2}{r_1} = \frac{\sin\delta_2}{\sin\delta_1} \tag{5-60}$$

当轴交角 $\Sigma = \delta_1 + \delta_2 = 90°$ 时,则有

$$i_{12} = \frac{\sin(90° - \delta_1)}{\sin\delta_1} = \cot\delta_1 = \tan\delta_2 \tag{5-61}$$

设计圆锥齿轮传动时,可根据已知的 Σ 和 i_{12},由式(5-61)求出两轮的分度圆锥角。

5.10.5 直齿圆锥齿轮的基本参数和几何尺寸

1. 基本参数

直齿圆锥齿轮传动的几何尺寸计算以大端为基准,大端模数应为标准值,按表 5-11 选取。国标规定压力角 $\alpha = 20°$,齿顶高系数 h_a^*、顶隙系数 c^* 规定如下:

对于正常齿:当 $m<1$mm 时,$h_a^* = 1$,$c^* = 0.25$

当 $m \geq 1$mm 时,$h_a^* = 1$,$c^* = 0.2$

对于短齿: $h_a^* = 0.8$,$c^* = 0.3$

2. 几何尺寸计算

根据国标规定,直齿圆锥齿轮传动现在多采用等顶隙圆锥齿轮传动。所谓等顶隙是指齿顶间隙值从大端到小端保持不变,如图 5-50 所示。因要求顶隙值不变,故两轮的齿顶圆锥母线各自平行于与之啮合传动的另一锥齿轮的齿根圆锥的母线,此时,两轮的分度圆锥与齿根圆锥的锥顶仍重合于一点,但两轮的齿顶圆锥的锥顶将不与分度圆锥锥顶重

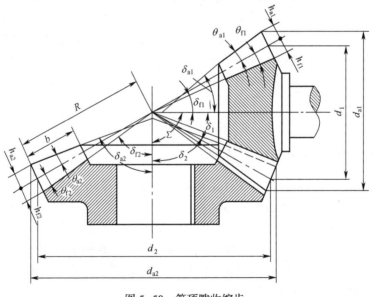

图 5-50 等顶隙收缩齿

合。这种传动的圆锥齿轮相当于降低了轮齿的小端高度,所以相对地提高了齿顶厚度,增加了齿顶强度。由于等顶隙传动可减短齿廓的实际工作段,因此不仅相对地加大了齿根圆角半径,有利于提高刀具的寿命,而且还可减少齿根处的应力集中,提高轮齿的承载能力。另外,等顶隙还有利于存储润滑油。综合上述优点,等顶隙传动的应用日益广泛。

锥齿轮传动的主要几何尺寸计算公式如表 5-12 所列。

表 5-12 标准直齿圆锥齿轮机构几何尺寸计算公式($\Sigma=90°$)

名称	代号	计算公式 小齿轮	计算公式 大齿轮
分度圆锥角	δ	$\delta_1 = \arctan(z_1/z_2)$	$\delta_2 = 90°-\delta_1$
齿顶高	h_a	$h_a = h_a^* m = m$	
齿根高	h_f	$h_f = (h_a^* + c^*)m = 1.2m$	
齿全高	h	$h + h_a + h_f = (2h_a^* + c^*)m$	
顶隙	c	$c = c^* m$(一般取 $c^* = 0.2$)	
分度圆直径	d	$d_1 = mz_1$	$d_2 = mz_2$
齿顶圆直径	d_a	$d_{a1} = d_1 + 2h_a\cos\delta_1$	$d_{a2} = d_2 + 2h_a\cos\delta_2$
齿根圆直径	d_f	$d_{f1} = d_1 - 2h_f\cos\delta_1$	$d_{f2} = d_2 - 2h_f\cos\delta_2$
锥距	R	$R = \dfrac{m}{2}\sqrt{z_1^2 + z_2^2}$	
齿顶角	θ_a	不等顶隙收缩齿:$\theta_{a1} = \theta_{a2} = \arctan(h_a/R)$	
		等顶隙收缩齿:$\theta_{a1} = \theta_{f2}$;$\theta_{a2} = \theta_{f1}$	
齿根角	θ_f	$\tan\theta_f = h_f/R$	
齿顶圆锥角	δ_a	$\delta_{a1} = \delta_1 + \theta_{a1}$	$\delta_{a2} = \delta_2 + \theta_{a2}$
齿根圆锥角	δ_a	$\delta_{f1} = \delta_1 - \theta_{f1}$	$\delta_{f2} = \delta_2 - \theta_{f2}$
分度圆齿厚	s	$s = \pi m/2$	
当量齿数	z_v	$z_{v1} = z_1/\cos\delta_1$	$z_{v2} = z_2/\cos\delta_2$
齿宽	b	$B \leqslant R/3$(取整)	

思考题与习题

5-1 欲使一对齿轮的传动比在各个瞬时保持不变,其齿廓应符合什么条件?

5-2 渐开线的形成及其特性?

5-3 以渐开线作为齿廓曲线有什么优点?

5-4 渐开线直齿圆柱齿轮有哪些基本参数?m、α、h_a^*、c^* 都是标准值的齿轮就一定是标准齿轮吗?各个基本参数对齿廓的大小和形状有什么影响?

5-5 分度圆与节圆,压力角与啮合角有何区别?

5-6 一对渐开线齿廓的齿轮传动其正确啮合条件是什么?顶隙及齿侧间隙的用途及获得的方法。

5-7 何谓重合度?重合度的大小与哪些参数有关?

5-8 渐开线齿廓为何发生根切?如何避免?

5-9 何谓标准齿轮？何谓变位齿轮？正变位和负变位齿轮与标准齿轮相比哪些尺寸相同？哪些尺寸不同？大小如何？

5-10 正传动与正变位,负传动与负变位有无区别？

5-11 如果要求实际中心距大于标准中心距,能否利用渐开线的可分性来代替正传动？

5-12 斜齿圆柱齿轮与直齿圆柱齿轮有何区别？斜齿圆柱齿轮几何尺寸如何计算？

5-13 什么是斜齿圆柱齿轮的当量齿轮？为什么要提出当量齿轮的概念？

5-14 增大斜齿圆柱齿轮的重合度可采取哪些措施？

5-15 试比较斜齿圆柱齿轮与直齿圆柱齿轮的传动特点。

5-16 怎样理解蜗杆也是斜齿轮？它的参数与斜齿轮的关系？

5-17 斜齿轮传动、蜗杆传动和圆锥齿轮传动的正确啮合条件是什么？

5-18 圆锥齿轮的理论齿廓曲线是什么？其背锥和当量齿轮说明什么问题？为何取大端模数为标准值？

5-19 已知一渐开线,其基圆半径 $r_b = 65mm$,当展角 $\theta_k = 2°$ 时,求向径 r_b、k 点处的压力角 α_k 及曲率半径值。

5-20 今测得一标准直齿圆柱齿轮的齿顶圆直径 $d_a = 208mm$,齿根圆直径 $d_f = 172mm$,齿数 $z = 24$,试求该齿轮的模数 m 及齿顶高系数 h_a^*。

5-21 一压力角 $\alpha = 20°$,齿顶高系数 $h_a^* = 1$ 的标准直齿圆柱齿轮,当齿根圆与基圆重合时,齿数为多少？又当齿数大于所求齿数时,其齿根圆与基圆哪个大？

5-22 一个渐开线标准直齿圆柱齿轮的 $z = 26, m = 3mm, h_a^* = 1, \alpha = 20°$。试求齿廓曲线在齿顶圆及分度圆上的曲率半径及其压力角。

5-23 已知一对渐开线标准外啮合直齿圆柱齿轮传动,传动比 $i_{12} = 2.5, h_a^* = 1, m = 10mm, \alpha = 20°$。试计算两轮的分度圆半径、基圆半径、齿顶圆半径、齿根圆半径、分度圆齿厚及齿槽宽。

5-24 已知一对外啮合标准直齿圆柱齿轮,标准中心距 $a = 160mm, z_1 = 20, z_2 = 60$,试求此两齿轮的模数和分度圆半径。若两轮的中心距比标准中心距加大 1mm 安装,试求其啮合角 α' 及此二齿轮的法节 p_n。

5-25 已知一对外啮合标准直齿圆柱齿轮的齿数 $z_1 = 30, z_2 = 40, m = 20mm, h_a^* = 1$。当实际中心距 $a' = 725mm$ 时,试求其啮合角 α' 及两轮的节圆半径 r_1', r_2'。

5-26 已知一对渐开线标准外啮合直齿圆柱齿轮传动,$m = 4mm, z_1 = 20, z_2 = 40, h_a^* = 1, \alpha = 20°$。试用作图法简捷地求重合度 ε_α。

5-27 一对渐开线标准外啮合直齿圆柱齿轮,已知 $z_1 = 19, z_2 = 42, m = 5mm, \alpha = 20°$,正常齿制,按标准中心距安装,试求其重合度 ε_α。

5-28 有三个正常齿制且 $\alpha = 20°$ 的标准直齿圆柱齿轮,它们的模数和齿数分别为 $m_1 = 2mm, z_1 = 20; m_2 = 2mm, z_2 = 50; m_3 = 5mm, z_3 = 20$。试说明这三个齿轮的齿形(指渐开线齿廓的弯曲程度、齿高、齿厚)有何不同？可以用同一把滚刀加工吗？为什么？

5-29 一对直齿圆柱齿轮传动,主动轮逆时针转动,设已知两轮的齿顶圆、齿根圆、基圆和中心距,试作图给出理论啮合线 $N_1 N_2$、实际啮合线 $B_1 B_2$、啮合角 α'。

5-30 有一对使用日久磨损严重的标准齿轮需要修复,已知 $z_1 = 24, z_2 = 96, m =$

$4\text{mm}, \alpha = 20°, h_a^* = 1$,按磨损情况看,大齿轮的外径要减少 2mm,在维持中心距不变的情况下,应采用何种变位齿轮传动为好? 试计算修复后的大齿轮几何尺寸和新配的小齿轮的几何尺寸。

5-31 如题 5-31 图所示为两对齿轮啮合,已知 $z_1 = 16, z_3 = 17, z_2 = z_4 = 30$,模数 $m = 3\text{mm}$,应如何用变位修正的方法来满足。

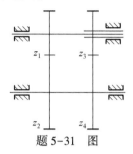

题 5-31 图

5-32 一齿条型刀具 $m = 6\text{mm}, \alpha = 20°, h_a^* = 1$,刀具在范成中的移动速度 $v = 1\text{mm/s}$。

(1) 欲切制 $z = 14$ 的标准齿轮,问:刀具齿廓中线与轮坯中心的距离应是多少? 轮坯的角速度应是多少? 所得齿轮有无根切?

(2) 切制同齿数的变位齿轮,$x = 0.3$,问:刀具齿廓中线与轮坯中心的距离应是多少? 轮坯的角速度应是多少? 所得齿轮有无根切?

5-33 已知一对标准斜齿圆柱齿轮传动,$z_1 = 18, z_2 = 36, m_n = 2.5\text{mm}, \alpha_n = 20°, h_{an}^* = 1, b = 20\text{mm}$,要求在中心距等于 70mm 时无侧隙啮合。

(1) 求螺旋角 β;
(2) 计算端面模数 m_t、端面压力角 α_t;
(3) 计算分度圆直径 d_1、d_2,齿顶圆直径 d_{a1}、d_{a2},基圆直径 d_{b1}、d_{b2};
(4) 求端面重合度 ε_α,轴面重合度 ε_β,总重合度 ε_γ;
(5) 求当量齿数 z_{v1}、z_{v2}。

5-34 有一对斜齿圆柱齿轮传动,已知 $m_n = 1.5, z_1 = z_2 = 18, \beta = 15°, \alpha_n = 20°, h_{an}^* = 1, c_n^* = 0.25, b = 14\text{mm}$,试求:

(1) 分度圆半径 r_1、r_2 及中心距 a;
(2) 重合度的增量。

5-35 试根据题 5-35 图所示各图给出的已知条件,判断蜗杆或蜗轮的转向(用箭头表示)或旋向。

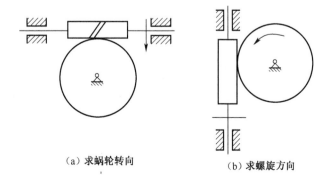

(a) 求蜗轮转向　　　　(b) 求螺旋方向

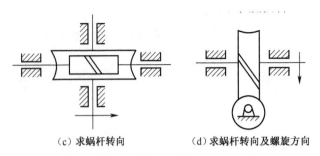

(c）求蜗杆转向　　　　　　（d）求蜗杆转向及螺旋方向

题 5-35 图

5-36 一蜗轮的齿数 $z_2 = 40, d_2 = 200\text{mm}$，与一单头蜗杆啮合，试求：
(1) 蜗轮端面模数 α_{t2} 及蜗杆轴面模数 m_{x1}；
(2) 蜗杆的轴面齿距 p_{x1} 及导程 l；
(3) 两轮的中心距 a；
(4) 蜗杆的导程角 γ_1、蜗轮的螺旋角 β_2。

5-37 有一对标准直齿圆锥齿轮传动，试问：
(1) 当 $z_1 = 14, z_2 = 30, \Sigma = 90°$ 时，小齿轮是否会发生根切？
(2) 当 $z_1 = 14, z_2 = 20, \Sigma = 90°$ 时，小齿轮是否会发生根切？

5-38 已知一对标准直齿圆锥齿轮的齿数 $z_1 = 15, z_2 = 30, m = 5\text{mm}, h_a^* = 1, \Sigma = 90°$。试确定这对圆锥齿轮的几何尺寸（按表 5-12）。

第6章 轮系及其设计

6.1 概 述

由一系列齿轮组成的齿轮传动系统称为轮系。

根据轮系中各齿轮轴线是否平行,可将轮系分为两类,即平面轮系和空间轮系。如图 6-1(a)所示为平面轮系,各轮的轴线都是相互平行的,即全部由圆柱齿轮组成的轮系;如图 6-1(b)所示为空间轮系,轮系中至少有一个轮的轴线与其他轮的轴线不平行,即轮系中含有圆锥齿轮或蜗杆传动。

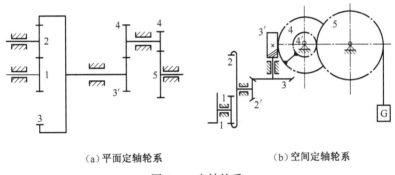

(a)平面定轴轮系　　　　　　(b)空间定轴轮系

图 6-1　定轴轮系

根据轮系运转时,其各个齿轮的轴线相对于机架的位置是否都是固定的,将轮系分为以下几类。

6.1.1 定轴轮系

轮系运转时,其各个齿轮的轴线相对于机架的位置都是固定的,这种轮系称为定轴轮系。如图 6-1 所示的轮系为定轴轮系。其中,图 6-1(a)为平面定轴轮系;图 6-1(b)为空间定轴轮系。

6.1.2 周转轮系

轮系在传动中,其中至少有一个齿轮的几何轴线的位置不固定,而是绕着其他齿轮的固定轴线回转,这种轮系称为周转轮系,如图 6-2 所示。

6.1.3 复合轮系

由定轴轮系和周转轮系或者由多个周转轮系组成的传动系统称为复合轮系,如图 6-3 所示。

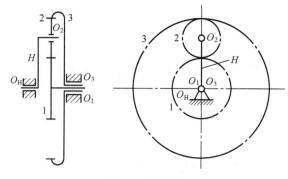

图 6-2 周转轮系

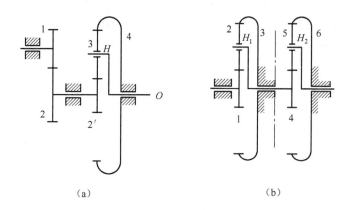

图 6-3 复合轮系

6.2 定轴轮系的传动比

在轮系中,输入轴与输出轴的角速度(或转速)之比称为轮系的传动比。若轮系中首轮 1 的角速度为 ω_1(转速为 n_1),末轮 k 的角速度为 ω_k(转速为 n_k),轮系的传动比用 i_{1k} 表示,则

$$i_{1k} = \frac{\omega_1}{\omega_k} = \frac{n_1}{n_k} \tag{6-1}$$

另外,计算轮系的传动比时,不仅要计算它的大小,还要确定两轴的相对转动方向(即输入轮与输出轮的转向关系)。

6.2.1 平面定轴轮系

1. 传动比的计算

为了计算轮系的传动比,先来讨论一对圆柱齿轮的传动比。如图 6-4(a)所示为一对外啮合圆柱齿轮传动,如图 6-4(b)所示为一对内啮合圆柱齿轮传动。设轮 1 为主动轮,轮 2 为从动轮,$\omega_1(n_1)$、$\omega_2(n_2)$ 分别为主、从动轮的角速度(转速),z_1、z_2 为主、从动轮的齿数,i_{12} 表示主动轮 1 与从动轮 2 的传动比,则考虑方向的传动比公式为

$$i_{12} = \frac{\omega_1}{\omega_2} = \frac{n_1}{n_2} = \pm \frac{z_2}{z_1} \tag{6-2}$$

式中：等号右边的"±"号表示两圆柱齿轮的相对转向。一对外啮合圆柱齿轮传动，两轮转向相反，取"-"号；一对内啮合圆柱齿轮传动，两轮转向相同，取"+"号。一对圆柱齿轮传动的相对转向也可用箭头在齿轮传动简图中直接标明，如图6-4所示。

以上结论可推广到平面定轴轮系的传动比计算。设齿轮 G 为主动轮，经过 m 次外啮合，传递到从动齿轮 K，则平面定轴轮系齿轮 G 至 K 间传动比数值计算的一般公式为

$$i_{GK} = \frac{\omega_G}{\omega_K} = \frac{n_G}{n_K} = (-1)^m \frac{\text{由齿轮 } G \text{ 至 } K \text{ 之间所有从动轮齿数的连乘积}}{\text{由齿轮 } G \text{ 至 } K \text{ 之间所有主动轮齿数的连乘积}} \tag{6-3}$$

式中：m 为在该轮系中外啮合齿轮的对数。

2. 主、从动轮转向关系的确定

（1）平面定轴轮系主、从动轮转向关系可由式(6-3)中的正负号来确定，为正值时，表示主、从动轮转向相同；为负值时，表示主、从动轮转向相反。

（2）平面定轴轮系各轮的相对转向也可以通过逐对齿轮标注箭头的方法来确定。

6.2.2 空间定轴轮系

1. 传动比的计算

空间定轴轮系的传动比的大小可用式(6-4)计算，各轮的相对转向，必须用画箭头的方法在图上标注出。

$$i_{GK} = \frac{\omega_G}{\omega_K} = \frac{n_G}{n_K} = \frac{\text{由齿轮 } G \text{ 至 } K \text{ 之间所有从动轮齿数的连乘积}}{\text{由齿轮 } G \text{ 至 } K \text{ 之间所有主动轮齿数的连乘积}} \tag{6-4}$$

2. 主、从动轮转向关系的确定

空间定轴轮系由于齿轮的几何轴线不都平行，因而需要在图上用箭头来表示各轮的转向。在图6-4中，图6-4(a)为一对平行轴外啮合齿轮，其两轮转向相反，故用反向的箭头表示；图6-4(b)为一对平行轴内啮合齿轮，其两轮转向相同，故用同向的箭头表示；图6-4(c)为一对圆锥齿轮的啮合传动，在节点具有相同的速度，故表示转向的箭头或同时指向节点，或同时背离节点，图示两轮转向同时指向节点；图6-4(d)为蜗杆传动，蜗轮的转向不仅与蜗杆的转向有关，而且还与蜗杆的螺旋线方向有关，有关蜗轮转向的确定第5章已做过介绍，需采用"右手定则"来确定，蜗杆为右旋用右手，蜗杆为左旋用左手，图示蜗杆为右旋，伸出右手握拳四指与蜗杆转向相同，蜗轮转向与大拇指指向相反，即蜗轮顺时针方向旋转。

在空间定轴轮系中根据首、末两轮几何轴线是否平行可分以下两种情况讨论。

1）空间定轴轮系中首、末两轮几何轴线平行的情况

在如图6-5所示的空间定轴轮系中，包含有两对圆锥齿轮传动，此时需要在图上通过画箭头判断各轮转向。

在图6-5(a)中，通过画箭头确定末齿轮4转向与主动轮1转向相反，该轮系的传动比数值为负值，即为

$$i_{14} = \frac{n_1}{n_4} = -\frac{z_2 z_3 z_4}{z_1 z_{2'} z_{3'}}$$

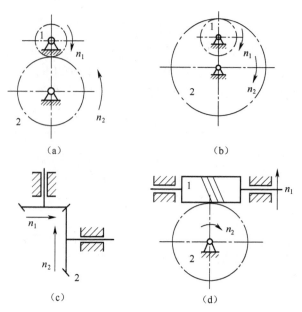

图 6-4 一对齿轮传动的转动方向

在图 6-5(b)中,通过画箭头确定末齿轮 5 转向与主动轮 1 转向相同,该轮系的传动比数值为正值,即为

$$i_{15} = \frac{n_1}{n_5} = \frac{z_2 z_3 z_4 z_5}{z_1 z_{2'} z_{3'} z_{4'}}$$

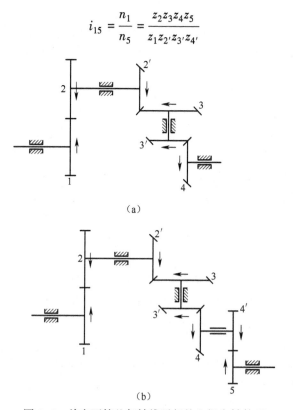

图 6-5 首末两轮几何轴线平行的空间定轴轮系

2) 空间定轴轮系中首、末两轮几何轴线不平行的情况

在如图 6-1(b) 所示的空间定轴轮系中,首、末两轮的几何轴线不平行,它们分别在两个不同的平面内转动,转向无相同或相反的问题,故不能在传动比计算的结果前加"±"号来表示主、从动轮之间的转向关系,其转向关系必须用画箭头的方法在图上逐一确定。

例 6-1 如图 6-1(b) 所示轮系,已知 $z_1 = 18, z_2 = 54, z_{2'} = 18, z_3 = 36, z_{3'} = 2, z_4 = 60, z_{4'} = 18$,而且蜗杆 3′ 是右旋蜗杆。当齿轮 1 旋转 500 圈时,齿轮 5 旋转 1 圈,试求齿轮 5 的齿数。当手柄顺时针转动时,试判断重物 G 是上升还是下降。

解:解题时,首先判断轮系的类型。该轮系是空间定轴轮系,所以采用式(6-4)来求解,齿轮 5 的转向要用画箭头的方法在图上标注出。

1. 求齿轮 5 的齿数

$$i_{15} = \frac{\omega_1}{\omega_k} = \frac{n_1}{n_k} = \frac{\text{所有从动轮齿数的连乘积}}{\text{所有主动轮齿数的连乘积}} = \frac{500}{1} = \frac{z_2 z_3 z_4 z_5}{z_1 z_{2'} z_{3'} z_{4'}} = \frac{54 \times 36 \times 60 \times z_5}{18 \times 18 \times 2 \times 18}$$

解方程,得 $z_5 = 50$

2. 判断方向

轮系各轮转向判断如图 6-6 所示,当手柄顺时针转动时,重物 G 向下运动。

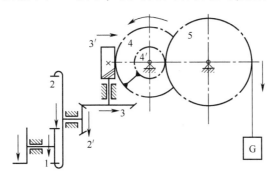

图 6-6 空间定轴轮系方向的判断

6.3 周转轮系的组成及传动比

6.3.1 周转轮系的组成

周转轮系由行星轮、行星架、太阳轮等组成,如图 6-7(a)、(b) 所示均为周转轮系。工作中齿轮 2 的几何轴线是不固定的,它既绕其轴线 O_2 自转,同时还随着支持它的构件 H 绕轴线 O_H 公转,这种既作自转又作公转的齿轮称为行星轮;支持行星轮并带动其公转的构件 H 称为行星架或转臂;与行星轮 2 相啮合,且作定轴转动的齿轮 1,3 称为太阳轮(或中心轮)。由于太阳轮 1,3 和行星架 H 的回转轴线的位置均固定且重合,通常以它们作为运动的输入或输出构件,因而将它们称为周转轮系的基本构件。必须注意的是,行星架的固定轴线与太阳轮的几何轴线必须重合,否则不能运动。

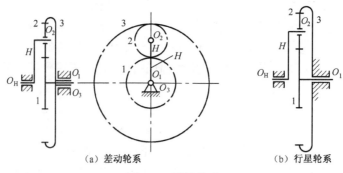

(a) 差动轮系　　　　　　(b) 行星轮系

图 6-7　周转轮系

6.3.2　周转轮系的分类

1. 根据周转轮系所具有的自由度数目的不同，可将周转轮系分为两类

(1) 差动轮系。自由度为 2 的周转轮系称为差动轮系，该轮系需要 2 个原动件才能具有确定的运动，如图 6-7(a) 所示。

(2) 行星轮系。自由度为 1 的周转轮系称为行星轮系，该轮系要有确定的运动需要 1 个原动件，如图 6-7(b) 所示，行星轮系中必有一个太阳轮是固定的。

2. 根据组成周转轮系的齿轮是否为圆柱齿轮，也可将周转轮系分为两类

(1) 平面周转轮系。由圆柱齿轮组成的周转轮系为平面周转轮系，如图 6-7 所示。

(2) 空间周转轮系。由圆锥齿轮组成的周转轮系为空间周转轮系，如图 6-8 所示。

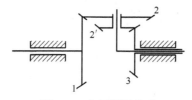

图 6-8　空间周转轮系

3. 根据周转轮系基本构件的不同，还可将周转轮系分为以下几类

(1) 2K-H 型周转轮系。符号 K 表示太阳轮，H 为行星架，它由 2 个太阳轮(2K)，1 个行星架(H)和行星轮组成，是应用最为广泛的周转轮系。如图 6-9(a) 为单排形式，图 6-9(b)、(c) 为双排形式。

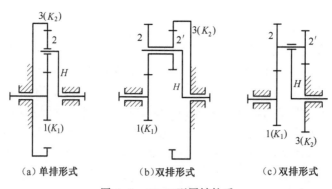

(a) 单排形式　　　　(b) 双排形式　　　　(c) 双排形式

图 6-9　2K-H 型周转轮系

（2）3K 型周转轮系。如图 6-10 所示为具有 3 个太阳轮的周转轮系,由于在该轮系中,基本构件是 3 个太阳轮(3K),行星架 H 只起支持行星轮的作用,而不起传力作用,故在轮系的型号中不含"H"。

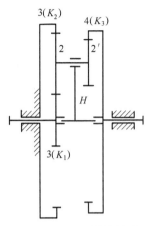

图 6-10 3K 型周转轮系

（3）K-H-V 型周转轮系。这种轮系由 1 个太阳轮(K)、1 个行星架(H)、输出机构(V)和行星轮组成,其运动是通过等角速机构由 V 轴输出,如图 6-11 所示。

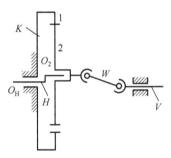

图 6-11 K-H-V 型周转轮系

6.3.3 周转轮系传动比的计算

1. 周转轮系传动比计算的基本方法

周转轮系与定轴轮系的根本区别在于周转轮系中存在转动行星架,使得行星轮既自转又公转,故周转轮系的传动比不能直接用定轴轮系传动比的计算方法来计算,而应采用"反转法"或称为"转化机构法"来解决周转轮系的传动比计算问题。这种方法的基本思想是将周转轮系转化为一个假想的定轴轮系。根据相对运动原理,假设给整个周转轮系,如图 6-12(a)所示加上与行星架 H 的转速大小相等而方向相反的转速 $-n_H$（n_H 为行星架 H 的转速),这时各构件间的相对运动关系并未改变,而行星架 H 则相对静止不动,所有齿轮几何轴线的位置全部固定,原来的周转轮系变成了一个假想的定轴轮系,如图 6-12(b)所示,通常称这一假想定轴轮系为原周转轮系的转化机构。

上述方法也称为相对速度法。由于周转轮系的转化机构是一个定轴轮系,因此可根据定轴轮系传动比的计算方法来解决周转轮系的传动比计算问题。周转轮系与转化机构中各构件转速的对比表如表6-1所列。

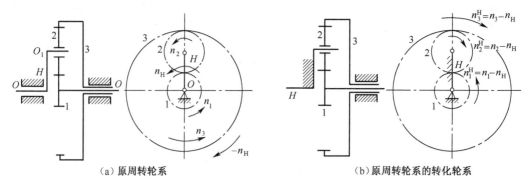

（a）原周转轮系　　　　　　　　　　　（b）原周转轮系的转化轮系

图6-12　周转轮系的转化机构

表6-1　周转轮系与转化机构中各构件转速的对比表

构　件	原有转速	在转化机构中的转速（相对于行星架H的转速）
齿轮1	n_1	$n_1^H = n_1 - n_H$
齿轮2	n_2	$n_2^H = n_2 - n_H$
齿轮3	n_3	$n_3^H = n_3 - n_H$
行星架H	n_H	$n_H^H = n_H - n_H = 0$

2. 周转轮系传动比的计算公式

既然周转轮系的转化机构是一定轴轮系，因而可对图6-12列出由齿轮1至齿轮3的传动比计算公式：

$$i_{13}^H = \frac{n_1^H}{n_3^H} = \frac{n_1 - n_H}{n_3 - n_H} = -\frac{z_2 z_3}{z_1 z_2} = -\frac{z_3}{z_1} \tag{6-5}$$

式中：i_{13}^H表示转化机构的传动比，即轮1与轮3相对于行星架H的传动比。在式(6-5)中，齿轮2与齿轮1啮合时是从动轮，而与齿轮3啮合时又是主动轮，我们把齿轮2称为惰轮或过桥轮，惰轮的齿数对轮系传动比的数值没有影响，但却起着改变轮系转动方向的作用。所以式(6-5)中"-"号表示齿轮1与齿轮3在转化机构中的转向相反。

现将式(6-5)推广到一般情形。若轮系中任意两轮G、K的转速分别为n_G、n_K，行星架H的转速为n_H，若轮G为主动时，则有

$$i_{GK}^H = \frac{n_G^H}{n_K^H} = \frac{n_G - n_H}{n_K - n_H} = \pm \frac{\text{转化轮系中由齿轮}G\text{至}K\text{之间各从动轮齿数的乘积}}{\text{转化轮系中由齿轮}G\text{至}K\text{之间各主动轮齿数的乘积}}$$

$$\tag{6-6}$$

式中：当给定n_G、n_K、n_H三者中的任意两个参数，即可求得另外一个未知参数。由此可见，式(6-6)可用来求解周转轮系中各基本构件的绝对速度或任意两基本构件间的传动比。

3. 应用周转轮系传动比计算公式须注意的问题

（1）应用公式(6-6)时，应视G为起始主动轮，K为最末从动轮，中间各轮的主从关系应按这一假定去判别。

（2）注意区分i_{GK}和i_{GK}^H，i_{GK}是周转轮系中两轮真实的传动比，i_{GK}^H是假想的转化机

构中两轮的传动比。

(3) 因为只有两轴平行时,两轴转速才能相加,所以式(6-6)只适用于齿轮G、K和行星架H的轴线相互平行的场合。对于图6-8空间周转轮系,齿轮2几何轴线与行星架H的几何轴线不平行,因而$n_2^H \neq n_2 - n_H$。

(4) 当转化机构中齿轮G和齿轮K转向相同时,i_{GK}^H取"+";转向相反时,i_{GK}^H取"-"。齿轮G和齿轮K的具体转向用画箭头的方法来确定。

(5) n_G、n_K、n_H是周转轮系中各基本构件的真实转速,对于差动轮系在三个基本构件中,必须有两个基本构件的运动规律已知,机构才有确定的运动。若已知n_G、n_K、n_H三者中的任意两个参数,即可求得另外一个未知参数,从而求出周转轮系的三个基本构件中任意两个构件间的传动比。当已知的两个基本构件的转速方向相反时,在代入式(6-6)求解时,必须将主动轮转速代正值,另一个转速代负值,第三个构件的转速其转向要根据计算结果的正负号来确定,为正说明该轮转向与主动轮转向相同,为负说明该轮转向与主动轮转向相反。

(6) 如果是行星轮系,则n_G、n_K中必有一个为0(假设$n_K = 0$),则式(6-6)改写如下:

$$i_{GK}^H = \frac{n_G - n_H}{0 - n_H} = -i_{GH} + 1$$

即
$$i_{GH} = 1 - i_{GK}^H$$

例6-2 如图6-2所示周转轮系,已知各轮齿数$z_1 = 60$, $z_2 = 30$, $z_3 = 120$, $n_1 = 1\text{r/min}$, $n_3 = -1\text{r/min}$。求n_H及i_{1H}。

解:该轮系为差动轮系。根据式(6-6)得

$$i_{13}^H = \frac{n_1^H}{n_3^H} = \frac{n_1 - n_H}{n_3 - n_H} = -\frac{z_3}{z_1}$$

"-"表示转化轮系中轮1和轮3的转向相反。

$$\frac{1 - n_H}{-1 - n_H} = -\frac{120}{60} = -2$$

$$n_H = -\frac{1}{3}$$

$$i_{1H} = \frac{n_1}{n_H} = \frac{1}{-1/3} = -3$$

负号表示n_H与n_1转向相反。

例6-3 如图6-13所示的行星轮系为一个大传动比减速器。

(1) 已知各轮齿数$z_1 = 100$, $z_2 = 101$, $z_{2'} = 100$, $z_3 = 99$,求传动比i_{H1}。

(2) 若$z_1 = 99$,而其他齿轮齿数不变,求传动比i_{H1}。

解:(1) 图6-13为$2K$-H型大传动比行星轮系,齿轮2,2'为双联行星轮,H为行星架,齿轮1,3为太阳轮,因齿轮3固定不动,故$n_3 = 0$,根据式(6-6)得

$$i_{13}^H = \frac{n_1^H}{n_3^H} = \frac{n_1 - n_H}{n_3 - n_H} = \frac{n_1 - n_H}{0 - n_H} = 1 - i_{1H} = (-1)^2 \frac{z_3 z_2}{z_1 z_{2'}}$$

$$i_{1H} = 1 - \frac{z_2 z_3}{z_1 z_{2'}} = 1 - \frac{101 \times 99}{100 \times 100} = \frac{1}{10000}$$

$$i_{H1} = \frac{1}{i_{1H}} = 10000$$

n_1 与 n_H 转向相同。

（2）若 $z_1 = 99$，而其他齿数不变，有

$$i_{1H} = 1 - \frac{z_2 z_3}{z_1 z_{2'}} = 1 - \frac{101 \times 99}{99 \times 100} = -\frac{1}{100}$$

$$i_{H1} = \frac{1}{i_{1H}} = -100$$

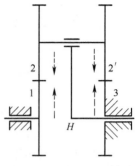

图 6-13 2K-H 型大传动比行星轮系

n_1 与 n_H 转向相反。

由此可见，同一种结构形式的行星轮系，只因变动其中一轮的一个齿数，不仅影响轮系传动比的大小，而且转动方向也将发生变化。该例题说明，周转轮系可获得很大的传动比，但必须指出这种轮系的传动效率很低。

例 6-4 如图 6-14 所示差动轮系，已知 $z_1 = z_3$，$n_1 = 80\text{r/min}$，$n_3 = 20\text{r/min}$，设 n_1、n_3 转向相反。求行星架 H 的转速 n_H。

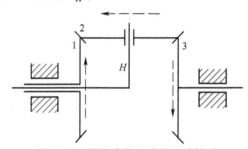

图 6-14 圆锥齿轮组成的差动轮系

解： 图 6-14 为空间差动轮系，太阳轮 1、3 几何轴线与行星架回转轴线平行，故可根据式（6-6）得

$$i_{13}^H = \frac{n_1 - n_H}{n_3 - n_H} = -\frac{z_3}{z_1} = -1$$

值得注意的是等式右边的"−"号，表示在转化机构中通过画箭头的方法确定中心轮 3 与 1 的转向相反。化简上式可得

$$2n_H = n_1 + n_3$$

上式说明，行星架 H 的转速是齿轮 1、3 速度的合成，这种轮系可用作和差运算。代入已知条件，因轮 1、3 转向相反，故设 n_1 为正，则 n_3 为负，得

$$n_H = \frac{n_1 + n_3}{2} = \frac{80 - 20}{2} = 30\text{r/min}$$

上式表明行星架 H 的转向与太阳轮 1 转向相同。

本例中行星轮 2 的轴线与行星架 H 的回转轴线不平行，故不能应用式（6-6）计算 n_2，即 $n_2^H \neq n_2 - n_H$，$i_{12}^H \neq \frac{n_1 - n_H}{n_2 - n_H}$。

6.4 复合轮系的传动比

6.4.1 复合轮系传动比的计算方法

在实际工程中除了广泛使用定轴轮系和单一的周转轮系外,还常常用到由定轴轮系和周转轮系组合而成的复合轮系,或由几个单一的周转轮系组合而成的复合轮系。

计算复合轮系传动比的基本方法如下:

(1) 首先进行轮系分析,确定复合轮系由几个基本轮系组成。将复合轮系中所包含的基本轮系作正确的划分,所谓的基本轮系指的是单一的定轴轮系或单一的周转轮系。在划分基本轮系时关键要找出各个单一的周转轮系,具体方法为:先找出行星轮,即找出工作中几何轴线位置不固定且绕其他定轴齿轮几何轴线转动的齿轮;找到行星轮后,支持行星轮的构件即为行星架;而几何轴线与行星架重合且直接与行星轮啮合的定轴齿轮就是太阳轮。这一由行星轮、行星架、太阳轮组成的周转轮系,就是一个单一的周转轮系。重复上述过程,最终将所有单一的周转轮系找出。区分出各个单一的周转轮系后,剩余的那些由定轴齿轮组成的部分就是定轴轮系了。

(2) 分别列出各个基本轮系的传动比计算方程式。

(3) 找出各基本轮系之间的关系,将各基本轮系传动比计算方程式联立求解,从而求出复合轮系的传动比。

6.4.2 复合轮系传动比的计算实例

例 6-5 如图 6-3(a)所示轮系,已知各轮的齿数,$z_1 = 20$,$z_2 = 40$,$z_{2'} = 20$,$z_3 = 30$,$z_4 = 80$,试求其传动比 i_{1H}。

解:该轮系为复合轮系,按照上述计算复合轮系的方法解题。

1. 进行轮系分析

这是一个复合轮系,先找出齿轮 3 为行星轮,支持它的构件 H 是行星架,与其啮合的齿轮 $2'$、4 是两个太阳轮,其中一太阳轮 4 为固定件,显然这是一个 $2K-H$ 型周转轮系,即齿轮 $2'-3-4-H$ 组成行星轮系;剩下的齿轮 1-2 即为定轴轮系。

2. 列出上述 2 个基本轮系传动比计算方程式

(1) 对定轴轮系 1-2,其传动比计算方程式为

$$i_{12} = \frac{n_1}{n_2} = -\frac{z_2}{z_1} = -\frac{40}{20} = -2$$

(2) 对行星轮系 $2'-3-4-H$ 列传动比计算方程式,因 $n_4 = 0$,由式(6-6)得

$$i_{2'4}^H = \frac{n_{2'} - n_H}{n_4 - n_H} = \frac{n_{2'} - n_H}{0 - n_H} = -\frac{z_4}{z_{2'}} = -\frac{80}{20} = -4$$

3. 将上述两个基本轮系的传动比计算方程式联立求解

因齿轮 2、$2'$同轴,故 $n_2 = n_{2'}$,联立求解得

$$i_{1H} = \frac{n_1}{n_H} = -10$$

计算结果表明行星架 H 的转向与太阳轮 1 转向相反。

例 6-6 如图 6-3(b)所示轮系,已知 $z_1 = z_4 = 20$,$z_2 = z_5 = 30$,$z_3 = z_6 = 80$,$n_1 = 10\text{r/min}$,求 n_{H_2}。

解:该轮系为复合轮系,按照上述计算复合轮系的方法解题。

1. 进行轮系分析

该轮系中齿轮 2、5 均为行星轮,支持行星轮 2 的构件 H_1 为行星架,与轮 2 啮合的齿轮 1、3 是太阳轮;支持行星轮 5 的构件 H_2 为行星架,与轮 5 啮合的齿轮 4、6 是太阳轮,齿轮 3、6 固定不动。经过分析,显然这个复合轮系是由 2 个行星轮系组成,即

齿轮 1-2-3-H_1 组成行星轮系;齿轮 4-5-6-H_2 组成行星轮系。

2. 列出上述两个基本轮系传动比计算方程式

(1) 对 1-2-3-H_1 行星轮系,其传动比计算方程式为

$$i_{13}^{H_1} = \frac{n_1 - n_{H_1}}{n_3 - n_{H_1}} = -\frac{z_3}{z_1} = -\frac{80}{20} = -4$$

(2) 对 4-5-6-H_2 行星轮系,其传动比计算方程式为

$$i_{46}^{H_2} = \frac{n_4 - n_{H_2}}{n_6 - n_{H_2}} = -\frac{z_6}{z_4} = -\frac{80}{20} = -4$$

3. 将上述两个基本轮系的传动比计算方程式联立求解

因齿轮 4 与行星架 H_1 连接,故 $n_4 = n_{H_1}$,又有 $n_3 = 0$,$n_6 = 0$,联立求解得

$$n_{H_2} = 1\text{r/min}$$

H_2 的转向与齿轮 1 相同。

例 6-7 如图 6-15 所示轮系,已知 $z_1 = z_2 = 25$,$z_2' = 20$,所有圆柱齿轮的模数均相同,$n_1 = 1000\text{r/min}$,求 n_H。

解:该轮系为复合轮系,按照上述计算复合轮系的方法解题。

1. 进行轮系分析

这是一个复合轮系,先找出齿轮 2、2′均为行星轮,支持它们的构件 H 是行星架,与其啮合的齿轮 1,3,4 为 3 个太阳轮,故这是一个 3K-H 型周转轮系,即齿轮 1-2-2′-3-4-H 组成差动轮系;剩下的圆锥齿轮 5-6-7 即为空间定轴轮系。

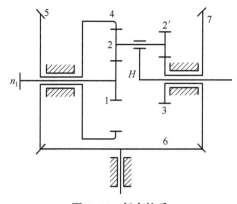

图 6-15 复合轮系

2. 列出上述两个基本轮系传动比计算方程式

(1) 先求出其余未知的各轮齿数。

因各轮模数相同,由 $a_{12} = a_{24}$,$a_{24} = a_{2'3}$,得

$$z_4 = 2z_2 + z_1 = 2 \times 25 + 25 = 75$$

$$z_1 + z_2 = z_{2'} + z_3,\ z_3 = 30$$

由圆锥齿轮组成的定轴轮系中,齿轮 5、7 的齿数必相等,故有

$$z_5 = z_7$$

(2) 列出上述两个基本轮系传动比计算方程式:

$$i_{13}^H = \frac{n_1 - n_H}{n_3 - n_H} = (-1)^2 \frac{z_2 z_3}{z_1 z_{2'}} = \frac{25 \times 30}{25 \times 20} = \frac{3}{2}$$

$$i_{14}^H = \frac{n_1 - n_H}{n_4 - n_H} = -\frac{z_4}{z_1} = -3$$

$$i_{57} = \frac{n_5}{n_7} = -\frac{z_7}{z_5} = -1$$

3. 联立求解

因 $n_4 = n_5$,$n_3 = n_7$,联立上面三式得

$$n_1 - n_H = \frac{3}{2}(n_3 - n_H)$$

$$n_1 - n_H = -3(n_4 - n_H)$$

$$n_4 = -n_3$$

综上可得

$$n_3 = -3n_H$$

$$i_{1H} = -5$$

故

$$n_H = \frac{n_1}{i_{1H}} = \frac{1000}{-5} = -200 \text{r/min}$$

n_H 与 n_1 转向相反。

6.5 轮系的应用

机械中广泛使用着各种轮系,其主要功用可归纳为以下几个方面。

6.5.1 实现变速传动

根据机器的工作需要,在主动轴转速不变的条件下,利用轮系可使从动轴获得多种工作转速。汽车、工程机械、起重设备、机床等都需要这种变速传动。如图 6-16 所示,移动双联齿轮使不同齿数的齿轮进入啮合可改变输出轴的转速。

6.5.2 实现大传动比传动

一对齿轮传动,为了避免由于齿数过于悬殊使小齿轮易于损害,通常情况一对齿轮的传动比 $i \leq 6$,最大不大于 8。

当两轴之间需要很大的传动比时,应采用轮系来实现,如图 6-17 所示。特别指出的

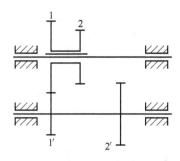

图 6-16 变速传动

是当采用周转轮系时,可用很少的齿轮,紧凑的结构,得到很大的传动比,如图 6-13 所示的行星轮系,当 $z_1=100$,$z_2=101$,$z_{2'}=100$,$z_3=99$ 时,其传动比 i_{H1} 可达到 10000。但是要注意,这类行星轮系齿轮传动,传动比越大,机械效率越低,所以一般不能用于大功率传递,只用于做辅助机构装置的减速机构。如果将其用于增速传动,可能发生自锁。

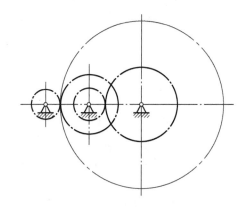

图 6-17 大的传动比的定轴轮系传动

6.5.3 实现合成运动与分解

合成运动是指将两个输入运动合为一个输出运动。如图 6-14 所示圆锥齿轮组成的差动轮系,可以把两个太阳轮的输入运动合成一个行星架的运动输出,即 $n_H = \dfrac{1}{2}(n_1 + n_3)$,这种轮系可作加法机构;同样对于图 6-14 若以行星架 H 和其中任意太阳轮 1 作为原动件,则太阳轮 3 的转速为 $n_3 = 2n_H - n_1$,说明该轮系又可作减法机构。差动轮系合成运动的特性在机床、计算机构、补偿装置中得到广泛的应用。

分解运动是将一个输入运动分解为两个输出运动。如图 6-18 所示汽车后桥差速器可作为差动轮系分解运动的实例。汽车发动机通过变速器经传动轴带动小锥齿轮 5,再传给大锥齿轮 4,它们同装在后桥的壳体里面组成一个定轴轮系;齿轮 1,2-2′,3,4(H) 组成差动轮系。

当汽车直线行驶时,前轮的转向机构通过地面的约束作用,使两后轮有相同的转速,故 $n_1 = n_3$,此时差动轮系为一个整体随锥齿轮 4 一起转动,差动轮系不起分解作用。

当汽车左转弯时,在前轮转向机构 $ABCD$ 的作用下其轴线与汽车两后轮的轴线相交

于点 P，此时四个车轮均能绕点 P 作纯滚动，两个左侧车轮转得慢些，而两个右侧车轮转得快些。由于两前轮是浮套在轮轴上的，故可以适应任意转弯半径而与地面作纯滚动；而两个后轮要通过差速器来调整转速。设车轮在地面上不打滑，则两后轮的转速与转弯半径成正比，以不同的转速分别传递给左右两轮，由图可得

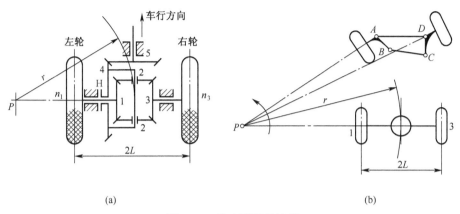

图6-18 汽车后桥差速器

$$\frac{n_1}{n_3} = \frac{r-L}{r+L} \tag{6-7}$$

式中：r 为转弯平均半径；L 为后轮距之半。

在差动轮系中，$z_1 = z_3$，$n_H = n_4$，由式(6-6)得

$$i_{13}^H = \frac{n_1 - n_H}{n_3 - n_H} = -1 \tag{6-8}$$

联立式(6-7)、式(6-8)可求得汽车两后轮的转速为

$$n_1 = \frac{r-L}{r} n_4$$

$$n_3 = \frac{r+L}{r} n_4$$

上式说明，汽车转弯时可利用差速器自行将主轴的转速分解到两后轮上，以保持车轮与地面的纯滚动，从而提高车轮的使用寿命。需要说明差动轮系可以将一个转速分解成两个转速是有前提条件的，即这两个转动之间必须具有一个确定的关系，在汽车后桥差速器中，两后轮之间确定的转动关系是由地面的约束条件确定的。差动轮系分解运动的特性在汽车、飞机等动力传动中得到了广泛应用。

6.5.4 实现分路传动

根据机器的工作需要利用轮系可以使一个主动轴带动若干个从动轴同时旋转，如图6-19所示轮系中，从主轴输入的转速通过轮系分别以不同的转速由轴Ⅰ、Ⅱ、Ⅲ、Ⅳ、Ⅴ、Ⅵ等轴输出，实现分路传动。

6.5.5 实现换向传动

图6-20为车床进给丝杠的三星轮换向机构，齿轮2、3浮套在三角形构件 a 的轴上，

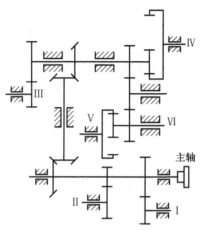

图 6-19 分路传动

构件 a 可绕齿轮 4 的轴线 O 转动。如图 6-20(a)所示位置上，主动轮 1 经中间轮 2、3 将运动传递到从动轮 4 上，此时齿轮 4 与齿轮 1 转向相反；若通过手柄使构件 a 处于如图 6-20(b)所示位置上，此时齿轮 2 不参与啮合，故齿轮 4 与齿轮 1 的转向相同。即实现了在主动轴转向不变的条件下，利用轮系可改变从动件的转向。

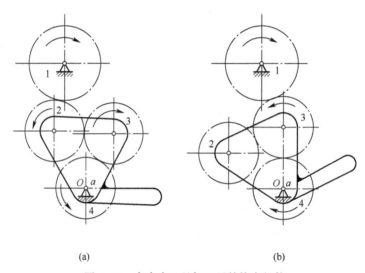

(a)　　　　　　　　　　(b)

图 6-20 车床走刀丝杠三星轮换向机构

6.5.6 实现利用行星轮输出的复杂运动获得某些特殊功能

如图 6-21 所示为行星搅拌机的机构简图，搅拌器与行星轮固联在一起，从而得到复合运动，增加了搅拌效果。工程上常利用周转轮系中行星轮既作自转又作公转，且可以得到较高的行星轮转速这一运动特点，最终实现机械执行构件的复杂运动。

6.5.7 实现结构紧凑的大功率传动

如图 6-22 所示周转轮系中，有三个均匀地分布在太阳轮周围的行星轮，这种采用多

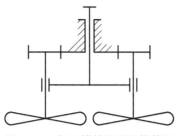

图 6-21 行星搅拌机的机构简图

个行星轮的结构形式,可使载荷由多对齿轮承受以提高机构的承载能力;又因多个行星轮均匀分布,可使因行星轮公转所产生的离心惯性力和各齿廓啮合处的径向分力得以平衡,使受力状况大大改善,从而增加了运转的平稳性;在周转轮系中采用内啮合可有效地利用空间,且其输入轴和输出轴轴线重合,故可减小行星减速器的径向尺寸。因此,在结构紧凑的条件下可实现大功率传动。

如图 6-23 所示为某涡轮螺旋桨发动机主减速器的传动简图。齿轮 1-2-3-H 组成差动轮系;齿轮 1′-2′-3′ 组成定轴轮系。动力由中心轮 1 输入,经行星架 H 和内齿轮 3 分两路输往螺旋桨。由于功率实施分路传递,又采用了多个行星轮(图中只画出一个)均匀分布承担载荷,从而使减速器在体积小、重量轻的条件下实现大功率传动。该减速器的外廓尺寸约为 430mm,其传递的功率可达 2850kW。

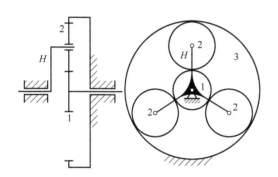

图 6-22 多行星轮周转轮系

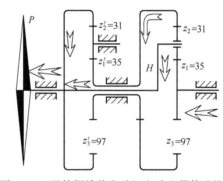

图 6-23 涡轮螺旋桨发动机主减速器传动简图

6.6 轮系的效率

在机械中广泛采用着各种轮系,因而轮系的效率对机械的总效率具有决定意义。对于主要用于传递动力的轮系,特别是传递较大动力的轮系,就必须对其效率加以分析。而对于那些仅仅是用于传递运动,且所传递的动力不大的轮系,则其效率的高低并非至关重要。

6.6.1 定轴轮系的效率

定轴轮系的效率等于组成该轮系的各对齿轮传动效率的连乘积,即

$$\eta = \eta_1 \cdot \eta_2 \cdots \eta_n \tag{6-9}$$

式中：η_1、η_2、η_n 为各对齿轮传动的啮合效率，可查阅有关的机械零件设计手册。由于 η_1、η_2、η_n 均小于 1，根据式(6-9)可知，当定轴轮系由 n 对齿轮组成时，且啮合对数越多，轮系的总效率越低。

6.6.2 周转轮系的效率

1. 周转轮系效率计算的基本思路

由于周转轮系中存在既自转又公转的行星轮，因而其效率的计算方法主要用"转化机构法"，或称作"啮合功率法"计算出周转轮系的效率。

根据机械效率的定义，对于任何机械，其效率等于输入功率减去摩擦损耗功率之后与输入功率的比值，若已知输入功率，只要能求出摩擦损耗功率就可计算出机械的效率。如果其输入功率、输出功率和摩擦损耗功率分别用 P_d、P_r 和 P_f 表示，则其效率均可按下式计算，即

$$\eta = \frac{P_r}{P_r + P_f} = \frac{1}{1 + P_f/P_r}$$

或

$$\eta = \frac{P_d - P_f}{P_d} = 1 - P_f/P_d$$

而对于一个需要计算效率的机械，其输入功率 P_d 和输出功率 P_r 通常总会有一个作为已知条件的，所以只要能确定其损耗功率 P_f 的大小，就能按上式计算出效率 η。

机械中的摩擦损耗功率主要取决于各运动副中的作用力、运动副元素间的摩擦因数及相对运动速度的大小等。周转轮系的转化机构与原周转轮系的差别，仅仅在于给整个周转轮系附加了一个角速度 $-\omega_H$（或 $-n_H$），转化后机构中各构件之间的相对运动关系并未改变，且轮系中各运动副间的作用力（当不考虑各构件回转的离心惯性力时）及摩擦因数也不会改变，因而周转轮系与其转化机构中的摩擦损耗功率 P_f（主要指齿轮啮合齿廓间摩擦损耗的功率）应是相等的，这即是用转化机构法计算周转轮系效率的理论基础。

2. 周转轮系效率计算的基本方法

对于差动轮系来说一般主要用于传递运动，而行星轮系则主要用作动力传递。下面以图 6-24 所示的 $2K$-H 型行星轮系为例，具体说明用转化机构法计算行星轮系效率的方法。

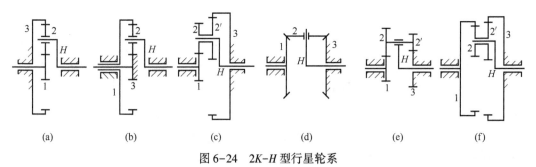

图 6-24　$2K$-H 型行星轮系

在如图 6-24(a) 所示的轮系中，设齿轮 1 为主动以等角速度 ω_1 转动，作用于其轴线上的转矩为 T_1，那么齿轮 1 所传递的功率为

$$P_1 = T_1 \cdot \omega_1 \tag{6-10}$$

而在转化机构中,齿轮 1 所传递的功率为

$$P_1^H = T_1(\omega_1 - \omega_H) = P_1(1 - i_{H1}) \tag{6-11}$$

如果 $P_1^H > 0$,即 P_1^H 与 P_1 同号,则说明齿轮 1 在转化机构中仍为主动轮故 P_1^H 为输入功率,这时转化机构的损耗功率应为

$$P_f^H = P_1^H(1 - \eta_{1n}^H) = T_1(\omega_1 - \omega_H)(1 - \eta_{1n}^H) \tag{6-12}$$

式中:η_{1n}^H 为该轮系转化机构的效率,它等于在转化机构中从齿轮 1 到齿轮 n 之间各对啮合齿轮传动效率的连乘积,而各对齿轮的传动效率可从机械零件设计手册中查取,所以对于具体轮系而言,η_{1n}^H 可视为已知值。

如果 $P_1^H < 0$,即 P_1^H 与 P_1 异号,说明齿轮 1 在转化机构中是从动件,而 P_1^H 为输出功率,此时转化机构的损耗功率为

$$P_f^H = |P_1^H|\left(\frac{1}{\eta_{1n}^H} - 1\right) = |T_1(\omega_1 - \omega_H)|\left(\frac{1}{\eta_{1n}^H} - 1\right) \tag{6-13}$$

又因 η_{1n}^H 一般都在 0.9 以上,故 $\left(\frac{1}{\eta_{1n}^H} - 1\right)$ 与 $(1 - \eta_{1n}^H)$ 相差不大,因而为了计算方便,不论 P_1^H 是否大于 0,转化机构中的摩擦损耗功率均可以按式(6-13)计算。如前述,该损耗功率也可视为原行星轮系中的摩擦损耗功率。最后,如将式(6-11)代入式(6-13),且只考虑损耗功率的绝对值时,可得损耗功率的计算公式为

$$P_f = P_f^H = |P_1(1 - i_{H1})|(1 - \eta_{1n}^H) \tag{6-14}$$

损耗功率求得后,行星轮系的功率计算问题便迎刃而解了。如在原行星轮系中,若齿轮 1 为主动件,则 P_1 为输入功率,该行星轮系的效率为

$$\eta_{1H} = \frac{P_1 - P_f}{P_1} = 1 - |1 - i_{H1}|(1 - \eta_{1n}^H) \tag{6-15}$$

若齿轮 1 为从动件,则 P_1 为输出功率,此时行星轮系的效率为

$$\eta_{H1} = \frac{|P_1|}{|P_1| + P_f} = \frac{1}{1 + |1 - i_{H1}|(1 - \eta_{1n}^H)} \tag{6-16}$$

由以上两式可见,当 η_{1n}^H 一定时,行星轮系的效率是其传动比的函数,主动件不同其效率计算公式也不同计算时其转化机构的效率一般取 $\eta_{1n}^H = 0.95$。

当周转轮系转化机构的传动比 $i_{1n}^H > 0$ 时,称该周转轮系为正号机构;当周转轮系转化机构的传动比 $i_{1n}^H < 0$ 时,则称该周转轮系为负号机构。

3. 结论

将式(6-15)、式(6-16)用图形化表示,其变化曲线如图 6-25 所示,图中设 $\eta_{1n}^H = 0.95$。图中实线为 $\eta_{1n} - i_{1H}$ 线图,此时齿轮 1 为主动,行星架 H 为从动件。图中虚线为 $\eta_{H1} - i_{H1}$ 线图,此时行星架 H 为主动件,齿轮 1 为从动件。

(1) 当 $i_{1H} > 1$ 时,行星轮系为负号机构。此时无论主动件是太阳轮还是行星架,即机构无论是用作增速还是减速,行星轮系的效率都很高且均高于其转化机构的效率 η_{1n}^H。故在设计周转轮系时,若用于传递动力应尽量选用负号机构。

(2) 在行星轮系中,由于 $i_{1n}^H = 1 - i_{1H}$,故负号机构传动比的值 i_{1H} 只比其转化机构的

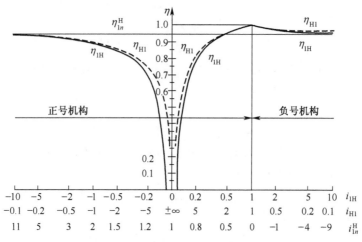

图 6-25 2K-H 型行星轮系的效率曲线

传动比 $|i_{1n}^H|$ 大 1。因此,若希望利用负号机构来实现大减速比,就要增大其转化机构的传动比的绝对值,这样就会造成机构的尺寸增大。故负号机构虽然效率较高,但传动比大时机构尺寸也增大。

(3) 当 $i_{1H} < 1$ 时,行星轮系为正号机构。当行星架 H 为主动时,轮系作减速运动,无论减速比多大,效率 $\eta_{1n}^H > 0$,机构不会发生自锁,但在某些情况下效率很低;当太阳轮 1 为主动时,轮系作增速运动,有可能 $\eta_{1H} < 0$,轮系这时将发生自锁。

(4) 当 $|i_{1H}|$ 很小时,在正号机构中若以行星架 H 为主动件,其传动比将 $|i_{1H}|$ 很大,即正号机构可获得很大的减速比,而此时其转化机构的传动比 $i_{1n}^H = 1 - i_{1H}$ 将接近 1,所以机构的尺寸不会很大。即采用正号机构作为传动装置,虽然效率很低,但在结构紧凑的情况下可获得很大的传动比。

(5) 在行星轮系中存在着效率、传动比和机构尺寸等相互制约的矛盾。设计时要根据工作要求和条件,适当选择行星轮系的类型。

实际使用的 2K-H 型行星轮系负号机构的效率概略值如下:

对图 6-24(a)、(b)、(c) 所示的轮系,$\eta = 0.97 \sim 0.99$;对图 6-24(d) 所示的轮系,$\eta = 0.95 \sim 0.96$。

以上对轮系效率的计算问题进行了讨论,但由于实际加工、安装和使用情况等的不同,以及一些没有考虑的影响效率的因素(如搅油损耗等),致使理论计算的结果并不能完全正确地反映传动装置的实际效率。因此如有必要应在行星轮系制成之后,用实验的方法进行效率的测定。

6.7 轮系的设计

6.7.1 定轴轮系的设计

在机构运动方案设计阶段,对于定轴轮系设计的基本任务是:①正确选择定轴轮系的类型;②确定各轮的齿数;③确定定轴轮系的布置方案。下面对上述问题简单加以阐述。

1. 选择定轴轮系的类型

在一个定轴轮系中,可能同时包含有直齿圆柱齿轮、平行轴斜齿圆柱齿轮、交错轴斜齿轮、圆锥齿轮、蜗杆蜗轮机构等。因此,为了实现同一种运动和动力的传递,所选用的定轴轮系可以有多种不同方案,这既提供了定轴轮系类型选择的灵活性,同时也增加了其复杂性。

根据工作要求和使用场合来正确地选择定轴轮系的类型,在满足了基本使用要求的前提下,还应考虑到机构的外廓尺寸及重量、传动的效率及制造成本的因素等。当设计的定轴轮系用于高速、重载且输出轴与输入轴轴线平行的场合时,为了减少传动的冲击、振动及噪声,提高传动性能,选用由斜齿圆柱齿轮组成的定轴轮系更优于由直齿圆柱齿轮组成的定轴轮系;当设计的定轴轮系在主、从动轴传递过程中,由于工作和结构空间的要求,需要转换运动轴线的方向或改变从动轴转向时,选用含有圆锥齿轮传动的定轴轮系可以满足这一要求;当设计的定轴轮系用于传动功率不大,速度不高且需要满足交错角为任意值的空间交错轴之间的传动时,可选用含有交错轴斜齿轮传动的定轴轮系;当设计的定轴轮系要求传动比大、结构紧凑或用于分度、微调及有自锁要求的场合时,则应选择含有蜗杆传动的定轴轮系。

2. 确定定轴轮系中各轮的齿数

要确定定轴轮系中各轮的齿数,关键在于合理地分配轮系中各对齿轮的传动比。为了把轮系的总传动比合理地分配给各对齿轮,在具体分配时应注意以下几点:

(1)每一级齿轮的传动比要在其允许范围内选取。齿轮传动的传动比一般取 $i=3\sim6$,最大取 $i_{max}=8$;蜗杆传动的传动比通常不大于80。

(2)当定轴轮系的传动比过大时,为了减小外廓尺寸及改善传动性能,一般采用多级传动。若齿轮传动的传动比大于8应设计成两级传动;若齿轮传动的传动比大于30要设计成两级以上的传动。

(3)工程中多数情况使用减速传动,定轴轮系的传动比分配应按照"前小后大"的原则设计比较有利。同时,为了使机构外廓尺寸协调和结构比例匀称,相邻两级传动的传动比差值不宜过大。运动链这样逐级减速,可使各级中间轴有较高的转速和较小的转矩,因而可使轴及轴上的传动零件尺寸较小,故可以获得更为紧凑的结构。

(4)当设计二级展开式齿轮减速器时,为了实现润滑,应使各级传动中的大齿轮都能浸入油池,且浸油深度大致相同,以防止某个大齿轮浸油深度过大增加搅油损耗,同时为了避免高速级的大齿轮与低速级的输出轴发生干涉。在分配传动比时本着这一原则,应使高速级的传动比大于低速级的传动比,一般取 $i_1=(1.3\sim1.4)i_2$。i_1 为高速级传动比,i_2 为低速级传动比。

综上所述,当考虑问题的角度不同时,就有不同的传动比分配方案。在具体分配定轴轮系各级齿轮传动比时,不能简单地生搬硬套某种原则,而应根据具体情况进行分析。一旦合理地分配了各级齿轮传动的传动比后,就可以根据各对齿轮的传动比来确定每一个齿轮的齿数了。下面举例说明定轴轮系中各轮齿数的确定方法。

某装置中拟采用一个定轴轮系,工作要求的总传动比 $i=12$。因传动比大于8,故考虑采用两级齿轮传动;为了使机构更加紧凑,应使中间轴有较高的转速和较小的转矩。因此,在传动比分配时,初步拟定低速级的传动比是高速级的2倍。由此可得

$$i = \frac{z_2}{z_1} \cdot \frac{z_3}{z_{2'}} = \frac{z_2}{z_1} \cdot 2\frac{z_2}{z_1} = 2\left(\frac{z_2}{z_1}\right)^2 = 12$$

式中：z_2/z_1 为高速级传动比；$z_3/z_{2'}$ 为低速级传动比。由上式得

$$\frac{z_2}{z_1} = \sqrt{6} \approx 2.4495$$

下列齿数比与该值接近：

$$\frac{37}{15} \quad \frac{39}{16} \quad \frac{44}{18} \quad \frac{49}{20} \quad \frac{54}{22}$$

其中 $\frac{49}{20} = 2.45$ 与 2.4495 最为接近，若选择它作为高速级齿轮的齿数比，则低速级齿轮的齿数比应为 $\frac{98}{20}$，由此可得

$$i = \frac{z_2}{z_1} \cdot \frac{z_3}{z_{2'}} = \frac{49}{20} \times \frac{98}{20} = 12.005$$

这一结果与工作要求的传动比存在少许误差。当工作要求总传动比必须严格保证时，则可以选择高速级的齿数比为 $\frac{44}{18}$，低速级的齿数比为 $\frac{108}{22}$，即选择 $z_1 = 18, z_2 = 44, z_{2'} = 22, z_3 = 108$。此时总传动比为

$$i = \frac{z_2}{z_1} \cdot \frac{z_3}{z_{2'}} = \frac{44}{18} \times \frac{108}{22} = 12$$

在这种情况下，虽然低速级的传动比不再严格地等于高速级传动比的 2 倍，与我们最初拟订的方案有少许出入，但总传动比却精确地满足了工作需要。

3. 选择定轴轮系的布置方案

在设计定轴轮系时，应根据工作条件及具体情况选择定轴轮系的布置方案，同一个定轴轮系可以有多种布置形式。如图 6-26 所示的定轴轮系即有三种布置方案，下面对三种不同的方案加以比较。

图 6-26(a)所示布置方案的最大优点是结构简单，但轴上的齿轮相对于两端轴承为非对称布置，当轴弯曲变形时会引起载荷沿齿宽分布不均匀的现象，故该布置方案只适用于载荷较平稳的场合。

图 6-26(b)所示布置方案的优点是轴上齿轮相对于两端轴承为对称布置，故可适用于载荷变化较大的场合，但该布置方案结构较复杂、成本较高。

图 6-26(c)所示布置方案的优点是输出轴与输入轴轴线重合(称为回归轮系)，结构紧凑；但由于中间轴较长容易变形，会引起载荷沿齿宽分布不均匀。故该方案可用于空间尺寸有限制的场合。

通过上述分析可以看出，同一个定轴轮系有不同的布置形式，各方案有不同的特点。究竟选择哪种方案，就要根据具体情况来决定：当载荷较平稳时可选择方案(a)，使轮系结构简单；当载荷变化较大时可选择方案(b)，轮系的工作情况会好些；当空间位置较紧时则可考虑方案(c)，使机构尺寸小些。

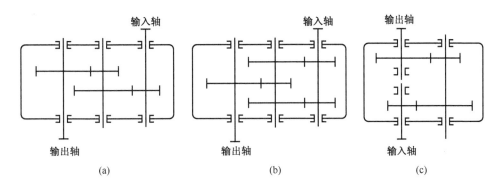

图 6-26 定轴轮系的布置方案

6.7.2 周转轮系的设计

周转轮系设计的主要任务是:合理选择轮系的类型,确定各轮的齿数,选择适当的均衡装置等。

1. 选择周转轮系的类型

选择周转轮系类型时,主要应从传动比的大小、范围、传动效率的高低、结构以及外廓尺寸等方面综合考虑。

(1) 当设计的周转轮系以传递运动为主时,首先要考虑的是能否满足工作所要求的传动比,其次要兼顾效率、结构的复杂程度、外廓尺寸的大小及重量等。

由周转轮系传动比计算公式可知,负号机构的传动比,只比其转化机构传动比的绝对值大 1,因此单一的负号机构,其传动比均不太大。当工作所要求的传动比不太大时,可根据具体情况选用负号机构。这样周转轮系不仅可以满足对传动比的要求,同时还具有较高的效率。表 6-2 列出了几种常用的 2K-H 型负号机构的形式及其传动比适用范围,可供选择周转轮系类型时参考。

由于负号机构传动比的大小主要取决于其转化机构中各轮的齿数。因此,若希望利用负号机构来实现大传动比,首先要设法增大其转化机构传动比的绝对值,这样会造成机构外廓尺寸过大,在选择机构类型时要注意这一问题。若希望获得比较大的传动比,又不致使机构外廓尺寸过大,可考虑选用复合轮系。

利用正号机构可以获得非常大的传动比,如图 6-13 所示 2K-H 型行星轮系即是实现大传动比的实例。且当传动比很大时,正号机构的转化机构其传动比将接近于 1,因此机构的尺寸不致过大,这是正号机构的优点;其缺点是传动效率较低。若设计的轮系是用于传动比大而对效率要求不高的场合,可考虑选用正号机构。值得注意的是,当正号机构用于增速时,虽然可以获得很大的传动比,但随着传动比的增大,效率将急剧下降,甚至出现自锁现象。因此,选用正号机构时一定要慎重。

(2) 当设计的周转轮系主要用于传递动力时,首先要考虑的是机构传动效率的高低,其次要兼顾传动比、结构的复杂程度、外廓尺寸的大小及重量等。

由 6.6 节的讨论可知,对于负号机构无论用于减速还是增速,都可以获得较高的效

表 6-2 几种常用负号机构传动比适用范围

轮系形式	传动比计算式	适用范围
	$i_{1H} = 1 - i_{13}^{H} = 1 + \dfrac{z_3}{z_1} > 2$	$i_{1H} = 2.8 \sim 13$
	$i_{1H} = 1 - i_{13}^{H} = 1 + \dfrac{z_3}{z_1} < 2$	$i_{1H} = 1.14 \sim 1.56$
	$i_{1H} = 1 - i_{13}^{H} = 1 + \dfrac{z_3}{z_1} = 2$	$i_{1H} = 2$
	$i_{1H} = 1 - i_{13}^{H} = 1 + \dfrac{z_2 z_3}{z_1 z_{2'}}$	$i_{1H} = 8 \sim 16$

率。因此,当设计的周转轮系主要用于传递动力时,为了使机构具有较高的效率,应选择负号机构。当设计的轮系不仅用于传递动力,同时还要求具有较大的传动比,而单级负号机构又不能满足传动比的要求时,可将几个负号机构串联起来,或采用负号机构与定轴轮系串联的复合轮系,以获得较大的传动比。需要指出的是,随着串联级数的增多,效率将会有所下降,机构的外廓尺寸和重量都会增加。

2. 确定周转轮系中各轮的齿数

在设计周转轮系时,为了平衡惯性力和减轻轮齿上的载荷,通常采用几个相同的行星轮均匀分布在中心轮的周围。确定各轮的齿数和行星轮数目必须满足下述条件,才能保证轮系正常运转。下面以如图 6-24(a) 所示的 2K-H 型行星轮系为例来加以讨论。

1) 传动比条件

周转轮系用来传递运动,就必须实现工作所要求的传动比,因此各轮齿数应根据传动比条件来确定。对于行星轮系而言:

因 $$i_{1H} = 1 + \frac{z_3}{z_1}$$

故 $$\frac{z_3}{z_1} = i_{1H} - 1 \tag{6-17}$$

2) 同心条件

周转轮系是一种共轴式的传动装置,为了保证装在行星架上的行星轮在传动过程中始终与中心轮正确啮合,必须使行星架的轴线与太阳轮的轴线重合,如图 6-27 所示,行星轮 2 与太阳轮 1 和 3 的中心距必须相等,故应满足

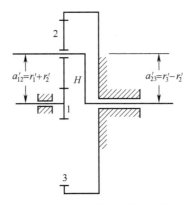

图 6-27 2K-H 型行星轮系的中心距

$$a'_{12} = a'_{23}$$

或 $$r'_3 = r'_1 + 2r'_2$$

(1) 当采用标准齿轮传动或等移距变位齿轮传动时,由于各轮模数相等,上式可写为

$$r_3 = r_1 + 2r_2$$

故满足同心条件的齿数关系为

$$z_3 = z_1 + 2z_2 \tag{6-18}$$

式(6-18)表明两个中心轮的齿数 z_1 和 z_3 应同时为偶数或奇数。

(2) 当采用角度变位齿轮传动时,由于变位后的中心距为

$$a'_{12} = \frac{a_{12}\cos\alpha}{\cos\alpha'_{12}} = \frac{m}{2}(z_1 + z_2)\frac{\cos\alpha}{\cos\alpha'_{12}}$$

$$a'_{23} = \frac{a_{23}\cos\alpha}{\cos\alpha'_{23}} = \frac{m}{2}(z_3 - z_2)\frac{\cos\alpha}{\cos\alpha'_{23}}$$

故角度变位时满足同心条件的齿数关系为

$$\frac{z_1 + z_2}{\cos\alpha'_{12}} = \frac{z_3 - z_2}{\cos\alpha'_{23}} \tag{6-19}$$

3) 装配条件

在周转轮系中当只有一个行星轮时,则所有载荷将由一对齿轮啮合来承受,由于在运动过程中,轮齿的啮合力以及行星轮的离心惯性力都将随着行星轮绕太阳轮的转动而改变方向,因此轴上所受的是动载荷。为了提高承载能力并解决动载荷问题,通常采用若干个均匀分布在太阳轮周围的行星轮。这样载荷可由多对齿轮来承担,同时因行星轮均匀分布,将使太阳轮上作用力的合力为零,行星架上所受的行星轮的离心惯性力也会得到平衡。要使多个行星轮能够均匀地分布在太阳轮四周,就要求各轮齿数必须满足装配条件。

如图 6-28 所示,k 个行星轮均匀分布在中心轮 1 周围,则相邻的两个行星轮所夹的中心角 $\varphi = 360°/k$。现将第一个行星轮轴线安装于 O_2 处,然后固定中心轮 3,再沿顺时针方向使行星架转过 φ 角,此时第一个行星轮由 O_2 转到 O'_2 处,则太阳轮 1 转过的角度为 θ,因

$$\frac{\theta}{\varphi} = \frac{\theta}{360°/k} = \frac{\omega_1}{\omega_H} = i_{1H} = 1 + \frac{z_3}{z_1}$$

所以

$$\theta = \left(1 + \frac{z_3}{z_1}\right)\frac{360°}{k} \tag{6-20}$$

如果此时太阳轮 1 恰好转过整数个齿 N,即

$$\theta = N\frac{360°}{z_1} \tag{6-21}$$

当太阳轮 1 与太阳轮 3 的齿的相对位置和装第一个行星轮相同时,在 O_2 处就可以装入第二个行星轮。依此类推,直到装入第 k 个行星轮。

将式(6-21)代入式(6-20)得

$$N = \frac{z_1 + z_3}{k} \tag{6-22}$$

式中:N 为正整数。

式(6-22)表明,此行星轮系两个太阳轮的齿数之和为行星轮数 k 的整数倍。

4) 邻接条件

在图 6-28 中,为保证行星轮系正常运转,其相邻两个行星轮的齿顶不得相碰,这就要求相邻两行星轮中心连线 $O_2O'_2$ 必须大于其齿顶圆半径之和,即满足

$$O_2O'_2 > 2r_{a2}$$

式中:r_{a2} 为行星轮的齿顶圆半径。

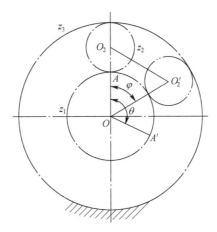

图 6-28 k 个行星轮的装配示意图

若采用标准齿轮传动可得

$$2(r_1 + r_2)\sin\frac{180°}{k} > 2(r_2 + h_a^* m)$$

或

$$(z_1 + z_2)\sin\frac{180°}{k} > z_2 + 2h_a^* \tag{6-23}$$

当采用变位齿轮传动时,邻接条件应根据齿轮的实际尺寸进行校核。

为了便于设计时选择各轮的齿数,通常把式(6-17)、式(6-18)和式(6-22)以连比的形式合并成一总的配齿公式:

$$z_1 : z_2 : z_3 : N = z_1 : (i_{1H} - 2)z_1/2 : (i_{1H} - 1)z_1 : i_{1H}z_1/k \tag{6-24}$$

应用式(6-24)时,首先根据给定的传动比 i_{1H} 选择 z_1 和 k,使得 $N = i_{1H}z_1/k$ 为正整数,然后让其他各项均为整数,最后用式(6-23)校核邻接条件。

3. 周转轮系的均载装置

在周转轮系的两个太阳轮之间通常采用多个行星轮来分担载荷,若各个行星轮之间的载荷分配是均衡的,则随着行星轮数目的增多,其结构更加紧凑。但实际上,由于加工零件时不可避免地存在制造误差,以及安装误差和受力后的变形等原因,往往会造成行星轮之间的载荷不均衡使周转轮系体积小、重量轻、承载能力高等优点难以实现。因而在设计周转轮系时,可以通过采用均载装置来充分发挥其优点。常见的均载装置有下列几种。

1) 采用基本构件浮动的均载装置

基本构件浮动是指周转轮系的任意基本构件不加径向支撑,允许作径向及偏转位移,当几个行星轮受载不均衡时,可自动寻找平衡位置(即自动定心),直至各行星轮之间载荷趋于均匀分布为止,从而达到载荷均衡的目的。

基本构件浮动通常采用的方法是:双齿或单齿联轴器。当3个基本构件中有1个浮动时即可起到均载作用,若2个基本构件同时浮动,则均载效果更好。如图6-29(a)、(b)所示为太阳轮外齿轮浮动的情况,如图6-29(c)、(d)所示为太阳轮内齿轮浮动的情况。

2) 采用弹性元件的均载装置

这类装置是通过弹性元件变形使各行星轮之间的载荷均衡,具有结构简单、减振性能好等优点,但载荷不均匀系数与弹性元件的刚度及总的制造误差成正比。

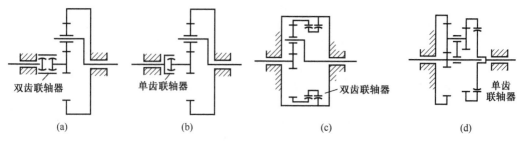

图 6-29 采用基本构件浮动的均载装置

如图 6-30 所示为采用弹性元件的均载装置中几种常见的结构。图 6-30(a) 为行星轮装在弹性心轴上;图 6-30(b) 为行星轮装在非金属弹性衬套上;图 6-30(c) 为行星轮内孔与轴承上所套的介轮之间留有较大间隙(≥0.3m)以形成厚油膜的所谓"油膜弹性浮动"结构。

这几种类型通常用于行星轮数目大于 3 的行星减速器中,且不论功率大小和转速高低均可使用。

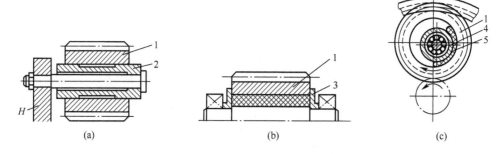

图 6-30 采用弹性元件的均载装置结构示意图
1—行星轮;2—弹性轴;3—弹性衬套;4—介轮;5—油膜。

3) 采用杠杆联动的均载装置

这种均载装置中装有偏心行星轮轴和杠杆系统,当行星轮受力不均衡时,可通过杠杆系统的联锁动作自行调整达到新的平衡位置。该装置适用于具有 2~4 个行星轮的周转轮系,其均载效果好,但结构复杂。

如图 6-31 所示为具有 3 个行星轮的均载装置。3 个偏心的行星轮轴线互成 120°布

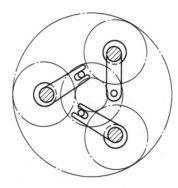

图 6-31 采用杠杆联动的均载装置示意图

置,每个偏心轴与平衡杠杆刚性连接,杠杆的另一端由一个能在本身平面内自由运动的浮动环支撑。当作用在 3 个行星轮轴上的力互不相等时,则作用在浮动环上的 3 个力也不相等,环即失去平衡,产生移动或转动,使受载大的行星轮减载,直至达到新的平衡为止。

6.8 其他类型的行星传动简介

6.8.1 渐开线少齿差行星传动

1. 渐开线少齿差行星传动的组成及工作原理

如图 6-32 所示为渐开线少齿差行星传动的简图。其中,齿轮 1 为固定的渐开线内齿轮,齿轮 2 为行星轮。H 为行星架,W 为等角速比输出机构,V 为输出轴。它与前述各种行星轮系的不同在于,当用于减速传动时,行星架 H 为输入轴,输出轴 V 的转速为行星轮 2 的绝对转速。

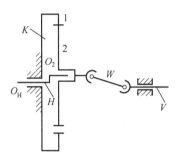

图 6-32 渐开线少齿差行星传动

由于太阳轮和行星轮的齿数相差很少(一般为 1~4),故称为渐开线少齿差行星传动。又因其只有 1 个太阳轮、1 个行星架和 1 个带输出机构的输出轴 V,故又称为 K-H-V 型行星轮系。

2. 渐开线少齿差行星传动的传动比计算

渐开线少齿差行星传动其转化机构的传动比计算由式(6-6)可得

$$i_{21}^H = \frac{n_2 - n_H}{n_1 - n_H} = \frac{n_2 - n_H}{-n_H} = 1 - \frac{n_2}{n_H} = \frac{z_1}{z_2}$$

由此可得

$$\frac{n_2}{n_H} = 1 - \frac{z_1}{z_2} = -\frac{z_1 - z_2}{z_2}$$

故行星架 H 主动,行星轮从动时的传动比为

$$i_{HV} = i_{H2} = \frac{n_H}{n_2} = -\frac{z_2}{z_1 - z_2} \tag{6-25}$$

式(6-25)表明,当 $z_1 - z_2$ 很小时,传动比 i_{HV} 可以很大;当 $z_1 - z_2 = 1$ 时,称为渐开线一齿差行星传动,此时 $i_{HV} = -z_2$,负号表示输出轴 V 与输入轴 O_2 的转向相反。

3. 渐开线少齿差行星传动的特点及应用

渐开线少齿差行星传动具有传动比大(一级减速传动传动比可达 100,两级传动传动

比可达 10000 以上)、体积小、重量轻、结构简单紧凑、装拆方便、运转平稳、齿形容易加工、传动效率高(85%~91%)等特点,故广泛应用于汽车、机械、石油化工、食品工业、起重运输以及仪表制造等行业。但由于这种传动齿数差很小,又是内啮合传动,容易产生齿廓重叠干涉,一般需采用啮合角很大的正传动来避免这种现象的出现(当 $z_1 - z_2 = 1$ 时,啮合角 $\alpha' = 54° \sim 56°$),而这又会带来轴承压力的增大。另外,渐开线少齿差行星传动需要一专门的输出机构,这也在一定程度上限制了传递功率,故渐开线少齿差行星传动常用于中、小功率的传动中($P \leqslant 45kW$)。

6.8.2 摆线针轮行星传动

1. 摆线针轮行星传动的组成及工作原理

如图 6-33 所示为摆线针轮行星传动的简图,该传动由针轮 1,摆线行星轮 2,行星架 H 和输出机构 3 组成。输出机构与渐开线少齿差行星齿轮传动机构基本相同,也是一种 K-H-V 型少齿差行星传动。而两者的区别在于:在摆线针轮传动中,行星轮的齿廓曲线不是渐开线,而是变态外摆线;中心内齿轮采用了针齿,也称为针轮。因此称为摆线针轮行星传动。

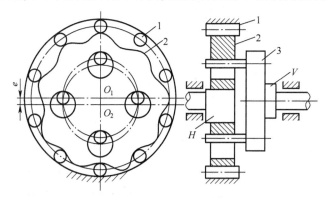

图 6-33 摆线针轮行星传动

2. 摆线针轮行星传动的传动比计算

同渐开线少齿差行星传动一样,其传动比为

$$i_{HV} = i_{H2} = \frac{n_H}{n_2} = -\frac{z_2}{z_1 - z_2} \tag{6-26}$$

由于摆线针轮行星传动只能做成一齿差,即 $z_1 - z_2 = 1$,故 $i_{HV} = -z_2$,因此利用摆线针轮行星传动可获得大传动比。

3. 摆线针轮行星传动的特点及应用

摆线针轮行星传动具有传动比大、结构紧凑、传动效率高、传动平稳、承载能力高(理论上有近半数的齿同时参与啮合)、使用寿命长等优点,此外,与渐开线少齿差行星传动相比,无齿顶相碰和齿廓重叠干涉等问题。因此,在军工、矿山、冶金、造船、化工等行业得到广泛应用。其主要缺点是加工工艺较复杂,制造成本较高。

6.8.3 谐波齿轮传动

1. 谐波齿轮传动的组成及工作原理

谐波传动是建立在弹性变形理论基础上的一种新型传动,它的出现为机械传动技术带来了重大突破。其结构如图 6-34 所示,谐波齿轮传动由具有内齿的刚轮 1、具有外齿的柔轮 2 和谐波发生器 H 组成。这 3 个构件和前述的少齿差行星传动中的中心内齿轮 1、行星轮 2 和行星架 H 相当。通常波发生器 H 为主动件,而刚轮和柔轮之一为从动件,另一个为固定件。

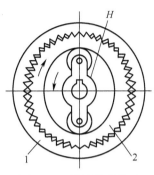

图 6-34 谐波齿轮传动

当发生器装入柔轮内孔时,由于发生器的总长度略大于柔轮内孔直径,故柔轮变为椭圆形,于是在椭圆的长轴两端产生了柔轮与刚轮轮齿的两个局部啮合区。同时,在椭圆短轴两端两轮轮齿则完全脱开。至于其余各处,则视柔轮回转方向的不同,或处于啮入状态,或处于啮出状态。当谐波发生器连续转动时,柔轮长、短轴的位置不断变化,从而使轮齿的啮合处和脱开处也随之不断变化,于是在柔轮与刚轮之间就产生了相对位移从而传递运动。

在谐波发生器转动 1 周期间,柔轮上一点变形的循环次数与波发生器上的凸起部位数是一致的,称为波数。常用的有两波和三波两种。为了有利于柔轮的力平衡和防止轮齿干涉,刚轮和柔轮的齿数差应等于波发生器波数(即波发生器上的滚轮数)的整数倍,通常取为等于波数。

2. 谐波齿轮传动的传动比计算

由于谐波齿轮传动方式与行星传动类似,故其传动比仍可按周转轮系传动比的计算方法求得。

(1) 当刚轮 1 固定,波发生器 H 主动,柔轮 2 从动时,其传动比计算为

$$i_{21}^{H} = \frac{n_2 - n_H}{n_1 - n_H} = \frac{n_2 - n_H}{-n_H} = 1 - \frac{n_2}{n_H} = \frac{z_1}{z_2}$$

故 $$i_{H2} = \frac{n_H}{n_2} = -\frac{z_2}{z_1 - z_2} \tag{6-27}$$

式(6-27)与渐开线少齿差行星传动的传动比计算公式相同,主从动件转向相反。

(2) 当柔轮 2 固定,波发生器 H 主动,刚轮 1 从动时,其传动比为

$$i_{H1} = \frac{n_H}{n_1} = \frac{z_1}{z_1 - z_2} \tag{6-28}$$

此时,主从动件转向相同。

3. 谐波齿轮传动的特点及应用

谐波齿轮传动具有传动比大且范围宽(多级传动的传动比可达 100 000),在传动比

大时传动效率仍然较高(单级传动可达65%~90%);结构简单、体积小、重量轻;由于同时啮合的轮齿对数多,齿面相对滑动速度低,使其承载能力强、传动平稳,运动精度高。其缺点是柔轮容易发生疲劳损坏;启动力矩大。

近年来谐波齿轮传动技术发展迅速,应用日趋广泛,在机械制造、矿山、冶金、造船、发电设备及国防工业中都得到了广泛应用。

思考题与习题

6-1 什么是轮系,它有哪些类型和功用?

6-2 如何判断定轴轮系首末轮的转向?

6-3 周转轮系由哪几部分组成?什么是周转轮系的转化机构?计算其传动比时有哪些注意事项?

6-4 如何从一个复合轮系中区别出周转轮系和定轴轮系?

6-5 什么是差动轮系?什么是行星轮系?它们之间有什么区别?

6-6 试说明求解复合轮系传动比的解题步骤、计算技巧及其使用范围。

6-7 在确定行星轮系各轮齿数时,必须满足哪些条件?

6-8 何谓"正号机构"?何谓"负号机构"?各有何特点?各适用于什么场合?

6-9 用转化机构法计算行星轮系效率的理论基础是什么?

6-10 为什么要在行星轮系中使用均载装置?采用均载装置后是否会影响轮系的传动比?

6-11 何谓少齿差行星传动?有何特点及应用?其传动比如何计算?

6-12 摆线针轮传动的齿数差是多少?如何进行传动比计算?有何特点及应用?

6-13 在谐波齿轮传动中,如何确定刚轮和柔轮的齿数差?其传动比如何计算?

6-14 在题6-14图所示双级蜗杆传动中,已知左旋蜗杆1的转向如图所示,试判断其他各轮的转向,用箭头表示。

6-15 如题6-15图所示轮系中,已知$z_1=20$, $z_2=30$, $z_{2'}=20$, $z_3=40$, $z_{3'}=20$, $z_4=40$, $z_{4'}=2$(右旋), $z_5=60$, $z_{5'}=20$($m=3\text{mm}$),若$n_1=600\text{r/min}$,求齿条6的线速度v的方向和大小。

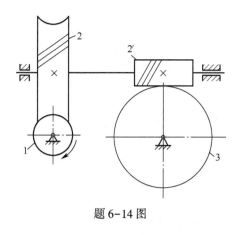

题6-14图

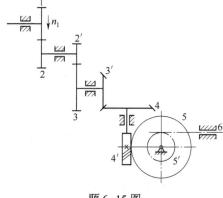

题6-15图

6-16 如题 6-16 图所示轮系为钟表传动轮系,其中 S、M、H 分别为秒针、分针、时针。已知 $z_1 = 8$,$z_2 = 60$,$z_3 = 8$,$z_5 = 15$,$z_7 = 12$,各齿轮的模数均相同。试求齿轮 4,6,8 的齿数。

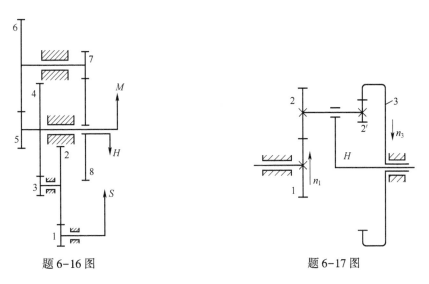

题 6-16 图   题 6-17 图

6-17 如题 6-17 图所示轮系中,已知各轮齿数 $z_1 = 30$,$z_2 = 25$,$z_{2'} = 20$,$z_3 = 75$,齿轮 1 的转速为 $n_1 = 250\text{r/min}$,其方向如图所示;齿轮 3 的转速 $n_3 = 50\text{r/min}$,方向如图所示。求行星架转速 n_H。

6-18 如题 6-18 图所示轮系中,已知 $z_1 = 17$,$z_2 = 20$,$z_3 = 85$,$z_4 = 18$,$z_5 = 24$,$z_6 = 21$,$z_7 = 63$,试求:

(1) $n_1 = 1001\text{r/min}$,$n_4 = 1000\text{r/min}$ 时,$n_7 = ?$

(2) $n_1 = n_4$ 时,$n_7 = ?$

(3) $n_1 = 1000\text{r/min}$,$n_4 = 1001\text{r/min}$ 时,$n_7 = ?$

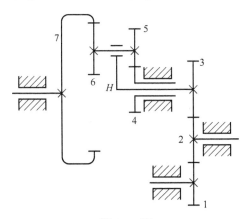

题 6-18 图

6-19 如题 6-19 图所示轮系中,已知蜗杆 $z_1 = 1$(左旋),蜗轮 $z_2 = 40$,$z_{2'} = 20$,$z_3 = 15$,$z_{3'} = 30$,$z_4 = 40$,$z_{4'} = 40$,$z_5 = 40$,$z_{5'} = 20$。试求传动比 i_{AB} 并确定轴 B 的转向。

6-20 如题 6-20 图所示轮系中,各轮模数和压力角均相同且都为标准齿轮。已知

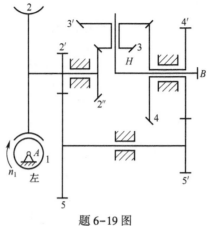

题 6-19 图

齿轮齿数 $z_1 = 23$, $z_2 = 51$, $z_3 = 92$, $z_{3'} = 40$, $z_4 = 40$, $z_{4'} = 17$, $z_5 = 33$, 齿轮 1 的转速为 $n_1 = 1500 \text{r/min}$, 其方向如图所示。试求:

(1) 齿轮 $2'$ 的齿数 $z_{2'}$;
(2) 轴 A 的转速 n_A 及方向。

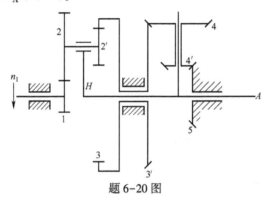

题 6-20 图

6-21 如题 6-21 图所示轮系中，已知各轮齿数 $z_2 = 32$, $z_3 = 34$, $z_4 = 36$, $z_5 = 64$, $z_7 = 32$, $z_8 = 17$, $z_9 = 24$。轴 A 转速 $n_A = 1250 \text{r/min}$, 其方向如图所示; 轴 B 转速 $n_B = 600 \text{r/min}$, 其方向如图所示。求轴 C 的转速 n_C 的大小和方向。

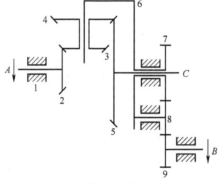

题 6-21 图

第7章 其他常用机构

前几章详细介绍了连杆机构、凸轮机构、齿轮机构等几种常用机构。机械中除了上述机构外还会用到其他机构,如能实现间歇运动的棘轮机构、槽轮机构、不完全齿轮机构等,将旋转运动变为直线运动的螺旋机构,传递相交轴或平行轴之间运动的万向联轴节机构,以及几种广义机构。本章将对这些机构的工作原理、结构特点、类型及应用、间歇运动机构的设计等方面进行简要的介绍。

7.1 棘轮机构

7.1.1 棘轮机构的组成及工作原理

棘轮机构主要是由棘轮、棘爪和机架所组成。如图7-1所示为一棘轮机构的典型结构形式,棘轮3与传动轴通过键连接,棘爪2与原动摇杆1铰接,而摇杆1则空套在传动轴上。当摇杆1逆时针方向摆动时,棘爪2借助弹簧或自重插入棘轮3的齿槽,推动棘轮3沿逆时针方向转过某一角度,这时止回棘爪4在棘轮3的齿背上滑过。反之,摇杆1顺时针方向摆动时,止回棘爪4则在弹簧5的作用下插入棘轮3的齿槽,将阻止棘轮3产生顺时针方向转动,这时棘爪2将在棘轮3的齿背上滑过,棘轮静止不动。这样,当摇杆1作连续往复摆动时,棘轮3便只能作单向的间歇转动。摇杆1的往复摆动可通过连杆机构、凸轮机构或电磁装置等得到。

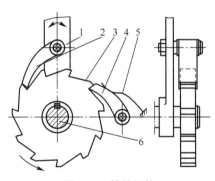

图7-1 棘轮机构

7.1.2 棘轮机构的类型

根据棘轮机构的结构特点和工作原理,常用的棘轮机构可分为轮齿式棘轮机构和摩擦式棘轮机构两大类。

1. 轮齿式棘轮机构

轮齿式棘轮机构是靠棘爪与棘轮轮齿的啮合来传递运动的。棘轮上的齿大多做在其外缘上,构成如图7-1所示的外接式棘轮机构;若做在其内缘上,则构成如图7-2所示的内接式棘轮机构。

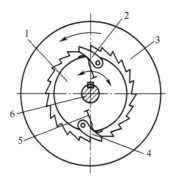

图 7-2 内接式棘轮机构

根据棘轮的运动又可分为单向式棘轮机构和双向式棘轮机构。

1) 单向式棘轮机构

如图 7-1 所示,当主动摇杆往复摆动一次时,棘轮只能单向间歇地转过某一角度,称为单动式棘轮机构;如图 7-3 所示,当主动摇杆往复摆动一次时,两个棘爪都能先后交替推动棘轮沿同一方向转动,称为双动式棘轮机构。其棘爪可制成直推的,如图 7-3(a) 所示;或钩头的,如图 7-3(b) 所示。

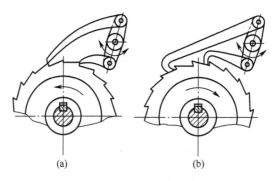

图 7-3 双动式棘轮机构

单向式棘轮采用的是不对称齿形,常用锯形齿。

2) 双向式棘轮机构

如图 7-4(a) 所示,棘爪端部制成两边对称的外形,并且可翻转,棘轮的齿一般制成矩形。当棘爪 1 处在图中实线所示位置时,棘轮 2 将沿逆时针方向做间歇运动;当棘爪 1 翻到虚线所示位置时,棘轮 2 将沿顺时针方向做间歇运动。如图 7-4(b) 所示为另一种双向式棘轮机构。当棘爪 1 处在图示位置时,棘爪的直边与棘轮 2 轮齿的右侧齿廓啮合,则棘轮 2 将沿逆时针方向做间歇运动。若将棘爪提起(拔出定位销 4),并绕自身轴线转过 180° 后放下(定位销 4 插入另一销孔中),再插入棘轮齿槽中,棘爪的直边与棘轮轮齿的左侧齿廓啮合,则棘轮将沿顺时针方向做间歇运动。若将棘爪提起,绕自身轴线转过 90° 后,则棘爪将被搁置在壳体的平台 3 上,从而使棘爪与棘轮脱开,此时当主动摇杆做往复摆动时,棘轮将静止不动。如图 7-5 所示的牛头刨床工作台的横向进给机构即采用了这种棘轮机构。

双向式棘轮一般采用矩形齿。

上述轮齿式棘轮机构中,棘轮转动的角度都是相邻两齿所夹中心角的倍数,因此,棘轮转角是有级性改变的。如果要实现无级性改变,就需要采用以下无棘齿的棘轮机构。

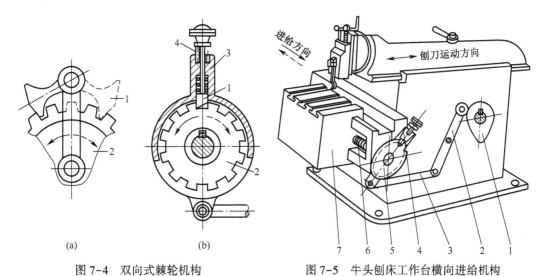

图 7-4　双向式棘轮机构　　　　　图 7-5　牛头刨床工作台横向进给机构

2. 摩擦式棘轮机构

摩擦式棘轮机构是一种靠无棘齿的棘轮和棘爪之间产生摩擦力来传递运动的。也可分为如图 7-6(a)所示的外接式棘轮机构和如图 7-6(b)所示的内接式棘轮机构。

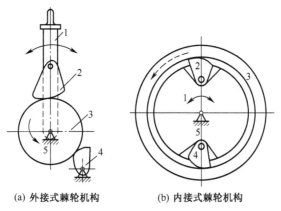

(a) 外接式棘轮机构　　(b) 内接式棘轮机构

图 7-6　摩擦式棘轮机构

摩擦式棘轮机构的工作原理与轮齿式棘轮机构相同,只不过用凸块代替棘爪,用摩擦轮代替棘轮。通过凸块 2 与从动棘轮 3 之间的摩擦力推动从动棘轮间歇转动。

常用的摩擦式棘轮机构如图 7-7 所示,它是由星轮 1、套筒 2、弹簧顶杆 3 及滚柱 4 等组成。若星轮为主动件,当其逆时针回转时,滚柱借助摩擦力而滚向楔形空隙的小端,将套筒楔紧,套筒与星轮一起逆时针回转;而当星轮顺时针回转时,滚柱滚向楔形空隙的大端,将套筒松开,这时套筒静止不动。

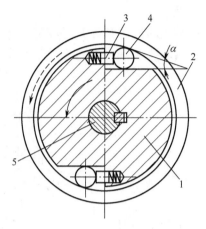

图 7-7 常用的摩擦式棘轮机构

7.1.3 棘轮机构的设计

1. 棘爪工作条件

如图 7-8 所示,为了在传递相同的转矩时棘爪的受力最小,一般应使棘轮齿顶 A 和棘爪的转动中心 O_2 的连线垂直于棘轮半径 O_1A,即 $\angle O_1AO_2 = 90°$。若不计棘爪的重力和转动副中的摩擦,则当棘爪由棘轮齿顶沿工作齿面 AB 滑向齿根时,棘爪将受到棘轮轮齿对其作用的法向压力 F_n 和摩擦力 F_f,F_n 有使棘爪逆时针转动滑入齿根的倾向,而 F_f 阻止棘爪滑向齿根。设棘轮齿面与棘轮轮齿尖顶径向线之间的夹角,即棘轮齿面倾斜角为 φ,棘爪长度为 L,棘爪与棘轮接触面的摩擦系数为 f,摩擦角为 ρ。为了保证棘轮机构正常工作,在传动中必须使棘爪能自动啮紧棘轮的齿根不滑脱,则必须使法向力 F_n 对 O_2 的力矩大于摩擦力 F_f 对 O_2 的力矩,即

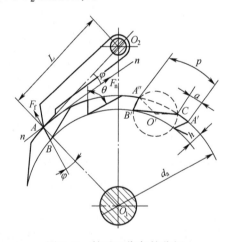

图 7-8 棘爪工作条件分析

$$F_n L \sin\varphi > F_f L \cos\varphi$$

因 $F_f = fF_n$、$f = \tan\rho$,代入上式得

$$\tan\varphi > \tan\rho$$

故 $\varphi > \rho$ (7-1)

由此可见,棘爪能自动啮紧棘轮齿根不滑脱的条件,也就是棘爪的工作条件为:棘轮齿面倾斜角 φ 大于摩擦角 ρ。

当材料的摩擦系数 $f = 0.2$ 时,$\rho \approx 11°30'$。为了可靠起见,通常取 $\varphi = 20°$。

2. 棘轮机构的几何尺寸

棘轮与齿轮一样,棘轮齿的大小也是用模数 m 来衡量的。棘轮顶圆直径与齿数之比称为模数。为使顶圆直径为整数,以便于设计、制造,棘轮齿的模数已标准化,常用值有 1mm、1.5mm、2mm、2.5mm、3mm、4mm、5mm、6mm、8mm、10mm。齿数 z 应由整个机器工作的需要来决定,通常取 $z = 12 \sim 25$。

当选定齿数和按照强度要求确定模数之后,棘轮和棘爪的主要几何尺寸可按以下经验公式计算:

顶圆直径 d_a $\qquad\qquad\qquad\qquad\qquad\qquad\qquad d_a = mz$
棘轮齿距 p(相邻两齿在顶圆圆周上对应两点间的弧长) $\qquad p = \pi m$
棘轮齿高 h $\qquad\qquad\qquad\qquad\qquad\qquad\qquad h = 0.75m$
齿顶厚 a $\qquad\qquad\qquad\qquad\qquad\qquad\qquad\quad a = m$
齿槽夹角 θ $\qquad\qquad\qquad\qquad\qquad\qquad\qquad \theta = 60°$ 或 $55°$
棘爪长度 L(按结构决定,通常按此公式取) $\qquad\quad L = 2p = 2\pi m$

其他结构尺寸可参看《机械设计手册》中的有关部分。

3. 棘轮齿形的画法

由以上公式计算出棘轮的主要尺寸后,可按以下步骤画出其齿形,如图7-8所示。

(1)根据 d_a 和 h 先画出齿顶圆和齿根圆;

(2)按照齿数 z 等分齿顶圆,得 A'、A'' 等点,并由任一等分点 A' 作弦 $A'C = a = m$,得点 C;

(3)连接点 C 和第二等分点 A'',得弦 CA'',从 C、A'' 两点分别作 $\angle O'CA'' = \angle O'A''C = 90° - \theta$,得点 O';

(4)以点 O' 为圆心,$O'C$ 为半径画圆交齿根圆于点 B',连接 $B'A''$,此即为轮齿工作齿面,再连接 CB',就得到棘轮的一个完整齿形。

4. 棘轮转角的调节

棘轮转角即棘轮每次间歇转过的角度可以在较大的范围内调节,这是棘轮机构的突出优点,棘轮转角的大小由工作需要来决定。

调节棘轮转角大小的方法通常有两种:一是改变摇杆摆角,如图7-5所示,在牛头刨床工作台的横向进给机构中,控制工作台横向进给量的棘轮机构中的棘爪是由曲柄摇杆机构来带动的,因此可用改变曲柄长度的方法来改变摇杆的摆角,从而改变棘轮转角的大小;二是摇杆的摆角大小不变,如图7-9所示,在棘轮3外加装一个棘轮罩4,用以遮盖摇杆摆角范围内棘轮的一部分棘齿。这样,当摇杆1逆时针摆动时,棘爪2先在棘轮罩4上滑动,然后才嵌入棘轮的齿槽推动棘轮转动。调节棘轮罩手柄的位置,可改变棘轮罩遮住棘轮齿的多少,被棘轮罩遮住的齿越多,则棘轮每次转过的角度就越小。

7.1.4 棘轮机构的特点及其应用

轮齿式棘轮机构结构简单,制造方便,运动可靠,且棘轮的转角可根据需要进行适当

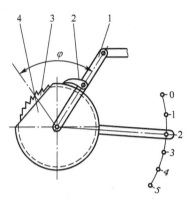

图 7-9 加装棘轮罩的棘轮机构

调节。但棘爪在棘轮齿背滑行时将引起噪声;在运动开始和终了时,速度骤变而产生冲击,运动平稳性差;棘轮轮齿易磨损,传动精度不高,传力不大。因此,轮齿式棘轮机构常用在低速、轻载场合实现间歇运动。

例如,如图 7-5 所示的牛头刨床工作台横向进给机构中,运动由凸轮 1 传到摆杆 2,经过连杆 3 带动摇杆 4 往复摆动;摇杆上装有棘爪,如图 7-4(b)所示,推动棘轮 5 作单向间歇转动;棘轮又与螺杆 6 固连,从而使螺母 7(工作台)沿进给方向作进给运动。

在起重机、卷扬机等机械中,则常把棘轮机构作为防止机构逆转的止逆器使用。从而使提升的重物能停止在任何位置,以防止由于停电等原因造成事故。图 7-10 所示即为提升机构的棘轮止逆器。

棘轮机构还常用于实现转位运动和快速超越运动。如图 7-11 所示为自行车后轮轴上的棘轮机构。当自行车正常行驶时,链条 1 带动内圈装有棘轮的后链轮 2 转动,棘轮与棘爪 3 啮合,通过棘爪(装在后轮上)带动后轮 4 转动,于是自行车向前行驶。在自行车行驶过程中,当停止踏动脚蹬时,链条和链轮都停止运动,但后轮在惯性力的作用下仍带动棘爪转动,此时棘爪在棘轮齿背上滑过,使后轮与链条脱开。这种从动件(带有棘爪的后轮)超越主动件(链轮)运动的特性,称为棘轮机构的超越作用。

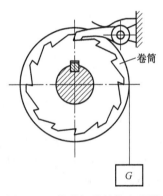

图 7-10 提升机的棘轮止逆器

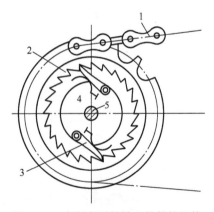

图 7-11 自行车后轮轴上的棘轮机构

摩擦式棘轮机构传递运动平稳、无噪声,棘轮的转角可作无级调节,常用来做超越离合器,在各种机构中实现进给或传递运动。但运动准确性差,不宜用于运动精度要求高的场合。

7.2 槽 轮 机 构

7.2.1 槽轮机构的组成及工作原理

槽轮机构又称为马尔它机构。如图 7-12 所示,它是由带有圆销 A 的拨盘 1、具有径向槽的槽轮 2 和机架组成的。拨盘 1 以等角速度 ω_1 顺时针转动,当拨盘上的圆销 A 未进入槽轮的径向槽时,槽轮的内凹锁止弧 β 被拨盘的外凸圆弧 α 卡住,槽轮静止不动。当拨盘上的圆销 A 开始进入槽轮的径向槽时,槽轮的锁止弧被松开,从而圆销 A 驱动槽轮逆时针转动。当拨盘上的圆销 A 开始脱出槽轮的径向槽时,槽轮上的另一内凹锁止弧又被拨盘的外凸圆弧卡住,致使槽轮又静止不动。直到圆销 A 再进入槽轮的另一径向槽时,槽轮又重复上述动作。这样,随着拨盘的连续转动,槽轮如此周而复始地作时动时停的周期性单向间歇运动。为了防止槽轮在工作过程中位置发生偏移,除上述锁止弧外也可以采用其他专门的定位装置。

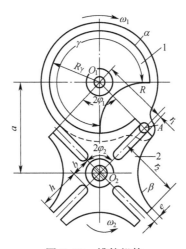

图 7-12 槽轮机构

7.2.2 槽轮机构的类型

1. 平面槽轮机构有两种基本形式

1) 外槽轮机构

槽轮上径向槽的开口是自圆心向外,主动拨盘与槽轮转向相反。外槽轮机构又可分为单圆销和多圆销两种结构。如图 7-12 所示为单圆销外槽轮机构,当拨盘 1 转数周时,槽轮 2 只作一次与拨盘转动方向相反的转动。如图 7-13 所示为双圆销外槽轮机构,当拨盘 1 转动一周时,槽轮 2 能作两次与拨盘转动方向相反的转动。

2) 内槽轮机构

槽轮上径向槽的开口是向着圆心的,主动拨盘 1 与槽轮 2 转向相同,如图 7-14 所示。

205

这两种槽轮机构都用于传递平行轴的运动,但外槽轮机构应用比较广泛。

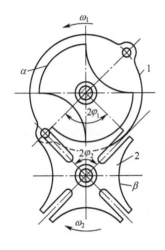

图 7-13 双圆销外槽轮机构

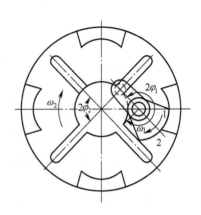

图 7-14 内槽轮机构

2. 空间槽轮机构

如图 7-15 所示为球面槽轮机构,它是用于传递两垂直相交轴的间歇运动机构,从动槽轮 2 呈半球形,主动拨轮 1 的轴线及拨销 3 的轴线都通过球心 O,当拨轮 1 连续转动时,槽轮 2 得到间歇转动。

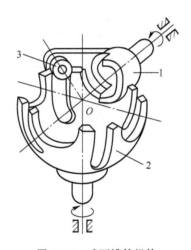

图 7-15 球面槽轮机构

7.2.3 槽轮机构的设计

槽轮机构的设计主要是根据间歇运动的要求,确定槽轮的槽数、拨盘圆销的数目以及槽轮机构的基本尺寸。

1. 槽轮的槽数 z

在如图 7-12 所示的槽轮机构中,为避免槽轮 2 在开始转动和终止转动时与拨盘圆销 A 产生撞击,圆销 A 在进入和脱出径向槽的瞬时,圆销中心的线速度方向应沿着槽轮径向槽的中心线,即 $O_1A \perp O_2A$。设 z 为槽轮 2 上均匀分布的径向槽数目,则由图 7-12 可知,当槽轮 2 转动一次,即转过 $2\varphi_2 = 2\pi/z$ 弧度时,拨盘 1 所转过的角度为

$$2\varphi_1 = \pi - 2\varphi_2 = \pi - 2\pi/z \tag{7-2}$$

当主动拨盘回转一周时,槽轮 2 的运动时间 t_m 与主动拨盘转动一周的总时间 t 之比,称为槽轮机构的运动系数,用 τ 表示。因为拨盘一般为等速转动,时间与转角成正比,所以运动系数也可用转角之比来表示。对于只有一个圆销的单圆销外槽轮机构,时间 t_m 和 t 所对应的拨盘转角分别为 $2\varphi_1$ 和 2π,因此

$$\tau = \frac{t_m}{t} = \frac{2\varphi_1}{2\pi}$$

将式(7-2)代入上式得

$$\tau = \frac{z-2}{2z} = \frac{1}{2} - \frac{1}{z} \tag{7-3}$$

为了保证槽轮运动,其运动系数 τ 应大于零。由式(7-3)可以看出,要保证 $\tau > 0$,须槽轮径向槽的数目 $z \geq 3$。但当 $z = 3$ 时,槽轮的角速度变化很大,圆销进入或脱出径向槽的瞬间,槽轮的角加速度就很大,将引起较大的振动和冲击,实际很少应用。又由式(7-3)可知,当 $0 < \tau < 0.5$ 时,槽轮的运动时间总小于静止时间。而当 $z > 9$ 时,z 的增大对 τ 的影响已很小,起不到明显的作用,况且在中心距一定时,z 越大,槽轮的尺寸也越大,转动时的惯性力矩也随之增大。所以槽轮的槽数常取为 $z = 4 \sim 8$。

同理可得,如图 7-14 所示内槽轮机构的运动系数为

$$\tau = \frac{z+2}{2z} = \frac{1}{2} + \frac{1}{z} \tag{7-4}$$

2. 拨盘圆销数 K

要得到 $\tau > 0.5$ 的外槽轮机构,可采用多圆销拨盘。设拨盘上均匀分布的圆销数为 K,则当主动拨盘回转一周时,槽轮将被拨动 K 次,槽轮的运动时间为只有一个圆销时的 K 倍,而主动拨盘回转一周的时间不变。因此,其运动系数 τ 为单销时的 K 倍,即

$$\tau = K\left(\frac{1}{2} - \frac{1}{z}\right) = \frac{K(z-2)}{2z} \tag{7-5}$$

由于运动系数 τ 应小于 1($\tau = 1$ 表示槽轮和拨盘都作连续转动,不能实现间歇运动),故由式(7-5)可得

$$K < \frac{2z}{z-2} \tag{7-6}$$

由式(7-6)可得槽轮槽数与拨盘圆销数的关系如表 7-1 所列。

表 7-1 槽轮槽数与拨盘圆销数的关系

径向槽数 z	3	4 或 5	≥ 6
圆销数 K	1~5	1~3	1~2

如图 7-13 所示为 $z = 4$,$K = 2$ 的槽轮机构,其运动系数 $\tau = 0.5$,即槽轮的运动时间与停歇时间相等。

3. 外啮合槽轮机构的几何尺寸

当槽轮机构的中心距 a 已由其结构确定,并且槽轮槽数 z 和拨盘圆销数 K 也在其限

制范围内根据具体工作要求选定后,其他尺寸可按表7-2进行计算(见图7-12)。

表 7-2　槽轮机构的几何尺寸计算公式

名　称	符号	单　位	计算公式
圆销转动半径	R	mm	$R = a\sin\dfrac{\pi}{z}$ (a 为中心距,单位为 mm)
圆销半径	r_1	mm	$r_1 \approx \dfrac{R}{6}$
槽顶高	r_2	mm	$r_2 = a\cos\dfrac{\pi}{z}$
槽底高	b	mm	$b = a - (R + r_1) - (3 \sim 5)$
槽深	h	mm	$h = r_2 - b$
槽顶口一侧齿厚	e	mm	推荐 $e = (0.6 \sim 0.8)r_1$,$e > 3 \sim 5$
锁止弧半径	R_γ	mm	$R_\gamma = R - r_1 - e$
外凸锁止弧张开角	γ	(°)	$\gamma = \dfrac{2\pi}{K} - 2\varphi_1 = 2\pi\left(\dfrac{1}{K} + \dfrac{1}{z} - \dfrac{1}{2}\right)$

7.2.4　槽轮机构的特点及其应用

槽轮机构结构简单、工作可靠、转位迅速、圆销进入和脱出径向槽时较平稳,能准确控制转动的角度等。但槽轮机构制造和装配精度要求较高,槽轮转角大小不能调节,而且槽轮在启动和停歇时有一定程度的冲击,一般应用于转速不高,和要求间歇运动的装置中。例如,如图 7-16 所示为电影放映机的卷片机构,当槽轮 2 间歇转动时,胶片上的画面依次在方框中停留,通过"视觉暂留"现象而获得连续的场景。

槽轮机构还被广泛应用于转位和送进的场合,如图 7-17 所示为六角自动车床转塔刀架的转位机构,通过槽轮机构使刀架迅速转位,便于换刀。

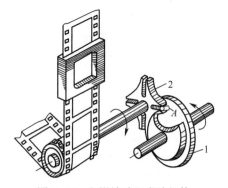

图 7-16　电影放映机卷片机构

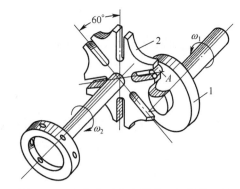

图 7-17　六角自动车床转塔刀架转位机构

内槽轮机构,结构紧凑,槽轮停歇时间短,传动平稳性也比外槽轮机构好。

例 7-1　设计一槽轮机构,要求槽轮的运动时间 t_m 等于停歇时间 t_s,试选择槽轮的槽数 z 和拨盘的圆销数 K。

解:要保证 $t_m = t_s$,则槽轮机构的运动系数应为 $\tau = \dfrac{1}{2}$,代入式(7-5)可得

$$\frac{1}{2} = \frac{K(z-2)}{2z}$$

化简上式可知槽数 z 和拨盘的圆销数 K 之间的关系式应为

$$K = \frac{z}{z-2}$$

按照本节的分析,槽轮槽数常取 $z = 4 \sim 8$,因此,满足运动时间 t_m 等于停歇时间 t_s 的合理组合只有一种:$z = 4$,$K = 2$。

7.3 不完全齿轮机构

7.3.1 不完全齿轮机构的组成及工作原理

不完全齿轮机构是由齿轮机构演变而得的一种间歇运动机构,如图7-18所示。这种机构的主动轮1上只做出一个齿或几个齿,并根据运动时间和停歇时间的要求,在从动轮2上做出与主动轮1轮齿相啮合的轮齿。当主动轮1连续转动时,从动轮2作间歇转动。在从动轮2停歇期间,两轮轮缘各有锁止弧 α 和 β 起定位作用,以防止从动轮游动,保证停歇在预定位置。在如图7-18(a)所示的不完全齿轮机构中,当主动轮1上只有一个齿,从动轮2上有8个齿,当主动轮1转一转时,从动轮2只转1/8转。在图7-18(b)所示的不完全齿轮机构中,主动轮1有4个齿,从动轮2的圆周上有4个有齿段(即运动段),各有4个齿,还有4个圆弧段(即停歇段)。主动轮1转一转,从动轮2转1/4转。

不完全齿轮机构在运动过程中,从动轮每次起动和停止的瞬时,都会产生刚性冲击。因此,对于转速较高的不完全齿轮机构,可在两轮端面上分别装上瞬心线附加杆 K、L。如图7-19所示,当主动轮1的首齿和从动轮2的齿在啮合线上啮合之前,瞬心线附加杆 K、L 先行接触,接触点 P' 即为此时两轮的相对瞬心,此时从动轮2的角速度为 $\omega_2' = \omega_1(\overline{O_1P'}/\overline{O_2P'})$。随着两轮的转动,瞬心线附加杆 K、L 的接触点 P' 逐渐远离 O_1 向 O_2 靠近,轮2的角速度逐渐增加。当点 P' 与两轮的节点 P 重合时,轮2的角速度达到正常值,为 $\omega_2 = \omega_1(\overline{O_1P}/\overline{O_2P})$,这时两轮已在啮合线上啮合,附加杆 K、L 就脱离接触。当主动轮1的末齿在啮合线上脱离啮合时,又借助另一附加杆(图7-19中未画出),使从动轮2从正常角速度 ω_2 逐渐减至零。这样,在整个运动周期内,借助瞬心线附加杆 K、L 的接触就可使从动轮的角速度变化平稳,以减小冲击。由于不完全齿轮机构在从动轮开始运动时的冲击一般都比终止运动时的冲击大,因此有时只在从动轮开始运动的前接触段安装瞬心线附加杆,如图7-19所示的不完全齿轮机构即是如此。

7.3.2 不完全齿轮机构的特点

不完全齿轮机构结构简单,制造方便,工作可靠,从动轮的运动时间和停歇时间的比例不受机构结构的限制。没有瞬心线附加杆的不完全齿轮机构,从动件在转动开始和末了时冲击较大,只宜用于低速轻载的场合。

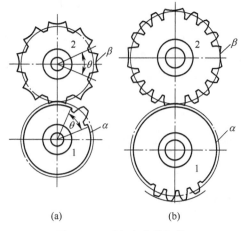

图 7-18 不完全齿轮机构

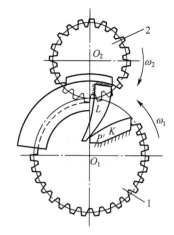

图 7-19 带瞬心线附加杆的不完全齿轮机构

7.3.3 不完全齿轮机构的类型及其应用

不完全齿轮机构有如图 7-18 所示的外啮合与如图 7-20 所示的内啮合以及圆柱和圆锥不完全齿轮机构之分。

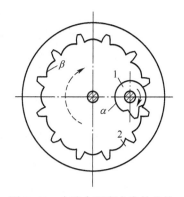

图 7-20 内啮合不完全齿轮机构

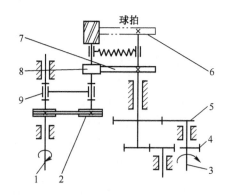

图 7-21 专用靠模铣床中的不完全齿轮机构

不完全齿轮机构多用于一些有特殊运动要求的专用机械中,如图 7-21 所示为用于铣削乒乓球拍周缘的专用靠模铣床中的不完全齿轮机构。加工时,主动轴 1 带动铣刀轴 2 转动。而另一个主动轴 3 上的不完全齿轮 4 与 5 分别使装有工件的轴得到正、反两个方向的回转。当工件轴转动时,在靠模凸轮 7 和弹簧作用下,使铣刀轴上的滚轮 8 紧靠在靠模凸轮 7 上,以保证加工出工件 6(乒乓球拍)的周缘。不完全齿轮机构在多工位的自动机中,也常被用作工作台的间歇转位和间歇进给机构。

不完全齿轮机构在电表、煤气表等的计数器中应用也很广。例如,如图 7-22 所示为 6 位计数器,轮 1 为输入轮,它的左端只有 2 个齿,各中间轮 2 和轮 4 的右端均有 20 个齿,左端也只有 2 个齿(轮 4 左端无齿),各轮之间通过过轮联系。故当轮 1 转一转时,其相邻右侧轮 2 只转过 1/10 转,依此类推,故从右到左读数窗口看到的读数分别代表了个、十、百、千、万、十万。

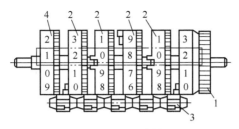

图 7-22 六位计数器

需要注意的是,在不完全齿轮机构中,为了保证主动轮的首齿能顺利地进入啮合状态而不与从动轮的齿顶相碰,其首齿齿顶高应作适当的削减。同时,为了保证从动轮能停歇在预定位置,主动轮的末齿齿顶高也需要作适当的修正,如图 7-18(b)所示。

7.4 螺 旋 机 构

7.4.1 螺旋机构的组成及特点

1. 螺旋机构的组成

螺旋机构是利用螺旋副传递运动和动力的常用机构,它由螺杆、螺母和机架组成。螺旋机构通常是将旋转运动转换成直线运动,但当螺杆的导程角大于当量摩擦角时,也可用来将直线运动转换为旋转运动。

2. 螺旋机构的特点

螺旋机构结构简单、制造方便、运动准确、工作平稳、无噪声;可传递很大的轴向力;能获得很大的减速比或增速比;当螺杆的导程角小于当量摩擦角时,机构具有自锁性能,但其效率通常低于50%。因此,螺旋机构常用于起重机、压力机以及功率不大的进给系统和微调装置中。

7.4.2 螺旋机构的类型及应用

1. 单螺旋副机构

如图 7-23 所示为单螺旋副机构,该机构由螺杆1、螺母2和机架3组成。图中 A 为转动副,B 为螺旋副,C 为移动副,l 为螺旋的导程,当螺杆1转过 φ 时,螺母2将沿螺杆的轴线方向移动一段距离,位移量 s 为

$$s = l \frac{\varphi}{2\pi} \tag{7-7}$$

单螺旋副机构常用于螺旋千斤顶、螺旋式轴承拆卸器、机床横向进给机构等。

2. 双螺旋副机构

如图 7-24 所示为双螺旋副机构,此时 A、B 均为螺旋副,两段的导程分别为 l_A、l_B。螺旋 A 中的螺杆1在固定的螺母3中转动,螺旋 B 中的螺杆1在不转动但作轴向移动的螺母2中转动。双螺旋副机构有下列两种情况。

1)复式螺旋机构

图 7-24 中,若两段螺旋 A、B 的旋向相反时,螺母2可快速移动,这种螺旋机构称为

复式螺旋机构。当螺杆 1 转过 φ 时，螺母 2 产生的位移 s 为

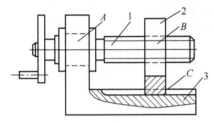 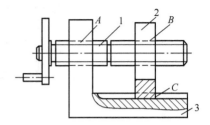

图 7-23　单螺旋副机构　　　　　　图 7-24　双螺旋副机构

$$s = (l_A + l_B)\frac{\varphi}{2\pi} \tag{7-8}$$

复式螺旋机构可使被连接的两构件快速地移近或分离。

2) 微(差)动螺旋机构

在图 7-24 中，若两段螺旋 A、B 的旋向相同时，若 l_A、l_B 相差很小时，螺母 2 的位移就很小，这种螺旋机构称为微(差)动螺旋机构。当螺杆 1 转过 φ 时，螺母 2 产生的位移 s 为

$$s = (l_A - l_B)\frac{\varphi}{2\pi} \tag{7-9}$$

微(差)动螺旋机构常用于测微计、调节机构及分度机构中。

如图 7-25 所示为用于夹紧装置中的复式螺旋机构，当转动螺杆 1 时，便可以使左旋螺母 2、右旋螺母 3 向相反的方向移动，同时带动左右两个夹爪 5 各绕支点 A、B 摆动，可迅速夹紧或放松工件。

如图 7-26 所示为用于调节镗刀进给量的微动螺旋机构。镗刀 4 与外套 2 组成移动副 C，螺杆 1 与外套 2 组成螺旋副 A，螺杆 1 与镗刀 4 组成螺旋副 B，且螺旋副 A、B 的旋向相同而导程相差很小，当转动调整螺杆 1 时，可微量调整镗刀 4 在外套 2 内的进刀量。

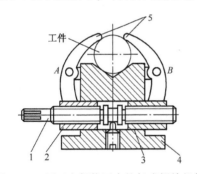 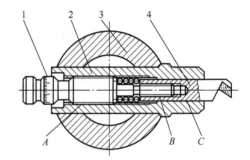

图 7-25　用于夹紧装置中的复式螺旋机构　　　图 7-26　用于调节镗刀进给量的微动螺旋机构

7.5　万向联轴节机构

7.5.1　万向联轴节机构的工作原理及类型

万向联轴节机构简称为万向联轴节，也称为万向联轴器或万向铰链机构。用来传递两相交轴间的运动和动力，且在传动过程中，两轴间的夹角可以变动。故万向联轴节是一

种常用的变角传动机构,广泛用于汽车、机床、冶金机械等传动系统中。

万向联轴节可分为单万向联轴节和双万向联轴节。

1. 单万向联轴节

单万向联轴节的结构如图 7-27 所示,机构由端部有叉的主动轴 1、从动轴 2、中间的十字形构件 3 和机架 4 组成。十字构件 3 与轴 1、2 相连组成转动副 B、C,轴 1、2 与机架 4 组成转动副 D、A。轴 1、2 的轴线交于点 O,而两轴线所夹的锐角为 α。

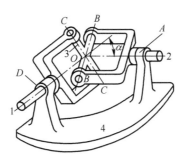

图 7-27 单万向联轴节

由图 7-27 可见,当主动轴 1 转一周时,从动轴 2 也必然旋转一周,但两轴的瞬时角速度却不时时相等,即当轴 1 以等角速度 ω_1 回转时,轴 2 以变角速度 ω_2 回转;当主动轴 1 的叉面在图纸平面内时,从动轴 2 的叉面则与图面垂直,若以此时为传动的初始位置,可推导出两轴瞬时传动比为

$$i_{12} = \frac{\omega_1}{\omega_2} = \frac{\cos\alpha}{1 - \sin^2\alpha\cos^2\varphi_1} \tag{7-10}$$

式中:φ_1 为主动轴 1 的转角。由式(7-10)可知,瞬时传动比 i_{12} 是两轴夹角 α 和主轴 1 转角 φ_1 的函数。当 $\alpha=0°$ 时,传动比 i_{12} 恒为 1,相当于两轴刚性连接;当 $\alpha=90°$ 时,传动比 i_{12} 恒为 0,两轴不能进行传动。

若两轴夹角 α 不变,则当 $\varphi_1=0°$ 或 180°时,传动比 i_{12} 最大,$\omega_{2\max}=\omega_1/\cos\alpha$;当 $\varphi_1=$ 90°或 270°时,传动比 i_{12} 最小,$\omega_{2\min}=\omega_1\cos\alpha$,由此看到

$$\omega_1\cos\alpha \leq \omega_2 \leq \omega_1/\cos\alpha \tag{7-11}$$

由式(7-11)表明,ω_2 的变化幅度取决于两轴之间的夹角 α 的大小,α 越大 ω_2 的变化幅度越大。在实际使用时,α 一般不超过 45°;为了保证传动的平稳性,通常取 $\alpha \leq 30°$。

2. 双万向联轴节

因单万向联轴节从动轴的角速度呈周期性变化,故在传动中会产生动载荷和冲击。为了消除从动轴变速转动的缺点,常将单万向联轴节成对使用,即用一个中间轴 3 和两个单万向联轴节将主动轴 1 和从动轴 3 连接起来构成双万向联轴节,如图 7-28 所示。双万向联轴节,常用来传递平行轴或相交轴之间的运动和动力。

为使主、从动轴的角速度时时相等,双万向联轴节必须满足下列两个条件:

(1) 主动轴 1 与中间轴 2 的夹角必须等于从动轴 3 与中间轴 2 的夹角,即 $\alpha_1 = \alpha_3 = \alpha$。

(2) 中间轴两端的叉面必须位于同一平面。

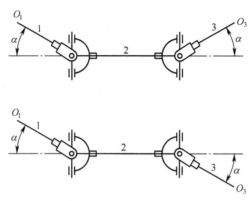

图 7-28 双万向联轴节

7.5.2 万向联轴节的特点和应用

万向联轴节径向尺寸小,对制造、安装的精度要求不高。尤其适用于工作过程中,主、从动轴间夹角和轴间距发生变化的场合。单万向联轴节当两轴夹角变化时仍可继续工作,但其瞬时传动比将发生变化。双万向联轴节当两轴间的夹角变化时,机构不但可以继续工作,且在满足上述两个条件时,还能保证等传动比。故双万向联轴节在机械中得到更广泛的应用。

如图 7-29 所示为轧钢机轧辊传动系统中的双万向联轴节。在轧钢过程中经常需要调节轧辊的上下位置,致使齿轮轴线与轧辊轴线之间的距离经常变化,故用双万向联轴节作为齿轮与轧辊之间的传动装置。

如图 7-30 所示为汽车变速箱和后桥主传动轴之间的双万向联轴节。装在汽车底盘前部的发动机变速箱,通过双万向联轴节带动汽车后桥中的差速器,驱动后轮转动;汽车行驶中,由于道路等原因使变速箱输出轴和差速器输入轴的相对位置时时有变动,这时双万向联轴节的中间轴(即汽车传动轴)与它们的倾角也有相应的变化,但变速箱输出轴和差速器输入轴的速度总相等。

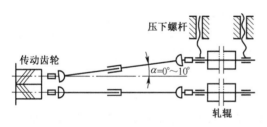
图 7-29 轧钢机轧辊传动系统中的双万向联轴节

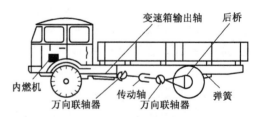
图 7-30 汽车变速箱和后桥主传动轴之间的双万向联轴节

7.6 广 义 机 构

科学技术的迅速发展,使含液、气、声、光、电、磁等工作原理的机构应用日益广泛,一般将这类机构统称为广义机构。在广义机构中,由于应用了一些新的工作介质或工作原理,因而这类机构比传统机构能更简便地实现运动或动力转换。广义机构还可以实现传统机构难以完成的运动,是一种工作原理与结构新颖的创新机构。广义机构种类繁多,现简要介绍几种。

7.6.1 气、液动机构简介

气、液动机构是以具有压力的气体、液体作为工作介质,来实现能量传递与运动变换的机构。它们广泛应用于矿山、冶金、建筑、交通运输和轻工等行业。

1. 液动机构

1) 液动机构的特点

液压传动与机械传动、气动传动等相比具有下述优点:①易无级调速,调速范围大;②体积小、重量轻,输出功率大;③工作平稳,易于实现快速起动、制动、换向等动作;④控制方便;⑤易于实现过载保护;⑥由于液压元件能自润滑,磨损小,故工作寿命长;⑦液压元件易于标准化、模块化、系列化。

液压传动也具有下述缺点:①由于油液的压缩性及泄漏性影响,传动不准确;②由于液体对温度敏感,不宜在变温或低温环境下工作;③由于效率低,不宜作远距离传动;④制造精度要求高。

2) 液动机构应用实例

图 7-31 为机械手手臂伸缩液动机构。它由数控装置发出指令脉冲,使步进电机带动电位器的动触头转动一个角度 θ。如果为顺时针转动,动触头偏离电位器中点,在其上的引出端便产生与指令信号成比例关系的微弱电压 u_1,经放大器放大为 u_2 作为信号电压输入电液伺服阀的控制线圈,使电液伺服阀产生一个与输入电流成比例的开口量。这时,压力油以一定的流量 q 经阀的开口进入液压缸左腔,推动活塞连同机械手手臂向右移动 x。液压缸右腔的油液经伺服阀流回油箱。由于电位器外壳上的齿轮与手臂上的齿条相啮合,因此手臂向右移动的同时,电位器逆时针方向转动。当电位器的中点与动触头重合时,动触头引出端无电压输出,放大器输出端的电压为零,电液伺服阀的控制线圈无电流通过,阀口关闭,手臂停止移动。反之,当指令脉冲的顺序相反,则步进电机逆时针方向转动,手臂向左移动。手臂的运动速度取决于指令脉冲的频率,而其行程则取决于指令脉冲的数量。

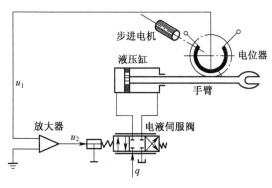

图 7-31 机械手手臂伸缩液动机构

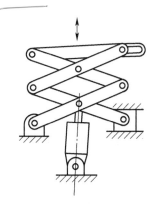

图 7-32 行程放大机构

如图 7-32 所示为行程放大机构,它由摆动液压缸驱动连杆机构,可实现较大的行程和增速,常用于电梯升降、高低位升降台等机械产品中。

2. 气动机构

1) 气动机构的特点

气动机构具有下述优点:①工作介质为空气,易于获取和排放,不污染环境;②空气黏度小,故压力损失小,适合于远距离输送和集中供气;③比液压传动响应快,动作迅速;④适合于恶劣的工作环境下工作;⑤易于实现过载保护;⑥易于标准化、模块化、系列化。

2) 气动机构应用实例

如图 7-33 所示为一种比较简单的可移动式气动通用机械手的结构示意图。由真空吸头 1、水平缸 2、垂直缸 3、齿轮齿条副 4、回转缸 5 及小车等组成。它可在三个坐标方向上工作,一般用于装卸轻质、薄片工作,只要更换适当的手指部件,还能完成其他工作。

该机械手的工作循环是:垂直缸上升→水平缸伸出→回转缸转位→回转缸复位→水平缸退回→垂直缸下降。

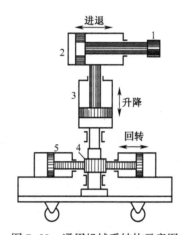

图 7-33 通用机械手结构示意图

7.6.2 光电机构简介

光电机构是一类在自动控制领域内应用极为广泛的机构,它是利用光的特性进行工作的机构。通常是由各类光学传感器(如光电开关、CCD 等)加上各种机械式或机电式机构而组成的。更广义的光电机构还包括红外成像仪与红外夜视仪等。因含有光学传感器的光电机构(如红外自动门、机床自动保护光电机构、计数及检测光电机构等),主要是用于数据采集与控制中,故本书不作重点介绍。下面介绍几种利用光电特性工作的机构。

1. 光电动机

如图 7-34 为一光电动机的原理图,其受光面一般是太阳能电池,三只太阳能电池组成三角形,与电动机的转子结合起来。太阳能电池提供电动机转动的能量,电动机一转动,太阳能电池也跟着转动,动力就由电动机转轴输出。由于受光面连成一个三角形,因此当光的照射方向改变时,也不影响光电动机的起动。这样,光电动机就将光能转变为机械能。

2. 光化学回转活塞式行星马达

图 7-35 为根据光化学原理将 NO_2 分子数的变化转变为机械能的机构——回转活塞式行星马达。

用丙烯树脂制成的圆筒形容器的内外周,被分隔成三部分作为反应室 1,室内装 NO_2。反应室 1 的内侧壁上各装有一曲柄滑块机构。介质受光照射后,由于光化学作用,NO_2 的浓度发生变化而引起反应室压力变化,使活塞 2 运动并带动曲轴 3 转动。其工作过程与光电动机相似,转动的各反应室自动地经过太阳光照射和背阴的反复循环,使曲轴作连续转动。

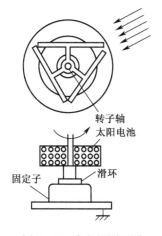

图 7-34 光电机原理图

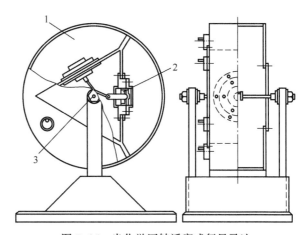

图 7-35 光化学回转活塞式行星马达

思考题与习题

7-1 棘轮机构除常用来实现间歇运动的功能外,还常用来实现什么功能?如图 7-11 所示为自行车后轮轴上的棘轮机构,试分析当脚蹬踏板前进和不蹬踏板自由滑行时棘轮机构的工作过程。

7-2 保证棘爪顺利滑入棘轮齿槽底部的几何条件是什么?

7-3 何谓槽轮机构运动系数?其取值范围是多少?为什么?

7-4 本章介绍的几种间歇运动机构:棘轮机构、槽轮机构、不完全齿轮机构,在运动平稳性、加工难易和制造成本方面各具有哪些优缺点?各适用于什么场合?

7-5 什么是复式螺旋机构?什么是差动螺旋机构?它们有何异同?举例说明它们在机械中的应用。

7-6 试述万向联轴节的类型、特点及应用。

7-7 双万向联轴节用于平面内两轴等角速度传动时需满足什么条件?

7-8 何谓广义机构?它与传统机构有什么区别?

7-9 气、液动机构的主要特点是什么?

7-10 光电机构的工作原理是什么?

7-11 已知一棘轮机构,棘轮模数 $m = 5mm$,齿数 $z = 12$,试确定此机构的几何尺寸并画出棘轮的齿形。

7-12 在如图7-5所示的牛头刨床工作台横向进给机构中,棘轮与螺杆固连,若进给螺杆的导程为5mm,要求棘爪每往复摆动一次拨动棘轮转过一个齿时,通过螺杆所完成的最小进给量为 $s = 0.125$mm,试确定棘轮的齿数。

7-13 某装配自动线上有一工作台,工作台要求有六个工位,每个工位在工作台静止时间 $t_s = 10$s 内完成装配工序。当采用单圆销的槽轮机构时,试求:

(1) 该槽轮机构的运动特性系数 τ;

(2) 拨盘的角速度 ω;

(3) 槽轮的转位时间 t_m。

7-14 在六角自动车床上转塔刀架转位用的槽轮机构中,已知槽数 $z = 6$,槽轮静止时间 $t_s = \dfrac{5}{6}$s,运动时间 $t_m = 2t_s$,求槽轮机构的运动系数 τ 及所需的圆销数 K。

7-15 某自动机床上装有均布双销六槽的外槽轮机构。若主动拨盘的转速为24r/min,试求主动拨盘回转一周时,槽轮每次运动和停歇的时间。

第 2 篇　机械的动力学分析及其设计

第 8 章　平面机构的力分析

8.1　概　　述

机构的运动过程也是机构的传力过程。作用在机构上的力不仅是影响机械运动和动力性能的重要参数，也是决定相应构件尺寸及结构形状等的重要依据，所以不论是设计新机械，还是为了合理使用现有机械，都必须对机械的受力情况进行分析。

8.1.1　作用在机械上的力

作用在机械上的力常见的有驱动力、生产阻力、重力、惯性力、摩擦力、介质阻力及运动副中的反力等。根据力对机械运动影响的不同，可将其分为驱动力和阻抗力两大类。

驱动机械运动的力称为驱动力。驱动力的特征是该力的方向与其作用点的速度方向相同或成锐角，它所做的功为正功，称为驱动功或输入功。

阻碍机械运动的力称为阻抗力。阻抗力的特征是该力的方向与其作用点的速度方向相反或成钝角，它所做的功为负功，称为阻抗功。阻抗力可分为有效阻力（又称生产阻力）和有害阻力两种。有效阻力是机械为了完成生产工作而必须克服的阻力，如机床加工零件时的切削阻力、起重机起吊重物的重力等都是有效阻力。克服有效阻力所做的功称为输出功或有效功。有害阻力是机械在运转过程中所受到的非生产消耗的无用阻力，如摩擦阻力、介质阻力等均为有害阻力。克服有害阻力所做的功称为损耗功。

机器作周期性运动时，重力作用在构件质心上，当质心上升时它为阻力，当质心下降时它为驱动力。在一个运动循环中重力所做的功为零。

惯性力是构件做变速运动时所产生的力，它作用在构件质心上，其方向与质心加速度方向相反。在一个运动循环中惯性力所做的功为零。

运动副反力是运动副中的反作用力，即运动副两元素接触处彼此的作用力，对整个机构而言它是内力，而对某一构件来说它是外力，机械工作时，它将使运动副中产生摩擦力而阻止机械的运动。

8.1.2　机构力分析的目的

机构力分析的目的主要有两方面：

（1）确定运动副中的反力。这些力的大小及性质对于机构各零件的结构设计、强度计算，对于机械的摩擦与效率分析，对于机械的动力性能研究等一系列问题，都是极为重要而且必需的资料。

(2) 确定机械上的平衡力(或平衡力矩)。平衡力(或平衡力矩)是指机械在已知外力作用下,为使该机构能按给定的运动规律运动而必须加于机械上的未知外力(或未知外力矩)。在设计或改进机械时,为充分挖掘机械的生产潜力,需确定机械平衡力。例如,为确定机械工作时所需原动机的最小功率或机械所能克服的最大生产阻力,及研究机械的调速、平衡等问题时,都需要求解机械的平衡力。

8.1.3 机构力分析的方法

机构力分析分为静力分析和动态静力分析。静力分析是不计惯性力所产生的动载荷而仅考虑静载荷的作用,对机构进行的力分析,适用于低速轻载机械。对于高速及重型机械,因其惯性力很大,故必须考虑惯性力的影响,这时需对机械作动态静力分析,即同时计及静载荷和惯性力(惯性力矩)所引起的动载荷而对机构进行的力分析。根据理论力学的达朗贝尔原理,将机构运转时产生的惯性力视为外加于产生该惯性力的构件上的力,这样该动态机构可被认为处于静力平衡状态,可用静力学方法对其进行受力分析,这样的力分析称为动态静力分析。

对机构进行动态静力分析时,需先确定各构件的惯性力。但在设计新机械时,因各构件的结构尺寸、材料、质量及转动惯量等参数尚未确定,故无法确定其惯性力。在此情况下,一般先对机构作静力分析及静强度计算,初步确定各构件的尺寸,并定出质量及转动惯量等参数,再对机构进行动态静力分析及强度计算,并据此对各构件尺寸作必要修正,直至获得满意的设计结果。

机构力分析的方法有图解法和解析法两种。图解法形象直观,精度较低,但尚能满足一般工程的要求。解析法计算精度高,容易求得约束反力与平衡力的变化规律,随着电子计算机的广泛应用而越来越受到重视。

8.2 构件惯性力的确定

对机构进行动态静力分析时,需先确定各构件的惯性力。此外,在设计某些新机械时,也常需计算某些构件的惯性力。构件惯性力的确定是机械力分析的一项重要任务。而各构件产生的惯性力和惯性力矩,不仅与各构件的质量 m_i、绕过质心轴的转动惯量 J_{Si}、质心 S_i 的加速度 a_{Si}、构件的角加速度 α_i 等有关,还与构件的运动形式有关。

8.2.1 作平面复合运动的构件

如图 8-1(a)所示的构件 BC,由理论力学可知,其惯性力可简化为一个加在质心 S_i 上的惯性力 F_i 和一个惯性力矩 M_i,即

$$F_i = -m_i a_{Si} \tag{8-1}$$

$$M_i = -J_{Si}\alpha_i \tag{8-2}$$

式中:m_i 为构件 i 的质量;a_{Si} 为构件 i 质心 S_i 的加速度;α_i 为构件 i 的角加速度;J_{Si} 为构件 i 对过其质心轴的转动惯量;负号表示 F_i 与 a_{Si}、M_i 与 α_i 的方向相反。

为了便于分析,上述惯性力 F_i 和惯性力矩 M_i 又可以用一个大小等于 F_i,作用线由

质心 S_i 偏移一距离 h_i 的总惯性力 F_i' 来代替,如图 8-1(b)所示,距离 h_i 的值为

$$h_i = \frac{M_i}{F_i} \tag{8-3}$$

F_i' 对质心 S_i 之矩的方向与 α_i 的方向相反。

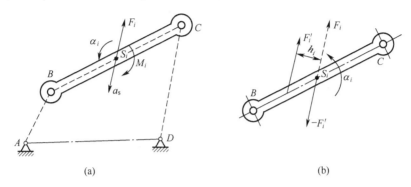

图 8-1 作平面复合运动的构件

8.2.2 作平面移动的构件

对于作平面移动的构件,由于没有角加速度,故不会产生惯性力矩,但是当构件作变速移动时,将有一个加在其质心 S_i 上的惯性力 $F_i = -m_i a_{Si}$。

8.2.3 绕定轴转动的构件

对于绕定轴转动的构件,其惯性力和惯性力矩的确定有两种情况。

(1) 绕通过质心的定轴转动的构件(如齿轮、飞轮等构件),因其质心的加速度为零,故惯性力为零。当构件作变速转动时,将产生一惯性力矩 $M_i = -J_{Si}\alpha_i$。

(2) 绕不通过质心的定轴转动的构件(如曲柄、凸轮等构件),如构件作变速转动,则将产生惯性力 $F_i = -m_i a_{Si}$ 及惯性力矩 $M_i = -J_{Si}\alpha_i$。这时两者同样可用一个不通过其质心的总惯性力 F_i' 来代替。如构件作等速转动,则将仅有一离心惯性力 $F_i = -m_i a_{Si}$。

8.3 运动副中摩擦力的确定

机械运动时,运动副中将会产生摩擦力。机构运动副中的摩擦力是一种有害阻力,它使运动副元素受到磨损,使机械的效率降低,使机械的工作性能、使用寿命受到影响。但摩擦并非总是有害的,如带传动、摩擦离合器和制动器等正是利用摩擦力来工作的。因此为了减小摩擦的不利影响,充分发挥摩擦的有用性,必须对运动副中的摩擦进行研究和分析。

8.3.1 移动副中的摩擦

1. 平面摩擦

如图 8-2(a)所示,滑块 1 与水平面 2 构成移动副。设作用在滑块 1 上的铅垂载荷为 Q,构件 2 作用在滑块 1 上的法向反力为 N_{21},两构件间的摩擦系数为 f。若在滑块 1 上作用一水平驱动力 F,使滑块 1 相对于水平面 2 产生匀速相对运动 v_{12},则此时将在两构件接触表

面间产生摩擦阻力 F_{21}。据图 8-2(a)，由受力平衡条件可得 $N_{21}=Q$，故摩擦力 F_{21} 为

$$F_{21} = fN_{21} = fQ \tag{8-4}$$

法向反力 N_{21} 和摩擦力 F_{21} 的合力称为运动副中的总反力 R_{21}，R_{21} 与 N_{21} 之间的夹角 φ 称为摩擦角。

$$\varphi = \arctan\frac{F_{21}}{N_{21}} = \arctan\frac{fN_{21}}{N_{21}} = \arctan f \tag{8-5}$$

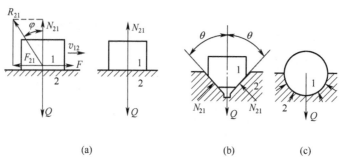

图 8-2 移动副中的摩擦

2. 槽面摩擦

如图 8-2(b)所示，楔形滑块 1 放在夹角为 2θ 的 V 形槽面 2 上，在水平驱动力 F 的作用下，滑块 1 沿槽面等速滑动。Q 为作用在滑块上的铅垂载荷（包括滑块自重），N_{21} 为槽的每一侧面给滑块 1 的法向反力。根据楔形滑块 1 在铅垂方向受力平衡条件可得

$$N_{21} = \frac{Q}{2\sin\theta}$$

故摩擦力 F_{21} 为

$$F_{21} = 2fN_{21} = \frac{fQ}{\sin\theta} = f_V Q \tag{8-6}$$

式中：f_V 为槽面摩擦的当量摩擦系数，$f_V = f/\sin\theta$。

如图 8-2(c)所示，两构件沿一半圆柱面接触，接触面各点处的法向反力均沿径向分布，根据两运动副表面结合紧密程度的不同，可得摩擦力 F_{21} 为

$$F_{21} = kfQ = f_V Q \tag{8-7}$$

式中：f_V 为圆柱面摩擦的当量摩擦系数，$f_V = kf = \left(1 \sim \frac{\pi}{2}\right)f$；$k$ 为与接触面接触情况有关的系数。当两接触面为点、线接触时，$k \approx 1$；当两接触面沿整个半圆周均匀接触时，$k = \pi/2$；其余情况 k 介于 $1 \sim \pi/2$ 之间。

引入当量摩擦系数后，在分析移动副中的滑动摩擦时，不管运动副两元素的几何形状如何，均可视为沿单一平面接触来计算其摩擦力，只需按运动副元素几何形状的不同引入不同的当量摩擦系数即可。但需注意，所求得的滑动摩擦力不同，其原因是法向反力不同，而不是摩擦系数 f 不同。

一般 $\theta \leqslant 90°$ 时，$f_V = f/\sin\theta > f$，即楔形滑块较平面滑块的摩擦力大，此种现象称为槽面效应。V 带传动、三角形螺纹连接等都是其应用实例。

在图 8-2 中，R_{21} 与 v_{12} 间的夹角总是一个钝角，故在分析移动副的摩擦时，可利用这

一规律来确定总反力的方向,即滑块1所受的总反力R_{21}与其对平面2的相对速度v_{12}之间的夹角总是钝角($90°+\varphi$)。

3. 斜面摩擦

如图8-3(a)所示,滑块1置于升角为λ的斜面上,作用在滑块1上的铅垂载荷为Q(包括滑块自重),在水平推力F的作用下,滑块1沿斜面2等速上升,通常称此行程为正行程。此时,斜面2作用于滑块1上的总反力R_{21}与铅垂线间的夹角为($\lambda+\varphi$)。由如图8-3(a)及力的平衡条件可知

$$F + Q + R_{21} = 0$$

作出如图8-3(b)所示的力三角形,就可求得水平推力F的大小为

$$F = Q\tan(\lambda + \varphi) \tag{8-8}$$

如图8-4(a)所示,滑块1在铅垂载荷Q作用下,受水平推力F'作用,滑块1沿斜面2等速下滑,通常称此行程为反行程。此时,斜面2作用于滑块1上的总反力R'_{21}与铅垂线间的夹角为($\lambda-\varphi$)。由如图8-4(a)及力的平衡条件可知

$$F' + Q + R'_{21} = 0$$

由如图8-4(b)所示的力三角形可得

$$F' = Q\tan(\lambda - \varphi) \tag{8-9}$$

由式(8-9)可知,在反行程中Q为驱动力,当$\lambda>\varphi$时,F'为正值,其方向与图示方向相同,是阻止滑块1加速下滑的阻抗力;当$\lambda<\varphi$时,F'为负值,其方向与图示方向相反,成为驱动力,它与Q共同作用使滑块1沿斜面2等速下滑。

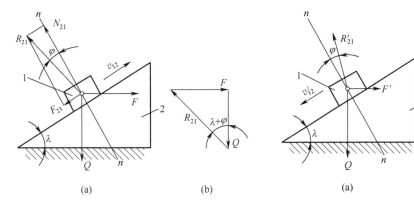

图8-3 滑块等速上升时的斜面摩擦　　　图8-4 滑块等速下滑时的斜面摩擦

8.3.2 螺旋副中的摩擦

机械中的螺旋副由螺杆和螺母组成,是一种空间运动副,其接触面是螺旋面。当螺杆和螺母的螺纹之间受轴向载荷Q作用时,拧动螺杆或螺母,螺旋面之间将产生摩擦力。研究螺纹副的摩擦时,通常假设螺杆和螺母之间的作用力Q集中在平均直径d_2的螺纹线上,如图8-5(a)所示。由于螺旋线可以展成平面上的斜直线,螺旋副中力的作用与滑块和斜面间力的作用相同,如图8-5(b)所示。这样就可以将空间问题转化为平面问题来研究。

1. 矩形螺纹螺旋副中的摩擦

如图8-5(a)所示为一矩形螺纹螺旋副,其中1为螺杆,2为螺母,螺母2上受有轴向

载荷 Q。若在螺母 2 上加一力矩 M，使螺母 2 旋转并逆着 Q 力等速向上运动(对螺纹连接来说，相当于拧紧螺母)，则此时相当于滑块 2 在水平推力 F 作用下沿斜面 1 等速向上滑动，如图 8-5(b)所示。该斜面的倾角 λ 即为螺旋平均直径 d_2 上的螺旋升角，其计算式为

$$\tan\lambda = \frac{l}{\pi d_2} = \frac{z p}{\pi d_2} \tag{8-10}$$

式中：l 为螺纹导程；z 为螺纹的头数；p 为螺距。
由式(8-8)得

$$F = Q\tan(\lambda + \varphi)$$

式中：F 相当于拧紧螺母时必须在平均直径 d_2 处施加的圆周力，其对螺旋轴心线之力矩即为拧紧螺母时所需的拧紧力矩 M，故

$$M = F\frac{d_2}{2} = \frac{d_2}{2}Q\tan(\lambda + \varphi) \tag{8-11}$$

当螺母 2 旋转并顺着 Q 力的作用方向等速向下运动时，即放松螺母，此时相当于滑块 2 沿斜面 1 等速向下滑动，由式(8-9)可得放松螺母时必须在平均直径 d_2 处施加的防止螺母加速松脱的圆周力为

$$F' = Q\tan(\lambda - \varphi)$$

而防止螺母松脱的防松力矩 M' 为

$$M' = F'\frac{d_2}{2} = \frac{d_2}{2}Q\tan(\lambda - \varphi) \tag{8-12}$$

当 $\lambda > \varphi$ 时，M' 为正值，是阻止螺母加速松退的阻力矩；当 $\lambda < \varphi$ 时，M' 为负值，这意味着要使螺母松脱，则必须施加一个反向力矩 M'，此时的 M' 称为拧松力矩。

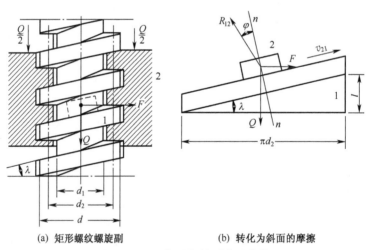

(a) 矩形螺纹螺旋副　　(b) 转化为斜面的摩擦
图 8-5　矩形螺纹螺旋副中的摩擦

2. 三角形螺纹螺旋副中的摩擦

如图 8-6 所示，若螺旋副的螺纹不是矩形螺纹，而是三角形普通螺纹。三角形螺纹螺旋副和矩形螺纹螺旋副的区别仅在于螺纹间接触面的几何形状不同，若从螺母和螺杆的相对运动关系来说，其与矩形螺纹的情况完全相同。三角形螺纹螺旋副中螺母在螺杆上的运动，可近似为楔形滑块沿斜槽面的运动，此时斜槽面的夹角为 $2(90°-\beta)$，β 为螺纹

牙的牙型半角。以当量摩擦角 φ_V 代替式(8-11)、式(8-12)中的摩擦角 φ 可得三角形螺纹螺旋副的拧紧力矩和防松力矩分别为

$$M = \frac{d_2}{2} Q \tan(\lambda + \varphi_V) \tag{8-13}$$

$$M' = \frac{d_2}{2} Q \tan(\lambda - \varphi_V) \tag{8-14}$$

式中：当量摩擦角 $\varphi_V = \arctan f_V$；当量摩擦系数 $f_V = f/\sin(90° - \beta) = f/\cos\beta$。

由于 $\varphi_V > \varphi$，故三角形螺纹的摩擦力矩较矩形螺纹的大，宜用于紧固连接，而矩形螺纹摩擦力矩较小，效率较高，宜用于传递动力的场合。

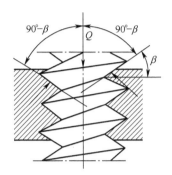

图 8-6 三角形螺纹螺旋副中的摩擦

8.3.3 转动副中的摩擦

转动副在各种机械中应用广泛，如图 8-7 所示，机械中的转动副由轴颈和轴承构成，轴被轴承支承的部分称为轴颈。按受力方向不同，转动副分为两类：当载荷垂直于轴的几何轴线时称为径向轴颈和径向轴承，如图 8-7(a)所示；当载荷平行于轴的几何轴线时称为止推轴颈和止推轴承，如图 8-7(b)所示。

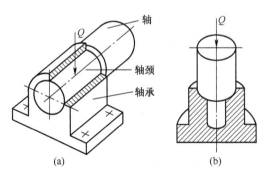

图 8-7 径向轴颈和止推轴颈

1. 径向轴颈和轴承的摩擦

如图 8-8(a)所示，半径为 r 的轴颈 1 受径向载荷 Q 作用，在驱动力矩 M_d 作用下轴颈 1 在轴承 2 中等速回转。此时转动副两元素间必将产生摩擦力 F_{21} 以阻止轴颈相对于轴承的滑动。轴承 2 对轴颈 1 的摩擦力为

$$F_{21} = f N_{21} = f_V Q \tag{8-15}$$

式中：N_{21} 为轴承2对轴颈1法向反力；f_V 为当量摩擦系数，$f_V = (1 \sim \pi/2)f$。对于配合紧密且未经跑合的转动副，f_V 取较大值；而对于有较大间隙的转动副，f_V 取较小值。

摩擦力 F_{21} 对轴颈形成的摩擦力矩 M_f 为

$$M_f = F_{21}r = f_V Qr \tag{8-16}$$

若将接触面上的法向反力 N_{21} 与摩擦力 F_{21} 的合力用总反力 R_{21} 表示，则根据轴颈1的力平衡条件可得

$$R_{21} = -Q$$
$$M_d = -R_{21}\rho = -M_f$$

由于法向反力 N_{21} 对轴颈之力矩为零，故

$$M_f = f_V Qr = f_V R_{21}r = R_{21}\rho \tag{8-17}$$

由式(8-17)可得

$$\rho = f_V r \tag{8-18}$$

式中：ρ 的大小与轴颈半径 r 和当量摩擦系数 f_V 有关。对于一个具体的转动副，由于 f_V 和 r 均为定值，故 ρ 是一固定长度。以轴颈中心 O 为圆心，以 ρ 为半径作圆，此圆称为摩擦圆，ρ 称为摩擦圆半径。

综上分析可知，对于由轴颈1和轴承2构成的转动副，轴承2对轴颈1的总反力 R_{21} 与径向载荷 Q 大小相等、方向相反，且始终切于摩擦圆，总反力 R_{21} 对轴颈中心 O 之矩的方向必与轴颈1相对于轴承2的角速度 ω_{12} 的方向相反。

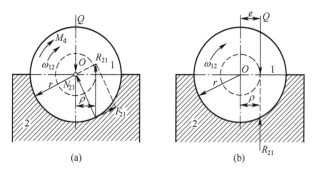

图 8-8 径向轴颈和轴承的摩擦

如图 8-8(b) 所示，若用对轴1中心有偏距 e 的单一载荷 Q 来代替图 8-8(a) 的 Q 和驱动力矩 M_d，则此时有

$$M_d = Qe \tag{8-19}$$

显然，当 $e > \rho$ 时，单一载荷 Q 作用线在摩擦圆之外，此时 $M_d > M_f$，轴颈将加速转动；当 $e = \rho$ 时，Q 作用线刚好切于摩擦圆，此时 $M_d = M_f$，轴颈将等速转动；当 $e < \rho$ 时，Q 作用线与摩擦圆相割，此时 $M_d < M_f$，轴颈将减速至停止转动，若轴颈原来是静止的，则仍保持原来状态。

2. 止推轴颈和轴承的摩擦

如图 8-9(a) 所示，轴颈1的轴端和承受轴向载荷的止推轴承2构成一转动副。当轴端1在止推轴承2上旋转时，由于两者的接触面在轴向载荷 Q 的作用下彼此压紧，因此在接触面间也将产生摩擦力。该摩擦力对轴的回转轴线之矩即为摩擦力矩 M_f。

如图 8-9(b)所示,从轴端接触面上半径为 ρ 处取一宽度为 $d\rho$ 的环形微面积 $dS = 2\pi\rho d\rho$,设该微面积上的压强 p 为常数,则该环形微面积 dS 上所受的正压力为 $dN = pdS$,而环形微面积上产生的摩擦力为 $dF = fdN = fpdS$。dF 对回转轴心线的摩擦力矩 dM_f 为

$$dM_f = \rho dF = \rho fpdS = 2\pi\rho^2 fpd\rho$$

则轴端所受的总摩擦力矩 M_f 为

$$M_f = \int_r^R dM_f = \int_r^R 2\pi fp\rho^2 d\rho \tag{8-20}$$

式(8-20)的解可分为下述两种情况来讨论。

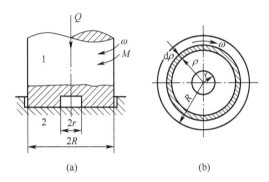

图 8-9 止推轴颈和轴承的摩擦

1) 非跑合的止推轴承

对于新制成的轴端和轴承,或很少相对运动的轴端和轴承,轴端和轴承各处接触的紧密程度基本相同,这时可假定整个轴端接触面上的压强 p 处处相等,即 p = 常数,故

$$M_f = 2\pi fp \int_r^R \rho^2 d\rho = \frac{2}{3}\pi fp(R^3 - r^3) \tag{8-21}$$

又因

$$N = \int_r^R pdS = \int_r^R p \cdot 2\pi\rho d\rho = \pi p(R^2 - r^2) = Q$$

故

$$p = \frac{Q}{\pi(R^2 - r^2)} \tag{8-22}$$

将式(8-22)代入式(8-21)得

$$M_f = \frac{2}{3}fQ\frac{R^3 - r^3}{R^2 - r^2} \tag{8-23}$$

2) 跑合的止推轴承

轴端经过一段时间的工作后,称为跑合轴端。由于磨损的原因,这时轴端和轴承接触面各处的压强不再处处相等,离中心远的部分磨损较快,因而压强减小;离中心近的部分磨损较慢,因而压强增大。跑合后轴端各处的压强基本符合 $p\rho$ = 常数的规律,所以

$$Q = \int_r^R dN = \int_r^R pdS = \int_r^R 2\pi p\rho d\rho = 2\pi p\rho \int_r^R d\rho = 2\pi p\rho(R - r) \tag{8-24}$$

故

$$p = \frac{Q}{2\pi\rho(R - r)} \tag{8-25}$$

将式(8-25)代入式(8-20)得

$$M_f = 2\pi f \frac{Q}{2\pi(R - r)} \int_r^R \rho d\rho = \frac{R + r}{2}fQ \tag{8-26}$$

根据 $p\rho$ = 常数的关系可知轴端中心处的压强将非常大,极易压溃,故对于载荷较大的轴端一般都作成空心的,如图 8-9(a)所示。

8.3.4 平面高副中的摩擦

平面高副两元素间的相对运动通常是滚动兼滑动,所以有滚动摩擦力和滑动摩擦力。因滚动摩擦力比滑动摩擦力小很多,所以在对机构进行力分析时,一般只考虑滑动摩擦力。如图 8-10 所示,摩擦力 F_{21} 和法向反力 N_{21} 的合力即为总反力 R_{21},总反力 R_{21} 的方向与法向反力偏斜一摩擦角 φ,偏斜的方向与构件 1 相对于构件 2 的相对速度方向相反。

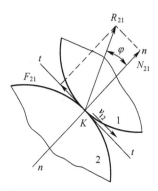

图 8-10 平面高副中的摩擦

8.3.5 考虑运动副摩擦时机构的受力分析

考虑摩擦时进行机构的力分析,首先要确定机构各运动副中的摩擦力。为了便于进行机构的力分析,一般要求出运动副中的总反力。下面举例说明。

例 8-1 如图 8-11 所示为一曲柄滑块机构,曲柄 1 在驱动力矩 M_1 的作用下沿 ω_1 顺时针方向转动。设已知各构件的尺寸(包括转动副的半径 r),各运动副的摩擦系数 f,接触状况系数 k,若不计各构件的重力和惯性力,试用图解法确定各运动副中总反力的作用线位置和方向,以及需加在滑块 3 上的平衡力 Q。

解:(1) 取长度比例尺 μ_l,准确绘出给定位置的机构运动简图。根据已知条件确定转动副的摩擦圆半径 $\rho = kfr$ 和移动副的摩擦角 $\varphi = \arctan f$,并作出各转动副中的摩擦圆(如图 8-11 中所示虚线小圆。)

(2) 分析连杆 2 的受力情况。因不计各构件的重力和惯性力,构件 2 为二力杆,且构件 2 受压力。在不计摩擦时,各转动副中的反力应通过轴颈中心。即构件 2 在 R'_{12} 和 R'_{32} 两力的作用下处于平衡,故两力应大小相等,方向相反,并作用在同一直线 BC 上,如图 8-11(a)中虚线所示。

在计及摩擦时,总反力 R_{12} 和 R_{32} 应分别与转动副 B、C 两点处的摩擦圆相切。由于 R_{12}、R_{32} 切于摩擦圆后产生的摩擦力矩是阻止连杆 2 相对曲柄 1 和滑块 3 的运动,即 R_{12}、R_{32} 产生的摩擦力矩方向应分别与 ω_{21}、ω_{23} 的方向相反。

在转动副 B 处,因构件 2、1 之间的夹角 γ 在逐渐增大,故连杆 2 相对曲柄 1 的角速度 ω_{21} 应为逆时针方向;R_{12} 为压力,且切于摩擦圆后产生的摩擦力矩阻止 ω_{21} 的运动,故 R_{12} 应切于转动副 B 处摩擦圆的上方。在转动副 C 处,因构件 2、3 之间的夹角 β 在逐渐减

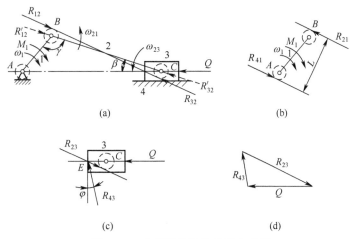

图 8-11 曲柄滑块机构的受力分析

小,故连杆 2 相对于滑块 3 的角速度 ω_{23} 应为逆时针方向;R_{32} 为压力,它切于摩擦圆后产生的摩擦力矩阻止 ω_{23} 的运动,故 R_{32} 应切于转动副 C 处摩擦圆的下方。

因构件 2 在 R_{12} 和 R_{32} 两力的作用下处于平衡,故 R_{12} 和 R_{32} 为一对大小相等,方向相反,作用于同一直线的两个力,因此它们的作用线是转动副 B、C 处摩擦圆的一条内公切线,如图 8-11(a)所示。

(3) 分析曲柄 1 的受力情况。如图 8-11(b)所示,取曲柄 1 为分离体,则曲柄 1 在 R_{21}、R_{41} 及驱动力矩 M_1 的作用下平衡。根据力的平衡条件可知,$R_{41} = -R_{21}$。又因 $\omega_1 = \omega_{14}$ 为顺时针方向,故 R_{41} 应与 R_{21} 平行且对点 A 之矩方向与 ω_1 方向相反,应切于点 A 处摩擦圆的下方。

由曲柄 1 的力矩平衡可得

$$R_{21} = M_1/L$$

式中:L 为力 R_{21} 和 R_{41} 之间的力臂。

(4) 分析滑块 3 的受力情况,求出平衡力 Q 的大小。如图 8-11(c)所示,滑块 3 上作用有 Q、R_{23} 及 R_{43} 三个力,这三个力应汇交于一点,其合力为零,矢量方程式为

$$Q + R_{23} + R_{43} = 0$$

式中,R_{23} 的大小及方向,可由 $R_{12} = -R_{21}$,$R_{12} = -R_{32}$,$R_{23} = -R_{32}$ 得到。滑块 3 相对于机架 4 向右运动,移动副中的总反力 R_{43} 将阻止 v_{34} 的运动,R_{43} 与相对速度 v_{34} 形成 $(90° + \varphi)$ 的钝角,且 R_{43} 的方位线应汇交于力 Q 与 R_{23} 两力的交点 E 处。

按一定的力比例尺 μ_F 绘出 Q、R_{23} 及 R_{43} 三个力的矢量三角形,如图 8-11(d)所示。由图可求出反力 R_{43} 及平衡力 Q。

在考虑摩擦进行机构力分析时,关键是确定运动副中总反力的方位。一般都从二力构件作起。但有些情况下无二力构件,运动副中总反力的方向不能直接定出,因而无法求解。在此情况下,可以采用逐次逼近的方法,即首先完全不考虑摩擦确定出运动副中的反力,然后再根据这些反力求出各运动副中的摩擦力,并把这些摩擦力也作为已知外力,重做全部计算。为了求得更为精确的结果,可重复上述步骤,直至获得满意的结果。

8.4 不考虑摩擦时平面机构的动态静力分析

8.4.1 构件组的静定条件

机构动态静力分析的目的通常是求解各运动副的反力及机构的平衡力(或平衡力矩)。由于运动副的反力对机构而言是内力,故必须将机构拆成若干构件组或构件再对其逐个进行分析。显然分解出的每一个构件组都必须满足静定条件,即对构件组所列出的独立平衡方程数目应等于构件组中所有力的未知要素的数目。构件组是否是静定的,与构件组中含有的运动副的类型、数目及构件的数目有关。

力有大小、方向和作用点三个要素。如图8-12所示,不计摩擦时,转动副中的反力 R 通过转动副的中心 O,有大小和方向两个未知要素;移动副中的反力 R 沿导路法线方向,有大小和作用点两个未知要素;平面高副中的反力 R 作用于高副两元素接触点处的公法线上,只有大小一个未知要素。

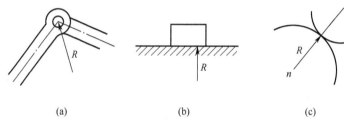

图 8-12 运动副反力

若构件组中共有 n 个构件、P_L 个低副、P_H 个高副,则该构件组含有 $(2P_L+P_H)$ 个力的未知数,对每个构件都可列出 3 个独立的力平衡方程式,故共有 $3n$ 个独立的力平衡方程式。因此,当作用于该构件组的各外力已知时,该构件组的静定条件为

$$3n = 2P_L + P_H \qquad (8-27)$$

当构件组中仅有低副时,式(8-27)可写为

$$3n = 2P_L$$

上式与基本杆组的条件相同,即基本杆组都满足静定条件。因此,在进行平面机构受力分析时可按基本杆组为单元来求解。

8.4.2 用图解法作机构的动态静力分析

用图解法进行机构动态静力分析时,需先对机构作运动分析,以确定在所要求位置时各构件的角加速度和质心加速度;再计算各构件的惯性力,并将其视为外力加于产生惯性力的构件上,然后再根据各基本杆组列出一系列力平衡矢量方程;最后选取力比例尺 μ_F 作图求解。力分析的顺序一般是由外力全部已知的构件组开始,逐步推算到未知平衡力作用的构件。下面举例说明。

例 8-2 如图 8-13(a)所示为一曲柄滑块机构,设已知各构件的尺寸,曲柄 1 绕其转动中心 A 的转动惯量 J_A(质心 S_1 与点 A 重合),连杆 2 的重量 G_2(质心 S_2 在 BC 的 1/2 处),转动惯量 J_{S_2},滑块 3 的重量 G_3(质心 S_3 在点 C 处)。原动件 1 以角速度 ω_1 和角加速

度 α_1 顺时针方向回转,作用于滑块 3 上点 C 的生产阻力为 F_r,各运动副的摩擦忽略不计。求机构在图示位置时各运动副中的反力以及需加在构件 1 上的平衡力矩 M_b。

解:1) 对机构进行运动分析

选定长度比例尺 μ_l、速度比例尺 μ_v 和加速度比例尺 μ_a。作出机构的运动简图、速度和加速度多边形,分别如图 8-13(a)、(b)、(c)所示。

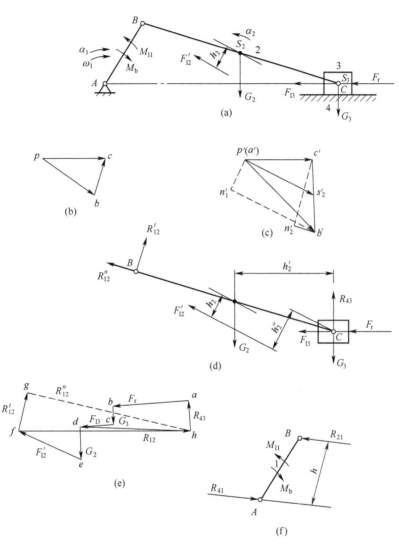

图 8-13 力分析

2) 确定各构件的惯性力和惯性力偶矩

作用在构件 1 上的惯性力偶矩为 $M_{I1} = J_A \alpha_1$(逆时针)

作用在构件 2 上的惯性力及惯性力偶矩分别为

$$F_{I2} = m_2 a_{S2} = \left(\frac{G_2}{g}\right) \mu_a \overline{p's'_2} \text{ (方向与 } a_{S2} \text{ 的方向相反)}$$

$$M_{I2} = J_{S2} \alpha_2 = J_{S2} \alpha^t_{CB}/l_{BC} = J_{S2} \mu_\alpha \overline{n'_2 c'}/l_{BC} \text{ (顺时针)}$$

总惯性力 F'_{I2} ($=F_{I2}$)偏离质心 S_2 的距离为 $h_2=M_{I2}/F_{I2}$,其对 S_2 之矩的方向与 α_2 的方向相反(逆时针)。

作用在滑块 3 上的惯性力为 $F_{I3} = m_3 a_{S3} = \left(\dfrac{G_3}{g}\right)\mu_a \overline{p'c'}$ (方向与 a_{S3} 的方向相反)。

3) 作动态静力分析

按静定条件将机构分解为一个基本杆组 2,3 和作用有未知平衡力的构件 1,先从杆组 2,3 开始分析。取杆组 2,3 为分离体,如图 8-13(d)所示。其上作用有重力 G_2 和 G_3、惯性力 F'_{I2} 和 F_{I3}、生产阻力 F_r 以及待求的运动副反力 R_{12} 和 R_{43}。因不计摩擦力,R_{12} 过转动副 B 的中心,为解题方便,将 R_{12} 分解为沿杆 BC 的法向分力 R^n_{12} 和垂直于 BC 的切向分力 R^t_{12},R_{43} 过转动副 C 的中心并垂直于移动副导路方向。将构件 2 对点 C 取矩,由 $\sum M_C = 0$ 可得,$R^t_{12} = (G_2 h'_2 - F'_{I2} h''_2)/l_{BC}$,再根据整个构件组的平衡条件得

$$R_{43} + F_r + G_3 + F_{I3} + G_2 + F'_{I2} + R^t_{12} + R^n_{12} = 0$$

上式中只有 R_{43} 和 R^n_{12} 的大小未知,故可用图解法求解,如图 8-13(e)所示。选定比例尺 μ_F。从点 a 开始依次作矢量 ab、bc、cd、de、ef 和 fg 分别代表力 F_r、G_3、F_{I3}、G_2、F'_{I2} 和 R^t_{12},然后再分别由点 a 和点 g 作直线 ah 和 gh 分别平行于 R_{43} 和 R^n_{12},两直线交于点 h,则矢量 ha 和 fh 分别代表 R_{43} 和 R^n_{12},即

$$R_{43} = \mu_F ha , R^n_{12} = \mu_F fh$$

为了求得 R_{23},可取构件 3 为分离体,再根据平衡条件,即 $R_{43} + F_r + G_3 + F_{I3} + R_{23} = 0$,并由 8-13(e)可知,矢量 dh 即代表 R_{23},则

$$R_{23} = \mu_F dh$$

再取构件 1 为分离体,如图 8-13(f)所示。其上作用有运动副反力 R_{21} 和待求的运动副反力 R_{41},惯性力偶矩 M_{I1} 及平衡力矩 M_b。将杆 1 对点 A 取矩,有

$$M_b = M_{I1} + R_{21}h \text{(顺时针)}$$

由杆 1 的力平衡条件,有

$$R_{41} = -R_{21}$$

作动态静力分析时一般可不考虑构件的重力和摩擦力,所得结果大都能满足工程问题的需要。但对于高速、精密和大动力传动机械,因摩擦对力学性能有较大影响,故这时必须计及摩擦力。

8.4.3 机构动态静力分析的解析法

机构动态静力分析的方法有图解法和解析法两种。图解法形象直观,但精度不高,图解过程比较繁琐,而且难以确定构件最大受力位置。因此随着对机构力分析精度要求的提高和计算机技术的发展,机构动态静力分析解析法的应用日渐广泛。机构动态静力分析解析法主要有矢量方程解析法、矩阵法、基本杆组法等。不论哪种方法都是根据力的平衡条件列出机构中已知力和待求力之间的力平衡关系式,然后再应用相应的数学方法求解。下面主要介绍矩阵法。

如图 8-14 所示,在直角坐标系 xOy 中,规定与 x、y 轴指向一致的力及逆时针方向的力矩为正,则作用于构件上任一点 $E(x_E, y_E)$ 上力 F_E 对该构件上另外一点 $O(x_O, y_O)$ 的

力矩可表示为

$$M_O = (y_O - y_E)F_{Ex} + (x_E - x_O)F_{Ey} \qquad (8-28)$$

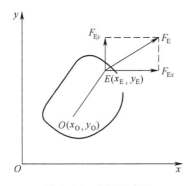

图 8-14 力矩的求取

如图 8-15 所示为一四杆机构 $ABCD$,图中 F_1、F_2 和 F_3 分别为作用于各构件质心 S_1、S_2 和 S_3 处的已知外力(包括惯性力),M_1、M_2 和 M_3 分别为作用于各构件上的已知外力偶矩(包括惯性力偶矩),图中 M_r 为从动件上受有的已知生产阻力偶矩。现需确定各运动副中的反力及需加在原动件上的平衡力偶矩 M_b。

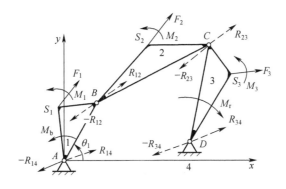

图 8-15 四杆机构的力分析

首先建立一平面直角坐标系,将各力分解为沿 x、y 坐标轴的两分力 F_{ix}、$F_{iy}(i=1,2,3)$,并将各力之力矩都表示为式(8-28)的形式,再分别就各构件列出它们的力平衡方程式。为便于列出矩阵方程和求解,规定将各运动副中的反力统一表示为 R_{ij} 的形式,即构件 i 作用于构件 j 上的反力,且规定 $i<j$,而 j 作用于构件 i 上的反力 R_{ji} 则用 $-R_{ij}$ 表示。构件 i 作用于构件 j 上的反力在坐标轴 x 和 y 方向上的分力分别表示为 R_{ijx}、R_{ijy},且 $R_{ijx}=-R_{jix}$,$R_{ijy}=-R_{jiy}$。

对于构件 1,由静力平衡方程 $\sum M_A=0$,$\sum F_x=0$,$\sum F_y=0$,可得

$$-(y_A - y_B)R_{12x} - (x_B - x_A)R_{12y} + M_b = -(y_A - y_{S1})F_{1x} - (x_{S1} - x_A)F_{1y} - M_1 \qquad (8-29)$$

$$-R_{14x} - R_{12x} = -F_{1x} \qquad (8-30)$$

$$-R_{14y} - R_{12y} = -F_{1y} \qquad (8-31)$$

对于构件 2,由静力平衡方程 $\sum M_B=0$,$\sum F_x=0$,$\sum F_y=0$,可得

$$-(y_B - y_C)R_{23x} - (x_C - x_B)R_{23y} = -(y_B - y_{S2})F_{2x} - (x_{S2} - x_B)F_{2y} - M_2 \tag{8-32}$$

$$R_{12x} - R_{23x} = -F_{2x} \tag{8-33}$$

$$R_{12y} - R_{23y} = -F_{2y} \tag{8-34}$$

对于构件 3，由静力平衡方程 $\sum M_C = 0, \sum F_x = 0, \sum F_y = 0$，可得

$$-(y_C - y_D)R_{34x} - (x_D - x_C)R_{34y} = -(y_C - y_{S3})F_{3x} - (x_{S3} - x_C)F_{3y} + M_r - M_3 \tag{8-35}$$

$$R_{23x} - R_{34x} = -F_{3x} \tag{8-36}$$

$$R_{23y} - R_{34y} = -F_{3y} \tag{8-37}$$

以上共列出 9 个方程式，可将式(8-29)~式(8-37)按顺序整理成矩阵形式

$$\begin{bmatrix} 1 & 0 & 0 & y_B - y_A & x_A - x_B & 0 & 0 & 0 & 0 \\ 0 & -1 & 0 & -1 & 0 & 0 & 0 & 0 & 0 \\ 0 & 0 & -1 & 0 & -1 & 0 & 0 & 0 & 0 \\ 0 & 0 & 0 & 0 & 0 & y_C - y_B & x_B - x_C & 0 & 0 \\ 0 & 0 & 0 & 1 & 0 & -1 & 0 & 0 & 0 \\ 0 & 0 & 0 & 0 & 1 & 0 & -1 & 0 & 0 \\ 0 & 0 & 0 & 0 & 0 & 0 & 0 & y_D - y_C & x_C - x_D \\ 0 & 0 & 0 & 0 & 0 & 1 & 0 & -1 & 0 \\ 0 & 0 & 0 & 0 & 0 & 0 & 1 & 0 & -1 \end{bmatrix} \begin{bmatrix} M_b \\ R_{14x} \\ R_{14y} \\ R_{12x} \\ R_{12y} \\ R_{23x} \\ R_{23y} \\ R_{34x} \\ R_{34y} \end{bmatrix}$$

$$= \begin{bmatrix} -1 & y_{S1} - y_A & x_A - x_{S1} & 0 & 0 & 0 & 0 & 0 & 0 \\ 0 & -1 & 0 & 0 & 0 & 0 & 0 & 0 & 0 \\ 0 & 0 & -1 & 0 & 0 & 0 & 0 & 0 & 0 \\ 0 & 0 & 0 & -1 & y_{S2} - y_B & x_B - x_{S2} & 0 & 0 & 0 \\ 0 & 0 & 0 & 0 & -1 & 0 & 0 & 0 & 0 \\ 0 & 0 & 0 & 0 & 0 & -1 & 0 & 0 & 0 \\ 0 & 0 & 0 & 0 & 0 & 0 & -1 & y_{S3} - y_C & x_C - x_{S3} \\ 0 & 0 & 0 & 0 & 0 & 0 & 0 & -1 & 0 \\ 0 & 0 & 0 & 0 & 0 & 0 & 0 & 0 & -1 \end{bmatrix} \begin{bmatrix} M_1 \\ F_{1x} \\ F_{1y} \\ M_2 \\ F_{2x} \\ F_{2y} \\ M_3 - M_r \\ F_{3x} \\ F_{3y} \end{bmatrix}$$

$$\tag{8-38}$$

式(8-38)即为如图 8-15 所示四杆机构的动态静力分析的矩阵方程。应用以上矩阵方程可同时求出所有运动副中的约束反力和平衡力矩。

式(8-38)可简化为

$$\boldsymbol{AR} = \boldsymbol{BF} \tag{8-39}$$

式中：$\boldsymbol{A}$、$\boldsymbol{B}$ 分别为未知力和已知力及力矩的系数矩阵；$\boldsymbol{R}$、$\boldsymbol{F}$ 分别为未知力和已知力及力矩的列阵。对于各种具体结构都可按上述矩阵同时求出各运动副中的约束反力和所需的平衡力。矩阵方程的求解，现已有标准程序可以利用。

思考题与习题

8-1 何谓机构的动态静力分析？

8-2 构件组的静定条件是什么？基本杆组都是静定杆组吗？

8-3 何谓摩擦角？何谓当量摩擦系数？引入当量摩擦系数的目的是什么？

8-4 如题 8-4 图所示为曲柄滑块机构的三个不同位置，F 为作用在滑块上的驱动力，M 为作用在曲柄上的阻力矩。转动副 A 和 B 上所画的虚线小圆为摩擦圆。试确定在此位置时，作用在连杆 AB 上的作用力的真实方向（构件重量及惯性力略去不计）。

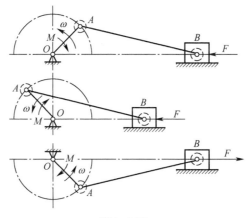

题 8-4 图

8-5 如题 8-5 图所示为一铰链四杆机构，各铰链处的摩擦圆如图中虚线所示，M_d 为驱动力矩，Q 为阻抗力，试画出图示位置时各转动副中总反力的作用线和方向（构件重量及惯性力略去不计）。

8-6 在如题 8-6 图所示曲柄滑块机构中，设已知 $l_{AB}=100$mm，$l_{BC}=320$mm，$n_1=1460$r/min（为常数），滑块及其附件的重量 $G_3=21$N，连杆重量 $G_2=25$N，$J_{S2}=0.0425$kg·m^2，连杆质心 S_2 至曲柄销轴 B 的距离 $l_{BS2}=l_{BC}/3$。试确定在图示位置时滑块的惯性力及连杆的总惯性力。

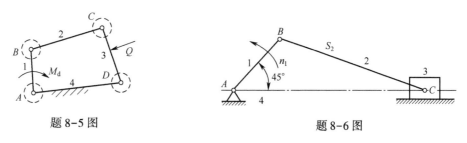

题 8-5 图　　　　　　　　题 8-6 图

8-7 如题 8-7 图所示为一摆动推杆盘形凸轮机构，凸轮 1 沿逆时针方向回转，F 为作用在推杆 2 上的外载荷，图中虚线小圆为摩擦圆，试确定凸轮 1 及机架 3 作用给推杆 2 的总反力的方位（构件重量及惯性力略去不计）。

8-8 在如题 8-8 图所示正切机构中，已知 $h=500$mm，$l=100$mm，$\omega_1=10$rad/s（为常

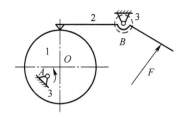

题 8-7 图

数),构件 3 的重量 $G_3 = 10\text{N}$,质心在轴线上,生产阻力 $F_r = 100\text{N}$,其余构件的重力及惯性力均略去不计。试确定当 $\varphi_1 = 60°$ 时,需加在构件 1 上的平衡力矩 M_b。

8-9 在如题 8-9 图所示的摆动导杆机构中,已知 $l_{AB} = 300\text{mm}$,$\varphi_1 = 90°$,$\varphi_3 = 30°$,加于导杆的力矩 $M_3 = 60\text{N} \cdot \text{m}$。求图示位置各运动副中的反力和应加于曲柄 1 上的平衡力矩。

8-10 如题 8-10 图所示为一偏心圆凸轮送料机构。已知各构件的尺寸和作用于送料杆 4 上的阻力 F_r,试在图上画出运动副反力 R_{12}、R_{52}、R_{51}、R_{34},写出构件 2、4 的力矢量方程式,画出机构力矢量多边形,并写出作用在构件 1 上平衡力矩 M_b 的计算式(不计重力、摩擦力、惯性力)。

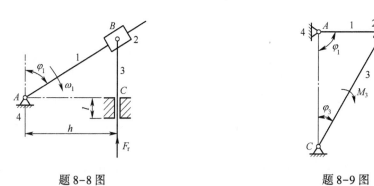

题 8-8 图   题 8-9 图

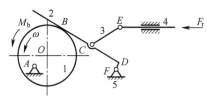

题 8-10 图

第 9 章 机械的平衡

9.1 概 述

机械工作的平稳性是衡量其性能好坏的重要指标之一。影响机械工作平稳性的原因很多,其中回转件的不平衡是其中一个重要因素。本章将就这个问题进行讨论。

9.1.1 机械平衡的目的

机械在工作过程中,运动构件所产生的惯性力将在运动副中产生附加的动压力。这种由惯性力引起的附加动压力,会增加运动副的摩擦,降低机械效率和使用寿命,而且会使机械及其基础产生强迫性周期振动。如果振幅较大或其频率接近机械的共振频率,将会产生噪声,甚至会影响和破坏周围的工作机械和厂房建筑。

机械平衡的目的就是设法平衡其不平衡惯性力,以减小或消除惯性力的影响。这一点在高速机械、精密机械、原动机械的设计中尤为重要。

9.1.2 机械平衡的内容及分类

机械设计时,除应保证满足机械的功能要求及制造工艺性要求外,还应在结构上考虑消除或减少可能导致有害振动的不平衡惯性力与惯性力矩。经过理论计算达到平衡的机械,由于制造、安装的误差及材质不均匀等非设计因素的影响,往往仍会产生不平衡现象。因此,工程实际中必须通过实验进行检测与校正。

由于机械中各构件的运动(回转运动、往复运动、平面复合运动等)和结构等不同,使其所产生的惯性力以及平衡方法也不同。通常机械的平衡可分为下面两类。

1. 转子的平衡

机械中有许多构件是绕固定轴线回转的,此类作回转运动的构件称为回转件,亦称转子。如电动机、发电机、离心泵、汽轮机等机械,都以转子作为工作的主体。这类构件的不平衡惯性力可利用在该构件上增加或除去一部分质量的方法加以平衡,即通过调整构件质心位置的方法,达到消除或减小惯性力不平衡的目的。

转子分刚性转子和挠性转子。取一根钢制转轴将其置于试验台上,使其转速逐渐加大,通过测量仪可以观察到,当轴的转速接近某一转速时,轴会产生强烈的振动和较大的挠曲变形,转子越细长产生强烈振动和出现较大挠曲变形的转速越低,轴在第一次出现强烈振动时的转速称为轴的一阶临界转速 n_{c1}。继续观察可看到,当转子转速超过一阶临界转速后,轴的振动逐渐平息下来,但当转速继续加大到某一数值时,轴又会发生第二次、第三次强烈振动……把轴再次产生强烈振动的转速依次称为:二阶临界转速、三阶临界转速……依此类推。

1) 刚性转子的平衡

在一般机械中,转动构件的刚性都比较好,同时共振转速较高,其实际工作转速通常都低于 $(0.6 \sim 0.75) n_{c1}$。此类在工作时产生的弹性变形甚小的构件称为刚性转子,刚性转子的平衡是本章讨论的主要对象。

刚性转子的平衡按理论力学中的力系平衡问题来解决,有静平衡和动平衡两种。

(1) 如果只要求刚性转子的惯性力平衡,则称为刚性转子的静平衡;

(2) 如果同时要求刚性转子的惯性力和惯性力矩平衡,则称为转子的动平衡。

2) 挠性转子的平衡

有些机械(如航空涡轮发动机、汽轮机等)中的大型转子,其共振转速较低,而实际工作转速又往往很高。通常对于大于 $(0.6 \sim 0.75) n_{c1}$ 的转子,在工作时将产生较大的弯曲变形,且其变形量随转速变化,这类转子称为挠性转子。挠性转子的平衡问题非常复杂,其平衡原理可利用弹性梁的横向振动理论。

2. 机构的平衡

若机构中含有作往复移动或平面复合运动的构件,其运动时产生的惯性力和惯性力矩无法在构件本身上平衡,而必须就整个机构加以研究,设法使各运动构件惯性力的合力和合力矩得到完全平衡或部分平衡,以消除或降低最终传到机械基础上的不平衡惯性力,故又称这类平衡为机构在机座上的平衡。

9.2　刚性转子的平衡计算

9.2.1　刚性转子的静平衡计算

对于轴向尺寸较小的盘状转子(其轴向宽度 b 与直径 D 之比 $b/D < 0.2$),如齿轮、砂轮、盘形凸轮、叶轮、带轮等。它们的质量可以近似地认为分布在垂直于其回转轴线的同一平面内。若它们的质心不在回转轴线上,则当其转动时,偏心质量就会产生惯性力。因为这种不平衡现象在转子处于静态时即已表现出来,故称其为静不平衡。对这类转子进行静平衡时,可在转子上增加或除去一部分质量,使其质心与回转轴心重合,即可获得平衡。

如图 9-1(a) 所示为一盘状转子,通过分析可知转子上的偏心质量为 m_1、m_2、m_3,各自的向径为 r_1、r_2、r_3,若转子以角速度 ω 等速回转,则这些偏心质量产生的离心惯性力为

$$\boldsymbol{F}_i = m_i \omega^2 \boldsymbol{r}_i, \quad i = 1,2,3 \tag{9-1}$$

它们构成同一平面内汇交于回转中心的力系,若它们的合力 $\Sigma \boldsymbol{F}_i$ 不等于零,则该力系不平衡。由汇交力系的平衡条件可知,欲使该力系平衡,可在同一回转面内加一平衡质量 m_b,使其产生的离心惯性力 $\boldsymbol{F}_b$ 与各偏心质量产生的离心惯性力相平衡,即形成了平衡力系,该转子就达到了平衡状态。故静平衡条件为

$$\Sigma \boldsymbol{F} = \Sigma \boldsymbol{F}_i + \boldsymbol{F}_b = 0 \quad i = 1,2,3 \tag{9-2}$$

设平衡质量 m_b 的向径为 $\boldsymbol{r}_b$,则式(9-2)可化为

$$\Sigma m_i \boldsymbol{r}_i + m_b \boldsymbol{r}_b = 0 \quad i = 1,2,3 \tag{9-3}$$

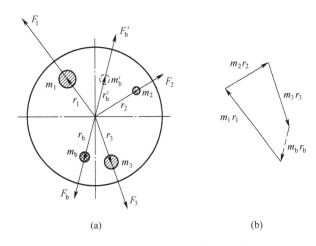

图 9-1 刚性转子的静平衡力学模型

或 $$m_1\boldsymbol{r}_1 + m_2\boldsymbol{r}_2 + m_3\boldsymbol{r}_3 + m_b\boldsymbol{r}_b = 0 \tag{9-4}$$

式中：$m_i\boldsymbol{r}_i$ 称为质径积。显然，只有平衡质径积 $m_b\boldsymbol{r}_b$ 未知，故可用矢量图解法求解，如图 9-1(b) 所示，选取质径积比例尺 μ_{mr}，依次首尾相接作已知矢量 $m_1\boldsymbol{r}_1$、$m_2\boldsymbol{r}_2$、$m_3\boldsymbol{r}_3$，然后用一矢量将 $m_3\boldsymbol{r}_3$ 的首与 $m_1\boldsymbol{r}_1$ 的尾相连，即得 $m_b\boldsymbol{r}_b$。根据转子的结构特点选定 $\boldsymbol{r}_b$ 的大小，即可求出所需的平衡质量 m_b，通常尽可能将 $\boldsymbol{r}_b$ 的值选大些，以便使 m_b 小些。安装平衡质量时，应保证它产生的离心力的方向与矢量图上 $m_b\boldsymbol{r}_b$ 的方向一致。

显然，也可以在 $\boldsymbol{r}_b$ 的反方向 $\boldsymbol{r}_b'$ 处除去一部分质量 m_b' 来使回转件得到平衡，只要保证 $m_b\boldsymbol{r}_b = m_b'\boldsymbol{r}_b'$ 即可。

综上所述可得如下结论：

(1) 转子产生静不平衡的原因是惯性力之和不为零。

(2) 转子静平衡的条件为：分布于转子上的各个偏心质量的离心惯性力之和为零或质径积的矢量和为零。

(3) 对于静不平衡的转子，无论它有多少个偏心质量，只需要适当地增加或减少一个平衡质量即可获得平衡。故对于静不平衡的转子平衡质量只需 1 个，因此又称为单面平衡。

例 9-1 如图 9-2 所示的一圆盘转子，其上有两个不平衡质量 $m_1 = 20\text{kg}$，$m_2 = 15\text{kg}$，各自的质心到回转中心的距离(矢径)分别为 $r_1 = 10\text{mm}$，$r_2 = 20\text{mm}$，方位如图 9-2 所示，与 x 轴正向的夹角分别为 $\alpha_1 = 30°$，$\alpha_2 = 120°$，转子以等角速度 ω 旋转，欲使该转子满足静平衡，试求需加平衡质径积的大小和方向 $m_b\boldsymbol{r}_b$。

解：1) 求各不平衡质量的质径积
$$m_1r_1 = 20 \times 10 = 200 \text{kg·mm}$$
$$m_2r_2 = 15 \times 20 = 300 \text{kg·mm}$$

2) 用解析法求解

在水平方向上满足 $\sum F_x = 0$，得

$(m_b r_b)_x = (m_1r_1\cos\alpha_1 + m_2r_2\cos\alpha_2) = -(200\cos30° + 300\cos120°) = -23.205\text{kg·mm}$

在垂直方向上满足 $\sum F_y$，得

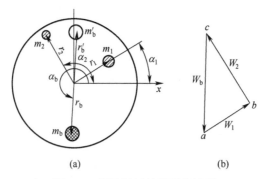

图 9-2 刚性转子的静平衡计算

$(m_b r_b)_y = (m_1 r_1 \sin\alpha_1 + m_2 r_2 \sin\alpha_2) = -(200\sin30° + 300\sin120°) = -359.808 \text{kg} \cdot \text{mm}$

则平衡质径积的大小为

$$m_b r_b = \sqrt{(m_b r_b)_x^2 + (m_b r_b)_y^2} = \sqrt{(-23.205)^2 + (-359.808)^2} = 360.56 \text{kg} \cdot \text{mm}$$

其相位角 α_b 为

$$\alpha_b = \arctan\frac{(m_b r_b)_y}{(m_b r_b)_x} = \arctan\frac{-359.808}{-23.205} = 266.31°$$

根据上式中分子、分母的正负号来确定 α_b 所在象限。

3) 图解法求解

如图 9-2(b) 所示为质径积的多边形矢量封闭图,求平衡质径积 $m_b r_b$,由

$\qquad m_1 r_1 \qquad + \qquad m_2 r_2 \qquad + \qquad m_b r_b = 0$

大小: 200 kg·mm   300 kg·mm   ?

方向: 沿 r_1 向外   沿 r_2 向外   ?

取质径积比例尺 $\mu_{mr} = 10 \text{kg} \cdot \text{mm/mm}$,则 $m_1 r_1$ 的线段长为 20mm。从点 a 开始依次作矢量 ab、bc 分别代表 $m_1 r_1$、$m_2 r_2$,作如图 9-2(b) 所示质径积的多边形矢量封闭图,显然 ca 即为 $m_b r_b$,其大小 $m_b r_b = \mu_{mr} \cdot \overline{ac}$,方向为 $c \to a$。

根据转子结构选定 r_b (一般尽量选大些) 后,即可求出平衡质量 m_b,可在 r_b 的方位加上平衡质量 m_b,也可在 r_b 的反方向 r_b' 处除去一部分质量 m_b' 来使转子达到平衡,但要保证 $m_b r_b = m_b' r_b'$。

9.2.2 刚性转子的动平衡计算

对于轴向尺寸较大的回转件 ($b/D \geq 0.2$),如内燃机曲轴 (图 9-3)、电机转子和机床主轴等,其偏心质量的分布不能再近似地认为位于同一回转面内,而应看作分布在若干个不同的回转平面内。这类转子转动时所产生的离心力系不再是平面汇交力系,而是空间汇交力系。因此,单靠在某一回转面内加一平衡质量的静平衡方法并不能消除这类转子转动时的不平衡。例如,在如图 9-3 所示的曲轴中,即使其质心 S 在回转轴线上,满足 $F_1 + F_2 = 0$ 的静平衡条件,由于偏心质量所产生的离心惯性力并不在同一回转平面内,因而将形成惯性力偶,且该力偶的方向随转子的转动周期性变化,所以仍然是不平衡的。这种不平衡现象,只有在转子运转时才能显示出来,故称其为动不平衡。因此,对这类转子,

必须使各偏心质量产生的离心力的合力和合力偶都为零,才能达到平衡。

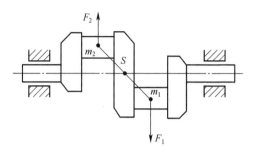

图 9-3　静平衡但动不平衡的曲轴

如图 9-4(a)所示的转子,根据其结构,可认为其偏心质量 m_1、m_2、m_3 分别位于三个回转平面 1,2,3 内,它们的向径各为 $\boldsymbol{r}_1$、$\boldsymbol{r}_2$、$\boldsymbol{r}_3$。当此回转件以角速度 ω 回转时,各偏心质量产生的离心惯性力为

$$\begin{cases} \boldsymbol{F}_1 = m_1 \omega^2 \boldsymbol{r}_1 \\ \boldsymbol{F}_2 = m_2 \omega^2 \boldsymbol{r}_2 \\ \boldsymbol{F}_3 = m_3 \omega^2 \boldsymbol{r}_3 \end{cases} \tag{9-5}$$

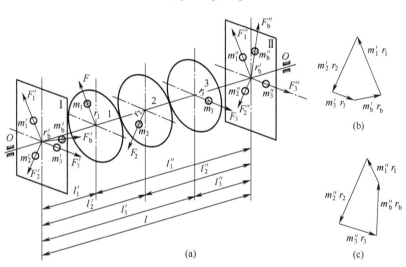

图 9-4　动平衡计算力学模型

这些惯性力不再是平面汇交力系,而构成了一个空间力系。为平衡惯性力偶,可选择两个平面 Ⅰ 和 Ⅱ 作为平衡基面,以便在其上增加或除去平衡质量。

设在平面 Ⅰ 和 Ⅱ 内分别装上质量 m_1' 和 m_1'',其质心的向径都为 $\boldsymbol{r}_1$,说明 m_1'、m_1'' 和 m_1 的质心都处于过回转轴线且包含 $\boldsymbol{r}_1$ 的一个平面内,则 m_1'、m_1'' 和 m_1 在回转时产生的离心力 $\boldsymbol{F}_1'$、$\boldsymbol{F}_1''$ 和 $\boldsymbol{F}_1$ 成为三个互相平行的力。欲使 m_1' 和 m_1'' 在回转时能完全代替 m_1,根据平行力的分解与合成原理,$\boldsymbol{F}_1'$、$\boldsymbol{F}_1''$ 和 $\boldsymbol{F}_1$ 必须满足如下关系式:

$$\begin{cases} F_1' + F_1'' = F_1 \\ F_1' l_1' = F_1'' l_1'' \end{cases} \tag{9-6}$$

即
$$\begin{cases} m_1'\omega^2 r_1 + m_1''\omega^2 r_1 = m_1\omega^2 r_1 \\ m_1'\omega^2 r_1 l_1' = m_1''\omega^2 r_1 l_1'' \end{cases} \quad (9-7)$$

解式(9-6)和式(9-7),并将 $l_1' + l_1'' = l$ 代入,可得

$$\begin{cases} m_1' = \dfrac{l_1''}{l} m_1 \\ m_1'' = \dfrac{l_1'}{l} m_1 \end{cases} \quad (9-8)$$

显然,回转面1内的偏心质量 m_1 可用选定的两个平衡基面Ⅰ和Ⅱ内的两个质量 m_1' 和 m_1'' 代替。

同理,回转面2、3内的偏心质量 m_2、m_3 可分别用选定的两个平衡基面Ⅰ和Ⅱ内的两个质量 m_2'、m_3' 和 m_2''、m_3'' 代替,即

$$\begin{cases} m_2' = \dfrac{l_2''}{l} m_2 \\ m_2'' = \dfrac{l_2'}{l} m_2 \end{cases} \quad (9-9)$$

$$\begin{cases} m_3' = \dfrac{l_3''}{l} m_3 \\ m_3'' = \dfrac{l_3'}{l} m_3 \end{cases} \quad (9-10)$$

因此,上述回转件的不平衡质量可以认为完全集中在Ⅰ和Ⅱ两个平衡基面内。这样就把空间力系的平衡问题转化为两个平面汇交力系的平衡问题了。对于基面Ⅰ其平衡方程为

$$m_b' \boldsymbol{r}_b' + m_1' \boldsymbol{r}_1 + m_2' \boldsymbol{r}_2 + m_3' \boldsymbol{r}_3 = 0 \quad (9-11)$$

作矢量图如图9-4(b)所示。由此求出质径积 $m_b' \boldsymbol{r}_b'$,选定 $\boldsymbol{r}_b'$ 后即可确定 m_b'。同理,对于基面Ⅱ,其平衡方程为

$$m_b'' \boldsymbol{r}_b'' + m_1'' \boldsymbol{r}_1 + m_2'' \boldsymbol{r}_2 + m_3'' \boldsymbol{r}_3 = 0 \quad (9-12)$$

作矢量图如图9-4(c)所示。由此求出质径积 $m_b'' \boldsymbol{r}_b''$,选定 $\boldsymbol{r}_b''$ 后即可确定 m_b''。

综上所述可得如下结论:

(1) 产生动不平衡的原因是合惯性力、合惯性力偶均不为零(特殊情况下合惯性力为零但合惯性力偶不为零)。

(2) 动平衡的条件:转子上各质量的离心力的矢量和等于零,同时离心力所引起的力偶矩的矢量和也等于零。

(3) 对于任何动不平衡的刚性转子,不管不平衡质量分布的回转面数有多少,只要按上述方法将各不平衡质量向所选的平衡基面Ⅰ和Ⅱ内分解,总可以在平衡基面Ⅰ和Ⅱ内求出平衡质量 m_b' 和 m_b''。这样,只要在两个平衡基面内的对应位置分别各加上求出的平衡质量或在其反方向除去相应的平衡质量,就可使两平衡基面内的惯性力之和分别为零,这个转子就可得以平衡。故动平衡又称为双面平衡。

(4) 由于动平衡包含了静平衡的条件,故经过动平衡的转子一定是静平衡的;反之静

平衡的转子则不一定是动平衡的,如图9-3所示的转子。但对于质量分布在同一回转面内的转子,因离心力在轴面内不存在力臂,故这类转子静平衡后也满足了动平衡的条件,如磨床的砂轮和煤气泵叶轮等。

9.3 刚性转子的平衡实验

经过上述平衡计算的刚性转子在理论上是完全平衡的。但是由于制造、装配上的误差以及材质的不均匀等原因,又会产生新的不平衡。这时由于不平衡量的大小和方位未知,故只能用实验的方法来平衡。根据转子质量分布的特点,平衡的实验方法分为静平衡实验法和动平衡实验法两种。

9.3.1 静平衡实验法

由前述静平衡原理可知,静不平衡的转子,其质心偏离回转轴线,产生静力矩。利用静平衡架,找出不平衡质径积的大小和方向,并由此确定平衡质量的大小和位置,从而使其质心移到回转轴线上以达到静平衡,这种方法称为静平衡实验法。

对于圆盘形转子,设圆盘直径为 D,其轴向宽度 b,当 $b/D < 0.2$ 时,这类转子通常经静平衡实验校正后,可不必进行动平衡。

如图9-5(a)所示为导轨式静平衡架。架上两根互相平行的钢制刀口形(也可以做成圆柱形或棱柱形)导轨被安装在同一水平面内。实验时将转子的轴放在导轨上,如转子质心不在包含回转轴线的铅垂面内,则由于重力对回转轴线的静力矩作用,转子将在导轨上发生滚动。待到滚动停止时,质心 S 即处在最低位置,由此便可确定质心的偏移方向。然后用橡皮泥在质心相反方向加一适当的平衡质量,并逐步调整其大小或径向位置,直到该转子在任意位置都能保持静止。这时所加的平衡质量与其向径的乘积即为该转子达到静平衡需加的质径积。

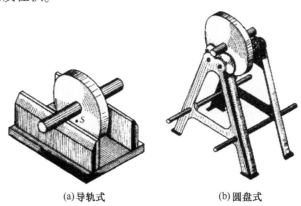

(a)导轨式　　　(b)圆盘式

图9-5　两种静平衡架

导轨式静平衡架简单可靠,其精度也能满足一般生产需要,其缺点是它不能用于平衡两端轴径不等的转子。

如图9-5(b)所示为圆盘式静平衡架,也称滚轮式静平衡架。待平衡转子的轴放置在分别由两个圆盘组成的支承上。圆盘可绕其几何轴线自由转动,故转子也可以自由转动。它的实验程序与上述相同。这类平衡架一端的支承高度可调,以便平衡两端轴径不等的转子。这种设备安装和调整都很简便,但圆盘中心的滚动轴承容易弄脏,致使摩擦阻力矩增大,故精度略低于导轨式静平衡架。

9.3.2 动平衡实验法

由动平衡原理可知,轴向尺寸较大的转子,必须分别在任意两个回转平面内各加一个适当的质量,才能使转子达到平衡。将待平衡转子装在动平衡实验机上运转,然后在两个选定的平面(平衡基面)内分别找出所需平衡质径积的大小和方位,从而使转子达到动平衡的方法称为动平衡实验法。

对于 $b/D \geq 0.2$ 的转子或有特殊要求的重要转子一般都要进行动平衡。

动平衡机的种类很多,目前常用的是电测式。其测试原理是,利用测振传感器将拾得的振动信号,通过电子线路加以处理放大,最后显示出被试转子的不平衡质径积的大小和方位。如图9-6所示为一种电测式动平衡机的工作原理示意图。它由驱动系统、试件的支承系统和不平衡量的测量系统三个主要部分组成。

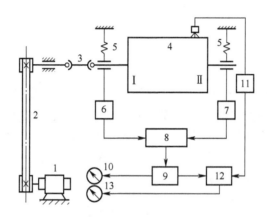

图9-6 电测式动平衡机的工作原理图

驱动系统常采用变速电动机1,经过一级V带传动2,借助万向联轴节3来驱动试验转子4。

试验转子的支承系统是由支承座与弹簧5组成的一个弹性系统,它能保证试验转子旋转时产生的不平衡惯性力使支承部分按一定的方式振动,以便传感器6、7拾取振动信号。

测量系统的任务是把传感器拾得的振动信号,处理成不平衡质径积的大小和方位。由传感器6、7得到的振动信号送入解算电路8内进行处理,然后经放大器9将信号放大,最后由仪表10指示出平衡基面Ⅰ和Ⅱ内的不平衡质径积的大小。而不平衡量引起的振动相位信号,则与基准信号发生器11产生的信号同时输入鉴相器12中,经过鉴相器比较处理后在仪表13上指示出平衡基面Ⅰ和Ⅱ内不平衡质径积的相位。

随着工业的发展,动平衡实验机正在向高精度、自动化方向发展。近代动平衡机将上述电子测量和计算机运算、控制结合起来,可依次直接指明两个平衡基面内的不平衡质径积的大小和方位,并采用激光去质量等新技术,大大提高了平衡精度和平衡实验的自动化程度。

上面提到的转子平衡实验都是在专用的平衡机上进行的。但对于一些尺寸很大的重型转子而言，很难在平衡机上完成平衡。还有些高速转子，虽然在制造期间已完成平衡，但由于安装、运输、工作温度过高或电磁场的影响等原因，又会发生微小变形而出现新的不平衡。在这些情况下，通常可进行现场平衡，即在现场通过直接测量机械中转子支架的振动，确定不平衡量的大小和方位对转子进行平衡。

9.4 转子的许用不平衡量与平衡精度

必须指出转子即使经过平衡实验也不可能达到完全平衡。实际应用中，过高的平衡要求，既无必要，又会增加成本。因此，对于不同工作条件的转子需要规定不同的许用不平衡量。

9.4.1 转子的许用不平衡量

转子的许用不平衡量一般有两种方法表示：偏心距表示法和质径积表示法。

如设转子的质量为 m，其质心至回转轴线的许用偏心距为 $[e]$，而转子的许用不平衡质径积以 $[mr]$ 表示，则两者的关系为

$$[e] = \frac{[mr]}{m} \tag{9-13}$$

偏心距是一个与转子质量无关的绝对量，而质径积是一个与转子质量有关的相对量。一般对于具体给定的转子而言，用不平衡质径积比较直观，且便于操作；而在衡量转子的平衡精度时，采用偏心距更便于比较。

9.4.2 转子的平衡精度

回转件平衡状态的优劣程度称为平衡精度。目前，我国尚未制定出平衡精度的国家标准，表 9-1 列出了转子类型和平衡精度等级之间的关系（摘自国际标准化组织的资料 ISO 1940—1973）可供参考。表中转子的不平衡量以平衡精度 A 的形式给出。对于一个特定的刚性转子，根据转子的类型，选择表 9-1 对应的平衡精度等级 G，查得平衡精度 A，再按工作转速 ω 来确定转子的许用不平衡偏心距 $[e]$，单位为 μm，即有

$$[e] = \frac{1000A}{\omega} \tag{9-14}$$

在使用表 9-1 中的推荐数值时，应注意以下问题：

(1) 对于静不平衡的转子，按表 9-1 和式(9-14)即可计算出许用偏心距 $[e]$。

(2) 对于动不平衡的转子，按表 9-1 和式(9-14)计算出许用偏心距 $[e]$，其值是针对转子质心而言的。所以应根据式(9-13)求出许用不平衡质径积 $[mr] = m[e]$ 后，然后将其分配到两个平衡基面上，如图 9-7 所示，各平衡基面 Ⅰ 和 Ⅱ 上的许用质径积为

$$[mr]_Ⅰ = [mr]\frac{b}{a+b} \tag{9-15}$$

$$[mr]_Ⅱ = [mr]\frac{a}{a+b} \tag{9-16}$$

式中：a、b分别为平衡基面Ⅰ、Ⅱ至转子质心S的距离。

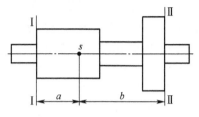

图9-7 质径积分配原理图

表9-1 各类典型刚性转子的平衡精度等级

平衡等级 G	平衡精度 $A/(\mathrm{mm \cdot s^{-1}})$	典型转子实例
G4000	4000	刚性安装的具有奇数气缸的低速①船用柴油机曲轴传动装置②
G1600	1600	刚性安装的大型二冲程发动机曲轴传动装置
G630	630	刚性安装的大型四冲程发动机曲轴传动装置，弹性安装的船用柴油机曲轴传动装置
G250	250	刚性安装的高速①四冲程柴油机曲轴传动装置
G100	100	六缸和六缸以上高速柴油机曲轴传动装置，汽车、机车用发动机整机
G40	40	汽车轮、轮缘、轮组、传动轴，弹性安装的六缸和六缸以上高速四冲程发动机曲轴传动装置，汽车、机车用发动机曲轴传动装置
G16	16	特殊要求的传动轴、螺旋桨轴、万向联轴器轴、破碎机械和农业机械的零件，汽车和机车发动机的部分，特殊要求的六缸和六缸以上的发动机曲轴传动装置
G6.3	6.3	作业机械的回转零件，船用主汽轮机齿轮、航空燃气轮机转子、风扇，离心机鼓轮、泵转子、机床及一般机械的回转零部件，普通电动机转子，特殊要求的发动机回转零部件
G2.5	2.5	燃气轮机和汽轮机的转子部件，刚性汽轮机发电机转子，涡轮压缩机转子，机床传动装置，特殊要求的大型和中型电动机转子，小型电动机转子，涡轮驱动泵
G1.0	1.0	磁带记录仪及录音机的驱动装置，磨床传动装置，特殊要求的微型电动机转子
G0.4	0.4	精密磨床主轴、砂轮盘及电动机转子，陀螺仪

①按国际标准，低速柴油机的活塞速度小于9m/s，高速柴油机的活塞速度大于9m/s；
②曲轴传动装置上包括曲轴、飞轮、离合器、带轮等的组合件

例9-2 某离心叶泵，其最大工作转速为3000r/min，质量$m=40$kg，需对其进行动平衡实验。现选定两平衡基面对称于叶轮的质心，试求两平衡基面上的许用质径积。

解：根据表9-1，离心叶泵的平衡等级取G6.3级，平衡精度$A=6.3$mm/s，故有许用偏心距为

$$[e] = \frac{1000A}{\omega} = \frac{6.3 \times 1000}{3000/10} = 21\mu m$$

许用不平衡质径积为

$$[mr] = m[e] = 40 \times 21 = 840 \mathrm{g \cdot mm}$$

因两平衡基面对称于叶轮的质心,故平衡基面Ⅰ和Ⅱ的质径积相等,为

$$[mr]_{\mathrm{I}} = [mr]_{\mathrm{II}} = \frac{[mr]}{2} = 420 \mathrm{kg \cdot mm}$$

9.5 平面机构的平衡

在平面连杆机构中,除了作回转运动的构件外,还有作往复运动和平面复合运动的构件,这些构件在运动中产生的惯性力和惯性力偶矩,就不能像转子那样由构件本身加以平衡。其平衡问题,必须就整个机构来加以研究。具有往复运动机构的机械很多,如汽车发动机、振动剪床、高速柱塞泵、活塞式压缩机等,这些机械的速度较高,所以平衡问题常会成为决定产品质量的关键问题之一。

当机构运动时,各运动构件所产生的惯性力可以合成为一个通过机构质心的总惯性力和一个总惯性力偶矩,该总惯性力和惯性力偶矩全部由机座承受,为了消除或减小机构在机座上引起的动压力,就必须设法对机构进行平衡。机构平衡的条件是机构的总惯性力和总惯性力偶矩应分别为零。在实际的平衡计算中,总惯性力偶矩对机座的影响是与外加的驱动力矩和工作阻力矩对机座的影响一并考虑的,由于驱动力矩和工作阻力矩与机械的工况有关,而单独平衡总惯性力偶矩往往没有意义,故本节只介绍总惯性力的平衡问题。

9.5.1 平面机构惯性力的平衡条件

设机构的总质量为 m,其质心 S 的加速度为 a_S,若使机构的总惯性力 F 得到平衡,需满足

$$F = -ma_S = 0 \tag{9-17}$$

由于质量 m 不可能为零,欲使总惯性力 $F=0$,必须使 $a_S=0$,即应使机构的质心 S 静止不动。

平面机构惯性力的平衡可分为惯性力的完全平衡和部分平衡。

9.5.2 机构总惯性力的完全平衡

总惯性力的完全平衡是指机构总的惯性力为零,即 $F=0$。为达到这一目的,可采取下列措施。

1. 利用对称机构平衡

如图 9-8 所示机构,由于左、右两部分对点 A 完全对称,可以使机构的总惯性力得到完全平衡。如某些型号的摩托车发动机就采用了这种布置装置。

又如图 9-9 所示的 ZG12-6 型高速冷镦机中的平衡机构,同样利用机构的对称布置方法获得了较好的平衡效果,使机器转速提高到 350r/min,而振动仍很小。该机器的主传动机构为曲柄滑块机构 ABC,平衡装置为四杆机构 $AB'C'D'$,由于杆 $C'D'$ 较长,点 C' 的运动近似于直线,加在点 C' 处的平衡质量 m' 相当于点 C 处滑块的质量 m。

显然,利用对称机构能获得很好的平衡效果,但却会使机构的结构复杂、体积和重量都会大幅增加。

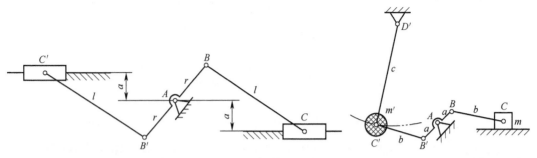

图 9-8 利用对称机构实现完全平衡的示意图

图 9-9 ZG12-6 型高速冷镦机中的平衡机构

2. 利用平衡质量平衡

通过在机构的某些构件上加适当的平衡质量,用来调节运动构件质心的位置,使机构得到完全平衡。

在如图 9-10 所示的铰链四杆机构中,设构件 1、2、3 的质量分别为 m_1、m_2、m_3,其质心分别位于 S'_1、S'_2、S'_3 处。为了进行平衡,先将构件 2 的质量 m_2 用分别集中于 B、C 两点的两个集中质量 m_{2B}、m_{2C} 代换,故有

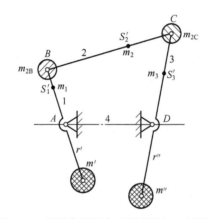

图 9-10 用平衡质量完全平衡铰链四杆机构

$$\begin{cases} m_{2B} = m_2 \dfrac{l_{CS'_2}}{l_{BC}} \\ m_{2C} = m_2 \dfrac{l_{BS'_2}}{l_{BC}} \end{cases} \quad (9\text{-}18)$$

然后,在构件 1 的延长线上加一平衡质量 m' 来平衡构件 1 的质量 m_1 和 m_{2B},使构件 1 的质心移到固定铰链 A 处,得

$$m' = \frac{m_{2B} l_{AB} + m_1 l_{AS'_1}}{r'} \quad (9\text{-}19)$$

同理,可在构件 3 的延长线上加一平衡质量 m'' 来平衡构件 3 的质量 m_3 和 m_{2C},使构件 3 的质心移到固定铰链 D 处,得

$$m'' = \frac{m_{2C}l_{CD} + m_3 l_{DS_3'}}{r''} \quad (9\text{-}20)$$

在加上平衡质量 m' 和 m'' 后,机构的总质心应位于 AD 线上一固定点 S,此时 $a_S = 0$,故机构的惯性力得到完全平衡。

运用同样的方法,对如图 9-11 所示的曲柄滑块机构进行平衡。为使机构的总质心位于固定铰链 A 处,平衡质量 m'、m'' 分别为

$$m' = \frac{m_2 l_{BS_2'} + m_3 l_{BC}}{r'} \quad (9\text{-}21)$$

$$m'' = \frac{(m' + m_2 + m_3)l_{AB} + m_1 l_{AS_1'}}{r''} \quad (9\text{-}22)$$

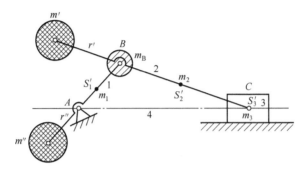

图 9-11 用平衡质量完全平衡曲柄摇杆机构

综上所述可得如下结论:

(1) 利用对称机构平衡方法和利用平衡质量平衡方法都可以使机构的惯性力得到完全平衡。

(2) 利用机构对称平衡法,虽可使机构获得很好的平衡效果,但同时会使机构的体积、重量增加,使结构更加复杂。

(3) 利用平衡质量法,要完全平衡 n 个构件的单自由度机构的惯性力,应至少加 $n/2$ 个平衡质量,这将大大增加机构的总质量,尤其是将平衡质量装在作平面复合运动的连杆上时,对结构极为不利。

基于上述特点,在工程实际中许多机构会采用部分平衡法来对机构加以平衡。

9.5.3 机构惯性力的部分平衡

部分平衡是指平衡掉机构总惯性力中的一部分。下面介绍几种常用的方法。

1. 利用近似对称机构平衡

在如图 9-12(a) 所示的曲柄滑块机构中,当曲柄 AB 转动时,滑块 C 和 C' 的加速度方向相反,它们的惯性力方向也相反,可以相互抵消。由于两滑块运动规律不完全相同,因此只能使惯性力在机架上得到部分平衡。

在如图 9-12(b) 所示的铰链四杆机构(曲柄摇杆机构)中,当曲柄 AB 转动时,两摇杆 CD、$C'D$ 的角速度方向相反,故它们的惯性力方向相反,也可以部分抵消,使机构的惯性力得到部分平衡。

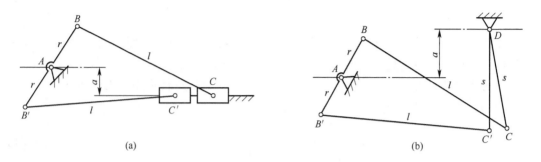

图 9-12 利用近似对称机构部分平衡惯性力

2. 利用平衡质量平衡

对如图 9-13 所示的曲柄滑块机构进行部分平衡时,先将连杆 2 的质量 m_2 用集中于 B、C 两点的质量 m_{2B}、m_{2C} 代换;再将曲柄 1 的质量 m_1 用集中于 A、B 两点质量 m_{1A}、m_{1B} 来代换。此时,机构产生的惯性力只有两部分,一个是集中在点 B 质量 $m_B = m_{1B} + m_{2B}$ 所产生的离心惯性力 F_B;另一个是集中于点 C 的质量 $m_C = m_{2C} + m_3$ 所产生的往复惯性力 F_C。为了平衡离心惯性力 F_B,只要在曲柄的延长线上加一平衡质量 m' 即可,故有

$$m' = m_B \frac{l_{AB}}{r} \tag{9-23}$$

而往复惯性力 F_C 的大小随曲柄 AB 转角 φ 发生变化,所以平衡往复惯性力 F_C 就不像平衡离心惯性力 F_B 那样简单。下面介绍往复惯性力的平衡方法。

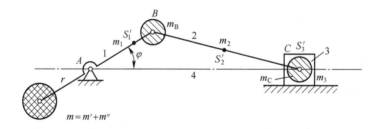

图 9-13 利用平衡质量对曲柄滑块机构部分平衡惯性力

由运动分析可得滑块 C 的加速度方程式为

$$a_C \approx -\omega^2 l_{AB} \cos\varphi \tag{9-24}$$

故集中质量 m_C 所产生的往复惯性力为

$$F_C \approx m_C \omega^2 l_{AB} \cos\varphi \tag{9-25}$$

为了平衡惯性力 F_C,可在曲柄的延长线上距点 A 为 r 处再加一个平衡质量 m'',并使

$$m'' = m_C \frac{l_{AB}}{r} \tag{9-26}$$

将平衡质量 m'' 产生的离心惯性力 F'' 分解为一个水平分力 F''_h 和一个垂直分力 F''_v,可得

$$F''_h = m''\omega^2 r \cos(180° + \varphi) = -m_C \omega^2 l_{AB} \cos\varphi \tag{9-27}$$

$$F''_v = m''\omega^2 r\sin(180° + \varphi) = -m_C\omega^2 l_{AB}\sin\varphi \qquad (9\text{-}28)$$

由于 $F''_h = -F_C$，故 F''_n 已与往复惯性力 F_C 平衡。但此时又增加一个新的不平衡惯性力 F''_v，该垂直方向的惯性力对机械的工作也非常不利，为了减小这个不利因素，可取

$$m'' = \left(\frac{1}{3} \sim \frac{1}{2}\right) m_C \frac{l_{AB}}{r} \qquad (9\text{-}29)$$

上述方法只平衡了部分往复惯性力。这样既可减小往复惯性力 F_C 的不良影响，又可使在垂直方向的不平衡惯性力 F''_v 不致太大，同时所需加的配重也较小，这对机械的工作较为有利。

3. 加平衡机构

通过增加平衡机构也可使机构的惯性力得到部分平衡。

如图 9-14 所示的曲柄滑块机构，为了平衡滑块 C 处往复运动产生的一阶惯性力，也可以增加一对齿轮机构来进行平衡。设计时只要保证 $m_{a1}r_{a1} = m_{a2}r_{a2} = m_C\dfrac{l_{AB}}{2}$，就可以使曲柄滑块机构中的一阶惯性力得到平衡。

与前面所介绍的利用平衡质量来平衡部分惯性力的方法相比，加平衡机构法的平衡效果更好。在平衡水平方向的惯性力时，将不产生垂直方向的惯性力，但常会造成机构尺寸增大、结构复杂等缺点。

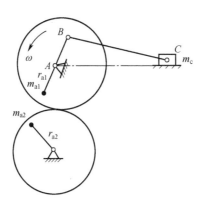

图 9-14 利用齿轮机构作平衡机构

综上所述可得如下结论：

（1）在进行机构的结构设计时，首先分析机构的受力情况，然后根据不同的机构类型选择适当的平衡方式。

（2）在尽可能消除或减小机构总惯性力的前提下，还应该使机构的结构更加紧凑，从而使机械具有良好的动力学特征。

思考题与习题

9-1 什么是静不平衡？什么是动不平衡？要使它们得到平衡各至少需要几个平衡平面？静平衡、动平衡的条件各是什么？

9-2 经过动平衡的转子一定是静平衡的，反之，经过静平衡的转子也一定是动平衡

的吗？在图示的两根曲轴中，设各曲拐的偏心质径积均相等，且各曲拐都在同一轴平面上。试分析两者各处于何种平衡状态。

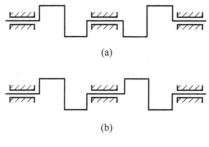

题 9-2 图

9-3 从平衡条件、平衡面数、适用场合分析转子静平衡和动平衡的差异。

9-4 试述刚性转子的静平衡、动平衡的实验方法和所用设备。两种平衡实验的基本原理是什么？

9-5 转子的许用不平衡量有几种表示方法？有何物理意义？

9-6 平面机构的平衡方法有哪些？

9-7 什么是质径积？引入质径积概念的意义是什么？为什么可用质径积来表示不平衡量或平衡量？质径积与惯性力有什么关系？

9-8 对于作往复运动或平面复合运动的构件，能否通过构件本身来平衡其惯性力？

9-9 如题 9-9 图所示转子上有两个偏心质量，$m_1 = 1.5\text{kg}, m_2 = 0.8\text{kg}$，$r_1 = 140\text{mm}$，$r_2 = 180\text{mm}$，方位如图所示。现用去重法平衡，试求所需挖去质量的大小和相位（设挖去质量处的向径大小为 $r_{b'} = 140\text{mm}$）。

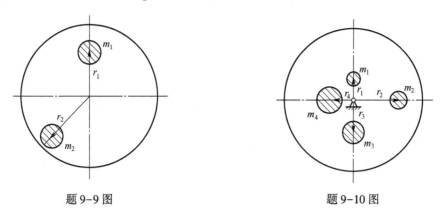

题 9-9 图   题 9-10 图

9-10 如题 9-10 图所示盘形回转件上有 4 个偏心质量，$m_1 = 5\text{kg}, m_2 = 7\text{kg}, m_3 = 8\text{kg}$，$m_4 = 10\text{kg}$，$r_1 = r_4 = 100\text{mm}, r_2 = 200\text{mm}, r_3 = 150\text{mm}$，方位如图所示。设所有不平衡质量分布在同一回转面内，问应在什么方位、加多大的平衡质径积此回转件才能达到平衡？又问：若回转件转速 $n = 1000\text{r/min}$，在没加平衡质量前，轴承处动反力为多大？

9-11 如题 9-11 图所示刚性转子，已知在 A、B 两处分别有不平衡质量 $m_A = m_B = 5\text{kg}$，$r_A = r_B = r = 20\text{mm}$，$l_A = l_B = 60\text{mm}$，若选择Ⅰ，Ⅱ两个平衡基面进行动平衡，且 $r'_b = r''_b = r = 20\text{mm}$，试求在两个平衡基面上所需加的平衡质量 m'_b、m''_b 的大小，并标出其方位。

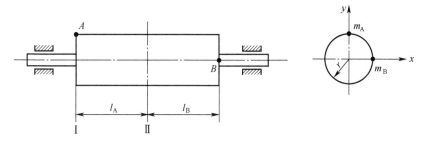

题 9-11 图

9-12 在题 9-12 图示转子中,已知各偏心质量及其向径的大小分别为 $m_1 = m_4 = 10\text{kg}, m_2 = 15\text{kg}, m_3 = 20\text{kg}, r_1 = 400\text{mm}, r_2 = r_4 = 400\text{mm}, r_3 = 200\text{mm}$,且各偏心质量所在的回转平面之间的距离为 $l_{12} = l_{23} = l_{34} = 200\text{mm}$,各偏心质量间的方位角为 $\alpha_{12} = 120°$,$\alpha_{23} = 60°$,$\alpha_{34} = 90°$ 时,若选定配置于平衡基面 Ⅰ 和 Ⅱ 上的平衡质量 m'_b 和 m''_b 的向径大小为 $r'_b = r''_b = 500\text{mm}$,试求 m'_b 和 m''_b 的大小和方位。

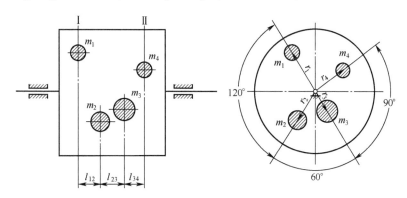

题 9-12 图

9-13 如题 9-13 图所示的曲柄滑块机构,已知各构件的尺寸分别为 $l_{AB} = 100\text{mm}$,$l_{BC} = 400\text{mm}$;连杆 2 的质量 $m_2 = 12\text{kg}$ 质心在 S_2 处,$l_{BS_2} = l_{BC}/3\text{mm}$;滑块 3 的质量 $m_3 = 20\text{kg}$,质心在点 C 处;曲柄 1 的质心在点 A。现欲利用平衡质量法对该机构进行平衡,取 $L_{BC'} = l_{AC''} = 50\text{mm}$。试求下列两种情况下各需加多大的平衡质量 $m_{C'}$ 和 $m_{C''}$ 合适。

(1)对机构进行完全平衡;

(2)只对滑块 3 处往复惯性力的 50% 进行部分平衡。

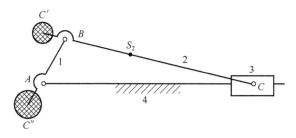

题 9-13 图

第10章 机械系统动力学

10.1 概 述

前面在研究机构的运动分析和动力分析时,一般都假设机构原动件的运动规律是已知的,且作等速运动。而实际上机构原动件的运动规律是由机构各构件的质量、转动惯量及作用在机械上的驱动力与工作阻力等因素决定的。一般情况下,原动件的速度和加速度等参数往往是随时间变化的,因此为了对机构作精确的运动分析和力分析,就需要首先确定机构原动件真实的运动规律,这对于设计机械,尤其是对高速、高精度、重载、高自动化程度的机械是十分重要的。所以本章第一个要研究的问题是在外力作用下机械的真实运动规律。

机械在运转过程中因原动件并非作等速运动,故会使机械出现速度波动,速度波动将导致在运动副中产生附加的动压力,并引起机械的振动,从而降低机械的寿命、效率和工作质量,所以应设法将机械运转速度波动的程度限制在许可的范围内。所以本章第二个要研究的问题是机械运转的速度波动及其调节的方法。

10.1.1 机械运转的三个阶段

当机械运动时,根据机械能量守恒定律可知,对于任一时间间隔,作用在其上的力所做的功与机械动能的变化关系可用下式表示:

$$W_d - W_r = E - E_0 \tag{10-1}$$

式中:W_d、W_r 分别为该时间间隔内驱动力和阻力所做的功;E、E_0 分别为机械在同一时间间隔开始和结束时所具有的动能。

机械从开始运动到终止运动的整个过程中,一般要经历三个阶段:起动阶段、稳定运转阶段和停车阶段,如图 10-1 所示为机械原动件的角速度 ω 随时间 t 变化的曲线。

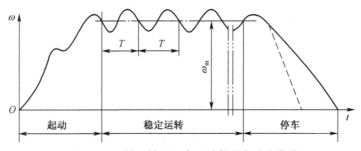

图 10-1 机械运转过程中原动件的角速度曲线

1. 起动阶段

机械原动件的角速度 ω 由零逐渐上升,直至达到正常运转的角速度为止。在该阶段,机械驱动力所做的功 W_d 大于阻力所做的功 W_r,系统的动能不断增加,即有赢功。

$$W_d - W_r = E - E_0 > 0 \tag{10-2}$$

显然,最好空载起动,即 $W_r = 0$,这样不但可以缩短起动时间,而且还可选择较小功率的原动机,以降低整机的成本。

2. 稳定运转阶段

稳定运转阶段是机械的正常工作阶段。在这一阶段中,如果机械驱动力所做的功与阻力所做的功时时相等,其动能不再增加,即

$$W_d - W_r = E - E_0 = 0 \tag{10-3}$$

机械原动件的角速度 ω 将恒定不变,即 ω = 常数,则称为等速稳定运转。鼓风机、提升机的工作状态就属于这种情况。如果不能满足机械驱动力所做的功与阻力所做的功时时相等,但是在机械运转的一个变化周期 T 内能保持相等,即

$$W_d - W_r = E - E_0 = 0 \tag{10-4}$$

在这个变化周期的始末,机械动能不变,原动件的初速等于末速,这时原动件的角速度 ω 将围绕一恒定的平均角速度 ω_m 作周期性波动,则称为周期性变速稳定运转。活塞式压缩机、活塞式发动机等就属于这种情况。

3. 停车阶段

机械原动件的角速度由正常工作的角速度下降到零。这时一般先撤去驱动力,故驱动力所做的功为零,即 $W_d = 0$,系统依靠停车前储存的动能继续克服阻力,速度不断下降,直到动能全部耗尽,机械便停止运转。其功能关系为

$$-W_r = E - E_0 < 0 \tag{10-5}$$

一般在停车阶段,机械上的工作阻力也不再作用,为了缩短停车时间,在许多机械上都安装了制动装置。安装制动器后的停车阶段如图 10-1 中的虚线所示。

还应指出,大多数机械是在稳定运转阶段进行工作的,但是也有一些机械,如起重机、挖掘机等很大一部分工作是在起动和停车阶段进行的。

10.1.2 作用在机械上的驱动力和工作阻力

如前述,驱动力(驱动力矩)和工作阻力(工作阻力矩)所做的功与机器的运转状况密切相关。因此,需要对驱动力(矩)和工作阻力(矩)的特点作简单的论述。

1. 驱动力(矩)

原动机提供的驱动力(矩)与其运动参数(位移、速度、加速度等)之间的关系称为原动机的机械特性。原动机不同,驱动力(矩)的特性也不同,机械中常用的原动机有电动机、内燃机、液压马达等,在某些控制系统中,弹簧、电磁铁等也常用来提供驱动力(矩)。

根据原动机特性的不同,它们发出的驱动力(矩)可以是不同运动参数的函数。如用重锤的重力作为驱动力时,其值为常数,其机械特性曲线如图 10-2(a)所示;用弹簧作为原动件时,其驱动力是位移的线性函数,其机械特性曲线如图 10-2(b)所示;三相交流异步电动机的驱动力矩是转子角速度 ω 的非线性函数,其机械特性曲线如图 10-2(c)所示。

当用解析法研究机械在外力作用下的运动时,原动机发出的驱动力(矩)必须以解析式表达。外力简化计算,可将原动机的机械特性曲线用简单的代数式来近似的表示。如图 10-2(c)所示,三相交流异步电动机的机械特性曲线的 BC 段是工作段,曲线可近似地

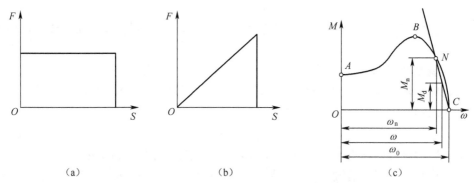

图 10-2 不同原动件驱动力(矩)的机械特性曲线

用通过点 N 和点 C 的直线来代替。点 N 的转矩 M_n 为电动机的额定转矩,它所对应的角速度 ω_n 为电动机的额定角速度;点 C 的角速度 ω_0 为电动机的同步角速度,这时电动机的转矩为0。直线上任意一点所确定的驱动力矩 M_d 为

$$M_d = \frac{(\omega_0 - \omega)}{(\omega_0 - \omega_n)} M_n \tag{10-6}$$

式中:M_n、ω_n、ω_0 可由电动机产品目录中查出。

式(10-6)适用于电动机在额定角速度附近及高于额定角速度下运转的机器。若电动机经常在小于额定角速度的 NB 段工作时,用式(10-6)计算电动机的驱动力矩 M_d 将会产生较大误差,此时可用过 C、N、B 三点的二次多项式来表示该力学特性曲线:

$$M_d = a + b\omega + c\omega^2 \tag{10-7}$$

式中:

$$a = -c\omega_0^2 - b\omega_0$$

$$b = \frac{M_L - c(\omega_L^2 - \omega_0^2)}{\omega_L - \omega_0}$$

$$c = \frac{M_L(\omega_L - \omega_n) - (M_L - M_n)(\omega_L - \omega_0)}{(\omega_L^2 - \omega_0^2)(\omega_L - \omega_n) - (\omega_L^2 - \omega_n^2)(\omega_L - \omega_0)}$$

式中:M_L、ω_L 为点 B 处的力矩和角速度值,M_L 称为极限力矩;ω_L 称为极限角速度。其值按下式计算:

$$M_L = \lambda M_n \tag{10-8}$$

$$\omega_L = \omega_0 - (\omega_0 - \omega_n)(\lambda + \sqrt{\lambda^2 - 1}) \tag{10-9}$$

式中:λ 为电动机的过载系数,其值可查电动机产品目录。

2. 工作阻力

工作阻力是机械正常工作时必须克服的作用在执行构件上的外载荷。机械执行构件所承受的工作阻力的变化规律,取决于机械工艺过程的特点,如起重机、车床的工作阻力为常数;空气压缩机的工作阻力是位移的函数,即 $F_r = f(s)$;鼓风机的工作阻力是叶片角速度的函数,即 $F_r = f(\omega)$;揉面机、球磨机的工作阻力是时间的函数,即 $F_r = f(t)$ 等。

驱动力(矩)和工作阻力的确定涉及许多专业知识,已不属于本课程研究的范围。本章在讨论机械在外力作用下的运动问题时,认为外力是已知的。

3. 机械速度波动产生的原因和调节目的

如前所述,若机械在工作过程的任意时间间隔内,驱动力对机械所做的功与机械克服阻力所做的功完全相等,则机械的动能不变,其主轴将保持匀速运转,不会发生速度波动。但是,机械在某段工作时间内,若驱动力所做的功大于阻力所做的功,机械的动能增加,主轴速度增大;若驱动力所做的功小于阻力所做的功,机械的动能减少,主轴速度减小。从而引起机械主轴速度的波动。

机械速度波动会使运动副中产生附加的动压力,降低机械效率和工作可靠性;会引起机械振动,影响机械中零件的强度并缩短机械寿命;还会降低机械的加工精度和工艺性能,使产品质量下降。因此,对机械运转速度的波动必须进行调节。机械运转时的速度波动主要分周期性的速度波动和非周期性的速度波动两大类。

10.2 机械的等效动力学模型

10.2.1 等效构件和等效动力学模型

1. 等效构件

当研究在已知外力(力矩)作用下机器的运动时,需要研究作用在机器上的所有构件各力所做的功以及所有运动构件的动能变化,求解过程非常复杂。对于单自由度的机械系统,当给定一个构件的运动后,其余所有构件的运动也随之确定。因此,可将研究整个机械系统的运动问题转化为研究一个构件的运动问题,即用机械中一个构件的运动代替整个机械系统的运动。我们把这个能代替整个机械系统运动的构件称为等效构件。为使等效构件的运动能完全代替整个机械系统的真实运动,必须满足下列两个条件:

(1)等效构件具有的动能应和整个机械系统的动能相等,即作用在等效构件上的外力所做的功应和整个机械系统中各外力所做的功相等。

(2)等效构件上的瞬时功率等于整个机械系统中的瞬时功率,即等效构件上的外力在单位时间内所做的功也应等于整个机械系统中各外力在单位时间内所做的功。

2. 等效量

为了简化机械系统的求解过程,常取一个转动构件(或移动构件)作为等效构件,用转化到等效构件上的假想力或假想力矩,来代替作用在该机器上的所有已知外力和力矩;用转化到等效构件上的假想质量或假想转动惯量,来代替机器中所有构件的质量和转动惯量。这些假想的力、力矩、质量、转动惯量称为相应的等效量,表示为:①假想力称为等效力,用 F_e 表示;②假想力矩称为等效力矩,用 M_e 表示;③假想质量称为等效质量,用 m_e 表示;④假想转动惯量称为等效转动惯量,用 J_e 表示。转化的原则是转化前后机器的运动不变,即要满足上述等效构件的运动能完全代替整个机械系统的真实运动的两个条件。

3. 等效动力学模型

用等效构件建立的动力学模型称为等效动力学模型,常见的等效动力学模型有两种。①当取定轴转动的构件作等效构件时,转化到其上的是等效力矩 M_e 和等效转动惯量 J_e,如图 10-3(a)所示;②当取直线移动的构件作等效构件时,转化到其上的是等效力 F_e 和等效质量 m_e,如图 10-3(b)所示。

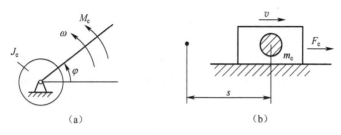

图 10-3 常见的等效动力学模型

10.2.2 等效量的计算

下面以如图 10-4 所示的曲柄滑块机构为例,推导各等效量的计算公式。

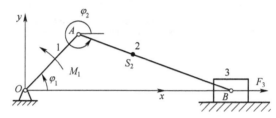

图 10-4 曲柄摇杆机构等效量的计算简图

在图 10-4 中,曲柄滑块机构由四个构件组成,除机架外,有三个活动构件。现取曲柄 1 为原动件,作用在曲柄上的驱动力矩为 M_1,角速度为 ω_1,质心在点 O 处,转动惯量为 J_1;连杆 2 的角速度为 ω_2,质量为 m_2,其对质心 S_2 的转动惯量 J_{S2},质心 S_2 的速度为 v_{S2};滑块 3 的质量为 m_3,其质心 S_3 在点 B 处,速度为 v_3,滑块 3 上的工作阻力为 F_3。下面分别取曲柄 1 和滑块 3 为等效构件来推导各等效量的计算公式。

1. 曲柄 1 作等效构件

曲柄 1 为定轴转动的构件,当其作等效构件时,等效量有等效力矩 M_e 和等效转动惯量 J_e,推导过程如下:

1) 等效力矩 M_e

在图 10-4 中,构件 1 绕点 O 作定轴转动,构件 2 作平面复合运动,构件 3 作直线往复移动。故作用在机构上的所有外力和外力矩产生的功率为

$$P = M_1\omega_1 + F_3v_3\cos180° \tag{10-10}$$

等效后,等效构件 1 上的等效力矩产生的功率为

$$P_e = M_e\omega_1 \tag{10-11}$$

因等效前后的功率不变,故有

$$M_e = M_1 - \frac{F_3v_3}{\omega_1} \tag{10-12}$$

推广到一般情况后,则等效力矩的计算公式为

$$M_e = \sum_{i=1}^{n}\left[F_i\left(\frac{v_i}{\omega}\right)\cos\alpha_i \pm M_i\left(\frac{\omega_i}{\omega}\right)\right] \tag{10-13}$$

式(10-13)中的"±"号取决于构件上的力矩与该构件的角速度的方向是否相同,相同时取"+"号,相反时取"−"号。

2) 等效转动惯量 J_e

根据已知条件,由图10-4可知,机构中各构件的总动能为

$$E = \frac{J_1\omega_1^2}{2} + \left(\frac{m_2v_{S2}^2}{2} + \frac{J_{S2}\omega_2^2}{2}\right) + \frac{m_3v_3^2}{2} \tag{10-14}$$

等效后,等效构件的动能为

$$E_e = \frac{J_e\omega_1^2}{2} \tag{10-15}$$

因等效前后动能不变,故有

$$\frac{J_e\omega_1^2}{2} = \frac{J_1\omega_1^2}{2} + \left(\frac{m_2v_{S2}^2}{2} + \frac{J_{S2}\omega_2^2}{2}\right) + \frac{m_3v_3^2}{2} \tag{10-16}$$

得图示机构的等效转动惯量为

$$J_e = J_1 + J_{S2}\left(\frac{\omega_2}{\omega_1}\right)^2 + m_2\left(\frac{v_{S2}}{\omega_1}\right)^2 + m_3\left(\frac{v_3}{\omega_1}\right)^2 \tag{10-17}$$

推广到一般情况,则等效转动惯量的计算公式为

$$J_e = \sum_{i=1}^{n}\left[m_i\left(\frac{v_{Si}}{\omega}\right)^2 + J_{Si}\left(\frac{\omega_i}{\omega}\right)^2\right] \tag{10-18}$$

2. 滑块3作等效构件

滑块3是作直线移动的构件,当取其作等效构件时,等效量有等效力 F_e 和等效质量 m_e。推导过程如下:

1) 等效力 F_e

等效前系统的功率计算见式(10-10)。等效后等效构件的功率为 $P_e = F_e v_3$,因 $P_e = P$,故有

$$F_e = M_1\frac{\omega_1}{v_3} - F_3 \tag{10-19}$$

推广到一般情况,等效力的计算公式为

$$F_e = \sum_{i=1}^{n}\left[F_i\left(\frac{v_i}{v}\right)\cos\alpha_i \pm M_i\left(\frac{\omega_i}{v}\right)\right] \tag{10-20}$$

式(10-20)中的"±"号取决于构件上的力矩与该构件的角速度的方向是否相同,相同时取"+"号,相反时取"-"号。

2) 等效质量 m_e

等效前系统的动能计算公式见式(10-14)。等效后等效构件的动能为 $E_e = \frac{m_e v_3^2}{2}$,因 $E_e = E$,故有

$$m_e = J_1\left(\frac{\omega_1}{v_3}\right)^2 + m_2\left(\frac{v_{S2}}{v_3}\right)^2 + J_{S2}\left(\frac{\omega_2}{v_3}\right)^2 + m_3 \tag{10-21}$$

推广到一般情况,等效质量的计算公式为

$$m_e = \sum_{i=1}^{n}\left[m_i\left(\frac{v_{Si}}{v}\right)^2 + J_{Si}\left(\frac{\omega_i}{v}\right)^2\right] \tag{10-22}$$

需要说明的在式(10-13)、式(10-18)、式(10-20)、式(10-22)中：

(1) n 为活动构件的数目；F_i，M_i 为作用在构件 i 上的力、力矩；m_i 为构件 i 的质量。

(2) v_{Si} 为构件 i 质心处的速度；v_i 为力 F_i 作用点的速度；α_i 为力 F_i 与速度 v_i 间的夹角。

(3) ω_i 为构件 i 的角速度；v 为等效构件的移动速度；ω 为等效构件的角速度。

需要强调指出：

(1) 等效力或等效力矩是一个假想的力或力矩，它并不是被代替的已知力和力矩的合力或合力矩。

(2) 等效质量或等效转动惯量也是一个假想的质量或转动惯量，它并不是机构中所有运动构件的质量或转动惯量的总和。故在力的分析时不能用它来确定机构的总惯性力或惯性力偶矩。

(3) 由上述公式可看出，各等效量与各构件对等效构件的速比有关，与构件的真实速度无关，故当不知道构件真实运动时，可以任意假定一个速度，通过速度分析求出速比，随之可求得各等效量。

在计算等效力 F_e、等效力矩 M_e 时，也可将驱动力和驱动力矩、阻力和阻力矩分别等效来计算等效驱动力 F_{ed} 和等效驱动力矩 M_{ed}、等效阻力 F_{er} 和等效阻力矩 M_{er}，有

$$\begin{cases} F_e = F_{ed} - F_{er} \\ M_e = M_{ed} - M_{er} \end{cases} \quad (10\text{-}23)$$

3. 应用实例

例 10-1 在如图 10-5 所示的齿轮—连杆机构中。已知齿轮 1 的齿数 $z_1 = 20$，其转动惯量为 $J_1 = 0.1\text{kg} \cdot \text{m}^2$；齿轮 2 的齿数 $z_2 = 60$，质心在点 A，对 A 轴的转动惯量为 $J_2 = 0.9\text{kg} \cdot \text{m}^2$，$l_{AB} = 120\text{mm}$；滑块 3 的质量忽略不计；导杆 4 的质量为 $m_4 = 0.4\text{kg}$，质心 S_4 位于 BC 的中点，对质心的转动惯量 $J_{S4} = 0.16\text{kg} \cdot \text{m}^2$；作用在齿轮 1 上的驱动力矩 $M_1 = 20\text{N} \cdot \text{m}$，作用在导杆 4 上的阻力矩 $M_4 = 12\text{N} \cdot \text{m}$。试求取齿轮 1 为等效构件时，机构在图示位置的等效力矩 M_e 和等效转动惯量 J_e。

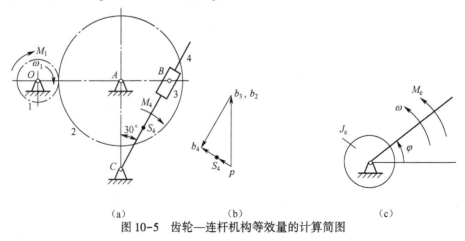

图 10-5 齿轮—连杆机构等效量的计算简图

解：(1) 建立机构的等效动力学模型，如图 10-5(c)所示。

(2) 求等效力矩 M_e。

根据式(10-13)可得

$$M_e = M_1 - M_4 \frac{\omega_4}{\omega_1} \tag{a}$$

由图10-5(a)可知,图示位置 $l_{BC} = 2l_{AB}$;任选速度比例尺 μ_v,由速度方程 $v_{B4} = v_{B3} + v_{B4B3}$ 作如图10-5(b)所示的速度多边形,可得

$$v_{B4} = \frac{v_{B2}}{2}, \text{即} \; l_{BC}\omega_4 = \frac{l_{AB}\omega_2}{2} \rightarrow \frac{\omega_4}{\omega_2} = \frac{1}{4}$$

又因 $\frac{\omega_1}{\omega_2} = \frac{z_2}{z_1} = 3$

所以得 $\frac{\omega_4}{\omega_1} = \frac{1}{12}$,将其代入式(a)得

$$M_e = \left(20 - 12 \times \frac{1}{12}\right) = 19 \mathrm{N \cdot m}$$

(3) 求等效转动惯量 J_e。
由式(10-18)可得

$$J_e = J_1 + J_2\left(\frac{\omega_2}{\omega_1}\right)^2 + J_4\left(\frac{\omega_4}{\omega_1}\right)^2 + m_4\left(\frac{v_{S4}}{\omega_1}\right)^2 \tag{b}$$

由速度分析得,$v_{S4} = \frac{v_{B4}}{2} = \frac{v_{B2}}{4}$,代入式(b)得

$$\begin{aligned} J_e &= J_1 + J_2\left(\frac{1}{3}\right)^2 + J_2\left(\frac{1}{12}\right)^2 + m_4\left(\frac{l_{AB}}{12}\right)^2 \\ &= 0.1 + 0.9\left(\frac{1}{3}\right)^2 + 0.16\left(\frac{1}{12}\right)^2 + 0.4\left(\frac{0.12}{12}\right)^2 \\ &= 0.201 \mathrm{kg \cdot m^2} \end{aligned}$$

以上求得的等效力矩和等效转动惯量是图示位置的结果。当机构处于不同位置时,与齿轮机构相关的部分速比是不变的,而与连杆机构有关的部分速比是变化的。故尽管各构件的质量、转动惯量和所受到的力矩为常数,但在机构的一个运动周期内,折算到等效构件上的等效力矩和等效转动惯量是随机构位置而变化的变量。

一般情况下,等效转动惯量 J_e 是独立广义坐标 φ 的函数;又因为机械中的外力可能是时间、机构位置或构件速度的函数,所以等效力矩 M_e 是运动参数 t、ω、φ 的函数。因此,等效量可写成如下一般函数式:

$$J_e = J_e(\varphi) \tag{10-24}$$

$$M_e = M_e(t, \omega, \varphi) \tag{10-25}$$

10.3 机械的运动方程式

10.3.1 机械的运动方程式

1. 动能形式的机械运动方程式

如前所述,不论多么复杂的单自由度机械都可以用等效动力学模型表示,研究机械的

运动也就是研究等效构件的运动。根据动能定理,在一定时间间隔内,系统所做功 ΔW 等于系统动能的变化量 ΔE,即

$$\Delta W = \Delta E$$

1) 第一种动能形式的机械运动方程式

对于图 10-3(a)的等效动力学模型而言,若等效构件从角位移 φ_0 的位置Ⅰ转动到角位移为 φ 的位置Ⅱ,则上式可写成机械的第一种动能形式的运动方程式,即

$$\int_{\varphi_0}^{\varphi} M_e \mathrm{d}\varphi = \frac{1}{2} J_e \omega^2 - \frac{1}{2} J_{e_0} \omega_0^2 \tag{10-26}$$

式中:ω_0、ω 分别为在位置Ⅰ、Ⅱ时等效构件的角速度;J_{e_0}、J_e 分别为在位置Ⅰ、Ⅱ时等效构件的等效转动惯量。

2) 第二种动能形式的机械运动方程式

对于图 10-3(b)的等效动力学模型而言,若等效构件从位移 S_0 的位置Ⅰ移动到位移为 S 的位置Ⅱ,则可得机械的第二种动能形式的运动方程式,即

$$\int_{S_0}^{S} F_e \mathrm{d}s = \frac{1}{2} m_e v^2 - \frac{1}{2} m_{e_0} v_0^2 \tag{10-27}$$

式中:v_0、v 分别为在位置Ⅰ、Ⅱ时等效构件的速度;m_{e_0}、m_e 分别为在位置Ⅰ、Ⅱ时等效构件的等效质量。

2. 力矩、力形式的机械运动方程式

将式(10-26)对 φ 求导,得

$$M_e = \frac{\mathrm{d}(J_e \omega^2/2)}{\mathrm{d}\varphi} = \frac{J_e}{2} 2\omega \frac{\mathrm{d}\omega}{\mathrm{d}\varphi} + \frac{\omega^2}{2} \frac{\mathrm{d}J_e}{\mathrm{d}\varphi} = J_e \omega \frac{\mathrm{d}\omega/\mathrm{d}t}{\mathrm{d}\varphi/\mathrm{d}t} + \frac{\omega^2}{2} \frac{\mathrm{d}J_e}{\mathrm{d}\varphi}$$

对上式整理后得到力矩形式的机械运动方程式,为

$$M_e = J_e \frac{\mathrm{d}\omega}{\mathrm{d}t} + \frac{\omega^2}{2} \frac{\mathrm{d}J_e}{\mathrm{d}\varphi} \tag{10-28}$$

当等效转动惯量为常数时,式(10-28)可写为

$$M_e = J_e \frac{\mathrm{d}\omega}{\mathrm{d}t} = J_e \alpha \tag{10-29}$$

由式(10-29)可知,α 为角加速度,当 $\frac{\mathrm{d}\omega}{\mathrm{d}t}=0$ 时,有 $M_e = M_{ed} - M_{er} = 0$,说明角速度的极值一定出现在 $M_{ed} = M_{er}$ 处。

同理,将式(10-27)对 s 求导,得

$$F_e = \frac{m_e}{2} 2v \frac{\mathrm{d}v}{\mathrm{d}s} + \frac{v^2}{2} \frac{\mathrm{d}m_e}{\mathrm{d}s}$$

整理后得力形式的机械运动方程式,即

$$F_e = m_e \frac{\mathrm{d}v}{\mathrm{d}t} + \frac{v^2}{2} \frac{\mathrm{d}m_e}{\mathrm{d}s} \tag{10-30}$$

10.3.2 机械运动方程式的求解

机械的运动方程式建立后,便可由已知的作用于机械系统上的外力的变化规律,确定

机械系统真实的运动规律。

由于作用于机械系统上的外力是多种多样的,因而各等效量可能是位置、速度或时间的函数,它们可能以函数式、数值表格或曲线等形式给出,因此求解运动方程式的方法也各不相同。下面介绍几种常见的求解机械系统真实运动规律的方法。

1. 等效力矩 M_e 和等效转动惯量 J_e 均为常数

定传动比机械系统的等效力矩 M_e 和等效转动惯量 J_e 一般为常数,这类问题的求解比较简便。由式(10-29)得

$$\alpha = \frac{d\omega}{dt} = \frac{M_e}{J_e} \tag{10-31}$$

对上式积分可得

$$\omega = \omega_0 + \alpha t \tag{10-32}$$

例 10-2 在如图 10-6 所示的齿轮机构中,已知齿数 $z_1 = 30$, $z_2 = 60$;转动惯量 $J_1 = 0.01 \text{kg} \cdot \text{m}^2$, $J_2 = 0.04 \text{kg} \cdot \text{m}^2$;齿轮 1 上的驱动力矩 $M_1 = 10\text{N} \cdot \text{m}$,齿轮 2 上的工作阻力矩 $M_2 = 4\text{N} \cdot \text{m}$。试求,齿轮 2 的角速度从零等加速上升到 100rad/s 所需的时间 t。

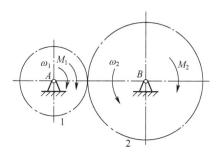

图 10-6 齿轮机构简图

解:选择齿轮 2 为等效构件,则机构的等效力矩为

$$M_e = M_1 \frac{\omega_1}{\omega_2} - M_2 = 10 \times \frac{60}{30} - 4 = 16\text{N} \cdot \text{m}$$

等效转动惯量为

$$J_e = J_1 \left(\frac{\omega_1}{\omega_2}\right)^2 + J_2 = 0.01 \left(\frac{60}{30}\right)^2 + 0.04 = 0.08 \text{kg} \cdot \text{m}^2$$

由式(10-31)有

$$\alpha = \frac{M_e}{J_e} = \frac{16}{0.08} = \frac{100 - 0}{t}$$

得

$$t = 0.5\text{s}$$

即所需的时间为 0.5s。

2. 等效力矩 M_e 和等效转动惯量 J_e 均为角位置的函数

用内燃机驱动的含有连杆机构的机械系统属于这种情况。因内燃机给出的驱动力矩 M_d 是角位置的函数,故等效力矩 M_e 也是角位置的函数;连杆机构部分的等效转动惯量是角位置的函数,故机械系统的等效转动惯量 J_e 也是角位置的函数,即 $M_e = M_e(\varphi)$, $J_e = J_e(\varphi)$。

若 $M_e = M_e(\varphi), J_e = J_e(\varphi)$ 可以用解析式表示时，由式(10-26)可得

$$\frac{1}{2}J_e(\varphi)\omega^2(\varphi) = \frac{1}{2}J_{e_0}\omega_0^2 + \int_{\varphi_0}^{\varphi} M_e(\varphi)\mathrm{d}\varphi$$

故

$$\omega(\varphi) = \sqrt{\frac{J_{e_0}}{J_e(\varphi)}\omega_0^2 + \frac{2}{J_e(\varphi)}\int_{\varphi_0}^{\varphi} M_e(\varphi)\mathrm{d}\varphi} \tag{10-33}$$

由式(10-33)可求出 $\omega = \omega(\varphi)$ 的函数关系，从而求得角速度 ω 随时间 t 的变化规律。若 $M_e(\varphi)$ 是以线图或表格形式给出的，则须用数值积分法求解。

3. 等效转动惯量 J_e 是常数，等效力矩 M_e 为角速度 ω 的函数

用电动机驱动的鼓风机、搅拌机、离心泵及车床等机械系统均属于这种情况。对于这类机械系统应用式(10-29)求解较方便，因

$$M_e(\omega) = M_{ed}(\omega) - M_{er}(\omega) = J_e \frac{\mathrm{d}\omega}{\mathrm{d}t}$$

将式中的变量分离后得

$$\mathrm{d}t = J_e \frac{\mathrm{d}\omega}{M_e(\omega)}$$

对上式积分得

$$t = t_0 + J_e \int_{\omega_0}^{\omega} \frac{\mathrm{d}\omega}{M_e(\omega)} \tag{10-34}$$

由式(10-34)可解出 $\omega = \omega(t)$，对其求导得角加速度 $\alpha = \mathrm{d}\omega/\mathrm{d}t$，再对其积分得角位移，即

$$\varphi = \varphi_0 + \int_0^t \omega(t)\mathrm{d}t \tag{10-35}$$

4. 等效转动惯量 J_e 是角位置的函数，等效力矩 M_e 是位置和速度的函数

用电动机驱动的含有连杆机构的机械系统，如压力机、刨床等都属于这种情况。这类机械系统等效转动惯量是角位置的函数，工作阻力是位置的函数，故等效力矩是位置和速度的函数。

这类机械的运动方程式可采用式(10-28)的形式，即

$$M_e(\varphi,\omega) = J_e(\varphi)\frac{\mathrm{d}\omega}{\mathrm{d}t} + \frac{\omega^2}{2}\frac{\mathrm{d}J_e(\varphi)}{\mathrm{d}\varphi}$$

这是一个非线性微分方程，若 ω, φ 变量无法分离，则不能用解析法求解，只能采用数值法求解。下面介绍一种简单的数值解法——差分法。

将上式改写为

$$\frac{\omega^2}{2}\mathrm{d}J_e(\varphi) + J_e(\varphi)\omega\mathrm{d}\omega = M_e(\varphi,\omega)\mathrm{d}\varphi \tag{10-36}$$

如图10-7所示，将转角 φ 等分为 n 个微小的转角 $\Delta\varphi = \varphi_{i+1} - \varphi_i (i = 0,1,\cdots,n)$。而等效转动惯量 $J_e(\varphi)$ 的微分 $\mathrm{d}J_e(\varphi_i)$ 可以用增量 $\Delta J_{ei} = J_e(\varphi_{i+1}) - J_e(\varphi_i)$ 来近似地代替，并简写成 $\Delta J_i = J_{i+1} - J_i$。同理，当 $\varphi = \varphi_i$ 时，角速度 $\omega(\varphi)$ 的微分 $\mathrm{d}\omega_i$ 可以用增量 $\Delta\omega_i = \omega(\varphi_{i+1}) - \omega(\varphi_i)$ 来近似地代替，并简写为 $\Delta\omega_i = \omega_{i+1} - \omega_i$。于是，当 $\varphi = \varphi_i$ 时，式(10-36)可写成

$$\frac{(J_{i+1} - J_i)\omega_i^2}{2} + J_i\omega_i(\omega_{i+1} - \omega_i) = M_e(\varphi_i,\omega_i)\Delta\varphi$$

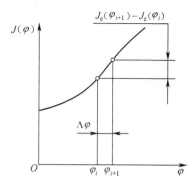

图 10-7 用增量代替微分的示意图

由上式解出 ω_{i+1},得

$$\omega_{i+1} = \frac{M_e(\varphi_i, \omega_i)\Delta\varphi}{J_i \omega_i} + \frac{3J_i - J_{i+1}}{2J_i}\omega_i \qquad (10-37)$$

例 10-3 如图 10-8 所示为牛头刨床主体机构,取构件 1 为等效构件。设等效力矩为角速度的直线函数 $M_{ed} = 5500 - 1000\omega$,单位为 N·m;等效阻力矩为转角的函数 $M_{er} = M_{er}(\varphi)$ 见表 10-1;等效转动惯量 J_e 是转角的函数,其值如表 10-1 所列。试求 ω 的变化规律。

表 10-1 牛头刨床机构的转角、等效转动惯量、等效力矩值

I	$\varphi(°)$	$J_e/(\mathrm{kg}\cdot\mathrm{m}^2)$	$M_{er}/(\mathrm{N}\cdot\mathrm{m})$	$\omega'/(\mathrm{rad/s})$	$\omega''/(\mathrm{rad/s})$
0	0	34.0	789	5.00	4.81
1	15	33.9	812	4.56	4.66
2	30	33.6	825	4.80	4.73
3	45	33.1	797	4.64	4.67
⋮	⋮	⋮	⋮	⋮	⋮
21	315	33.1	803	4.39	4.39
22	330	33.6	818	4.91	4.91
23	345	33.9	802	4.52	4.52
24	360	34.0	789	4.81	4.81

解: 由所给数据可知,该机器的周期为 $\varphi_T = 360°$,自序号 $i=0$ 开始,按式(10-37)进行迭代计算。根据已知条件可知机械的等效力矩为 $M_e = 5500 - 1000\omega - M_{er}$。

由于对应于 φ_0 的 ω_0 为未知量,通常可按照机器的平均角速度来试选初始角速度。设 $i_0 = 0$ 时,$t_0 = 0$, $\varphi = \varphi_0 = 0$, $\omega_0 = \omega' = 5$ rad/s,取步长 $\Delta\varphi = 15° = 0.2618$ rad,则由式(10-37)及表 10-1 可知:

$$\omega_1' = \frac{(5500 - 1000 \times 5 - 789) \times 0.2618}{34.0 \times 5} + \frac{3 \times 34.0 - 33.9}{2 \times 34.0} \times 5 = 4.56 \text{ rad/s}$$

$$\omega_2' = \frac{(5500 - 1000 \times 4.56 - 812) \times 0.2618}{33.9 \times 4.56} + \frac{3 \times 33.9 - 33.6}{2 \times 33.9} \times 4.56 = 4.80 \text{ rad/s}$$

同理,可求得当 $i = 2, 3, \cdots$ 时的 $\omega_3', \omega_4', \cdots$,将计算结果列于表 10-1 中。

由表 10-1 中的数据可以看出,根据试选的角速度初始值,计算构件 1 回转一周后,ω_{24}' 并不等于 ω_0,说明机械并未进入周期性稳定运转。只要以 ω_{24}' 作为 ω_0 的新初始值再

继续计算,数轮后即可进入稳定运转。本例中,在第二轮时,因 $\omega_0'' = \omega_{24}'' = 4.81\text{rad/s}$,表示机械即已进入稳定运转阶段。按 ω'' 绘制的等效构件角速度的变化规律如图 10-9 所示。

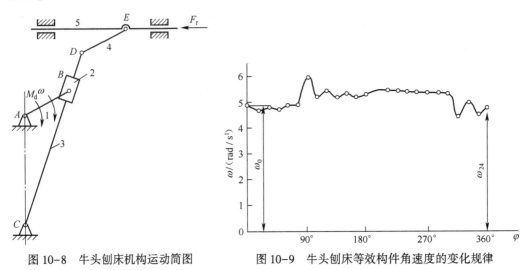

图 10-8 牛头刨床机构运动简图　　　　图 10-9 牛头刨床等效构件角速度的变化规律

10.4 机械的周期性速度波动及其调节方法

如前所述,由于其上所作用的外力或外力矩的变化,会使机械运转速度产生波动,过大的速度波动对机械的工作不利。在机械系统设计阶段,就应设法降低机械运转速度波动程度,将速度波动限制在许可范围内,以保证机械的工作质量。

10.4.1 周期性速度波动的原因和调节方法

在稳定运转阶段,当机械动能的增减作周期性变化时,其主轴的角速度也作周期性的变化,如图 10-10 实线所示。这种情况下,主轴角速度 ω 在经过一个变化周期 T 之后又回到初始状态,这说明就整个周期而言,动能没有增减,驱动力所做的功与工作阻力所做的功是相等的。但是,在周期中的某段时间内,驱动力所做的功与工作阻力所做的功却是不相等的,因而出现速度变化。这种有规律的、周期性的变化称为周期性速度波动。其变化周期 T,通常对应于主轴回转一转(如蒸汽机、冲床、单缸二冲程内燃机)或若干转(如单缸四冲程内燃机为曲轴转两转)。周期性速度波动的调节方法是在机械中加上一个转动惯量 J 很大的回转体——飞轮。飞轮以角速度 ω 回转时的动能为 $E = \frac{1}{2}J\omega^2$,当驱动力矩大于阻力矩时,飞轮的转速随机械系统的速度增大而增大,飞轮储存较大的动能;当驱动力矩小于阻力矩时,飞轮储存的动能释放出来,以补偿驱动力矩做功的不足。因此,采用飞轮可以减小机械系统周期性速度波动,使运转速度趋于均匀。图 10-10 中的实线和虚线各代表同一机械加装飞轮前后角速度的变化情况。

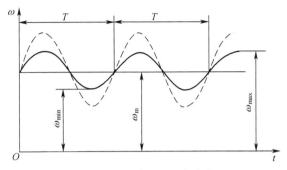

图 10-10 周期性速度波动

10.4.2 衡量机械速度波动程度的性能参数

为了对周期性速度波动进行分析,下面先介绍衡量机械速度波动程度的几个参数。

1. 平均角速度

若已知某一机械主轴的角速度随时间的变化规律为 $\omega = f(t)$,如图 10-10 实线所示,其一个周期的实际平均角速度可用下式计算:

$$\omega_\mathrm{m} = \frac{1}{T}\int_0^T \omega \mathrm{d}t \tag{10-38}$$

由于角速度 ω 的变化规律十分复杂,往往不易求得,因此在实际工程计算中常用算术平均角速度来近似地代替实际的平均角速度,即

$$\omega_\mathrm{m} = \frac{\omega_{\max} + \omega_{\min}}{2} \tag{10-39}$$

式中:$\omega_{\max}$ 和 $\omega_{\min}$ 分别为主轴的最大角速度和最小角速度。

平均角速度 ω_m(rad/s)可从机械的铭牌查得额定转速 n(r/min)后进行换算而得到:

$$\omega_\mathrm{m} = \frac{\pi n}{30} \tag{10-40}$$

2. 速度不均匀系数 δ

主轴的最大角速度 $\omega_{\max}$ 与最小角速度 $\omega_{\min}$ 之差,表示主轴角速度波动的幅度,但它并不能表示机械运转的不均匀程度。因为同样的角速度波动幅度,对低速机械运转性能的影响较严重,而对高速机械运转性能的影响较小。因此,我们用机械角速度波动的幅度($\omega_{\max} - \omega_{\min}$)与平均角速度 ω_m 之比来衡量机械速度波动的程度,称为速度不均匀系数,用 δ 来表示,即

$$\delta = \frac{\omega_{\max} - \omega_{\min}}{\omega_\mathrm{m}} \tag{10-41}$$

如果已知 ω_m 和 δ,则由式(10-39)和式(10-41)可得

$$\omega_{\max} = \omega_\mathrm{m}\left(1 + \frac{\delta}{2}\right) \tag{10-42}$$

$$\omega_{\min} = \omega_\mathrm{m}\left(1 - \frac{\delta}{2}\right) \tag{10-43}$$

$$\omega_{\max}^2 - \omega_{\min}^2 = 2\delta\omega_m^2 \tag{10-44}$$

由以上几式可知,当 ω_m 一定时,δ 愈小,$\omega_{\max}$ 和 $\omega_{\min}$ 愈接近,表明机械运转愈均匀,运转平稳性愈好。对于不同工作性质的机械有不同的运转平稳性要求,也就是有不同的速度不均匀系数许用值 $[\delta]$。如果速度不均匀系数 δ 超过了许用值 $[\delta]$,势必会影响机器的正常工作。例如,用于照明的发电机,如果它的速度波动很大,则输出的电流和电压的变化也很大,结果使灯光忽明忽暗,闪烁不定;又如,金属切削机床的速度波动也会影响被加工工件的表面质量。因此,对于这些机械所许可的不均匀系数应当取小些。相反,对于破碎机和冲床等机械,由于速度波动大些并不影响其正常的工作,因此,其许可的速度不均匀系数可取得大些。表 10-2 列出了一些常用机械的速度不均匀系数许用值 $[\delta]$,供设计时参考。

表 10-2　常用机械的速度不均匀系数许用值 $[\delta]$

机械的名称	$[\delta]$	机械的名称	$[\delta]$
破碎机	1/5~1/20	水泵、鼓风机	1/30~1/50
冲、剪、锻床	1/7~1/20	造纸机、织布机	1/40~1/50
轧钢机	1/10~1/25	压缩机、内燃机	1/50~1/150
汽车、拖拉机	1/20~1/60	直流发电机	1/100~1/200
金属切削机床	1/30~1/40	交流发电机	1/200~300

10.4.3　飞轮的简易设计方法

1. 飞轮调速的基本原理

作用在机械主轴上的驱动力矩和工作阻力矩即使在稳定运转状态下往往也是主轴转角 φ 的函数,如图 10-11(a)所示。在某一时段内它们所做的功为

$$W_d(\varphi) = \int_{\varphi_a}^{\varphi} M_d(\varphi)\,\mathrm{d}\varphi \tag{10-45}$$

$$W_r(\varphi) = \int_{\varphi_a}^{\varphi} M_r(\varphi)\,\mathrm{d}\varphi \tag{10-46}$$

在一般机械中,其他构件所具有的动能与飞轮相比,其值较小,可忽略不计,因此近似设计中可以认为飞轮的动能就是整个机械的动能,其增量为

$$\Delta E = E - E_a = W_d(\varphi) - W_r(\varphi) = \int_{\varphi_a}^{\varphi}[M_d(\varphi) - M_r(\varphi)]\,\mathrm{d}\varphi = \frac{1}{2}J\omega^2(\varphi) - \frac{1}{2}J\omega_a^2 \tag{10-47}$$

其机械动能 $E(\varphi)$ 的变化曲线如图 10-11(b)所示。

分析图 10-11(a)中 bc、de 段曲线的变化情况可以看出,由于力矩 $M_d > M_r$,因而机械驱动力矩所做的功大于阻力矩所做的功,多余出来的功在图中以"+"号标识,称为盈功。在这一阶段,主轴的角速度由于动能的增加而上升。反之,在图中 ab、cd、ea' 段,由于 $M_d < M_r$,因而驱动力矩所做的功小于阻力矩所做的功,不足的功在图中以"-"号标识,称为亏功。在这一阶段,主轴的角速度由于动能的减少而下降。但是在机械稳定运转的一个周期中,即图中对应于主轴转角由 φ_a 到 φ_a' 的一段,机械驱动力矩所做的功等于阻力矩所做的功,机械动能的增量为零,即

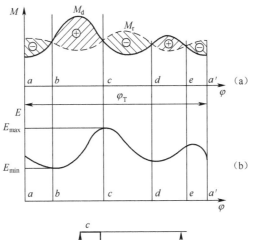

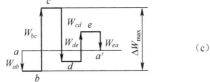

图 10-11 最大盈亏功的确定

$$\Delta E = \int_{\varphi_a}^{\varphi_a'} [M_d(\varphi) - M_r(\varphi)] \mathrm{d}\varphi = \frac{1}{2}J\omega_{a'}^2 - \frac{1}{2}J\omega_a^2 = 0 \quad (10\text{-}48)$$

由图 10-11(b)可见,在点 b 处机械(飞轮)具有最小动能 $E_{\min}$,此时主轴角速度最小;而在点 c 处机械具有最大动能 $E_{\max}$,此时主轴角速度最大。$E_{\max}$ 与 $E_{\min}$ 之差即为一个周期内动能的最大变化量,说明 b、c 两点之间驱动力矩所做的功与阻力矩所做的功之差达到最大值,即为最大盈亏功 $\Delta W_{\max}$:

$$\Delta W_{\max} = E_{\max} - E_{\min} = \int_{\varphi_b}^{\varphi_c} [M_d(\varphi) - M_r(\varphi)] \mathrm{d}\varphi \quad (10\text{-}49)$$

显然,当 $\varphi = \varphi_b$ 时,$\omega = \omega_{\min}$,而当 $\varphi = \varphi_c$ 时,$\omega = \omega_{\max}$。由式(10-49)和式(10-44)可得

$$\Delta W_{\max} = E_{\max} - E_{\min} = \frac{1}{2}J(\omega_{\max}^2 - \omega_{\min}^2) = J\omega_m^2 \delta \quad (10\text{-}50)$$

由此得到安装在主轴上的飞轮转动惯量

$$J = \frac{\Delta W_{\max}}{\omega_m^2 \delta} \quad (10\text{-}51)$$

将式(10-50)代入式(10-51)得

$$J = \frac{900 \Delta W_{\max}}{\pi^2 n^2 \delta} \quad (10\text{-}52)$$

式中:$\Delta W_{\max}$ 为最大盈亏功($\mathrm{N \cdot m}$);J 为飞轮的转动惯量($\mathrm{kg \cdot m^2}$);ω_m 为主轴平均角速度($\mathrm{rad/s}$);n 为主轴平均转速($\mathrm{r/min}$);δ 为速度不均匀系数。

由式(10-51)可知:

(1) 当 $\Delta W_{\max}$ 与 $\omega_{\max}$ 的值一定时,J 与 δ 的关系为一等边双曲线,如图 10-12 所示。当 δ 值非常小时,略微再减小 δ 的值,飞轮的转动惯量 J 将大大增加,因此,不宜过分追求机械运转的均匀性，否则 J 过大，将使飞轮笨重，从而使机械成本增加。

(2) 当 J 与 ω_{max} 的值一定时，ΔW_{max} 与 δ 成正比，即最大盈亏功 ΔW_{max} 增大时，不均匀系数 δ 也随之增大，机械运转速度波动越大。

(3) 当 ΔW_{max} 与 δ 的值一定时，J 与 ω_m^2 成反比，即主轴的平均转速越高，所需安装在主轴上的飞轮转动惯量越小。飞轮也可以安装在与主轴保持固定速比的其他轴上，但必须保证该轴上安装的飞轮与主轴上安装的飞轮具有相等的动能，即

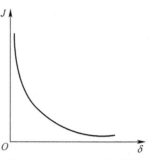

图 10-12　$J-\delta$ 变化曲线

$$\frac{1}{2}J'\omega_m'^2 = \frac{1}{2}J\omega_m^2 \tag{10-53}$$

或

$$J' = J\left(\frac{\omega_m}{\omega_m'}\right)^2 \tag{10-54}$$

式中：ω_m' 为任选飞轮轴的平均角速度；J' 为安装在该轴上的飞轮转动惯量。

由式 (10-54) 可知，欲减小飞轮转动惯量，可以选取高于主轴转速的轴安装飞轮。但考虑到一般机械的主轴刚性较好，所以多数机械仍将飞轮安装在其主轴上。

(4) 由于飞轮转动惯量较大，盈功时动能增大而飞轮转速仅略有增加，相当于飞轮将多余的能量储存起来，亏功时动能减小而飞轮转速仅略有下降，相当于飞轮又将储存的能量释放出来。所以安装飞轮不仅可以避免机械运转速度发生过大的波动，而且还可利用其储放能量的特点来克服机械的短时过载。因此，在确定其原动机功率时，不是根据高峰负荷所需的瞬时的最大功率，而是按其平均功率选择适当的原动机即可。这是某些载荷大而集中，且对运转速度均匀性要求不高的机械（如破碎机、轧钢机等）安装飞轮的主要原因。

2. 最大盈亏功 ΔW_{max} 的确定

计算飞轮的转动惯量，关键是要求出最大盈亏功 ΔW_{max}。对于一些简单的情况，最大盈亏功可直接由 $M-\varphi$ 图看出。对于较复杂的情况，则可借助能量指示图来确定。现以图 10-11 为例加以说明。取点 a 为起点，按比例用铅垂矢量线段依次表示相应位置 M_d 与 M_r 之间所包围的面积 W_{ab}、W_{bc}、W_{cd}、W_{de} 和 $W_{ea'}$，盈功向上画，亏功向下画。由于在一个周期的起止位置处动能相等，因此能量指示图的首尾应在同一条水平线上，即形成封闭的台阶形折线，如图 10-11(c) 所示。由图可以明显看出，点 b 处动能最小，点 c 处动能最大，而图中折线的最高点和最低点的距离就代表了最大盈亏功的大小。

3. 飞轮主要尺寸的确定

飞轮的转动惯量确定以后，再确定飞轮的直径、宽度、轮缘厚度等有关尺寸。

如图 10-13 所示为一轮辐式飞轮。它由轮缘、轮辐和轮毂三部分组成。飞轮的绝大部分质量集中在轮缘部分，其他部分转动惯量在近似计算时可忽略不计。

设轮缘的外径为 D_1、内径为 D_2，平均直径

$$D_m = \frac{1}{2}(D_1 + D_2) \tag{10-55}$$

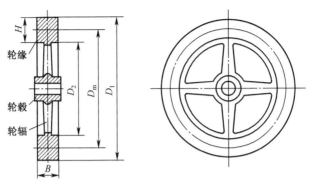

图 10-13 轮辐式飞轮结构图

假设轮缘的质量集中分布在平均直径 D_m 的圆周上,则

$$J = m\left(\frac{D_m}{2}\right)^2 = \frac{mD_m^2}{4} \tag{10-56}$$

在设计时应按机械的结构和飞轮的安装空间选定轮缘平均直径 D_m 后,由式(10-56)计算出飞轮质量 m(kg);再由下式计算轮缘的截面尺寸:

$$m = V\rho = \pi D_m HB\rho \tag{10-57}$$

式中:V 为轮缘的体积(m^3);ρ 为飞轮材料的密度(kg/m^3);H 为轮缘厚度(m);B 为飞轮宽度(m)。

因此,飞轮材料与 H/B 选定后(一般取 $H/B = 1.5 \sim 2$),轮缘各部分尺寸即可求出。

对于外径为 D_1 的实心圆盘式飞轮,由理论力学可知,其转动惯量为

$$J = \frac{1}{2}m\left(\frac{D_1}{2}\right)^2 = \frac{mD_1^2}{8} \tag{10-58}$$

选定飞轮直径 D_1 后,由式(10-58)便可求出飞轮质量 m。

再选定飞轮材料后,其材料密度 ρ 即可从有关资料查出,所以也可由下式计算飞轮质量,即

$$m = V\rho = \frac{\pi D_1^2}{4}B\rho \tag{10-59}$$

求得飞轮宽度为

$$B = \frac{4m}{\pi D_1^2 \rho} \tag{10-60}$$

由式(10-56)和式(10-58)可知,当飞轮转动惯量一定时,选择较大的飞轮直径 D_1,可减小飞轮的质量 m。但是飞轮直径越大,转速较高,其轮缘材料产生的离心力也越大。当这种离心力超过轮缘材料所能承受的极限时,飞轮就会爆裂飞出,造成事故。因此,在确定飞轮尺寸时,应使飞轮外圆圆周速度小于下列安全值:

对于铸铁飞轮:$v_{max} < 36 m/s$;

对于铸钢飞轮:$v_{max} < 50 m/s$。

需要说明的是,在实际机械中,不一定非要外加飞轮这一专门构件来进行调速,可采用增大机械中带轮(或齿轮)的尺寸和质量的方法,使它们兼起飞轮的作用。本节介绍的

飞轮设计方法,没有考虑除飞轮外其他构件动能的变化,因而是近似的。不过,由于机械运转速度不均匀系数 δ 允许在一定范围内变化,因此这种近似设计可以满足一般使用要求。

例 10-4 某机组作用在主轴上的阻力矩变化曲线 $M_r - \varphi$ 如图 10-14(a)所示。已知主轴上的驱动力矩 M_d 为常数,主轴的平均角速度 $\omega_m = 25 \text{rad/s}$,机械运转速度不均匀系数 $\delta = 0.02$。

(1) 求驱动力矩 M_d；
(2) 求最大盈亏功 ΔW_{max}；
(3) 求安装在主轴上的飞轮转动惯量 J；
(4) 若将飞轮安装在转速为主轴 3 倍的辅助轴上,求飞轮的转动惯量 J'。

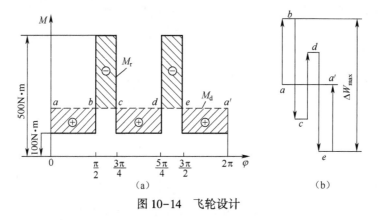

图 10-14 飞轮设计

解:(1) 求 M_d。因题中给定 M_d 为常数,故 $M_d - \varphi$ 为一水平直线。在一个周期中驱动力矩所做的功应等于阻力矩所做的功,即

$$2\pi M_d = 100 \times 2\pi + 400 \times \frac{\pi}{4} \times 2$$

解上式可得 $M_d = 200 \text{N} \cdot \text{m}$。由此可作出 $M_d - \varphi$ 的水平直线。

(2) 求 ΔW_{max}。将 $M_d - \varphi$ 与 $M_r - \varphi$ 曲线的交点标注为 b、c、d、e,一个周期的起止点标注为 a、a'。将各区间 $M_d - \varphi$ 与 $M_r - \varphi$ 曲线所围面积分为盈功和亏功,盈功用"+"标识,亏功用"-"标识。然后根据各区间盈亏功的数值大小按比例作能量指示图,如图 10-14(b)所示。其作法如下:首先自下而上作 **ab** 表示 ab 区间的盈功, $W_{ab} = 100 \times \frac{\pi}{2} \text{N} \cdot \text{m}$；其次向下作 **bc** 表示 bc 区间的亏功, $W_{bc} = 300 \times \frac{\pi}{4} \text{N} \cdot \text{m}$。依此类推,直到画完最后一个封闭矢量 **da'**。由图可知,be 区间出现最大盈亏功,其绝对值为

$$\Delta W_{max} = |-W_{bc} + W_{cd} - W_{de}| = \left|-300 \times \frac{\pi}{4} + 100 \times \frac{\pi}{2} - 300 \times \frac{\pi}{4}\right| = 314.16 \text{ N} \cdot \text{m}$$

(3) 求安装在主轴上的飞轮转动惯量

$$J = \frac{\Delta W_{max}}{\omega_m^2 \delta} = \frac{314.16}{25^2 \times 0.02} = 25.13 \text{kg} \cdot \text{m}^2$$

（4）求安装在辅助轴上的飞轮转动惯量 J'。题中给出 $\omega'_m = 3\omega_m$，故

$$J' = J\left(\frac{\omega_m}{\omega'_m}\right)^2 = 25.13 \times \frac{1}{9} = 2.79 \text{ kg} \cdot \text{m}^2$$

10.5　机械的非周期性速度波动及其调节

在机械的稳定运转阶段，如果驱动力或阻力突然发生变化，机械主轴的速度也会跟着突然增大或减小。若驱动力所做的功长时间大于阻力所做的功，则机械主轴将越转越快，甚至超越机械强度所容许的极限转速，导致机械损坏；反之，则机械主轴的运转速度不断下降，直至停车。例如，汽轮发电机组中，在供汽量不变而用电量突然减少时，汽轮机所供给的能量已远超过发电机的需要，因而其速度必然急速上升。这时必须采用一种特殊的自动调节装置，来调节汽轮机的供汽量，使其与发电机的所需相适应，从而达到新的稳定运转状态。不过这时的平均速度已与调节之前不同。如图 10-15 所示，由于机械的这种速度变化是随机的、无规则的，没有一定的周期，故称为非周期性速度波动。所采用的这种特殊的自动调节装置称为调速器。

调速器种类很多，如图 10-16 所示为机械式离心调速器的工作原理图。汽轮机 2 的输入功与供汽量大小成正比。当发电机 1 的负荷突然减小时，汽轮机 2 的输出转速升高，通过齿轮 3、4 使调速器主轴的转速随之升高。这时重球 G 和 G' 因离心力增大而向外张开，带动套筒 5 上移，通过套环 6 和小连杆等将节流阀门 7 关小，以减小供汽量，从而使外界对汽轮机的输入功减少，转速下降，以保持速度稳定。反之，若转速降低，重球 G 和 G' 的离心力减小，重球下落，套筒 5 下移使节流阀门 7 开大，增加供汽量，汽轮机转速便又回升，故可使速度基本稳定在某个数值上。这种机械式调速器结构简单、成本低廉，但灵敏度低，常用于录音机、电唱机等调速系统之中。在近代机械中，多采用电子调速装置，这部分内容将在专门课程中论述。

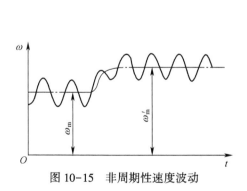

图 10-15　非周期性速度波动

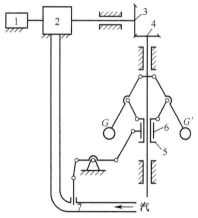

图 10-16　机械式离心调速器工作原理图

思考题与习题

10-1　何谓周期性速度波动？何谓非周期性速度波动？它们各用何种方法加以调

节？经过调节之后主轴能否获得匀速转动？

10-2 飞轮的调速原理是什么？为了减小飞轮的质量，飞轮最好安装在何处？

10-3 机器的运转过程一般分为哪几个阶段？在这几个阶段中输入功、损耗功、动能之间有何关系？有哪些特点？

10-4 何谓机械的等效动力学模型？建立时遵循的原则是什么？

10-5 在机械系统的真实运动规律尚属未知的情况下，能否求出其等效力矩和等效转动惯量？计算等效力矩（或等效力）、等效转动惯量（或等效质量）时，各自应保证等效前后系统的什么不能改变？

10-6 何谓机器运转的平均速度和速度不均匀系数？

10-7 何谓最大盈亏功？如何确定其值？

10-8 题 10-8 图示为作用在多缸发动机曲轴上的驱动力矩 M_d 和阻力矩 M_r 的变化曲线，其中阻力矩为常数，二者围成的面积依次为 $+580\text{mm}^2$，-320mm^2，$+390\text{mm}^2$，-520mm^2，$+190\text{mm}^2$，-390mm^2，$+260\text{mm}^2$ 及 -190mm^2。该图的比例尺 $\mu_M = 100\text{N}\cdot\text{m/mm}$，$\mu_\varphi = 0.01\text{rad/mm}$。设曲轴平均转速为 120r/min，其瞬时角速度不超过平均角速度的 $\pm 3\%$，求装在该曲轴上的飞轮转动惯量。

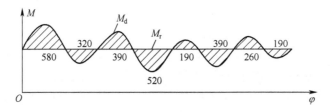

题 10-8 图

10-9 在电动机驱动剪床的机组中，已知电动机的转速为 1000r/min，电动机通过联轴器与剪床主轴联接，作用在剪床主轴上的阻力矩 M_r 的变化规律如题 10-9 图所示，设驱动力矩 M_d 为常数，除飞轮以外其他构件的转动惯量均可忽略不计，机械运转速度不均匀系数 $\delta = 0.04$。求：

(1) 驱动力矩 M_d 的数值；

(2) 安装在主轴上的飞轮转动惯量。

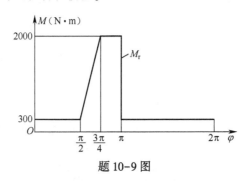

题 10-9 图

10-10 某机组主轴由发动机供给的驱动力矩 $M_d = \dfrac{1000}{\omega}\text{N}\cdot\text{m}$，阻力矩 M_r 的变化如

题 10-10 图所示，$t_1 = 0.1\text{s}$，$t_2 = 0.9\text{s}$。若忽略其他构件的转动惯量，试求：在 $\omega_{\max} = 200\text{rad/s}$，$\omega_{\min} = 100\text{rad/s}$ 的情况下，该机组主轴上应装的飞轮转动惯量。

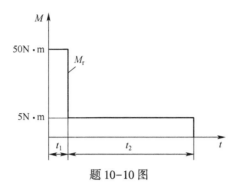

题 10-10 图

10-11 某机组主轴上作用的阻力矩 M_r 在一个运动循环中的变化规律如题 10-11 图所示。设驱动力矩 M_d 为常数，主轴平均转速 $n_m = 300\text{r/min}$，速度不均匀系数 $\delta = 0.05$，设该机组中其他构件的转动惯量均略去不计，采用平均直径 $D_m = 500\text{mm}$ 的轮辐式飞轮，试确定安装在主轴上的飞轮转动惯量和质量。

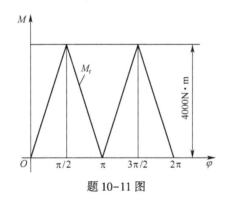

题 10-11 图

10-12 在题 10-12 图示机构中，已知齿轮 1、2 的齿数分别为 $z_1 = 20, z_2 = 40$，各齿轮的转动惯量分别为 $J_{1A} = 0.001\text{kg}\cdot\text{m}^2$；$J_{2B} = 0.002\text{kg}\cdot\text{m}^2$；移动导杆 4 的质量 $m_4 = 0.5\text{kg}$，质心在 S_4；构件 3 的质量不计。齿轮 1 上的驱动力矩 $M_1 = 4\text{N}\cdot\text{m}$，构件 4 上的作用力 $F_4 = 25\text{N}$，方向如题 10-12 图所示；$l_{BC} = 100\text{mm}$。试求机构在图示位置时，齿轮 1 为等效构件的等效转动惯量 J_e 和等效力矩 M_e。

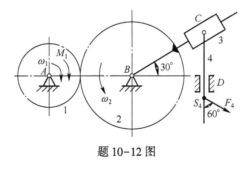

题 10-12 图

10-13 在题 10-13 图示机构中，已知曲轴上作用的驱动力矩 $M_1 = 20\text{N}\cdot\text{m}$，曲柄的

转动惯量 $J_{1A}=2\text{N}\cdot\text{m}^2$,滑块 5 的质量 $m_5=20\text{kg}$,$l_{AB}=l_{ED}=100\text{mm}$,$l_{BC}=l_{CD}=l_{EF}=200\text{mm}$,$\varphi_1=\varphi_{23}=\varphi_3=90°$,作用在滑块 5 上的工作阻力为 $F_5=200\text{N}$,其余构件的质量和转动惯量均忽略不计。如选滑块 5 作等效构件,试求该机构在图示位置的等效力 F_e 和等效质量 m_e。

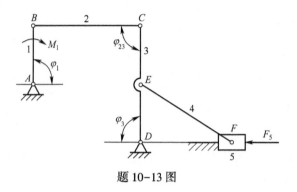

题 10-13 图

第11章 机械的效率和自锁

机械在运转过程中,由于运动副中摩擦的存在,驱动力所做的功总有一部分要消耗在克服有害阻力上而变为损耗功,这会降低机械效率。研究机械中的摩擦及其对机械效率的影响,对改善机械运转性能和提高机械效率有重要意义。

11.1 机械的效率

11.1.1 机械效率的表达形式

作用在机械上的力可分为驱动力、生产阻力和有害阻力三种。通常将驱动力所做的功称为输入功(或驱动功),克服生产阻力所做的功称为输出功(或有效功),克服有害阻力所做的功称为损耗功。在机械稳定运转时期,输入功等于输出功与损耗功之和,即

$$W_d = W_r + W_f \quad (11-1)$$

式中:W_d、W_r、W_f 分别表示输入功、输出功和损耗功。

1. 效率以功或功率的形式表示

输出功和输入功的比值,反映了输入功在机械中的有效利用程度,称为机械效率,通常以 η 表示,即

$$\eta = \frac{W_r}{W_d} = \frac{W_d - W_f}{W_d} = 1 - \frac{W_f}{W_d} \quad (11-2)$$

机械效率也可用功率表示,即

$$\eta = \frac{P_r}{P_d} = 1 - \frac{P_f}{P_d} \quad (11-3)$$

式中:P_d、P_r、P_f 分别表示输入功率、输出功率和损耗功率。

因为损耗功 W_f 或损耗功率 P_f 不可能为零,所以由式(11-2)及式(11-3)可知机械的效率总是小于1的,且 W_f 或 P_f 越大,机械的效率就越低。因此在设计机械时,为了使其具有较高的机械效率,应尽量减少机械中的损耗,主要是减少摩擦损耗。

2. 效率以力或力矩的形式表示

机械效率也可以用力或力矩的形式来表达。如图 11-1 所示为一机械传动装置示意图,设 F 为驱动力,Q 为生产阻力,v_F 和 v_Q 分别为 F 和 Q 的作用点沿该力作用线方向的分速度,根据式(11-3)可得

$$\eta = \frac{P_r}{P_d} = \frac{Qv_Q}{Fv_F} \quad (11-4)$$

假设在该机械中不存在摩擦,此机械称为理想机械。这时为了克服同样的生产阻力 Q,所需的驱动力称为理想驱动力 F_0,F_0 必定小于机械所需的实际驱动力 F。由效率的定义可知该理想机械的效率为

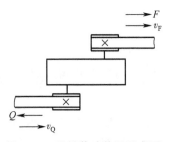

图 11-1 机械传动装置示意图

$$\eta_0 = \frac{Qv_Q}{F_0 v_F} = 1 \tag{11-5}$$

故
$$Qv_Q = F_0 v_F \tag{11-6}$$

将式(11-6)代入式(11-4)可得

$$\eta = \frac{F_0 v_F}{F v_F} = \frac{F_0}{F} \tag{11-7}$$

式(11-7)表明,机械效率也等于不计摩擦时克服生产阻力所需的理想驱动力 F_0 与克服同样生产阻力(连同克服摩擦阻力)时该机械实际所需驱动力 F 之比。

同理,机械效率也可以用力矩之比的形式表达,即

$$\eta = \frac{M_{F_0}}{M_F} \tag{11-8}$$

式中: M_{F_0} 和 M_F 分别表示为了克服同样生产阻力 Q 所需的理想驱动力矩和实际驱动力矩。

同样的驱动力,理想机械所能克服的生产阻力 Q_0 必大于实际机械所能克服的生产阻力 Q,对于理想机械有

$$\eta_0 = \frac{Q_0 v_Q}{F v_F} = 1 \tag{11-9}$$

即
$$Q_0 v_Q = F v_F \tag{11-10}$$

将式(11-10)代入式(11-4)得

$$\eta = \frac{Qv_Q}{F v_F} = \frac{Qv_Q}{Q_0 v_Q} = \frac{Q}{Q_0} \tag{11-11}$$

同理,机械效率有下式成立:

$$\eta = \frac{M_Q}{M_{Q_0}} \tag{11-12}$$

式中: M_Q 和 M_{Q_0} 分别表示机械所能克服的实际生产阻力矩和理想生产阻力矩。

综上所述,机械效率可表示为

$$\eta = \frac{\text{理想驱动力}(F_0)}{\text{实际驱动力}(F)} = \frac{\text{实际生产阻力}(Q)}{\text{理想生产阻力}(Q_0)} \tag{11-13}$$

或
$$\eta = \frac{\text{理想驱动力矩}(M_{F_0})}{\text{实际驱动力矩}(M_F)} = \frac{\text{实际生产阻力矩}(M_Q)}{\text{理想生产阻力矩}(M_{Q_0})} \tag{11-14}$$

式(11-13)和式(11-14)可用来具体计算机械的效率。例如,在图8-3、图8-4所示的斜面机构中,其正行程的机械效率为

$$\eta = \frac{F_0}{F} = \frac{Q\tan\lambda}{Q\tan(\lambda+\varphi)} = \frac{\tan\lambda}{\tan(\lambda+\varphi)} \tag{11-15}$$

反行程时,Q为驱动力,此时斜面的机械效率为

$$\eta' = \frac{Q_0}{Q} = \frac{F'/\tan\lambda}{F'/\tan(\lambda-\varphi)} = \frac{\tan(\lambda-\varphi)}{\tan\lambda} \tag{11-16}$$

又如在如图8-5所示的螺旋机构中,拧紧和放松螺母时的机械效率分别为

$$\eta = \frac{M_0}{M} = \frac{Qd_2\tan\lambda/2}{Qd_2\tan(\lambda+\varphi_V)/2} = \frac{\tan\lambda}{\tan(\lambda+\varphi)} \tag{11-17}$$

$$\eta' = \frac{M'}{M'_0} = \frac{Qd_2\tan(\lambda-\varphi_V)/2}{Qd_2\tan\lambda/2} = \frac{\tan(\lambda-\varphi)}{\tan\lambda} \tag{11-18}$$

11.1.2 机械系统的效率

上述机械效率及计算主要是指一个机构或一台机器的效率,对于由许多机构或机器组成的机械系统的机械效率及其计算,可根据组成系统的各机构或机器的效率计算求得。若干机构或机器组合的方式一般有串联、并联和混联三种,所以机械系统的机械效率的计算也有三种不同的方法。

1. 串联

如图11-2所示为由k台机器串联组成的机械系统。设系统的输入功率为P_d,各机器的效率分别为η_1、η_2、$\cdots$、η_k,P_k为系统的输出功率,则系统的总效率η为

$$\eta = \frac{P_k}{P_d} = \frac{P_1}{P_d} \cdot \frac{P_2}{P_1} \cdots \frac{P_k}{P_{k-1}} = \eta_1 \cdot \eta_2 \cdots \eta_k \tag{11-19}$$

式(11-19)表明,串联系统的总效率等于组成该系统的各个机器的效率的连乘积。由于η_1、η_2、$\cdots$、η_k均小于1,故串联的级数越多,系统的效率越低,而且只要串联系统中任一机器的效率很低,就会导致整个系统的效率很低。

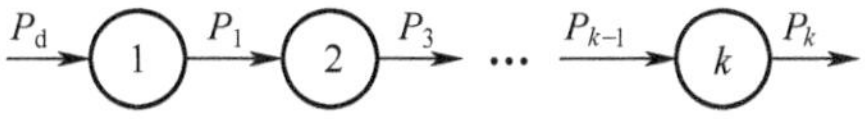

图 11-2 串联系统的效率

2. 并联

如图11-3所示为由k台机器并联组成的机械系统。设各机器的效率分别为η_1、η_2、$\cdots$、η_k,输入功率分别为P_1、P_2、$\cdots$、P_k,则各机器的输出功率分别为$P_1\eta_1$、$P_2\eta_2$、$\cdots$、$P_k\eta_k$。这种并联机组的特点是机组的输入功率为各机器的输入功率之和,而输出功率为各机器的输出功率之和。

故并联系统的总效率为

$$\eta = \frac{\sum P_i\eta_i}{\sum P_i} = \frac{P_1\eta_1+P_2\eta_2+\cdots+P_k\eta_k}{P_1+P_2+\cdots+P_k} \tag{11-20}$$

式(11-20)表明,并联系统的总效率不仅与各机器的效率有关,而且也与各机器所传

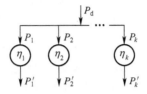

图 11-3 并联系统的效率

递的功率大小有关。设各机器中效率最大值和最小值分别为 η_{max} 和 η_{min}，则 $\eta_{min} < \eta < \eta_{max}$，且系统的总效率 η 主要取决于传递功率最大的机器的效率。因此要提高并联系统的效率，应着重提高传递功率大的传动路线的效率。

若各台机器的输入功率均相等，即 $P_1 = P_2 = \cdots = P_k$，则

$$\eta = \frac{\sum P_i \eta_i}{\sum P_i} = \frac{P_1\eta_1 + P_2\eta_2 + \cdots + P_k\eta_k}{P_1 + P_2 + \cdots + P_k} = \frac{(\eta_1 + \eta_2 + \cdots + \eta_k)P_1}{kP_1}$$
$$= (\eta_1 + \eta_2 + \cdots + \eta_k)/k \tag{11-21}$$

由式(11-21)表明，当并联系统中各台机器的输入功率均相等时，系统总效率等于各台机器效率的平均值。

若各台机器的输入效率均相等，即 $\eta_1 = \eta_2 = \cdots = \eta_k$，则

$$\eta = \frac{\sum P_i \eta_i}{\sum P_i} = \frac{P_1\eta_1 + P_2\eta_2 + \cdots + P_k\eta_k}{P_1 + P_2 + \cdots + P_k} = \frac{\eta_1(P_1 + P_2 + \cdots + P_k)}{P_1 + P_2 + \cdots + P_k}$$
$$= \eta_1 (= \eta_2 = \cdots = \eta_k) \tag{11-22}$$

由式(11-22)表明，当并联系统中各台机器的效率均相等时，系统总效率等于任意一台机器的效率。

3. 混联

如图 11-4 所示为兼有串联和并联的混联系统。为计算其总效率，可先将输入功至输出功的路线弄清，然后分别计算出总的输入功率 $\sum P_d$ 和总的输出功率 $\sum P_r$，则系统的总效率为

$$\eta = \frac{\sum P_r}{\sum P_d} \tag{11-23}$$

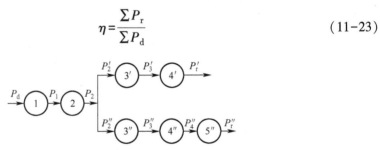

图 11-4 混联系统的效率

11.2 机械的自锁

在实际机械中，由于摩擦的存在及驱动力作用方向的问题，有时会出现无论驱动力如何增大，机械都无法运转的现象，这种现象称为机械的自锁。自锁现象在机械工程中具有

重要意义。设计机械时,为使机械能够实现预期的运动,必须避免该机械在所需的运动方向上发生自锁,而有些机械的工作又需要具有自锁的特性。

11.2.1 运动副的自锁条件

如图 11-5 所示,滑块 1 与平台 2 构成移动副,驱动力 F 作用于滑块 1 上,β 为力 F 与滑块 1 和平台 2 接触面的法线 n-n 之间的夹角,φ 为摩擦角。现将力 F 分解为水平分力 F_t 和垂直分力 F_n,显然水平分力 F_t 是推动滑块 1 产生运动的有效分力,其值为

$$F_t = F\sin\beta = F_n\tan\beta$$

而垂直分力 F_n 不仅不会使滑块 1 产生运动,而且还将使滑块 1 与平台 2 间产生摩擦力以阻止滑块 1 的运动,其所能引起的最大摩擦力为

$$F_{fmax} = F_n\tan\varphi$$

当 $\beta \leq \varphi$ 时, $\qquad F_t \leq F_{fmax}$ (11-24)

即不管驱动力 F 在其作用线方向上如何增大,驱动力的有效分力 F_t 总小于 F 本身所可能引起的最大摩擦力,因此滑块 1 总不会发生运动,这就是发生了自锁现象。

又如图 11-6 所示,轴颈和轴承组成转动副,设作用在轴颈上的外载荷为一单力 F,当 $a \leq \rho$,即力 F 的作用线在摩擦圆之内时,由于驱动力矩 $M = Fa$ 总小于由它本身产生的摩擦阻力矩 $M_f = F\rho$,故此时无论 F 如何增大(力臂 a 保持不变)也不能使轴颈转动,即出现了自锁现象。

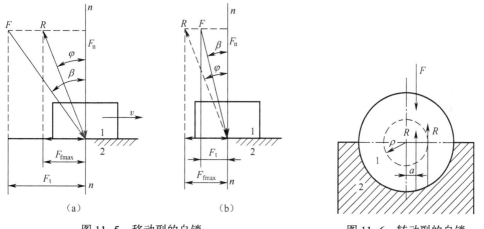

图 11-5 移动副的自锁　　　　图 11-6 转动副的自锁

综上所述,当作用于机械的驱动力增大时,如果该驱动力总小于或等于由其自身所引起的最大摩擦力,则该机械将必然发生自锁现象。机械是否发生自锁,与其驱动力作用线的位置及方向有关。因此,移动副的自锁条件是:作用在滑块上的驱动力 F 作用在摩擦角之内,即 $\beta \leq \varphi$;转动副的自锁条件是:作用在轴颈上的驱动力为单力 F,且 F 作用在摩擦圆之内,即 $a \leq \rho$。

11.2.2 机械的自锁条件

一个机械是否发生自锁,可以通过分析组成机械的各环节的自锁情况来判断,只要组成机械的某一环节发生自锁,则该机械必发生自锁。当机械出现自锁情况时,无论驱动力

如何增大都不能超过它所产生的摩擦阻力,此时驱动力所做的功总是小于或等于由它所产生的摩擦阻力所做的功。根据式(11-2),当机械自锁时,机械的效率小于或等于零,即
$$\eta \leqslant 0 \tag{11-25}$$

设计机械时,可借助机械效率的计算式来判断机械是否发生自锁和分析自锁产生的条件。但此时 η 已没有一般效率的意义,它只表明机械自锁的程度。当 $\eta = 0$ 时,机械处于临界自锁状态;若 $\eta < 0$,则其绝对值越大,表明自锁越可靠。

当机械自锁时,机械已不能运动,这时它所能克服的生产阻抗力将小于或等于零,即
$$Q \leqslant 0 \tag{11-26}$$

$Q<0$ 意味着只有当该阻抗力反向变为驱动力后,才能使机械运动。这说明也可以利用当驱动力任意增大时,$Q \leqslant 0$ 是否成立来判断机械是否处于自锁状态,并据此确定机械的自锁条件。

例 11-1　如图 11-7 所示的偏心夹具中,1 为夹具体,2 为工件,3 为偏心圆盘。当用 F 压下手柄时,即能将工件夹紧,以便对工件进行加工。当作用在手柄上的力 F 去掉后,为了使夹具不至自动松开,则需要该夹具具有自锁性。图中 A 为偏心盘的几何中心,D 为偏心盘的外径,e 为偏心距,ρ 为偏心盘轴颈的摩擦圆半径。求该夹具的自锁条件。

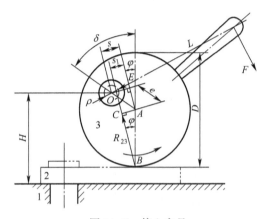

图 11-7　偏心夹具

解:当作用在手柄上的力 F 去掉后,偏心盘有逆时针方向防松的趋势,由此可定出总反力 R_{23} 的方位如图 11-7 所示。分别过点 O,A 作 R_{23} 的平行线。要偏心夹具反行程自锁,总反力 R_{23} 应穿过摩擦圆,即应满足条件:
$$s - s_1 \leqslant \rho \tag{a}$$

由直角 $\triangle ABC$ 及 $\triangle OAE$ 可知
$$s_1 = \overline{AC} = \frac{D\sin\varphi}{2} \tag{b}$$

$$s = \overline{OE} = e\sin(\delta - \varphi) \tag{c}$$

式中:δ 为楔紧角,将式(b)、(c)代入式(a)即可得到偏心夹具的自锁条件
$$e\sin(\delta - \varphi) - \frac{D\sin\varphi}{2} \leqslant \rho$$

例 11-2　如图 11-8 所示的斜面压榨机中,如在滑块 2 上施加一主动力 P,即可产生

一夹紧力 Q 将物体 4 压紧。设各接触面的摩擦角均为 φ，当力 P 撤去后，试确定该机构在力 Q 作用下的自锁条件。

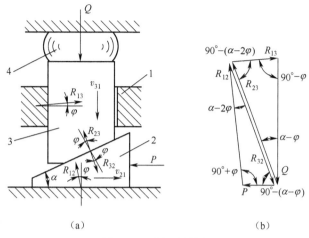

图 11-8 斜面压榨机

解：根据各接触面间的相对运动趋势，作出各接触面间的反作用力，如图 11-8(a)所示。然后分别取构件 2、3 为分离体，列出力平衡方程式 $Q+R_{13}+R_{23}=0$，$P+R_{12}+R_{32}=0$，并作出力多边形，如图 11-8(b)所示。于是由正弦定律可得

$$P = \frac{R_{32}\sin(\alpha - 2\varphi)}{\cos\varphi}$$

$$Q = \frac{R_{23}\cos(\alpha - 2\varphi)}{\cos\varphi}$$

因为 $\qquad R_{23} = R_{32}$

所以 $\qquad P = Q\tan(\alpha - 2\varphi)$

令 $P \leq 0$，得 $\qquad \tan(\alpha - 2\varphi) \leq 0$

即 $\qquad \alpha \leq 2\varphi$

此时无论驱动力 Q 如何增大，始终有 $P \leq 0$，所以 $\alpha \leq 2\varphi$ 为斜面压榨机在力 Q 作用下（反行程时）的自锁条件。

机械的自锁只是在一定的受力条件下和受力方向下发生的，而在另外的情况下却是可动的，如图 11-8 所示的斜面压榨机，要求在力 Q 作用下自锁，但在力 P 的作用下滑块 2 可向左移动而使物体 4 压紧，力 P 反向也可使滑块 2 松退出来，即力 P 为驱动力时斜面压榨机是不自锁的，这就是机械自锁的方向性。

思考题与习题

11-1 何谓机械效率？效率高低的实际意义是什么？

11-2 判断机械自锁的条件有哪些？自锁机械是否就是不能运动的机械？

11-3 如何计算机组的效率？通过对串联机组和并联机组的效率的计算，对我们设计机械传动系统有何重要启示？

11-4 在题 11-4 图所示焊接用的楔形夹具中,夹具把两块要焊接的工件 1 及 1′预先夹紧,以便焊接。图中 2 为夹具体,3 为楔块。如已知各接触面间的摩擦系数均为 f,试确定夹具夹紧后,楔块 3 不会自动松脱的条件。

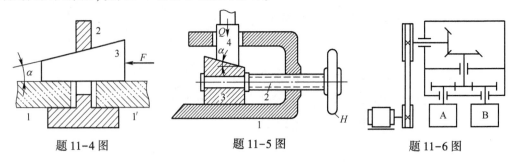

题 11-4 图　　　　题 11-5 图　　　　题 11-6 图

11-5 在题 11-5 图所示螺旋起升机构中,转动手轮 H,通过螺杆 2 使楔块 3 向右移动以提升滑块 4 上的重物 Q。已知:$Q=30\text{kN}$,楔块倾角 $\alpha=15°$,各接触面间摩擦系数 f 均为 0.15,螺杆的螺纹升角 $\lambda=8.684°$,不计凸缘处摩擦,求提起重物 Q 时,需加在手轮上的力矩及该机构的效率。

11-6 如题 11-6 图所示,电动机通过 V 带传动及圆锥、圆柱齿轮传动带动工作机 A 及 B。设每对齿轮的效率 $\eta=0.98$(包括轴承的效率在内),带传动的效率 $\eta=0.92$。工作机 A、B 的功率分别为 $P_A=5\text{kW}$,$P_B=2\text{kW}$,效率分别为 $\eta_A=0.8$,$\eta_B=0.65$,试求电动机所需的功率。

11-7 在题 11-7 图所示为偏心夹具机构,已知其尺寸 R、d 及摩擦系数 f。试分析当夹紧到图示位置后,在工件反力作用下夹具不会自动松开时,应取转轴 B 的偏心距 e 为多大尺寸?

11-8 在题 11-8 图所示的双滑轮机构中,设已知 $l=200\text{mm}$,转动副 A、B 处轴颈直径为 $d=20\text{mm}$,转动副处的摩擦系数 $f_V=0.15$,移动副处的摩擦系数为 $f=0.1$,试求:(1)F 与 Q 的关系式,当 $\alpha=45°$,$Q=100\text{N}$ 时,$F=$?(2)在 F 力为驱动力时,机构的自锁条件(不计各构件的重量)。

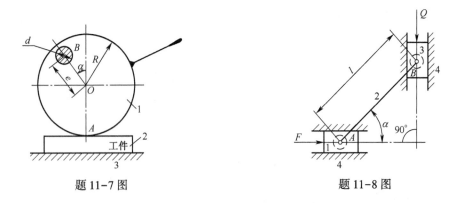

题 11-7 图　　　　题 11-8 图

第3篇 机械系统方案设计

第12章 机构创新及机械系统方案设计

随着生产过程的机械化和自动化程度的不断提高,机械的动作也越来越复杂,前面讲述的机构,如平面连杆机构、凸轮机构、齿轮机构、间歇运动机构等,往往由于本身固有的运动和动力性能局限性而无法实现复杂多样的功能和运动要求。为此,人们常常通过对常用基本机构的倒置、变异等进行机构创新或将几种基本机构用适当方式组合起来,使各基本机构既能发挥其良好特长,又能避免其本身的局限性,从而形成性能优良、实用性强的机构系统,来实现基本机构不易实现的复杂多样的运动或动力特性。本章将综合应用前面各章所学内容进行机构创新和机械系统的方案设计。

12.1 机构的创新

在按通常的工艺动作分解进行机构选型时,若所选择的机构型式虽能实现功能要求但存在着或结构较复杂、或运动精度不当、或动力性能欠佳、或占据空间较大等缺点,设计者就应充分利用自己所掌握的基本设计理论和设计方法及自己在设计、制造和使用方面所积累的经验,借鉴各行各业成功的经验和文献、刊物上刊载的各种机构的图例,以启发自己的创新思路、开拓自己的创新能力,创造性地构思设计出结构简单、成本低廉、性能优良、新颖别致的新机构。这是一项比机构选型更具创造性的工作。

机构创新设计方法很多,这里介绍几种常用的方法。

1. 巧妙利用简单机构的运动特点构思新机构

认真研究并巧妙利用简单常用机构的运动特点,构思新机构完成某一动作过程是机构创新的一种有效方法。

如图 12-1 所示的车门开闭机构,巧妙地利用了反向平行四边形机构运动时两曲柄转向相反的运动特点,使两扇车门同时打开或关闭。两扇车门 AE、DF 分别固接于反向平行四边形机构 1-2-3-4 的两曲柄 1 和 3 上,当主动曲柄 1 位于 AB 位置时,车门位于 AE、DF 关闭位置,主动曲柄 1 转至 AB_1 位置时,车门转至 AE_1、DF_1 打开位置。

如图 12-2 所示为铸锭供料机构,它的主机构是双摇杆机构 1-2-3-4,构件 5、6 构成了液动机构。主机构各构件在位置 1、2、3、4 处用连杆 2 将加热炉中出料后的铸锭 8 接住,转到位置 $1'$、$2'$、$3'$、$4'$ 处连杆 2 翻转 $180°$ 将铸锭 8 送到升降台 7 上。该机构利用连杆导引运动特性和连杆的特殊构形的位置与姿态构成了一种巧妙的出料机构。

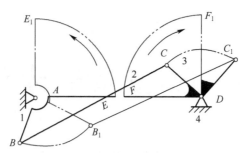

图 12-1 车门开闭机构

1、3—曲柄；2—连杆；4—机架。

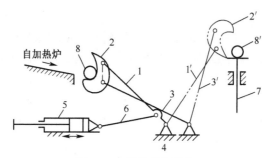

图 12-2 铸锭供料机构

1、3—摇杆；2、6—连杆；4—机架；5—液压缸；7—升降台；8—铸锭。

如图 12-3 所示为平行四边形移动式抓取机构示意图。如图 12-3(a)所示，固接于活塞 1 的推杆 2 和扇形齿轮 3 构成齿轮齿条啮合机构，当活塞 1 上移时，通过扇形齿轮 3 带动对称布置的平行四边形机构 $OABO_1$，使手爪 5、6 作平行移动，从而夹紧工件。如图 12-3(b)所示为通过蜗杆、蜗轮带动平行四边形机构的移动式抓取机构。

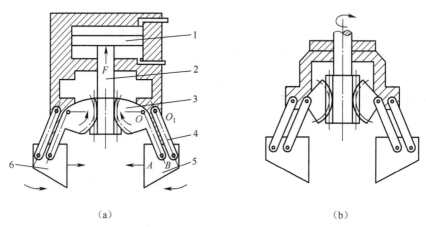

(a)　　　　　　　　　　　　(b)

图 12-3 平行四边形移动式抓取机构

1—活塞；2—推杆；3—扇形齿轮；4—杆件；5、6—手爪。

2. 巧妙利用两构件相对运动关系构思新机构

如图 12-4 所示为齿轮式自锁性抓取机构，由曲柄摇块机构 1-2-3-4 与齿轮机构 5、6 而成。活塞 2 为主动件，由气缸提供动力。齿轮 5 与摇杆 3 固接，手爪 7、8 分别与齿轮

5、6固接,齿轮机构的传动比等于1。当气缸内的气压推动活塞2时,驱动摇杆3带动齿轮5绕B轴摆动,并驱使齿轮6同步反向运动。利用齿轮5、6转向相反,即可实现夹持和松开压铁的动作。当手爪闭合夹持工件(如图示位置)时,工件对手爪的作用力F的方向线在手爪回转中心的外侧,故可实现自锁性夹紧。

如图12-5所示为用于打包机中的双向加压机构。当扳动杠杆式操作手柄4逆时针摆动时,通过滑块5推动齿条6,使齿轮1逆时针回转,与之啮合的齿条2、3沿相反方向移动,即可完成加压动作。反之,工件被松开。

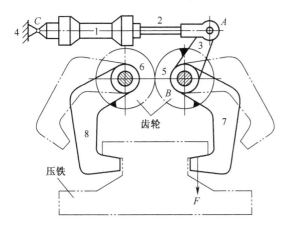

图12-4 齿轮式自锁性抓取机构
1—气缸;2—活塞;3—摇杆;
4—机架;5、6—齿轮;7、8—手爪。

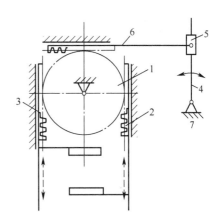

图12-5 双向加压机构
1—齿轮;2、3、6—齿条;
4—杠杆式操作手柄;5—滑块;7—机架。

3. 基于机构组成原理的机构创新

根据机构组成原理,在一个机构上连接若干个基本杆组,可以构成新的机构来实现某种工艺动作或改善机构的功能。

例如,要求设计一个急回特性比较显著、运动行程比较大的加工平面的急回机构。根据已有知识可考虑使用导杆机构,在其上叠加杆组,将机构扩展,以增加机构急回特性并扩大执行构件工作行程。

如图12-6(a)所示以摆动导杆机构ABC为基本机构,在其导杆CB延长线上的点D处连接一个Ⅱ级杆组,形成如图所示的六杆机构。该机构增加了执行构件(滑块)的行程,且具有工作行程近似等速的优点。

如图12-6(b)所示以转动导杆机构ABC作为基本机构,先在其转动导杆CB的延长线上的点B'处连接一个Ⅱ级杆组,形成一个以转动导杆CB'(A'B')为曲柄、以C'B'为导杆的新的摆动导杆机构A'B'C',然后再在其摆动导杆C'B'延长线上的点D处添加一个Ⅱ级杆组,形成如图所示的八杆机构。该机构可使执行构件滑块具有更大的行程和更显著的急回特性。

4. 基于机构组合原理的机构创新

前面介绍了一些常用的机构,如连杆机构、凸轮机构、齿轮机构和间歇运动机构等,这些机构以独立的形式出现,能够单独实现运动和动力的传递,称为基本机构。利用这些基本机构,常可以满足生产中提出的某些要求。但是,生产实践中对机构的要求又是多种多

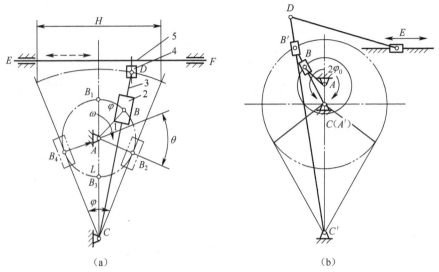

图 12-6 基于机构组成原理的机构创新
1—曲柄;2—滑块;3—导杆;5—移动件。

样的,往往采用一种基本机构难以满足设计要求,因而常把几种基本机构组合起来使用。这种将两个或两个以上基本机构组合起来,满足一定要求的机构组合体,称为组合机构。组合机构不仅能够满足多种运动和动力要求,而且还能综合应用和发挥各种基本机构的特点,所以组合机构越来越得到了广泛的应用。常用的组合方式有串联、并联、复合、反馈和装载式(叠联式)组合。

1) 串联式组合

串联式机构组合是将若干个单自由度的基本机构顺序连接,以每一个前置机构的输出构件作为每一个后置机构的输入构件。如图 12-7(a)所示为一由凸轮机构 1-2-5 和摇杆滑块机构 2′-3-4-5 串联组成的凸轮-连杆组合机构,如图 12-7(b)为其组成分析框图。主动件为凸轮 1,凸轮机构的滚子摆动从动件 2 与摇杆滑块机构的输入件 2′固接,输入运动 ω_1 经过两套基本机构的串联组合,由滑块 4 输出运动 v_4。

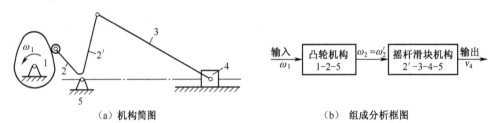

(a) 机构简图 (b) 组成分析框图

图 12-7 串联式机构组合
1—凸轮;2—从动件;2′—摇杆;3—连杆;4—滑块;5—机架。

2) 并联式组合

两个或两个以上基本机构并列布置,称为并联式机构组合。如图 12-8(a)所示为一并联式凸轮-连杆组合机构,如图 12-8(b)为其组成分析框图。凸轮 1 和 1′装在同一轴 O 上,输入运动 ω_1 后,经过两套并联的凸轮机构 1-2-6 和 1′-3-6,分别输出 x 轴方向的运动 s_2 和 y 轴方向的运动 s_3,s_2 和 s_3 使两自由度五杆机构 2-3-4-5-6 的构件 4 和 5 的铰

接点 M 走出工作所需要的轨迹 $m-m$。

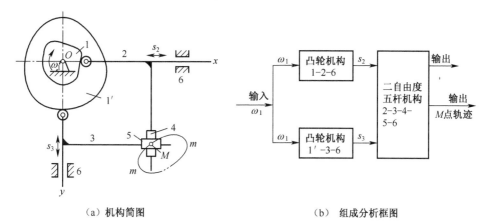

（a）机构简图　　　　　　　　（b）组成分析框图

图 12-8　并联式机构组合

1、$1'$—凸轮；2、3—从动件；4、5—滑块；6—机架。

3）复合式组合

复合式组合是指一个两自由度的基本机构作为基础机构和一个单自由度基本机构作为附加机构组合在一起，基础机构的两个输入运动，一个直接来自机构的主动构件，另一个则来自附加机构，最后将这两个输入运动合成为一个输出运动。如图 12-9(a) 所示为一复合式凸轮—连杆组合机构，是由单自由度凸轮机构 $1'$-4-5（附加机构）和两自由度五杆机构 1-2-3-4-5（基础机构）组合而成。基础机构曲柄 1 和原动凸轮 $1'$ 固接，从动件 4 是两个基本机构的公共构件。当原动凸轮 $1'$ 转动时，一方面直接给五杆机构输入转角 φ_1，同时通过凸轮机构给五杆机构输入位移 s_4，故此五杆机构有确定运动。构件 2 或 3 上任一点（如它们的转动副中心 C）的运动轨迹是 φ_1 和 s_4 运动的合成，所以该机构能精确实现比四杆机构连杆曲线更为复杂的轨迹，图 12-9(b) 为其组成分析框图。

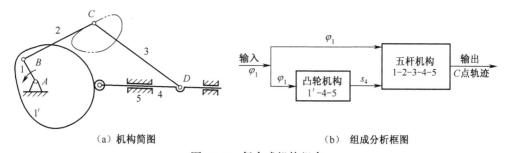

（a）机构简图　　　　　　　　（b）组成分析框图

图 12-9　复合式机构组合

1—曲柄；$1'$—凸轮；2、3—连杆；4—从动件；5—机架。

4）反馈式组合

反馈式组合是以一个多自由度的基本机构作为基础机构，一个单自由度的基本机构作为附加机构，原动件的运动先输入基础机构，该机构的一个输出运动经过附加机构的输出，又反馈给基础机构。如图 12-10(a) 所示为一反馈式齿轮—连杆组合机构，如图 12-10(b) 为其组成框图。它是由一个二自由度的铰链五杆机构 1-2-3-4-5 和一单自由度行星轮系 z_3-z_5-4 所组成。行星轮 z_3 与连杆 3 固接，其中心与杆 4 在 D 点铰接。中心轮

z_5 与机架 5 固接不动,其中心与杆 4 在点 E 铰接。输入运动为 ω_1,经过这两套基本机构的反馈型组合,使杆 2 和 3 的铰接点 C 输出工作所需要的运动轨迹 $m-m$。

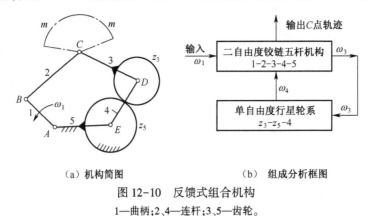

(a) 机构简图　　　　　　(b) 组成分析框图

图 12-10　反馈式组合机构

1—曲柄;2、4—连杆;3、5—齿轮。

5) 装载式组合(叠联式组合)

装载式组合是将一个机构(包括其动力源)装载在另一个机构的活动构件上的组合方式。各基本机构没有共同的机架,而是互相叠联在一起。前一个基本机构的输出构件是后一个基本机构的相对机架,基本机构各自进行运动,系统输出则为各机构运动叠加而成。叠联式组合机构的主要功能是实现特定的输出,完成复杂的工艺动作。

如图 12-11(a)所示为一装载型的复联式蜗杆—连杆组合机构,即电风扇自动摇头机构,如图 12-11(b)为其组成分析框图。它是由一蜗杆机构 z_5-z_2 装载在一双摇杆机构 1-2-3-4 上所组成,电动机 M 装在摇杆 1 上,驱动蜗杆 z_5 带动风扇转动,蜗轮 z_2 与连杆 2 固接,其中心与杆 1 在点 B 铰接。当电动机 M 带动风扇以角速度 ω_{51} 转动时,通过蜗杆机构使摇杆 1 以角速度 ω_1 来回摆动,从而达到风扇自动摇头的目的。

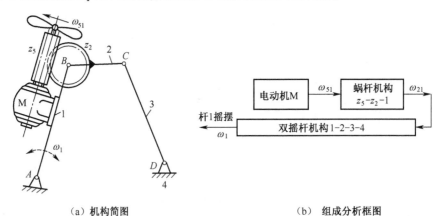

(a) 机构简图　　　　　　(b) 组成分析框图

图 12-11　装载式组合机构

M—电动机;1、3—摇杆;2—连杆(蜗轮);4—机架;5—蜗杆。

如图 12-12(a)所示为由三个摆动液压缸机构组成的叠联式挖掘机机构。其第一个基本机构 3-2-1-4 的机架 4 是挖掘机的机身;第二个基本机构 7-6-5-3 叠联在第一个基本机构的输出件 3 上,即以 3 作为它的相对机架;第三个基本机构 10-9-8-7 又叠联在第二个基本机构的输出件 7 上,即以 7 作为它的相对机架。这三个基本机构都各有一个动力源。第一个液压缸 1-2 带动大臂 3 升降;第二个液压缸 5-6 使铲斗柄 7 绕轴线 D 摆动;而第三个液压缸 8-9 带动铲斗 10 绕轴线 G 摆动。这三个液压缸分别或同时动作时,便可使挖掘机完成挖土、提升和卸载动作。图 12-12(b) 为其组成分析框图。

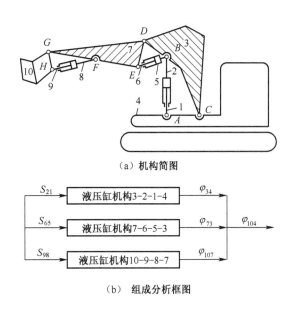

图 12-12 叠联式组合机构

1、6、9—液压缸;2、5、8—活塞;3—大臂;4—机架;7—铲斗柄;10—铲斗。

5. 通过机构类型变异进行机构创新

在机构构思设计时要凭空想出一个能实现预期动作要求的新机构,往往比较困难。但我们已经熟悉一些基本机构的结构特点及其运动原理,已经知道机构的运动主要取决于构件和运动副的形状、尺寸和位置。那么通过改变构件和运动副形状、尺寸和位置以及增加辅助构件、机构倒置对基本机构进行变异,从而创新构思出能实现预期动作要求的新机构,是机构创新的另一重要途径。

1) 改变构件形状

如图 12-13 所示为直槽摆动导杆机构,当曲柄 1 逆时针方向由 O_1A 转过角度 2φ 到 O_1B 时,导杆 2 从 O_2A 顺时针方向转过角 2ψ 到 O_2B,曲柄继续由 O_1B 转至 O_1A 时,导杆又由 O_2B 逆时针方向摆回到 O_2A。现若作如图 12-14(a) 所示结构上的变化,将滑块变成滚子,并将导杆 2 做成轮状,而在轮上每隔 2ψ 角度开一个槽,然后以 O_2 为圆心,O_2A 为半径作圆,沿该圆将轮分为 2 和 2′ 两部分,两部分都能绕 O_2 转动。这样,当曲柄逆时针方向由 O_1A 转至 O_1B 时,滚子在轮 2 的槽Ⅰ中滑动,并推动轮 2 顺时针方向转过角 2ψ,使轮 2 的槽Ⅳ转至位置 A(此过程中轮 2′ 不动)。曲柄继续转动时,滚子由 B 进入轮 2′ 的槽Ⅱ中,推动轮 2′ 逆时针方向转过角 2ψ,使轮 2′ 的槽Ⅲ转到位置 A(此过程中轮 2 不动)和轮 2 的槽Ⅳ在位置 A 对齐。依此类推,曲柄连续转动时,轮 2 和 2′ 依次作单向间歇转动。通常,轮 2 和 2′ 分别与曲柄 1 单独组成机构。于是,如图 12-13 所示的直槽导杆机构演化成如图 12-14(b) 所示由 1 和 2 组成的外槽轮机构和如图 12-14(c) 所示由 1 和 2′ 组成的内槽轮机构。

291

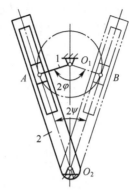

图 12-13 直槽摆动导杆机构
1—曲柄;2—导杆。

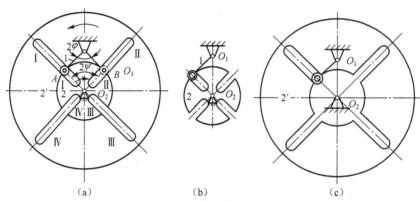

图 12-14 摆动导杆机构的变异
1—曲柄;2—外槽轮;2′—内槽轮。

2) 运动副变换

通过运动副变换生成新的机构是机构创新的常用方法之一。常用的运动副变换有转动副变换为移动副,高、低副互代。

如图 12-15(a)所示,为了使执行构件滑块 F 在行程极限位置附近得到较长时间的停歇,可将曲柄摇杆机构 ABCD 和曲柄滑块机构 DCF 在两机构的从动件 CD 和滑块 F 均处于速度零位时串联。根据机构串联组合方式的特点,由于在该位置的前后,两者的速度都很小,因而滑块速度在较长时间内近似为零,从而实现了近似停歇功能。

若将该铰链四杆机构的连杆 BC 与从动摇杆 DC 相连的转动副 C 变为移动副,则可得到如图 12-15(b)所示的摆动导杆机构与摆杆滑块机构的串联组合方案。为了使滑块 F 在行程的一端获得准确的停歇功能,可将滑块 B 改成滚子,导杆槽由直槽改为带有一段圆弧的曲线槽,且使其圆弧槽的半径等于曲柄长度 AB,其圆心与曲柄转轴 A 重合,如图 12-15(c)所示。经过如上变异后,当曲柄 AB 转至导杆曲线槽圆弧段位置时,滑块 F 将获得准确的停歇。

如图 12-16 和图 12-17 所示,若将槽轮机构和棘轮机构中槽轮和棘轮改变形状,并将其转动副变换为移动副,则分别得到间歇移动式槽轮机构和间歇移动式棘轮机构。

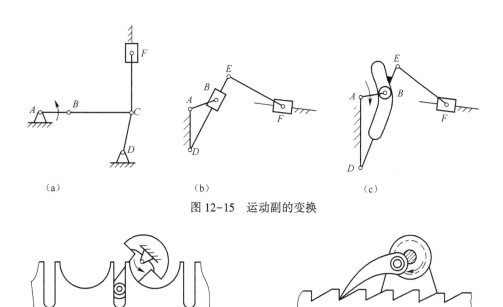

图 12-15 运动副的变换

图 12-16 间歇移动式槽轮机构

图 12-17 间歇移动式棘轮机构

如图 12-18 所示,若将曲柄摇杆机构 ABCD 的转动副 D 变换为移动副则得到曲柄滑块机构,若进一步将转动副 C 变换为移动副则得到双滑块机构(正弦机构)。

3) 机构倒置

根据低副机构运动可逆性,四杆机构经过倒置可以生成不同形式的机构。如图 12-18 所示,曲柄摇杆机构经过倒置可得到双曲柄机构、曲柄摇杆机构和双摇杆机构等;曲柄滑块机构经过倒置可以得到转动导杆机构、摆动导杆机构、曲柄摇块机构和移动导杆机构等;双移动副四杆机构经过倒置可以得到正弦机构、正切机构、双转块机构和双滑块机构等。巧妙应用机构倒置的概念,研究现有机构的内在联系,构思新机构是机构创新的另一有效途径。

4) 改变运动副的尺寸

改变运动副尺寸主要是指增大转动副或移动副尺寸。如图 12-19(a)所示为曲柄滑块机构。当转动副 B 的直径尺寸加大到将转动副 A 包含在其中时,曲柄 1 就变成了一偏心轮,若偏心轮和圆环形连杆组成的转动副能使连杆紧贴固定的机架内壁运动,则曲柄滑块机构变异成如图 12-19(b)所示的活塞泵。当移动副扩大,将转动副 A、B 及 C 均包括在其中,则曲柄滑块机构变异成如图 12-19(c)所示的冲压机构,曲柄 1 通过连杆 2 带动冲头 3 上下往复运动,实现冲压动作。将连杆头处设计成圆弧曲面,使其与滑块内空间的圆弧曲面相吻合,用于提高机构的刚度和稳定性。

5) 增加辅助结构

某些机构在运动时,往往会产生一些机构组成元素本身无法解决的问题,如运动不确定问题、运动规律可调性问题等,一般可采用增加辅助结构解决。

如图 12-20(a)所示的平行四边形机构 ABCD 是双曲柄机构的特例。其运动特点是

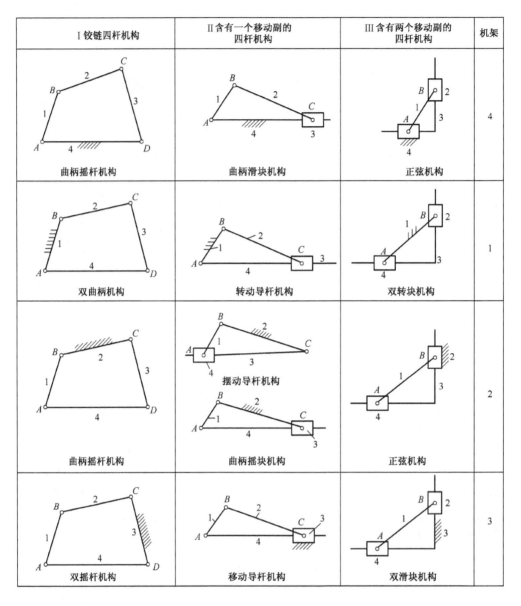

图 12-18 四杆机构的倒置和变异

机构运动时,相对构件平行且相等,能传递匀速运动。但当机构各构件位于一条直线上时,如图 12-20(b)所示,从动曲柄 CD 可能向正、反两个方向转动,机构运动不确定,即平行双曲柄机构可能变成反向双曲柄机构。通过增加构件 EF,克服了机构运动不确定现象。

如图 12-21 所示为双气缸机构。在曲柄滑块机构中,当滑块为主动件时,机构会出现死点,而在蒸汽机动力设备中采用 90°开式双气缸结构,巧妙地避开了死点的出现。

如图 12-22 所示为凸轮机构和正弦机构的串联组合,将摆杆 2 制成螺杆,与滚子 B 外侧固接的螺母相配合,手柄 5 与螺杆固接。当旋转手柄 5 时,通过螺旋移动滚子 B 位置,以此改变摆杆 AB 的长度,从而调整从动件 4 的行程及运动规律。

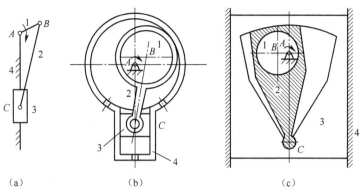

图 12-19 改变运动副尺寸应用实例
1—曲柄；2—连杆；3—冲头；4—机架。

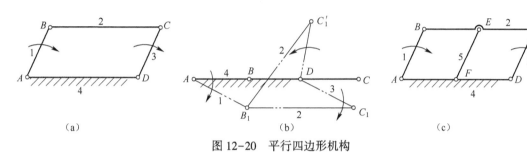

图 12-20 平行四边形机构

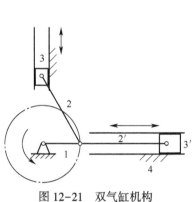

图 12-21 双气缸机构
1—曲柄；2、2′—连杆；3、3′—滑块；4—机架。

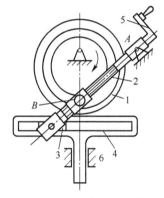

图 12-22 凸轮连杆机构
1—凸轮；2—摆杆；3—滑块；4—从动件；
5—手柄；6—机架。

6. 应用现代交叉学科进行机构创新设计

摆脱纯机械模式的束缚，巧妙利用光、电、磁、液（气）等技术发明创造新机构是机构创新的又一重要途径。

如图 12-23 所示为一光电动机的原理图，其受光面 2 一般是太阳能电池，三只太阳能电池组成三角形，与电动机的转子轴 1 固接。太阳能电池提供电动机转动的能量，电动机一转动，太阳能电池也跟着转动，动力就由电动机转轴输出。由于受光面连成一个三角形，因此当光的照射方向改变时，也不影响光电动机的起动。这样，光电动机就将光能转变为机械能。

295

如图 12-24 所示为电锤机构,当电流通过电磁铁 1 时,利用两个线圈的交变磁化作用,使锤头 2 作往复直线运动。直流电的电锤有一快速电流转向器,且每分钟冲击次数用电压进行调解。交流电的电锤每分钟有恒定的冲击次数,它由所提供电流的频率来决定。

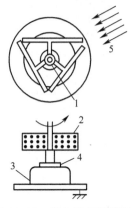

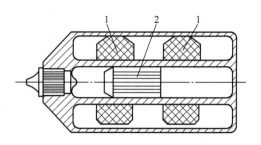

图 12-23 光电动机的原理图
1—转子轴;2—太阳能电池;
3—固定子;4—滑环;5—太阳光线。

图 12-24 电锤机构
1—电磁铁;2—锤头。

12.2 机械系统的方案设计

设计新的机械时,完整的设计过程应包括方案设计、结构设计和强度设计。机械系统方案设计是一项复杂的创造性思维过程,是机械设计的核心。设计的正确和合理与否,对机械的性能和质量、降低制造成本与维护费用等影响很大。故本节限于篇幅只讨论机械系统的方案设计。至于机械结构和强度设计,大家可参考本书有关内容和其他参考资料。

机械系统的方案设计一般可按下述方法进行。

1. 机械系统方案设计的主要步骤

1) 拟定机械的工作原理,确定执行构件所要完成的运动

进行机械系统的方案设计时,首先要根据预期的生产任务拟定机械的工作原理,再进行工艺动作过程分析,定出其运动方案,从而确定所需的执行构件的数目与运动。

机械系统是根据机械预期完成的生产任务和所提出的运动要求进行设计的。因此,在进行机械系统的方案设计前,应认真研究所要设计机械的工艺过程和动作要求。利用各种方法,并借鉴同类产品成功的经验和最新科技成果,以拟定出合理的工作原理。

机械系统的方案和选定的机械的工作原理密切相关,一般说来,根据不同的工作原理,所得到的机械系统方案是不一样的,执行构件所需要完成的运动也是不一样的。如按仿形法原理加工齿轮和按展成法原理加工齿轮,所设计的机床系统方案就不一样。即使是采用同一工作原理,也可以拟定出不同的机械系统方案。例如,在滚齿机上用滚刀切制齿轮和在插齿机上用插刀切制齿轮,虽同属展成法加工原理,但由于所用的刀具不同,两者的机械运动方案也就不一样。

机械的工作原理是否合理、先进,在很大程度上反映出该机械的先进程度。机械系统方案拟定的是否合理、得当,对机械的性能、质量和成本也起着决定性的影响。例如,在设

计洗衣机时,如果采用仿人手搓揉衣服那样的洗涤方法,执行机构就必须设计成能实现类似人手的动作,这是非常复杂的;然而如果采用水流与衣服的相对运动洗涤法,则只要由电动机带动一个转筒或滚筒就行了,这显然简单得多。因此对于这项工作要给予足够的重视。

在拟定机械的工作原理时,思路要开阔,必要时,可拓展到声、光、电、液和磁等相关领域。

2)选定原动机

原动机的运动形式主要是回转运动和往复直线运动。当采用电动机、液压马达、气动马达和内燃机等原动机时,原动件作回转运动;当采用往复式液压缸或气缸等原动件时,原动件作往复直线运动。在一般机械中用得最多的还是交流异步电动机,它具有结构简单、价格便宜、效率高和使用控制方便等优点。其同步转速有 3000r/min,1500r/min,1000r/min,750r/min,600r/min 五种规格。在输出同样的功率时,电动机的转速越高,电动机的极数越少,其尺寸和重量就越小,价格也越低。一般电动机在整部机器的总造价中,往往占有相当大的比重。因而选用转速较高的电动机,不仅可以降低成本,而且当执行构件的速度较高时,选用高转速电动机可缩短运动链,从而提高机械效率。但如果执行构件的速度很低,此时仍选用高转速的电动机,则势必要增大减速装置,反而可能导致成本提高,机械效率降低。在这种情况下,应从电动机和减速装置的总费用、机械传动系统的复杂程度及其机械效率等各方面综合加以考虑,才能恰当地选取适合的电动机。

当执行构件需无极变速时,可考虑采用直流电动机或交流变频电动机。当需精确控制执行机构的位置或运动规律时,可选用伺服电动机或步进电动机。

要求易控制、响应快、灵敏度高时,宜采用液压马达或气动马达。

要求启动迅速、便于移动或在野外作业场地工作时,宜选用内燃机。

原动机选择得是否恰当,对整个机械的性能及成本、整个机械传动系统的组成及其繁简程度将有直接影响。所以,这是机械系统方案设计中重要一环,必须予以足够的重视。

3)合理选择机构,必要时对其恰当组合,形成机械系统方案,绘制系统示意图

各执行构件的运动确定以后,通过对各种常用机构的工作特点、性能和适用场合进行分析比较,选择合适的基本机构,必要时可对其进行恰当组合,形成能实现各执行构件运动和动力要求的运动链。如果执行构件的运动比较复杂,就将其分解为机构易于实现的基本运动。机械中主要的基本运动形式有单向转动、单向移动、往复摆动、往复移动以及间歇运动。当所选机构不能全面满足机械的要求时,或为了改善所选机构的性能或结构时,可以通过前面介绍的机构创新设计方法获得新的机构或特性。

一般说来,执行构件的运动速度较低,而原动机的一般较高,这就需要在二者之间设计减速运动链。可作为减速运动链的机构有带传动、链传动、齿轮传动和蜗杆传动等,可单独使用这些传动或组合使用,按其工作特点、性能和适用场合选用。

对于有运动协调配合要求的执行构件,根据工艺过程和动作要求,编制机械的运动循环图来确定各执行构件动作的协调关系。借助一些控制机构(如内燃机和牛头刨床中的凸轮机构),或计算机系统实现运动的协调配合。

按照以上方法,可以设计出许多方案,通过分析、比较从中选出最佳方案,形成满足要

求的最合理的机械系统初步方案,绘制其示意图。

4) 机构的尺寸综合

机械系统方案初步确定后,便可根据已知条件、实际情况和工艺要求以及各执行构件运动的协调配合要求,设计各个机构,确定各构件的运动尺寸,电动机功率,绘出机械系统运动简图。然后应进行综合分析和评价,如不合适可进行适当修改或重新设计,直到满意为止。

2. 机械系统方案设计的一般原则

在设计机械系统方案时,为了更加合理,一般应遵循以下原则:

1) 采用尽可能简短的运动链

采用的运动链越简短,构件数目就越少,越有利于降低机械的重量和制造成本,也越有利于提高机械效率和减少累积误差。在选择机构时,为了使运动链简短,有时宁可采用具有设计误差但结构简单的近似机构,而不采用理论上没有误差但结构复杂的基本机构或组合机构。

2) 优先选用基本机构

由于基本机构结构简单,设计方便,技术成熟,故在满足功能要求的前提下,应优先选用基本机构。若基本机构不能满足或不能很好地满足机械的运动和动力要求时,才可适当地对其进行变异或组合。

3) 应使机械有较高的机械效率

机械的效率取决于组成机械的各个机构的效率。因此,当机械中包含有效率较低的机构时,就会使机械的总效率随之降低。但要注意,机械中各运动链所传递的功率往往相差很大,主运动链(如牛头刨床中驱动刨头运动的运动链)传递的功率最大,而辅助运动链(如牛头刨床中的进给运动链)传递的功率往往很小。在设计时应着重考虑使主传动运动链具有较高的机械效率,辅助运动链的机械效率高低可放在次要地位,而着眼其他方面的要求(如可选择机械效率不高,但能使整个机械系统结构紧凑、外廓尺寸小的辅助运动链)。

4) 合理安排各种传动机构的顺序

一般说来,组成机器的机构在排列顺序上有一些规律:转变运动形式的机构(如凸轮机构、连杆机构和螺杆机构等)通常总是安排在运动链的末端,与执行构件靠近;而带传动等靠摩擦传动的机构一般都安排在转速较高的运动链的起始端,以减小其传递的转矩,从而减小其外廓尺寸,这样安排也有利于起动平稳和过载保护,而且原动机的布置也较方便。

5) 合理分配传动比

运动链的总传动比应合理地分配给各级传动机构,具体分配时应注意以下两点:

(1) 每一级传动的传动比应在常用的范围内选取。如一级传动的传动比过大,对机构的性能和尺寸都是不利的。因此,当齿轮传动的传动比大于 $8\sim10$ 时,一般应设计成两级传动;当传动比在 30 以上时,常设计成两级以上的齿轮传动。但是对于带传动来说,一般不宜采用多级传动。

(2) 因电动机的速度一般都比执行构件的高,故通常的机械大都是减速传动,在这种情况下,一般按照"前小后大"的原则分配传动比,这样有利于减小机械的尺寸。

6) 保证机械的安全运转

设计机械系统时,必须十分注意机械的安全运转问题,防止发生伤害人身或损坏机械的可能性。例如起重机械的起吊部分,必须防止在荷重的作用下自动倒转,为此在传动链中应设置具有自锁能力的机构(如蜗杆机构)或装设制动器。又如,为防止机械因过载而损害,可采用具有过载打滑现象的摩擦传动或装设安全联轴器等。

3. 机械系统方案的评价指标

在机械系统方案设计中,实现所设计机械的功能可采取不同的工作原理,而且同一工作原理又可有许多不同的实施方案,因此需要对所拟订的机械系统方案进行评价,以便从中选出最佳的方案。评价主要考虑以下几个方面。

(1) 机械功能的实现质量。在拟订方案时,所有方案都基本上能满足机械的功能要求,然而各方案在实现功能的质量上还是有差别的,如工作的精确性、稳定性和适应性等。

(2) 机械的工作性能。机械在满足功能要求的条件下,还应具有良好的工作性能,如运转的平稳性、传力性能和承载能力等。

(3) 机械的动力性能。如冲击、振动、噪声和耐磨性等。

(4) 机械经济性。经济性包括设计、制造、运转和维护时的经济性。要求结构简单、易于设计和制造、成本低、机械效率高、能耗少、工作可靠、便于维护等。

(5) 机械结构的合理性。机构的合理性包括机构的复杂程度、尺寸和重量大小等。

4. 各执行构件间运动的协调配合和机械的运动循环图

1) 各执行构件间运动的协调配合

多数机械的执行构件不止一个。有一些机械,各执行构件间的运动是彼此独立的,不需要协调配合。在这种情况下,可分别为每一种运动设计一个独立的运动链,并由单独的原动机驱动。而另外一些机械则要求其各执行构件的运动必须准确协调配合,才能完成生产任务。具体说来可分为如下两种情况:

(1) 各执行构件运动速度的协调配合。有些机械要求其各执行构件的运动之间必须保持严格的速比关系。例如,按展成法加工齿轮时,刀具和工件的展成运动必须保持某一恒定的传动比;在车床上车削螺纹时,主轴的转速和刀架的走刀速度也必须保持恒定的速比关系等。

(2) 各执行构件动作的协调配合。有些机械要求其各执行构件在时间和运动位置上必须准确协调配合。例如,内燃机中进气阀、排气阀与活塞之间的动作,在时间和位置上必须协调配合;在牛头刨床中,刨头和工作台的动作必须协调配合,工作台的进给运动应在非切削时间内进行,其余时间则静止不动。此时,不但动作的先后次序要协调,而且每一个动作持续时间的长短也必须协调。

对于有运动协调配合要求的执行构件,往往采用一个电动机,通过运动链将运动分配到各执行构件上去,借助一些控制机构或计算机系统实现运动的协调配合。

2) 机械的运动循环图

如前所述,某些机械的各执行构件在动作上必须准确协调配合,才能完成生产任务。大多数机械系统中各执行构件的运动是周期性的,即经过一定时间间隔后,其运动就会重复,也称为完成一个运动循环。在每一个循环内,一般又可分为工作行程和空回行程。为了保证机械在工作时其各执行构件动作的协调配合关系,在设计机械时应编制出用以表明在机械的一个运动循环中各执行构件运动配合关系的所谓运动循环图。在编制运动循环图时,要从机械中选择一个构件作为定标件,用它的运动位置(转角或位移)作为确定其他执行构件运动先后次序的基准。运动循环图通常有如下三种形式:

(1) 直线式运动循环图。如图12-25(a)所示,它是将机械在一个运动循环中各执行构件各行程区段的起止时间和先后顺序,按比例绘制在直线坐标轴上。在机械执行构件较少时,动作时序清晰明了。

(2) 圆周式运动循环图。如图12-25(b)所示,每一个圆环代表一个构件,由各相应圆环分别引径向线表示各执行构件不同运动区段的起止位置。可清楚地看出各执行构件的运动与定标件的相位关系,其缺点是同心圆较多,看上去杂乱。

(3) 直角坐标式运动循环图。如图12-25(c)所示,用横坐标轴表示定标件轴的转角,纵坐标表示各执行构件的位移。为了简单起见,其工作行程、空回行程以及停歇区段分别用上升、下降和水平的直线表示。它能清楚地表示出各执行构件的位移情况及相互关系。

图12-25(a)、(b)和(c)分别为牛头刨床的直线式、圆周式以及直角坐标式运动循环图。它们都是以牛头刨床主机构中的曲柄为定标件的。曲柄回转一周为一个运动循环。由图可见,工作台的横向进给是在刨床空回行程进行一段时间以后开始,在空回行程结束之前完成。这种安排既考虑了刨刀与移动的工件不发生干涉,又能提高效率,还考虑了设计中机械容易实现这一时序的运动。

显然,运动循环图是进一步合理设计机械系统的重要依据。

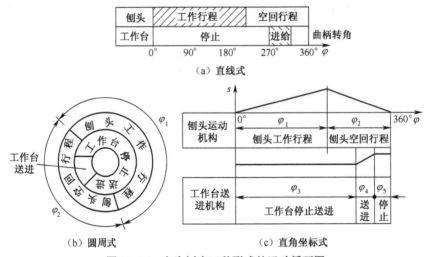

图 12-25 牛头刨床三种形式的运动循环图

5. 机械系统方案设计举例

机械系统方案设计是一个复杂而较难掌握的过程,它既需要设计者具有深厚的理论知识,更需要设计者具有丰富的设计经验。要想真正掌握机械系统方案的设计方法,必须通过许多次的设计实践活动才能做到。下面以图12-26所示牛头刨床为例,说明机械系统方案设计的一般思路和方法。

1) 选定机械的工作原理,确定执行构件所要完成的运动

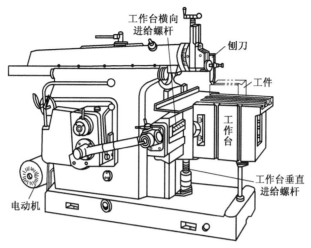

图 12-26 牛头刨床

如图 12-26 所示牛头刨床是一种用于平面切削加工的机床,其工作原理是:为了刨削掉多余金属,刨头带着刨刀作纵向(左右)往复直线运动,称为切削运动。具体来说,刨头向右移动时,带动刨刀刨削工件表面,称为工作行程;刨头向左运动时,刨刀不切削,称为空回行程。为了完成整个工件表面的刨削,夹紧工件的工作台必须有垂直于刀具运动方向的间歇移动,称为工作台横向(前后)进给运动。为了使刨刀能与被加工工件接触,并且当工件表面被刨削掉一层后,还能继续被刨削另一层表面,工作台和刀架应能上下运动,成为工作台和刀架的垂直进给运动。上述三种运动必须协调动作,有机配合才能完成工件的刨削任务。其工艺要求是:

(1) 工作行程时要求刨刀切削速度较低且作匀速或近似匀速运动,以提高刨刀的使用寿命和工件的表面加工质量;空回行程时要求速度较高,即应具有急回运动特性,以提高生产效率。

(2) 工作台的横向间歇进给运动必须和刨头的切削运动协调配合,刨刀每往返一次,工作台带着工件进给一定的距离,且横向进给运动必须在空行程内进行。

这样,在牛头刨床中,带动刨刀往复移动的刨头和夹紧工件的工作台就是两个执行构件。

2) 选定原动机

牛头刨床属于一般的机械加工设备,要求有较高的驱动效率和较高的运动精度,原动机选用交流异步电动机已能满足工作要求。该机床的两个执行构件在时间和动作上有严格协调配合的要求,故两运动链用同一电动机驱动。

3) 合理选择机构,必要时对其恰当组合,形成机械系统方案,进行评价,选择最佳方案,绘制系统示意图

(1) 切削运动链的方案设计。切削运动链是牛头刨床的主运动链,通过对设计要求进一步分析可知,设计此运动链时应主要考虑:在运动方面,要求将有曲柄的回转运动变换为具有急回特性的直线往复运动,且执行构件行程较大,工作行程速度变化平缓(近似匀速);在受力方面,由于执行构件(刨刀)受到较大的切削力,故要求机构具有较好的传力性能。由此可以有以下几个运动方案,如图 12-27 所示。

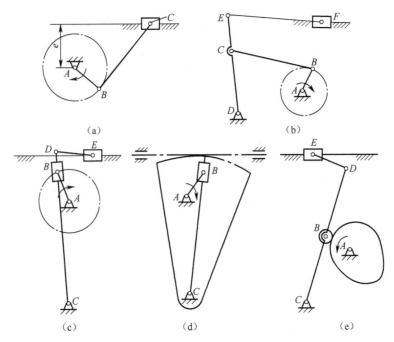

图 12-27 牛头刨床切削运动链的几个设计方案

方案(a)采用偏置曲柄滑块机构。该方案结构最为简单,能承受较大的载荷,但也存在较大缺点:一是执行构件(滑块)行程较大时,曲柄和连杆长度较长,此机构所需活动空间较大;二是此机构随着行程速度变化系数 K 的增大,压力角也增大,传力性能开始变坏。

方案(b)由曲柄摇杆机构和摇杆滑块机构串联而成。该方案在传力特性和执行构件的速度变化方面比方案(a)有所改进,但随着行程速度变化系数 K 的增大,机构的压力角还增大,传力性能仍然受到影响,而且此组合机构所占空间比方案(a)更大。

方案(c)由摆动导杆机构和摇杆滑块机构串联而成。该方案克服了方案(b)的缺点,传力特性好,机构所占空间小,执行构件的速度在工作行程中变化也较缓慢。

方案(d)由摆动导杆机构和齿轮齿条机构串联组成。由于导杆作往复变速摆动,在空回行程中,导杆角速度变化剧烈,虽然载荷不大,但齿轮机构仍会受到较大的惯性冲击,而且在工作行程中,切削的开始和终了也会突然受到较大切削力的冲击,从而引起振动和噪声,甚至断齿。此外,扇形齿轮和齿条的加工也比较复杂,成本较高。

方案(e)由凸轮机构和摇杆滑块机构串联组成。此方案的优点是:可通过设计凸轮轮廓曲线来保证执行构件(滑块)在工作行程中作匀速运动。但是,凸轮与摇杆滚子为高副接触,在工作行程中,切削的开始和终了都会突然受到较大切削力的冲击,引起附加动载荷,导致凸轮表面的磨损和变形加剧,缩短机械寿命。

对以上五种方案进行综合评价,方案(c)比较合理。

(2) 横向进给运动链的方案设计。因为刨刀刨削工件时工作台静止不动,而不刨削时工作台作等量进给运动,因此必须首先选择一个能够等量送进的机构,在这种情况下,螺杆机构、蜗杆机构和齿轮齿条机构都能做到。但是前两种机构具有自锁特性,故不进给时工作台会自动固定不动;而后一种机构没有自锁特性,需另加定位机构。因螺杆机构结构简单、制造容易和成本低廉,所以应当优先选用。其次,因为进给是间歇进行的,进给量可以适当调整,刨掉工件的一层表面之后应能方便地改变工作台送进方向,进行第二层刨削。能够满足上述三点要求的机构有:棘轮机构、槽轮机构、不完全齿轮机构和凸轮式间歇运动机构等,但后三种机构的从动件转角不易改变,故不宜采用。可采用一个曲柄长度可调的曲柄摇杆机构 14-15-16-20 和一个双向式棘轮机构 16-17-18-20 串联起来,如图 12-28 所示,便能很好地满足上述三点要求。

(3) 垂直进给运动链的方案设计。工作台和刀架的垂直进给运动分别独立进行,故可分别采用结构简单、制造容易、成本低廉和工作可靠的螺杆机构即可,如图 12-26 和 12-28 所示。

(4) 传动系统方案设计。由于执行构件刨刀的运动速度较低,也就是带动刨刀运动的导杆机构的曲柄轴转速较低,而电动机轴的转速一般较高。这就需要在这两根轴之间设计传动系统。

为了机械运行平稳,有过载保护,且结构紧凑,用 V 带传动 2-3-4-20 和两对齿轮传动 5-6-7-8-20 将电动机轴和导杆机构曲柄轴连接起来,进行逐级减速,如图 12-28 所示。

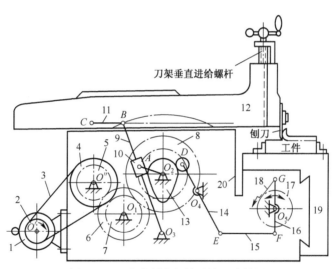

图 12-28 牛头刨床机械系统运动简图

4) 各执行构件间运动的协调配合和机械的运动循环图

以上设计的切削运动链和横向进给运动链,用同一电动机驱动,再按图 12-25 所示的牛头刨床运动循环图设计一凸轮机构,如图 12-28 中的 13-14-20,将二者的运动分配到两执行构件刨头和工作台上,这样两执行构件在动作和时序上就能协调配合。

如图 12-28 所示,电动机 1 经 V 带和两对齿轮减速后,带动与齿轮 8 固接的曲柄 O_2A 和凸轮 13 同时转动,再由导杆机构 8-9-10-11-12-20 带动刨头 12(其上固定有刨刀)作往复移动。刨刀每切削完一次,利用空回行程的时间,凸轮 13 通过四杆机构 14-15-16-20 与棘轮机构 16-17-18-20 间歇地带动螺杆机构(此图中未画出,可参看图 12-26),使工作台连同工件作一次进给,以便刨刀进一步切削。

303

5）机构的尺寸综合

牛头刨床的机械系统方案初步确定后，便可根据已知条件、实际情况和工艺要求以及各执行构件运动的协调配合要求，设计各个机构，确定各构件的运动尺寸，电动机功率，绘出机械系统运动简图，如图 12-28 所示。然后应进行综合分析和评价，如不合适可进行适当修改或重新设计，直到满意为止。

思考题与习题

12-1 简述机构创新设计的几种常用方法？

12-2 什么是基本机构？什么是组合机构？机构的组合方式有哪些？

12-3 机械系统方案设计的大致步骤是什么？

12-4 机械系统方案设计的基本原则有哪些？

12-5 评价机械系统方案优劣的指标包括哪些方面？

12-6 何谓机械运动循环图？可有哪些形式？它在机械系统方案设计中有什么作用？机械系统方案设计时，是否一定要作出其运动循环图？

12-7 如题 12-7 图所示为一平板印刷机中用以完成送纸运动的机构。当固接在一起的双凸轮 1 转动时，通过连杆机构使固定在连杆 2 的吸嘴 P 沿 $m-m$ 运动，完成将纸吸起和送进等动作，试确定此机构的组合方式，并画出其组成分析框图。

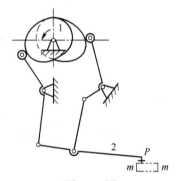

题 12-7 图

12-8 如题 12-8 图所示两种组合机构均能实现棘轮的间歇运动，试分析这两种机构的组合方式，并画出其组成分析框图。若要求棘轮的输出运动有较长时间的停歇，试问采用哪一种机构比较好？

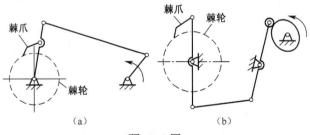

题 12-8 图

12-9 欲实现或近似实现一矩形轨迹,试确定其机构方案(至少两种)。

12-10 为了满足高层建筑擦玻璃的需要,试构思一台自动擦玻璃机的系统方案。

12-11 试设计冲压式蜂窝煤成型机系统方案。该机在模具中加入煤粉后要求完成下列动作:(1)冲头将蜂窝煤压制成型;(2)清除冲头和出煤盘积屑的扫屑动作;(3)脱模。

参 考 文 献

[1] 郑文纬,吴克坚. 机械原理[M]. 7版. 北京:高等教育出版社,2001.
[2] 孙桓,陈作模,葛文杰. 机械原理[M]. 7版. 北京:高等教育出版社,2013.
[3] 黄锡恺,郑文纬. 机械原理. 6版.[M]. 北京:高等教育出版社,1989.
[4] 师忠秀. 机械原理[M]. 北京:机械工业出版社,2012.
[5] 郑树琴. 机械设计基础[M]. 北京:国防工业出版社,2008.
[6] 郑树琴. 机械设计基础[M]. 2版. 北京:国防工业出版社,2012.
[7] 廖汉元,孔建益. 机械原理[M]. 3版. 北京:机械工业出版社,2013.
[8] 邹慧君,傅祥志,张春林,等. 机械原理[M]. 北京:高等教育出版社,2004.
[9] 常冶斌,张京辉. 机械原理[M]. 北京:北京大学出版社,2007.
[10] 华大年. 机械原理[M]. 2版. 北京:高等教育出版社,1997.
[11] 成大先. 机械设计手册[M]. 北京:化学工业出版社,2004.
[12] 孟宪源,姜琪. 机构构型与应用[M]. 北京:机械工业出版社,2004.
[13] 申永胜. 机械原理教程[M]. 2版. 北京:清华大学出版社,2005.
[14] 高中庸,孙学强,等. 机械原理[M]. 武汉:华中科技大学出版社,2011.
[15] 李瑞琴. 机械原理[M]. 北京:国防工业出版社,2008.
[16] 黄茂林,秦伟. 机械原理[M]. 2版. 北京:机械工业出版社,2011.
[17] 马履中. 机械原理与设计[M]. 北京:机械工业出版社,2013.
[18] 沈世德. 机械原理[M]. 北京:机械工业出版社,2002.
[19] 李树军. 机械原理[M]. 北京:科学出版社,2009.
[20] 张春林. 机械原理[M]. 北京:高等教育出版社,2013.
[21] 高慧琴. 机械原理[M]. 北京:国防工业出版社,2009.
[22] 张伟社. 机械原理教程[M]. 西安:西北工业大学出版社,2013.
[23] 王银彪,王世刚. 机械原理习题精解精练[M]. 哈尔滨:哈尔滨工程大学出版社,2007.